"十二五"国家重点图书

小城镇规划设计实用丛书

小城镇规划相关技术

汤铭潭　等编著

机械工业出版社

本书基于近些年多个国家小城镇规划相关课题的理论研究成果和编者长期规划与教学实践总结，以城乡统筹、用地、交通、基础设施、公共设施、防灾及生态环境规划为主，同时延伸到居住小区、工业园区、景观风貌规划及城市设计，融会小城镇与乡、村相关规划技术，拓展相关规划方法与技巧。

本书分小城镇发展及相关规划理念、规划编制要求、导引借鉴和用地、道路、基础设施、公共设施、生态环境规划及优化技术以及附录、附图九章内容。本书可作为从事小城镇与乡、村规划建设的技术人员、研究人员和行政管理人员的工作学习用书，也可作为大专院校相关专业的教学参考用书以及相关培训教材。

图书在版编目（CIP）数据

小城镇规划相关技术/汤铭潭等编著 .—北京：机械工业出版社，2012.4

（小城镇规划设计实用丛书）

ISBN 978-7-111-37420-6

Ⅰ.①小… Ⅱ.①汤… Ⅲ.①小城镇—城市规划 Ⅳ.①TU984

中国版本图书馆 CIP 数据核字（2012）第 020890 号

机械工业出版社（北京市百万庄大街 22 号 邮政编码 100037）
策划编辑：罗 筱 责任编辑：罗 筱
版式设计：石 冉 责任校对：张 薇
封面设计：张 静 责任印制：乔 宇
北京汇林印务有限公司印刷
2012 年 5 月第 1 版第 1 次印刷
184mm × 260mm · 22.75 印张 · 540 千字
标准书号：ISBN 978-7-111-37420-6
定价：69.80 元
凡购本书，如有缺页、倒页、脱页，由本社发行部调换

电话服务
社服务中心：(010)88361066
销 售 一 部：(010)68326294
销 售 二 部：(010)88379649
读者购书热线：(010)88379203

网络服务
门户网：http：//www. cmpbook. com
教材网：http：//www. cmpedu. com
封面无防伪标均为盗版

丛书编写委员会

丛书前言

我国城镇化道路是小城镇与大中小城市协调发展的道路。目前我国城镇化正处于快速发展阶段：截至2007年年底，我国城镇人口约5.94亿，城镇化水平44.9%，比1982年的21.1%提高了23.8个百分点。我国已初步形成以大城市为中心，中小城市为骨干，小城镇为基础的多层次的城镇体系。

一方面，自20世纪90年代以来，我国小城镇处于快速发展时期，现有建制镇约2万个，集镇2万多个。小城镇在中国特色城镇化中作用显著，不仅吸纳了广大农村富余劳动力就近就地转移，而且在统筹城乡区域协调发展等方面功能突显。我国长期以来形成的城乡二元结构及其管理体制和机制已不适应我国城镇化快速发展的要求，必须从全面建设小康社会全局的高度，统筹城镇化和新农村建设，统筹城乡经济社会一体化发展，这将进一步突出小城镇的作用。

另一方面，城乡规划对城镇化和城镇建设的引导和调控作用日益重要。小城镇规划是小城镇建设的龙头，在按照科学发展观、区域统筹、城乡统筹引导和调控小城镇建设中，小城镇规划及其规划质量将得到政府和社会的普遍重视。由于长期以来的城乡二元结构，我国小城镇规划及研究基础薄弱，规划建设存在问题很多，主要表现在以下几个方面：

1）小城镇规划标准很不完善，规划水平较低，规划编制内容深度达不到要求，套用指标千篇一律，缺乏切合实际的分类指导和科学分析。

2）一些地区缺乏县（市）域城镇体系规划，造成城镇体系网络层次不清，小城镇职能难以正确定位。

3）小城镇人均建设用地偏高，各地差别很大。

4）基础设施、公共设施建设滞后，配套混乱。

5）生态环境意识淡薄，一些小城镇环境污染严重。

6）防灾减灾能力薄弱，一些小城镇发生灾害频繁。

7）规划各自为政，缺乏城乡统筹。

上述小城镇规划建设问题中最突出和最迫切需要解决的是规划标准问题。

我国“八五”到“十一五”期间，开展了几十个小城镇课题研究，特别是“十五”国家科技攻关计划中小城镇重大发展项目就有22个小城镇研究课题，其中包括“小城镇规划及相关技术标准”、“小城镇住区规划设计导则与住宅建设标准化研究”以及“小城镇区域与镇域规划导则研究”，其中前两个课题是“十五”国家科技攻关计划第13项的22个课题中仅有的两个重点课题，这足以看出国家对当前小城镇规划建设急需解决的规划标准问题的重视。

本套“小城镇规划设计实用丛书”的编写正是基于上述小城镇规划标准及导则相关的课题研究和专题研究的成果，同时也基于上述成果在我国东、中、西部不同地区有代表性的、以全国重点镇为主的小城镇试点应用综合示范实践，以及基于编者和研究者一直从事的规划、教学一线的工作实践。可以说，本套丛书也是上述多方面理论研究和实践总结的集成

文献。

此外，本套丛书还具有以下特色：

1）涉及的规划研究标准、导则、理论、方法、实例在突出县城镇、中心镇重点的同时，注重不同地区、不同类别小城镇以及不同层次小城镇规划的分类、分级指导。

2）涉及的规划研究标准、导则和规划技术指标不仅比较系统完整，而且经历了全国22个省市100多个规划管理部门和使用单位的意见征询、吸纳以及三年多时间试点示范应用实践的印证，遵循了理论—实践—理论的完善过程。

3）相关课题研究历时多年，有扎实的调查和研究基础，从我国小城镇量大面广、不同地区小城镇的人口规模、自然条件、历史基础和经济社会发展差别都很大的实际出发，课题调查研究的面和点在覆盖较大范围的同时，还特别注重不同地区不同类型小城镇的典型性和代表性。

4）本套丛书各册既独立又有机联系，突出小城镇生态环境景观、用地、基础设施、公共设施和防灾安全等规划热点，具有系统性、先进性和实用性。

可以相信，建立在上述基础上的本套丛书，在当前我国城乡统筹小城镇规划建设中有着广泛的现实指导意义，同时在我国小城镇自然资源合理利用、环境保护、生态建设、空间合理布局、基础设施、公共设施统筹规划与资源共享、节约用地、保护耕地、改善投资环境，以及创造良好的人居环境等方面都会起到相应的指导和促进作用。

值此丛书出版之际，向支持、帮助本套丛书的人士，包括丛书所涉及的相关课题和教学研究的专家、领导、同仁深表谢意！

小城镇规划设计实用丛书编委会

前　言

我国有360多个城市，约2万个建制镇、1万5千个乡。在以大城市为中心、中小城市为骨干的当今多层次城镇体系中，作为城镇体系基层的数量众多、不同类别的小城镇在我国城镇化和新农村建设中，在统筹城乡经济社会一体化发展中，具有的独特城乡纽带作用与地位将更为突出。

但是长期以来受城乡二元分割的影响和当时认识的局限，对于界于城乡之间、起城乡联系纽带作用的小城镇未能在立法和相关技术标准制定工作中引起足够的重视，导致城市法规和技术标准未能较好地涵盖小城镇，而小城镇单独立法和制定标准又十分困难；同时，也导致小城镇规划及其研究起步晚，基础相当薄弱。为扭转上述被动局面，加强小城镇规划中诸如发展战略、空间形态、用地布局、交通网络、生态环境、基础设施、防灾减灾等方方面面的规划标准理论及相关技术方法的研究日显重要。

本书作为“小城镇规划设计实用丛书”组成之一，系统全面地论述和总结小城镇规划编制的基础理论与实践经验，以城乡统筹、用地、交通、基础设施、公共设施、防灾及生态环境规划为主，并延伸到居住小区、工业园区、景观环境及城市设计，融会相关规划技术、拓展相关规划方法与技巧，旨在配套标准、加深对规划研究标准与导则的系统全面理解和知识的更好掌握，以便开阔思路和得心应手、举一反三地灵活运用知识与技巧。这些对于提高规划与管理水平来说，都是必须具备的。

本书共分9章。前三章为规划相关基础。第一章小城镇发展及相关规划理念，着重从较高层面认知小城镇及其规划要求，突出小城镇相关城乡统筹规划的特点与理念；第二章小城镇规划及编制要求，从小城镇规划的不同要求，突出规划编制改革；第三章小城镇规划若干导引与要求及借鉴，突出不同于城市规划的小城镇规划分区、分级、分类指导及部分规划导引借鉴。第四至第八章为规划相关技术，其中第四章小城镇用地及相关规划技术，包括规划用地评价与选择、用地节约、用地平衡、土地用途管制，居住小区与工业园区规划，突出用地规划难点热点问题及相关规划的技术渗透；第五章小城镇道路交通及相关规划优化技术，突出镇区与住区、交通道路与环境景观规划优化技术的相互融合、复合与渗透；第六章小城镇基础设施工程规划及优化技术，突出区域统筹协调与资源共享；第七章小城镇公共设施及规划优化技术，突出公共设施规划及相关城市设计与景观风貌规划技术的融合与渗透；第八章小城镇生态环境规划相关技术，从生态环境规划的不同角度和不同要求，突出生态环境规划编制相关技术及重要规划理念的渗透。书末列有相关附录附图。

本书编写基于编者近些年负责并主要完成的多个国家小城镇规划相关课题的研究成果和长期规划实践的总结。郑伟元、张肖宁、张全、刘亚臣、孔凡文、马青、吴建军、唐叔湛、李永洁、黄高辉、徐振明、张金慧、叶载霞等参与相关合作研究或实践，秦芝军、汤如珺等帮助收集与整理大量资料。值此，谨向所有合作研究的专家、同仁及其他合作人员深表谢意！限于编者学识，书中错漏与偏颇，期盼读者不吝赐教。

编　者

目　录

第一章

小城镇发展及相关规划理念

PLANNING OF TOWN

第一节　小城镇及其历史沿革

一、小城镇历史沿革

（1）城乡聚落及其形成

居民点，又称聚落，是由居住生活、生产、交通运输、公（共）用设施和园林绿化等多种体系构成的一个复杂的综合体，是人们为共同生活与经济活动而聚集的定居场所。居民点的形成与发展是社会生产力发展到一定阶段的产物和结果。

原始社会开始，人类过着完全依赖于自然采集的经济生活，还没有形成固定的居民点。人类在与自然的长期斗争中发现并发展了种植业，引发了人类社会的第一次社会大分工——农业与渔牧业分离，从而出现了以原始农业为主的固定居民点——原始村落。随着生产力的进一步发展，出现了第二次社会大分工——手工业、商业与农业、牧业分离，同时带来了居民点的分化，形成了以农业为主的乡村和以商业、手工业为主的城镇。

（2）我国小城镇的不同起源及历史沿革

我国的小城镇是在村落的基础上随着商品交换的出现而逐步形成发展的。早在原始社会，随着农业与渔牧业的分离，人类对土地产生依赖，形成了最早的村落。在2000多年前的奴隶制社会初期，由于生产工具不断改进，生产力不断发展，劳动产品有了剩余，出现了商品交换。尤其在周代，我国由奴隶社会开始进入封建社会，私有制进一步发展，随着商品交换的更为频繁，集市贸易应运而生。这些自发出现的较小范围的物物交换中心，是附近村寨居民物流集散的场所，称“有市之邑”。这些集市贸易只是在露天的交易广场，只有一定的交换地点而没有固定的建筑围墙和店铺，而且数量较少。在我国《礼记》中所记载的“货力为己，大人世及以为礼，城郭沟池以为固”，就是小城镇兴起的象征。南北朝时期；北方先进的生产工具和技术与南方优越的农业自然条件相结合，极大地促进了农业生产力的提高。加上河网密布的便利的水运条件，集市贸易扩大并日趋活跃，开始出现规模稍大的农副产品和手工业产品的定期交换场地——草市。唐中叶后，草市普遍发展，促进了集市贸易活动的普及推广。商人、手工业者逐渐在集市中聚集，工商业者增多，商品种类和数量增加，经营范围扩大，此时的小城镇形成了全国性的网络。虽然这时的市还没有形成常居人口的聚集，但它作为基层经济中心的作用日趋明确，集期也依各地经济发展状况而定。到北宋，随着分工、分业的发展，集市贸易的兴旺，定期集更改为常日集，小城镇有了更大的发展。由于集市贸易的规模不断扩大，人流不断集聚，统治阶级为了收税和防守的需要，在一些集市修筑围墙，派官吏监守市门，于是市升级为镇。此时的镇已不仅是先前“朝满夕虚”的交易场所，而成为一个颇具规模的地理实体和经济实体。据《元丰元域志》记载，当时已有小城镇1884个，除此之外，尚有草市上万个，形成了全国性的集镇网络。宋代的一些小城镇已有相当规模，据宋代高承所写的《事物记原》记载，北宋元丰年间，仅开封府就有35个较大的集镇，有的集镇所交的商税达万贯以上，超过了州县。宋代的镇归于知县管辖。宋代以后镇是指县以下的以商业、聚居为主的小都市，这个概念沿袭至今。所以现代意义上的镇应该追溯到10世纪前后的宋代，是在唐末乡村出现的大量居民聚居地和草市的基础上形成的日常生活、商业、社交的场所。明清时期，由于社会经济进一步发展，各地新兴小城镇陆续出现，各镇发展较快，密度规模都有所增加，尤其在一些商品经济发达的地区，民族资本主义工商业和银行的出现，大大地促进了小城镇的繁荣，小城镇的发展进入兴盛时期，出现了景德镇、佛山镇、朱仙镇、武汉三镇等一批中外闻名的城镇。江南每隔十里就有市，每隔二三十里就有镇。根据《明清江南市镇探微》记载，当时我国小城镇已达到37500个，每个镇平均人口7870人，每个镇的平均面积为52.5km^2，镇与镇之间的平均市场间隔为7.9km。由于1840年鸦片战争和帝国主义的侵入，小城镇尤其是城市经济处于半殖民地化，使小城镇经济转入衰败时期。

不难看出，我国小城镇形成和演变过程是在低级的草市、墟、场的基础上发展起来的，这是与我国手工业和产品交换的发展相适应的。小城镇的初期形式是草市，随着集市贸易的扩大，统治阶级在集市设置官吏，征收市税，出现了镇一级的建制。镇是比集市更高一级的经济中心和经济区划，居民明显多于集市，一般在千户以上，甚至可达万户。镇介于城市和乡村之间，自古以来就是乡村手工业、农副产品生产加工的集中地。商品交换的集散地，小城镇是沟通城市与乡村的桥梁。

受到政治、宗教等的影响，我国的一些小城镇并非顺着“草市—集镇—小城镇”的轨迹形成发展的，而是具有特殊的形成过程，主要有：

1）起源于政治军事中心　这类小城镇早的建于汉代，晚的则于清代建立，一般位于落后地区或人口稀少地区的边境地区，历史上多属于少数民族与中原政权相互争夺的地区，建立的目的在于维持社会安宁，组织、控制和征收乡村赋税，小城镇本身就是一道军事防线。

2）起源于宗教寺庙　这类小城镇是作为集政治和宗教于一体的中心而建立起来的，城镇的兴起是源于寺院经济的需要。信徒在完成宗教义务后在寺院周围安营扎寨，逐渐形成了一个人口相对密集、经济活动相对集中的较大聚落。

3）起源于现代工业开发　工业小城镇的出现是城市化的结果，我国内地的大多数小城镇属于这种情况。这些小城镇形成速度快，相对独立，多数与周边地区缺乏联系。镇区行政政府的设立完全是为了适应工业开发的需要，比如青海的大柴旦镇就是为了开发柴达木而设置的。

4）起源于行政（管理）建制　这类小城镇多数是新中国成立后根据行政建制建立的新兴城镇，之前多数只是聚集一定数量的人口。因此，这种类型小城镇以行政职能为主。

5）其他起源　此外，在我国还存在着众多其他来源的小城镇，如在历史上的交通枢纽基础上形成的小城镇等，在此不一一赘述。

二、小城镇的主要建制演变

尽管城镇的发展具有上千年的历史，而作为现代行政区划建制意义上的镇，则是在20世纪初才出现。1909年，清政府颁布《城镇乡地方自治章程》，第一次提出城乡分治。划分城镇乡的标准是：府厅州县所在地的城乡为城，城乡以外的集市地，人口满5万人的为镇，不满5万人的为乡。由于1911年辛亥革命，推翻了清政府，这个章程没有真正实施。1928年9月，南京国民政府公布的我国历史上第一个《县组织法》中，将原“村里”改为“乡镇”，镇作为行政区划建制首次列入法律。不过旧中国的乡镇是带有地方自治性质的组织，不是完全意义上的行政区划组织。当时镇的规模较小，一般约1000

户左右。一般说来，真正意义上的镇的建制设置则是从建国后开始的，经历了三个演变阶段：

1）1949～1958年　中华人民共和国成立后，在全国范围（除个别少数民族区域以外）内逐步开展了土地改革和基层政权建设运动，建立了农会和民兵组织，在部分地区实行县、区、乡三级人民代表会议；1950年12月，政务院颁布《乡（行政府）人民政府组织通则》，强调了乡级政府组织的农村基层政权性质，并在1955年扩大了乡辖范围，乡级管理趋于成熟。这一时期的镇是与乡平级的行政区划建制，也有少数镇之下设有乡，还有少数镇行政级别定为县级，如通县镇，邯郸镇等。这个时期，由于镇的设置缺乏统一规定，各地掌握的设镇标准普遍偏宽，有些省设置镇建制过多。到1954年底，全国设有5400个镇，其中人口2000人以下的有920个，人口2000～5000人的有2302个，人口5000～10000人的有1373个，人口10000～50000人的有784个，人口50000人以上的有21个。这一阶段中，不仅小城镇作为城乡商品集散中心和连接城市与乡村纽带的经济功能得到正常发挥，而且城镇人民的生活也有改善，社会比较安定，小城镇呈现欣欣向荣的景象。

2）1954～1978年　1954年颁布了第一部《中华人民共和国宪法》，规定镇和乡一样同为县辖基层行政区划建制。当时镇的平均人口为6000多人。1955年6月，国务院发布《关于设置市、镇建制的决定》，并于1963年颁布《关于调整市、镇建制，缩小城市和郊区的指示》，明确了“市、镇是工商业和手工业的集中地”，并规定了设镇标准，要求调整和压缩建制镇。这一时期由于政策的作用，基本确定优先发展重工业基地的战略，产业倾斜及向大中城市倾斜发展，导致小城镇吸纳劳动力的能力受到巨大的影响，并最终导致这一阶段城镇数量和城镇人口规模的下降。到1956年，全国建制镇减少为3672个。1958年，建制镇出现了超常规发展。全国建制镇由1958年的3621个增加到1961年的4429个。由于后来国民经济遇到困难，被迫进行调整，从而导致小城镇数量大幅度下降。到1965年，全国建制镇减少为2905个。此后，相当长一段时间小城镇的发展非常缓慢。虽然小城镇人口从1966年的接近4000万人上升到1978年的5000多万人，增加约30%，但同一时期全国人口从7.3亿人增长到9.6亿人，增长了约32%，高于小城镇人口的增长水平，而至1978年底，全国仅有2173个镇。

3）1982年至今　改革开放以来，小城镇的发展进入了一个新的阶段。1983年开始开展“政社分开”和“建乡工作”，随着取消人民公社制度、重新确立乡镇建制，建制镇的建设再次得到重视，镇从原先的城镇型建制转化为广域型建制，变成了人口较多、经济实力较强的“大乡”、“强乡”㊀。国务院于1984年11月29日发出通知，同意民政部《关于调整建镇标准的报告》，对1955年和1963年规定的标准作了调整，提出“撤乡建镇，实行镇管村”的模式，也就是乡建制改镇的模式，从而使建制镇得到迅速发展。1993年10月，召开了全国村镇建设工作会议，确定了以小城镇为重点的村镇建设工作方针，提出了到20世纪末中国小城镇建设发展目标。1995年全国开展了推进乡村城市化进程的“625试点工程”，其中的“5”是指500个小城镇建设试点。截至1999年底．我国包括台湾省在内有702个市，1689个县城关镇，19756个建制镇，29118个乡集镇，总数超过5万个。近年来，根据行政区划的调整，地级行政单位中的地区被地级市取代，县级行政单位中县和镇被县级市取代，

㊀ 镇建制的演变，中国社会报，2003。

乡级行政单位中的乡也正在被镇逐步取代。2000 年开始，各地加快了乡镇行政区划调整的步伐，乡镇撤并工作正在各地逐步展开。

小城镇进入新的发展阶段主要由三方面的原因促成。首先，家庭联产承包责任制的推行，使广大农民家庭重新获得土地经营权，农民拥有部分剩余产品可以在集市上自由出售，而且经营个体手工业、服务业及商业也均为政策所允许，城镇集市贸易由此得以恢复和发展。其次，乡镇企业迅速发展对小城镇的发展起了极其重要的作用。乡镇企业具有共同使用能源、交通、信息、市场及其他公共设施的客观需求，同时它在专业化协作方面也有相对集中的需要，乡镇企业因发展而不断向集镇集中，促进了乡镇基础设施和社会服务事业的发展，使其向小城镇快速转化。再次，在乡村集镇贸易和乡镇企业发展的基础上，1980 年，明确提出了“控制大城市规模，合理发展中等城市，大力发展小城镇”的城市发展方针，尽管这一城市发展方式随后经过多次修改，但其在当时却使中国小城镇进入了一个快速发展的新时期，全国各地普遍开始制定小城镇的规划，设置乡镇级财政，并普遍征收城镇维护费，以促进小城镇社区的发展。

三、小城镇界定

（1）不同学科的小城镇释义

1）行政管理学　从行政管理角度看，在经济统计、财政税收、户籍管理等诸多方面，建制镇与非建制镇都有明显区别，因此小城镇通常只包括建制镇这一地域行政范畴。

2）社会学　从社会学的角度看，小城镇是一种社会实体，是由非农人口为主组成的社区。1984 年费孝通在《小城镇，大问题》一文中，把“小城镇”定义为“一种比乡村社区更高一层次的社会实体”，“这种社会实体是以一批并不从事农业生产劳动的人口为主体组成的社区。无论从地域、人口、经济、环境等因素看，它们都既具有与乡村相异的特点，又都与周围的乡村保持着不可缺少的联系。我们把这样的社会实体用一个普通的名字加以概括，称之为‘小城镇’。”文中对小城镇性质的规定，作了严密的科学表述：小城镇“是个新型的正在从乡村性社区变成许多产业并存的向着现代化城市转变中的过渡性社区。它基本上已脱离了乡村社区的性质，但没有完成城市化的过程。”

3）地理学　将小城镇作为一个区域城镇体系的基础层次，或将小城镇作为乡村聚落中最高级别的聚落类型，认为小城镇包括建制镇和自然集镇。

4）经济学　从经济学的角度看，小城镇是乡村经济与城市经济相互渗透的交汇点，具有独特的经济特征，是与生产力水平相适应的一个特殊的经济集合体。

（2）近年国家小城镇规划相关研究课题的小城镇界定

由于现阶段对小城镇的定义尚未形成统一的概念，也没有明文的规定，因此各界对小城镇的涵盖范围存在颇多争议。比如国家经济体制改革部门就把县级市列入了小城镇的范畴，而建设部门则把集镇列入了管理、统计的范围。

近些年国家小城镇规划标准、导则及相关课题研究提出小城镇是指介于城市与农村居民点之间的兼有城与乡特点的一种过渡型居民点，界定小城镇主要是指县城镇和县城镇以外的建制镇以及规划期内有条件将上升为建制镇的乡。酌情向上延伸研究可包括县级市，向下延伸研究可包括上述建制镇以外的乡人民政府所在地。

第二节　小城镇分类

不同视角对小城镇可以有不同的分类，主要有以下几种：

一、按地理特征分类

地形一般可分为山地、丘陵和平原三类，在小地区范围内地形还可进一步划分为山谷、山坡、滨水等多种形态。因此，按地理特征划分，小城镇可以分为以下几类：

（1）平原小城镇　平原大都是沉积或冲积地层，具有广阔平坦的地貌，便于城市建设与运营，因此平原小城镇数量众多。

（2）山地小城镇　这类小城镇多数布置在低山、丘陵地区，由于地形起伏较大，通常呈现出独特的布局效果。

（3）滨水小城镇　历史上最早的一批小城镇多数出现在河谷地带，此外滨水小城镇还包括滨海小城镇，这类小城镇在城市布局、景观、产业发展等方面都体现着滨水的独特性。

二、按主要功能分类

按照小城镇的主要职能，可将小城镇划分为综合型小城镇、作为社会实体的小城镇、作为经济实体的小城镇、作为物资流通实体的小城镇和其他类型，这几类又可进一步细分，详见表1-1。

表1-1　小城镇按功能分类表

划分类型	类　型	特　征
作为社会实体的小城镇	行政中心小城镇	是一定区域内的政治、经济、文化中心，包括县政府所在地的县城镇、镇政府所在地的建制镇和乡政府所在地的集镇。城镇内的行政机构和文化设施比较齐全
作为经济实体的小城镇	工业型小城镇	产业结构以工业为主，在农村社会总产值中，工业产值占的比重大，从事工业生产的劳动力占劳动力总数的比重大。工农关系密切，镇乡关系密切。工厂设备、仓储库房、交通设施比较完善，乡镇工业有一定规模
	工矿型小城镇	随着矿产资源的开采与加工逐渐形成，基础设施建设比较完善，商业、运输业、建筑业、服务业等也随之发展
	农业型小城镇	产业结构以第一产业为基础，多数是我国商品粮、经济作物、禽畜等生产基地，并有为其服务的产前、产中、产后的社会服务体系
	渔业型小城镇	沿江、河、湖、海的小城镇，以捕捞、养殖、水产品加工、储藏等为主导产业
	牧业型小城镇	以保护野生动物、饲养、放牧、畜产品加工为主导产业，主要分布在我国的草原地带和部分山区，同时又是牧区的生产、生活、交通服务中心
	林业型小城镇	分布在江河中上游的山区林带，由森林开发、木材加工基地转化为育林和生态保护区，以森林保护、培育、木材综合利用为主导产业，同时也是林区生产、生活、流通服务中心
	旅游服务型小城镇	具有名胜古迹或自然风景资源，城镇发展以名胜区为依托，通过旅游资源的开发及其配套设施的建设和为旅游提供第三产业服务，形成旅游服务型小城镇

（续）

划分类型	类　型	特　征
作为物资流通实体的小城镇	交通型小城镇	多位于公路、铁路、水运、海运的交通枢纽或沿海、沿路等交通便利地区，形成一定区域内的客流、物流中心。其形成和发展取决于优越的地理位置以及区域空间联系的方向、广度和强度等因素
	流通型小城镇	以商品流通为主，运输业和服务业比较发达，多由传统的农副产品集散地发展而来，服务半径一般在 15～20km，设有贸易市场或专业市场、转运站、客栈、仓库等
	口岸型小城镇	位于沿海、沿江河的港口口岸，以发展对外商品流通为主，也包括那些与邻国有互贸资源和互贸条件的边境口岸的小城镇，这些小城镇多以陆路或界河的水上交通为主
其他类型小城镇	历史古镇文化名镇	历史悠久，有些从 12 世纪的宋朝或 14 世纪的明朝开始就已经聚居了上千人口。具有一些代表性的、典型民族风格的或鲜明地域特点的建筑群，有历史价值、艺术价值和科学价值的文物，“文、古”特色显著
综合型小城镇		同时具备上述全部或几种职能。县城镇和中心镇一般多为综合型城镇

表 1-1 中体现的是小城镇的单一主导功能，实际上，大部分小城镇往往同时兼有多种职能，逐步向综合型方向发展。实践证明，小城镇的职能不是一成不变的，从单一职能型向综合职能型转化是小城镇职能演变的趋势。

三、按空间形态分类

我国小城镇按其不同空间分布划分，大体可分为三类：第一类是位于大中城市规划区范围内，紧临其中心城区的郊区小城镇，即“近郊紧临型”小城镇；第二类是距中心城市相对较近，沿主要交通干线等较集中分布的小城镇，即“远郊集中分布型”小城镇；第三类是距离中心城市相对较远或偏远，没有连片发展可能，相对独立、分散分布的小城镇，即“独立、偏远型”小城镇。

按不同空间形态划分，大体也可分为“密集型”、“线轴型”及“点状（分散）型”三类小城镇。

前一分类的第一类小城镇多为“密集型”，第二类小城镇多为“线轴型”，也有“密集型”，而第三类则为“点状（分散）型”。

就紧临大中城市中心城，城市规划区范围内的郊区建制镇一类小城镇而言，由于能依托和共享城市基础设施，以及具备城市发展的其他一些有利条件，小城镇经济、社会发展较快，特别是沿海经济发展地区这类小城镇发展更快，与城市差别较小，其中较多发展成为大、中城市的卫星镇。

就距中心城相对较近，沿主要交通干线等较集中分布的小城镇而言，如东部长江三角洲、珠江三角洲、京津唐地区、辽东半岛、山东半岛、闽东南和浙江沿海等城镇密集地区小城镇；中部江汉平原、湘中地区、中原地区等城镇密集区小城镇和长春—吉林、石家庄—保定、呼和浩特—包头等省域城镇发展核心区小城镇；西部四川盆地、关中地区等城镇密集区的小城镇，这类小城镇处于城镇发展核心区、密集区或连绵区，一般位于城镇发展历史较长、发育程度较高的沿海地区、平原地区，因能依托区域内重要综合交通走廊和水、电、通

信等重要区域基础设施，区位条件优越，本身基础设施也有一定基础，而且小城镇经济、社会发展较快，其主要地带将逐步形成省、市农村区域经济发展中心，其东部地带将成为农村区域城镇化和现代化推进最快的地区。

就点状、独立、分散分布的一类小城镇而言，这类小城镇由于距中心城市较远或偏远，依托大、中城市交通、水、电等基础设施较困难，除可依托部分相关区域基础设施外，主要依靠县域基础设施和本身基础设施；除其中县城镇、中心镇和经济发达地区小城镇基础设施条件相对较好，经济、社会发展相对较快外，其他小城镇基础设施相对都较薄弱，小城镇经济社会发展相对较慢；其中位于偏远山区、西部边远地区小城镇可依托的县域基础设施和其本身基础设施则更为薄弱或很落后，经济发展缓慢。城镇化和现代化水平普遍较低。

四、其他分类

小城镇还可以按不同地域、不同经济发展水平以及不同发展模式分类。如东部经济发达地区小城镇、中部经济一般地区小城镇和西部经济欠发达地区小城镇等，在此不一一列举。

第三节　小城镇与城镇体系及镇（乡）村体系

一、城镇与城镇体系

根据居民点在社会经济建设中所担负的任务和人口规模的不同，聚落（Human Settlements）可以分为两大类，即城市和乡村。图 1-1 对城市与乡村的主要构成要素进行了概念界定。

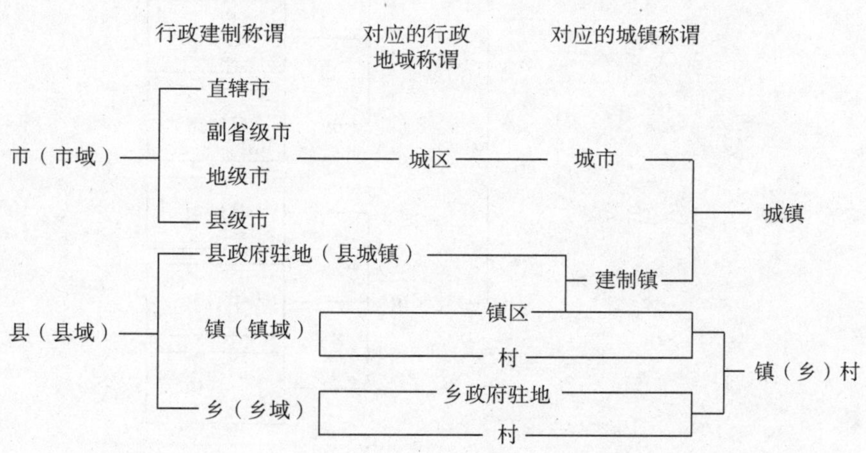

图 1-1　城市与乡村主要构成要素关系图

《城市规划基本术语标准》（GB/T 50280—1998）中界定城市（城镇）是“以非农产业和非农业人口聚集为主要特征的居民点，包括按国家行政建制设立的市和镇。”通常意义上的城市是指国家按行政建制设立的直辖市、市、镇，即包括直辖市、建制市、建制镇。城市居民以非农人口为主，主要从事工业、商业和手工业。根据人口规模可将我国城市分为特大城市、大城市、中等城市、小城市、镇等几类。表 1-2 为我国不同城市类别的城市数量和人口统计表。

表 1-2　我国不同城市类别的城市数量和人口统计

城市类别	规模标准/万人（按非农业人口）	城市数量/个	城市人口/万人
特大城市	>100	34	7462.1
大城市	50~100	47	3241.1
中等城市	20~50	203	6096.0
小城市	10~20	384	4543.9
镇	<10	18402	12121.9

资料来源：顾文选．建立和完善全国城镇体系的几点思考［J］．城市发展研究，2003（3）．

任何一个城市都不可能孤立地存在，当区域内的城市发展到一定阶段的时候，为了维持城市正常的活动，城市与城市之间、城市与外部区域之间就有了物质、能量、人员、信息交换的需要，这种交互作用将地理上彼此分离的城市结合为具有结构和功能的有机整体，即城镇体系。因此，城镇体系是指在一个相对完整的区域或国家中，由不同职能分工、不同等级规模、空间分布有序的联系密切、相互依存的城镇构成的城镇群体，简言之，就是一定空间区域内具有内在联系的城镇集合[⊖]。

图 1-2 所示为城镇体系结构图。

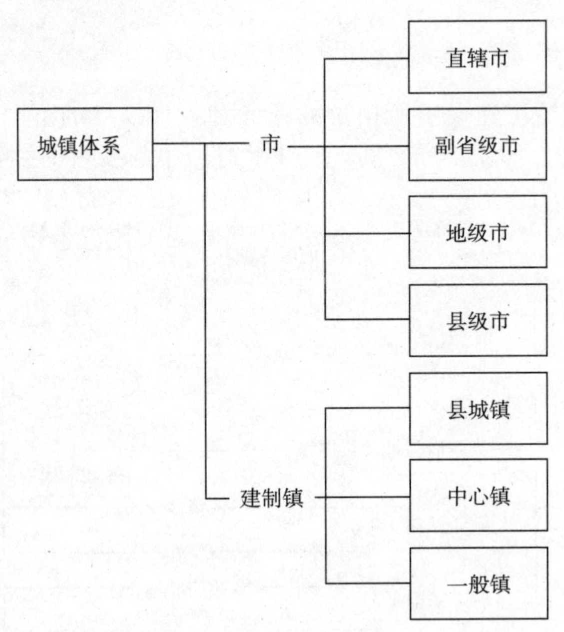

图 1-2　城镇体系结构图

二、镇乡村与镇（乡）村体系

广义来说，目前我国的小城镇是由县城镇、县城镇以外的建制镇和乡构成，广义小城镇

⊖ 《全国注册城市规划师执业考试应试指南》编写组．全国注册城市规划师执业考试应试指南［M］．上海：同济大学出版社，2001.

组成结构如图 1-3 所示。

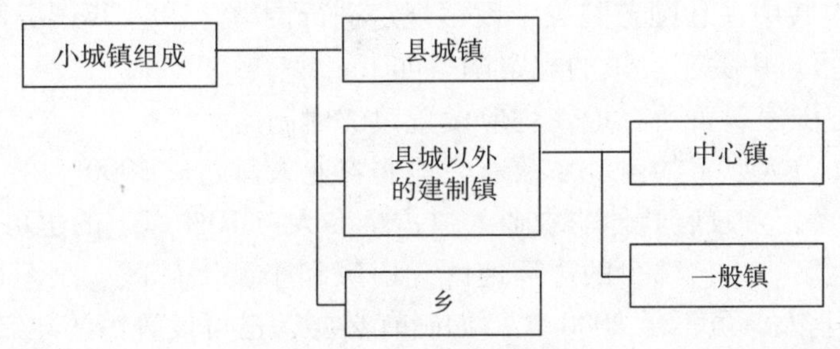

图 1-3　广义小城镇组成结构

（1）县城镇

即县域中心城，作为县人民政府所在地，具有多种便利，必然聚集县域各种要素。县城镇作为县域政治、经济、文化的中心，在发挥上连城市、下引乡村的社会和经济功能中起最重要的核心作用，因而是我国小城镇的最重要的组成部分。根据其在所处地区政治、经济、文化生活中地位的不同、建设条件和自然资源等因素的不同，又可分为以下三种情况㊀：其一，重点发展型县城镇，这类县城镇交通条件优越，能源、水、土地等资源丰富，或拥有一定规模的国家或省级大中型建设项目，可逐步发展为 10 万人以上的小城市；其二，适度发展型县城镇：这部分县城镇资源与建设条件不如前者，可适度发展至 5 ~ 8 万人规模；其三，一般县城镇：这部分县城镇缺乏进一步发展的条件，只是发展一些为农业服务的加工工业，远期可建设达到 3 ~ 5 万人的规模。

（2）县城镇以外的建制镇

县域以外的建制镇包括中心镇和一般镇。中心镇是县（市）域内一定区域范围内的农村经济、文化中心，是与其镇域周边地区有着密切联系，并对以其为中心的区域村镇有较大经济辐射和/带动作用的小城镇。一个县一般设有 1 ~ 2 个中心镇，对我国西部地区而言，中心镇也就是县城镇。就中心镇的地位和作用来说，中心镇也是我国小城镇最重要的组成部分。一般镇是县城镇和中心镇以外的建制镇，是我国城镇体系中的最低一层，数量上在我国小城镇和建制镇中，一般镇占绝大部分。全国约 2 万个建制镇，其中一般镇约占 95%。

上述建制镇是县（市）域及其一定区域内政治、经济、文化和生活服务的中心。1955 年 6 月，国务院发布《关于设置市、镇建制的决定》和 1963 年颁布《关于调整市、镇建制，缩小城市和郊区的指示》中关于镇的建制的规定：工商业和手工业相当集中，聚居人口在 3000 人以上，其中非农业人口占 70% 以上；或聚居人口在 2500 人以上，不足 3000 人，其中非农业人口占 85% 以上，确有必要，由县级国家机关领导的地方，可以设镇的建制。少数民族地区的工商业和手工业集中地，聚居人口不足 3000 人，或者非农业人口不足 70%，但确有必要，由县级国家机关领导的，也可以设镇的建制。现由人民公社领导的集镇，凡是保持现有领导关系更为有利的，即使符合设镇的人口条件，也不要设镇的建制。规模较小的工矿基地，由县领导的，可设镇的建制。我国现行的设镇标准是 1984 年规定的。当时，民政部在进行认真调查研究的基础上提出，小城镇应成为乡村发展工副业、学习科学

㊀ 肖敦余，胡德瑞．小城镇规划与景观构成［M］．天津：天津科学技术出版社，2001.

文化和开展文化娱乐活动的基地，逐步发展成为乡村区域性的经济文化中心；同时建议对1955年和1963年中共中央和国务院关于设镇规定进行调整。1984年国务院批转的民政部关于调整建镇标准的报告中关于设镇的规定调整如下：

1）凡县级地方国家机关所在地，均应设置镇的建制。

2）总人口在2万人以下的乡、乡政府驻地非农业人口超过2000人的，可以建镇；总人口在2万人以上的乡、乡政府驻地非农业人口占全乡人口10%以上的也可建镇。

3）少数民族地区、人口稀少的边远地区、山区和小型工矿区、小港口、风景旅游、边境口岸等地，非农业人口虽不足2000人，如确有必要，也可设置镇的建制。

实际上，现行的设镇标准偏低，而即使用现有的标准衡量，还有不少建制镇未达到现行的设镇标准。有些地区为设镇而设镇，人为扩大镇区范围、增加人口数量，将许多周边根本不具有城镇形态的地区也划入城镇范围中来。因此，一方面要强调新设行政建制"镇"应严格执行国家的设镇标准，另一方面对设镇标准进行一定调整，除了人口规模指标外，应增添人口密度、经济发展水平、基础设施条件等其他指标。

（3）市区和镇区以外的地区一般称为乡村，设立乡和村的建制。乡村居民主要从事农、牧、副、渔业生产。

村庄又有自然村和行政村两个不同的概念。自然村由若干农户聚居地组成，为行政便利把几个自然村划作一个管理单元，称为行政村。行政村又被分为村民小组，村民小组与自然村有密切关系，但也不是完全对应。

《城乡规划法》明确城市、镇乡、村4个层次。我国实行镇乡管村体制。镇（乡）村体系是指一定地域内，由不同等级、不同规模、不同职能而彼此相互联系、相互依存、相互制约的镇（乡）村组成的有机系统。

图1-4所示为镇（乡）村体系结构图。考虑建制镇中县城镇不含在《镇规划标准》的适用范围，相应镇（乡）村体系不含县城镇。

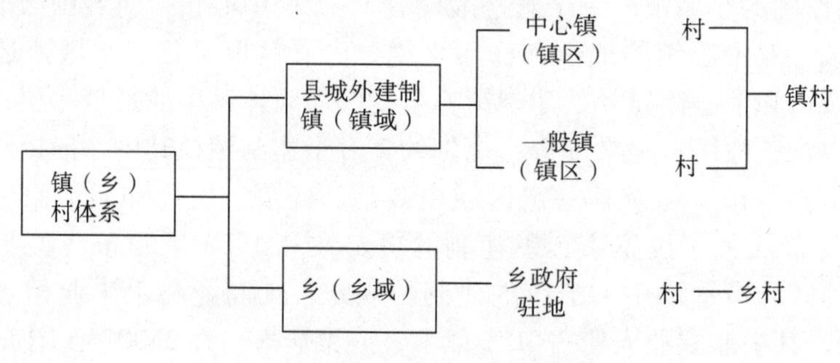

图1-4　镇（乡）村体系结构图

第四节　小城镇发展模式及相关规划理念

小城镇特别是县城镇、中心镇是连接城乡的重要节点。小城镇发展直接体现其在城乡统筹规划与建设中的作用和城乡科学发展的基本要求。

挖掘小城镇发展动力是关系到小城镇发展好坏的关键。小城镇发展模式及小城镇规划都与小城镇发展动力因素与动力机制相关。

一、小城镇发展动力与动力机制

1. 小城镇发展的动力因素

小城镇发展的动力因素可分解为三个基本因素：资源、区位、政策。资源是内在动力，区位和政策是外部动力。

（1）资源

广义的资源不仅仅包括传统意义的自然资源，更包括其他一切可以利用、为经济服务、形成经济价值的客观存在的资源。小城镇的发展首先必须具有一定的资源条件，包括先天性硬性资源条件和动态发展的软性资源条件。在从温饱型向小康型发展的新时期，小城镇经济发展趋势已从以硬性资源为核心向以软性资源为核心转变。

（2）区位

小城镇区位因素的内涵包括小城镇区位与地理位置的便利程度决定了其与外界经济往来的可能性；区位的市场环境完善程度直接影响其外向型经济或内向型经济的形成；小城镇与区域经济中心的区位关系影响其受外来经济辐射的强弱程度，因而影响其对开放经济的依赖度。同时，区位因素还会影响资源和政策两个因素，一方面，发展并发挥日益重要作用的软性资源对于载体（具体区域、小城镇）的选择具有一定的区位导向性，良好的区位会吸引优越的软性资源；另一方面，具体政策的出台也会结合国家发展战略及地区实际情况，优越的区位条件无疑会得到更多的政策性考虑。

（3）政策

政策对于小城镇经济发展及其发展模式选择的作用是显而易见的。首先，政策影响小城镇经济发展目标的制定；然后，政策影响小城镇主导产业的选择；其次，政策影响小城镇经济发展战略及具体发展规划的制定；再次，政策影响外界经济活动对小城镇经济的影响；最后，政策影响小城镇具体发展道路的形成。

2. 小城镇的发展优势与动力机制

（1）大城市郊区小城镇

1）发展动力优势。发挥邻近大城市中心城的区位优势，接受大城市产业转移资金辐射，依托中心城完备基础设施，大城市郊区小城镇发展动力优势得天独厚。

2）发展动力机制

① 产业转移、资金辐射推动小城镇跨越式发展和传统产业的升级换代。伴随经济全球化的发展和世界制造产业基地的转移，大城市郊区的小城镇由于生产成本投入相对低廉、土地征用比较方便等因素开始越来越受到外来资本的青睐。大城市出于全球性发展战略的考虑，也需要周边城镇能够成为其产业梯度转移和功能补缺拓展的重要空间载体。二者合力，自然促进了小城镇传统产业的升级换代。

北京顺义区北小营镇形成以北京汇源果汁集团、利亚饮品有限公司等饮料企业为主的绿色食品饮料行业，以北京世钟汽车配件有限公司、北京株龙山汽车配件有限公司、北京坪山汽车配件有限公司等企业为主的汽车配件行业，以北京红蓝服装集团、北京运通泰制衣有限公司、北京华夏制衣有限公司等为主的服装制作行业，三大支柱产业成为农民就业的主要渠道；同时，以奥运场馆建设为契机，打造精品小城镇。随着 2008 年北京奥运会水上运动中心建设的全面启动，北小营镇将依托奥林匹克水上公园、北京怡生园国际会议中心、鸿滨园生态农业发展公司等项目，在规划的指导下，以环潮白河两岸为中心，大力发展旅游、餐饮、运动休闲等产业项目及服务配套项目，在第三产业的发展上有所突破。

上海嘉定区安亭镇地处上海市西北部，是上海国际汽车城所在地，也是上海市“一城九镇”建设率先启动镇。得益于上海大城市产业转移、资金辐射，前几年全镇各项经济指标平均增幅每年以30%的速度递增。2005年，工业总产值突破200亿元，增加值67亿多元，财政总收入超过15亿元，外贸直接出口额达27亿元，镇级可用财力近5亿元。综合经济实力和镇级财力连续几年列上海市郊乡镇前茅。

上海国际汽车城于2001年9月28日在安亭全面开工建设，到2005年底，市政基础设施的框架、道路交通网络和生态景观系统基本形成，各功能区建设取得了重要的进展。除上海国际赛车场、同济大学嘉定校区、国家级机动车检测中心、汽车展示贸易街、二手车交易市场、高尔夫球场等功能性项目落成并投入运营外，还建成道路60km，绿化超过120万平方米，会展、博览场馆近9万平方米，商业设施近20万平方米，商务办公用房近8万平方米，住宅近80万平方米，并改扩建了公立医院和学校。加上大众汽车公司和一大批以汽车零部件为主的工业企业入驻，汽车城的产业布局和现代城镇初步形成。

由于汽车城的超常规建设，汽车零部件制造业发展迅猛，已经开始辐射国内和国际市场。前几年共引进汽车零部件企业250多家，总投入300亿元，其中世界500强投资企业13家。在整车制造向零部件制造扩展的同时，安亭的汽车经济开始向汽车文化扩展，成为上海的一个新亮点。

同时，安亭镇建成具有明清建筑风格、江南水乡特色的安亭老街和新源路现代商业街。一批商务办公楼和宾馆也已建成。上海外国语大学实验学校全面竣工，并对外招生。一个与汽车城相配套的新的郊区城镇正在崛起，成为“汽车嘉定”的重要组团。

广州市花都区狮岭镇距广州新白云国际机场、花都港均15km，107国道、京广铁路穿境而过。按城镇体系规划，狮岭镇定位是广州市特色产业卫星城，花都片区的副中心及以皮革、皮具为主的专业化生产贸易基地、区域性物流集散中心。

狮岭镇发挥临近广州市的区位优势，依托城市基础设施，接受大城市产业转移和资金辐射。以产业发展带动城镇建设。积极实施大产业带动、大市场带动、大项目带动、大流通带动战略，以工业园区为载体，实行以规划引导招商引资项目，加快产业聚集辐射效应，推进了工业园区化，园区产业化，产业集聚化。重点推进以金狮工业园为中心的皮革皮具产业基地，以芙蓉片区为中心的高新技术、空港配套基地和杨屋片区为中心的机械制造、汽配电子配套基地的规划建设，加快擎天科技产业基地、岭南工业园、欧洲皮革工业城、南方（国际）工业城、远东鞋业工业园等品牌园区的开发建设，积极引导企业向工业区集聚，向标准厂房和工业大厦集中，形成板块聚集效应，进一步壮大发展城镇。

② 特大城市、大城市科研、教育新兴产业布局看重郊区趋势，给其郊区小城镇发展带来人才和技术动力要素。随着通信技术的发展和交通设施的完善，科技研发、教育等新兴产业活动不再受传统城市布局方式的制约，从而倾向于将用地充裕、环境优美的大城市郊区作为其理想选址，并相应地吸引和带动了相关高科技企业的集聚。这一产业发展新趋势，给小城镇的发展带来了宝贵的人才和技术，不仅促进当地房地产的繁荣，更为小城镇的跨越式发展创造了条件。以重庆陈家桥镇为例，凭借西靠重庆大学城，南接永微电子工业园的区位优势，其6村$10km^2$土地被纳入大学城和微电子工业园建设，从而定位于重庆大学城的服务区

以及重庆西部新城的都市核心区来发展。

(2) 城镇密集地区小城镇

1) 发展动力优势。城镇密集地区小城镇一般是距中心城市相对较近，沿主要交通干线等较集中分布的小城镇。如东部的长江三角洲、珠江三角洲、京津唐地区、辽东半岛、山东半岛、闽东南和浙江沿海等城镇密集地区；中部的江汉平原、湘中地区、中原地区等城镇密集区和长春—吉林、石家庄—保定、呼和浩特—包头等省域城镇发展核心区；西部的四川盆地、关中地区等城镇密集区的小城镇。

处于城镇发展核心区、密集区或连绵区的小城镇一般位于城镇发展历史较长、发育程度较高的沿海地区或平原地区，往往依托区域内重要综合交通走廊和水、电、通信等重要区域基础设施，经济社会发展较快。并能共享城镇密集地区的人流、物流、信息流资源，上述资源和区位优势是这类小城镇发展主要动力之一。

2) 发展动力机制

① 城镇密集地区中心特大城市基础设施建设的“溢出效应”强化了以其为中心的城镇密集地区小城镇的发展优势。大城市地方政府在大力加强城市基础设施建设、改善城市投资环境的同时，更加注重与周边城市、地区乃至世界其他国家城市之间的紧密联系程度，并通过机场、高速公路、港口码头、跨海大桥等重大设施的建设，加强了区域一体化、城乡一体化发展，从而促进城市整体竞争力的提升。这些大型基础设施建设的“溢出效应”，彻底改变了周边小城镇的外部空间条件，不仅使部分郊区小城镇的区位优势得到真正体现，更为其提供了难得的外在发展优势，使小城镇的跨越式发展成为可能。以上海为例，正在建设的洋山国际深水港和浦东国际机场扩建，即将建设的浦东铁路、沪杭磁悬浮高速铁路、沪宁高速铁路、长江口越江交通等现代交通设施都在其周边地区和沪杭、沪宁城镇密集地区。

虎门镇位于广东东莞市西南部珠江口东岸，是从南海进入中国内陆的咽喉要道。虎门地处我国经济发展最活跃的珠三角地区的几何中心，为省、港、澳经济走廊的交汇点，北距广州74km，南距中国香港75km，西距澳门83km，是广东省辖市286个中心镇之一，也是《珠江三角洲城镇群协调发展规划》七个副中心之一，是东莞市西部重要支撑点。

近几年内国家、省、市还将在虎门镇境内投入达100亿元，相继建设一批重点道路交通项目。如：广深港客运专线虎门站将落户在虎门镇白沙：总长61.5km的R2线将经过虎门，并在虎门设置四个站场；在虎门段有总长12km的沿江高速公路：已经通车的常虎高速公路；环莞快速路；旧107国道改造等。如此众多的市域、省域交涌网络资源将会赋予虎门镇一次新的发展机遇，这些工程项目的建成，必将对虎门镇交通基础设施带来革命性的提升，必将对虎门镇产业结构的优化升级带来突破性的推动，必将对虎门及周边地区的经济和社会发展与人民群众的工作生活带来重大而深远的影响。对此，虎门镇特别注意把握机遇，及时策应、接驳省市区域交通重点工程，顺应时机，对虎门总体规划进行检讨、调整。

② 核心城市极化效应向回拨效应的转变为小城镇发展提供了机遇。在长三角和珠三角城镇密集地区，核心城市的发展由单纯的聚集资金、人才、信息、资源，向功能扩散、城乡互动发展。带动和促进周边发展的回拨效应，逐步弥补了“极化效应”下“抽瘦补肥”造成的发展失衡问题。核心城市产业升级，综合竞争能力提升对小城镇快速健康发展具有重要作用。

在长三角地区，上海一直发挥着龙头作用，改革开放之初，苏南地区的乡镇企业，依靠上海科技人员的技术支持以及参与大型国有企业的配套生产和产业转移，掘到了发展的第一桶金。1992年开放浦东的战略实施，为整个长三角地区的发展提供了新的动力。投资者对长三角地区投资时，往往做出“制造业去江浙，商业服务业去上海，中小企业去江浙，大型企业去上海附近”的选择，以1990年以来规模进入大陆的台资的IT企业为例，研发贸易等部门一般集中于上海，而生产厂家集中于昆山、苏州、无锡等地，前店后厂，形成完整的IT产业产销群落，其衍生出来的电子产品加工等行业则大多分布在杭州湾沿岸地区，实现产业在区域的均衡分工。

上海有意延伸了辐射半径，根据车程制造了四个半径的区域发展概念：一是半小时车程辐射区（辐射到上海各区的角落）；二是一小时车程辐射区（辐射到南通、常州、无锡、杭州、宁波等地）；三是两小时车程辐射区（辐射到苏州、嘉兴等地区）；四是四小时车程辐射区（包括了南京，覆盖了长江三角洲7000万人口）。这使得江浙一带整个物流、人才流、资讯流，能够与上海进行相应的对接，在区域一体化方面取得了较大进展。浙江省以“接轨上海，拓展沿海，挺进腹地，贯通省外”为指导，规划路网建设，规划兴建了投资57亿元的沪杭甬高速公路拓宽工程，投资170亿元、全长120km的杭州湾跨海大桥及南北连接线工程，投资71亿元直接接轨上海浦东的杭浦高速公路等一批重点项目，促进了与上海以及区域整体的联系。

珠三角小城镇的经济发展首先得益于中国香港经济的发展。中国香港的“三来一补”企业启动了珠三角工业化的进程，其资金和信息造就了珠三角外向型经济的雏形。以中国经济第四大城市深圳为例，其实际利用外资中，港资占了近70%，进出口贸易中，对港澳进出口贸易占了80%，“三来一补”的企业中，属于港资兴办的占了90%，深圳的旅游业、房地产业、金融业无不渗透着“香港因素”的作用。20世纪90年代中后期以来，广州、深圳的经济实力不断增强，在区域内的核心地位开始显现，对小城镇的影响和带动作用明显加强。广州建设南沙濒海工业基地，重点发展现代制造业，产业向汽车制造、造船、钢铁以及重化工转型，为小城镇发展相关配套产业提供了机遇。在区域整合方面，广州通过二环高速公路、广深珠高速公路以及珠三角轨道交通网络的规划建设，将珠三角东西两岸的400余个大中小城镇联成以广州为核心的统一整体，构成珠三角两小时经济圈。近年来，深圳大力发展信息产业，推进技术创新，带动和促进了毗邻小城镇电子产品加工工业的发展，以东莞长安为代表的一大批小城镇IT产品装配业初具规模，成为具有较大影响的“世界工厂”。

（3）东部经济发达地区小城镇

1）发展动力优势。东部经济发达地区中的东部沿海地区是我国区位优势最明显，资源丰富，现代工业最发达的地区之一。在其经济辐射带动作用下，东部地区多数小城镇以工业为主导产业。

东部经济发达地区，特别是东部沿海地区小城镇发展的动力优势主要体现在以下几个方面：

① 资源优势。由于处于经济发达地区，小城镇的人力资源、科学技术资源比较丰富，使小城镇有条件发展科技含量高、效益好、对环境污染小的集约型产业。

② 交通条件好，与外部地区联系方便，有利于发展关联度高的产业。

③ 区域内城镇体系比较完备，大中城市数量多、经济发达，能够对小城镇的发展起到辐射、带动作用。

④ 区域内市场经济体系较完备，相对于其他地区，小城镇基础设施条件较好，建设资

金来源较丰富。

2）发展动力机制

① 乡镇企业的持续健康发展为小城镇建设提供人口资源和财力支持的原动力。依靠乡镇企业的持续健康发展为小城镇建设提供人口资源和财力支持，同时以此为动力，加快生态环境建设为小城镇建设创造良好的发展空间和生存条件，走出一条工业主导型和生态建设型的小城镇发展之路。

浙江绍兴杨汛桥镇从20世纪80年代中期以实施星火计划起家，以科技兴镇发家，以乡镇企业的兴起、发展和壮大为标志，从一个落后的农业小乡逐步实现了乡镇工业化，走出了一条以工业化带动城镇化，以城镇化提升工业化的良性互动的发展和建设之路。

对人均耕地不足0.5亩（约0.033ha），又无文化旅游等其他资源的杨汛桥镇来讲，发展乡镇工业是整个经济工作的重中之重。如何使工业经济本身得到可持续的、健康的发展，杨汛桥镇注重发挥三大效应：

一是科技效应。坚定科技是第一生产力的发展观，通过制定规划、出台政策、典型示范等手段，引导企业依靠科技进步发展自己，经过十几年的探索实践，走出了一条"星火起家、科技发家"的发展之路。前些年全镇创办产学研基地15家，省级以上高新技术企业10家，实施国家重点新产品计划项目2项，国家火炬计划项目3项，星火计划项目1项；全镇企业信息技术覆盖率达85%以上，其中规模以上企业达到100%；共引进各类专业技术人才2437名，其中中高级职称人员达350人。广泛开展了以"产权混合化、股权集中化、要素股份化"为目标的企业机制改革，特别是技术、管理等要素入股，全镇科技股的比例达28%以上。

二是规模效应。根据本地优势和产业特点，一方面通过兼并、联合、重组等形式，实施大集团战略，形成了11个拥有自主知识产权、主业突出、核心能力强的企业集团，涉足纺织印染、建筑建材、经编纬编、机械皮革等八大行业。另一方面通过建设特色工业园区来进一步集聚产业。总投资近10亿元，总面积2000亩（约133.3ha）的经编特色工业园区已全面建成，以经编为主业的进园个私企业33家，年销售额达37亿元，跻身于省百家特色园区行列，杨汛桥镇也因此成为了"中国纺织产业特色镇——经编名镇"。为进一步调整产业结构，走新型工业化道路，同时还建成占地1500亩（100ha）的高新技术产业园区。

三是机制效应。乡镇合作股份与集体经营性资产，通过近些年升级改造，已转制成生机勃勃、轻装上阵，能够适应市场经济的民营企业。2001年12月10日，"浙江玻璃"（739.HK）在中国香港主板挂牌上市成为国内首家在中国香港发行H股的民营企业，此后，"永隆实业"、"宝业集团"、"展望股份"相继在中国香港创业板挂牌上市，此外，永利经编、裕隆实业、阻燃科技等一批规范化股份公司也已整装待发，在形成资本市场上的"杨汛桥现象"的同时，镇域经济连续10年保持了20%～30%的增长速度，镇级财政收入成倍增长，从1998年的3000万元增加到2005年的6.82亿元。

乡镇工业的持续发展对小城镇建设的推动作用是明显的。规模企业的发展、工业园区的建立为集镇建设的发展集聚了大量人口，全镇75%以上的劳动力集中在企业，在本镇人口向集镇集中的同时，又吸引了30000多外地人口。而以科技进步为特色的乡镇工业的持续发展，又为集镇建设提供了大量的财力，镇政府平均每年有3000多万元用于集镇建设，加上大量的社会扶持，近十年来在城镇建设上共投入资金达5亿多元，有力地推动了城镇化进程。

② 民营经济及其创新经济发展模式成为江浙经济快速发展的支柱力量。浙江诸暨店口镇的民营企业在店口镇经济发展中始终起着主导作用，特别是出现在民营企业群体中的一批行业龙头企业的主导、带动作用，如中国海亮集团是国内铜加工行业龙头企业、世界铜加工第五大企业，总资产31亿元，2005年营业总收入107.6亿元，自营出口13189万美元，利润2.62亿元、上缴税收9510万元的大型民营企业集团；中国盾安集团是全国首家提出户用中央空调概念并独家起草户用中央空调国家标准的企业；浙江枫叶公司也是国家行业标准的起草单位，是全国最大的新100强；浙江虹绢集团是国内绢纺绸的龙头企业及型管材料PE管生产基地；万安集团是全国最大的汽车制动系统研发生产基地；浙江露笑机械有限公司是全国高等级品牌漆包线生产企业排头兵。这些企业集团都非常重视高新技术的引进和新产品、新工艺的研发，以市场和人民群众为根本，能够灵活机动地调整企业制度和运营机制，显示出良好的发展势头。同时，在这些大公司、大集团的周边，一系列前向、后向、旁向企业不断拓展，带动了千千万万小企业、小工厂的发展。小企业既为大公司提供严密的分工协作，又促进市场的繁荣，从而使整个区域的经济得到蓬勃发展。

店口镇的民营企业构成了店口的经济基础，民间资本成为店口镇新一轮财富充分集聚、涌动的依托与载体，在店口镇经济发展中民营企业起着十分重要的主导作用，成为店口镇经济快速发展的重要支柱力量。

店口镇的经济发展模式不仅在于其经济发展依靠民营经济起家，更在于它是一种不断改革创新、富有活力和创新意义的经济运行模式。

店口镇的经济发展模式是浙江省内比较典型的一种发展模式，清晰地具有“温州模式”的某些共性，又具有一些与众不同的特征，从某种意义上说，“店口模式”是“温州模式”的完善与升级。并在竞争日益激烈的环境中愈渐焕发出惊人的经济活力，成为推动店口镇经济发展的“引擎”。“店口模式”是一种具有创新意义的经济运行模式，其具有四个鲜明的特征：一是企业集团化经营。“店口模式”突破了“温州模式”以家庭经营为基础的限制，走向联合、兼并、重组、优化的集团化发展道路，培育发展了一批实力雄厚的集团企业，如海亮集团、万安集团、盾安集团等，集团化经营使企业规模、产品质量、经济效益、综合实力以及国际经济竞争力不断得到提升；与其相适应的是，个体私营企业在组织形式和企业制度上也进行了改革与创新，股份合作制企业制度创新进一步推动了民营企业不断做大做强，推动了民营经济成为店口经济快速发展的支柱力量。二是管理理性化。“店口模式”突破了“温州模式”普遍存在的“三缘”管理方式，众多民营企业相继实现现代企业管理制度，其清晰的产权关系和“权责利内在统一”的机制，以及全面引入市场经济竞争机制，把人民群众的积极性、创造性与市场经济的体制优势有机结合在一起，使之成为店口镇经济快速发展过程中最活跃、最强劲的“骨干力量”。三是营销网络化。以“温州模式”传统的专业市场为依托，逐渐走向以网络营销为基础、以品牌营销和服务营销相交融、渗透文化及形象的综合协调发展的道路，形成了新的营销产业体系。四是发展创新化。这是“店口模式”的核心所在。民营企业在激烈的市场竞争压力和“求先、求新”的内在发展动力的激励下，不断提高技术创新能力和品牌培育力度，实现观念上与技术上的双重创新，进而成为提升店口经济地位的重要力量。

③ 政策扶持、综合改革优化小城镇发展软环境。珠三角和长三角的各级政府致力于体制改革和制度创新，较好地坚持了分类指导的原则，针对小城镇发展的内在规律和客观要

求，出台相应的政策措施，给予小城镇发展所急需的指导和支持，促进了小城镇政府职能的转化，提高了公共服务和社会管制的水平。

广东省委、省政府先后下发了《关于加快城乡建设，推进城镇化进程的若干意见》、《关于推进小城镇健康发展的意见》、《广东省城镇化纲要》、《关于推进城镇化的若干政策意见》等重要文件，还先后出台了《关于我省进一步改革户籍管理制度的通知》等多部涉及城镇化和小城镇发展的政策文件，为促进产业发展、人口集聚和土地集约使用等创造了条件，进一步优化了小城镇发展的软环境。如2003年下发的《关于加快中心镇发展意见》中，明确提出了对277个中心镇给予10个方面来源的建设资金以及土地政策、管理体制等的支持，并从2003年开始连续三年，省财政每年拨出2500万元作为全省中心镇规划补助经费；广州市则明确规定从2005年开始每年安排每个中心镇1500万元统筹建设资金，5年不变。在户籍制度方面，2003年，中小城市特别是小城镇放开了入户条件（广州、深圳要适当控制人口机械增长，除外），对在城镇有固定住所或相对稳定收入来源的农业人口，均准予在城镇落户。

浙江省在1995年就开始对小城镇进行综合改革试点。按照“依托特色经济培育小城镇、依托规划管理发展小城镇、依托民间资本建设小城镇、依靠政策扶持推动小城镇”的方针，省委、省政府先后出台《浙江省统筹城乡发展推进城乡一体化纲要》、《加快乡镇行政区划调整的指导意见》、《关于建议加强村镇建设的通知》、《关于加快浙江城镇化若干政策的通知》等一系列文件措施，规范引导小城镇健康发展，普遍建立起以城市总体规划为统揽，县域村庄布点规划为纽带，全覆盖的镇域规划为基础的三级规划体系。如宁波市鄞州区在2005年将姜山镇、集仕港镇列入小城镇建设试点镇，并于2005~2008年在土地收益返还、优先保障用地指标、财政超收返还、农村教育附加费返还以及区财政投入建设启动资金等5个方面给予优惠政策。永康市规定所辖五大镇的土地出让收益、基础设施配套费全部归镇里，每年财政还安排500万元专项资金“以奖代补”，支持有关镇建设。温州、台州、衢州等市对重点小城镇的主要领导实行高配，提高待遇。政府出台的政策措施契合了小城镇发展的现实要求和实际情况，进一步增强了小城镇管理功能，完善了镇级管理体制，为小城镇发展提供了强劲动力和组织保证。小城镇凭借上级的支持，深化内部改革，促进政府职能由经济管制型向公共服务型转变。广东、浙江等城镇密集地区的小城镇普遍进行了政务公开、建立行政办公绿色通道等行政改革的积极尝试，行政效能和服务水平得到明显提高，对投资的吸引力不断增强。

（4）中部经济一般地区小城镇

1）发展动力

中部地区人口密集、劳动力密集、人口素质相对较高，资源丰富，运输便利，市场广阔，具有发展制造业的基础条件。中部地区小城镇工业基础比较薄弱，大部分小城镇以农业为主，应通过大、中城市的辐射、带动作用发展自身工业与外来投资工业；培育特色产业和接受发达地区转移的产业促进当地经济的发展。

2）发展动力机制

① 广辟资金渠道，提供小城镇发展的根本动力。筹资渠道有两块，即政府投入和农民投入。从江西省万载县株潭镇的实践来看，政府投入是基础，农民投入是主体。没有政府的投入，小城镇难以兴起；缺乏农民的投入，小城镇建设难成大气候。在建设初期，以政府投

入为主，集镇兴起之后，则以农民投入为主。

农民投入，包括集体投入和合股投入。为吸引农民积极参与小城镇开发建设，株潭镇一方面放开基础设施的投资和经营体制，根据“谁投入，谁经营，谁受益”的原则，鼓励集体、个人采取多种形式投资兴建基础设施和经营各类公用企业。另一方面，对进镇建厂、开店、经商的人实行三放宽：用地放宽——经营用地面积不受宅基地限制；办证放宽——只要不经营国家明令禁止的物品，都可办理营业执照；落户放宽——只要有经营场所和营业执照，都可落户，并享受与城镇居民同等待遇。这些政策的制定和落实，极大地激发了农民投资参与小城镇建设的热情，促进边陲小城镇发展。2005 年全镇实现总产值 4.5 亿元，人民人均纯收入 3388 元。

② 依托资源优势，发展乡镇工业，促进小城镇发展。内陆农业地区的小城镇主要是依靠本地生产要素的投入来推动经济增长，以乡镇集体企业和私营经济为主体进行本镇的工业化。很多发展较好的工业型小城镇都有数十年兴办乡镇企业的基础。如河南省巩义市的回郭镇、竹林镇、米河镇，江西省进贤县的文港镇和李渡镇等。其中竹林镇和回郭镇分别是运作集体经济和依靠私营经济发展乡镇工业的典型。竹林镇调动集体的一切力量发展集体经济，如今已形成 8 个集团公司、集体固定资产达 14 亿的规模，还形成了医药、建材、化工、食品等多门类的产业格局。规模最大的医药集团通过上市募集了大量资金，为企业注入了新的动力。回郭镇利用民间资本，积极发展个体私营经济。目前全镇民营企业总数达 3817 家，经济总量居河南省乡镇之首，是我国最大的铝板、带、箔加工基地。最值得一提的是回郭镇的民营科技园区，包含铝加工、电线电缆、塑料建材、服装、家具等多种产品，其中铝加工业占据园区产值的 80%，是名副其实的园区支柱产业。有关部门统计数据显示，2004 年河南四大民营科技园区（分别为魏都民营科技园区、长垣民营科技园区、西峡民营科技园区和巩义民营科技园区）共实现工业总产值 99 亿元。让人惊叹的是，因为实现工业产值 52 亿元，利税 5 亿元，位于回郭镇的巩义民营科技园区占到了上述四大民营科技园区工业总产值的 52.5%。此外，在河南、山西、湖南等矿产资源丰富的省份，资源加工型小城镇最常见，因依托当地资源优势长期坚持发展乡镇工业，是目前发展得较好的一类小城镇。如金属和非金属矿产资源丰富的河南米河镇和有湖南“煤乡”之称的宜章县梅田镇等。

③ 面向农村地区，集聚建设发展商贸业和公用事业，为小城镇提供进一步发展动力。小城镇既是农村地区的经济社会中心，也是吸纳农村富余劳动力的就业安居前哨。充分利用小城镇较好的经济和方便的交通条件，面向农村集聚建设发展商贸业和公用事业成了不少小城镇进一步发展的动力之一。据调查了解，河南竹林镇和双龙镇、江西李渡镇和文港镇在这方面均有比较出色的成绩。

竹林镇利用集体资金积极发展公用事业，加速了农村城镇化进程。先后投资 3.6 亿元，逐步完善小城镇基础设施和公共服务设施。兴建引黄工程和万吨水厂，新修和拓宽道路，建成一批包括邮电、医院、文教、环卫等方面的公共服务设施。将七沟八岭九道坡的分散居民集中到镇区居住，先后建起别墅 1300 多套，公寓楼 20 栋，新建住宅面积 36 万 m^2，人均住房面积达 $46m^2$，节约土地 300 余亩（约 20ha）。积极开展退耕还林和绿化美化环境活动，目前全镇绿化面积占总面积的 36%。凭借地方经济与城镇建设所取得的突出成绩，竹林镇于 2002 年被联合国定为可持续发展小城镇，同年又被联合国授予“迪拜国际改善居住环境最佳范例奖”。

双龙镇通过兴建香菇市场、改善基础设施、完善公共设施等手段，加强城镇集聚建设，坚持把小城镇建设作为全镇经济发展的载体来抓，香菇产业和小城镇建设两篇文章一起做，走出了一条立足产业建城镇，建好城镇促发展的特色之路。根植于产业发展、市场培育基础上的城镇建设，使全镇的主导产业通过城镇这个平台转化为商品优势和经济优势，提高了农民收入，促进了全镇经济、社会全面发展。镇区面积由过去的0.3km^2扩展到3.5km^2，镇区人口由原来的不足千人增加到1万多人。2003年镇财政总收入达到1160万元，其中来自城镇的收入占30%，农民人均纯收入达到2780元，其中20%来自城镇。先后被中央文明委授予“全国文明城镇”，被省建设厅命名为“中州名镇”，被南阳市委、市政府命名为“三星级城镇”。

李渡镇把包括基础设施和商贸业等内容的小城镇建设作为拉动镇域经济发展的根本举措。在小城镇建设方面，注重“四个结合”，实现了城镇功能的日趋完善，镇域经济的持续发展。近年来，投资1000多万元新建了约9000m^2的农贸市场，并对现有的医疗器械产业市场进行培育和规范，促使其健康有序发展。投资和引资近亿元用于农网改造、村镇路网改善、水厂兴建、下水道修建、路灯安装、人行道铺设、环境美化等基础设施建设和文教、邮电、金融等公共服务设施建设，提高了小城镇吸引能力。镇城区内征地4000亩（约266.7ha），开辟了三个工业园区，通过“四通一平”土地开发，吸引进园区企业已达百余家。在工业园区建设方面，既培育和壮大了支柱产业，又增强了城镇的集聚功能，促进了小城镇建设发展。

江西的文港镇面向农村地区集聚建设发展商贸业，推动了小城镇的快速发展。依靠特色产业，兴建了皮毛、毛笔、建材、农贸、禽畜、文化、体育、礼品等各类专业市场，为农民进城经商、办企业提供了必要条件。每逢墟日，市场交易人数达5万之多，市场交易额超过200万元。迄止目前，全镇用于小城镇建设的资金达4.8亿元，其中政府仅投入8000万元，其余4亿多元主要来自农民带资和个人投资。近年来，进城农户有4518户，占农户总数的48%。镇区人口由1986年的1000人增加到现在的3.8万人，城镇化水平由1986年的6.1%提高到目前的45.1%，镇区面积由1986年的0.06km^2扩大到现在的4.8km^2。

（5）西部经济欠发达地区小城镇

西部地区包括西北地区和西南地区，西部地区一般经济欠发达，国家实施西部大开发战略也给西部地区小城镇发展带来新的动力，国家改革开放以来的一系列政策，特别是1999年国家实施的西部大开发政策和2000年7月中共中央、国务院出台的《关于促进小城镇健康发展的若干意见》为西部小城镇的发展创造了良好的机遇。其次，国家对沿边地区实行开放，对边境贸易发展及边境小城镇的兴起也关系重大，如广西宁明县爱店镇等边贸小城兴起、繁荣就是典型代表。政策扶持是西部地区小城镇发展的重要动力机制。

西部地区小城镇应以西部大开发为契机，发挥自身优势与西部大开发协调发展，重点发展县城镇以及特色小城镇。

1）发展动力

① 西北地区小城镇。西北地区土地、草场、矿产、能源等资源十分丰富，开发潜能巨大，是我国重要的资源储备基地，对我国经济发展起着支撑和推动作用。利用发挥资源和政策优势，西北地区工矿、农牧、旅游等类型的特色小城镇更有发展动力。

② 西南地区小城镇。西南地区小城镇资源开发程度低、经济基础薄弱。当前，西南地

区小城镇主要靠发展内源型经济。西南地区农副产品丰富、矿产资源充足，发展农业型小城镇和工矿型特色小城镇更有活力。

2）发展动力机制

① 加大招商引资力度，整合各方投资，给小城镇带来可持续发展后劲。一个地处高原欠发达地区的小城镇，如果不借助外力和其他形式筹措资金，来兴办新型产业和龙头企业，只依靠自然积累和发展，是没有可持续发展后劲的。

“十五”期间，青海省西宁市湟中县多巴镇多方筹资，投入大量的资金，加快了旧城改造力度，小城镇功能得到有效提升。靠“两个”创新：一是体制创新，主要是改变以往由政府单一投入的建设模式，进行社会公益事业多元化经营，开放基础设施建设市场，开发利用土地资源，构筑多元化小城镇建设投入体制；二是政策创新，对小城镇建设用地拍卖，盘活存量资金，盘活存量资本；放宽户籍管理政策，吸引周边农民带资进入小城镇修建房屋和经商，对个体商户实行减免税费政策，引导本地闲散资金和外来资金投入小城镇建设，搞活小城镇房地产开发市场。

近年来，多巴镇城镇化水平逐年提高，小城镇功能配备增强，对周边乡（镇）的人流、物流、资金流的集散效益得到了很大的体现，推动了全镇社会经济快速、健康、协调发展。

② 大力发展农业产业化经营，扶持培植龙头企业，努力构建农民增收、财政增长的长效机制。小城镇建设，必须有项目支撑。云南省玉溪市通海县杨广镇在农业产业化经营上下功夫，以小城镇建设为载体，抓基地、建市场，大力发展农业产业化经营龙头企业，促进农产品加工增值，实现农村剩余劳动力转移，努力构建农民增收、财政增长的长效机制。同时，杨广镇突出扶持培植一批起点高、规模大的龙头企业，组建企业集团，对企业集团实行政策倾斜，鼓励这些企业发展成为上联市场、下联农户的龙头企业。围绕龙头企业积极组织兴办农民专业合作经济组织，培养农民经纪人，组建农产品营销公司，创立名牌产品，实现农产品运销规模化、集约化、推行“公司+经济组织（经纪人）+农户”的产业化经营模式。着力抓好产业结构调整、区域化布局，大力推行股份合作制，吸引农民以资金、土地、劳务、产品入股，建立农民和企业风险共担、利益共占的利益分配机制，鼓励土地合理流转，积极发展适度规模经营，促进农业产业化发展。

另一方面杨广镇重视建立规模基地，坚持“一村一品”，实行区域化布局，走一户带多户，一村带多村，多村成基地的路子，在全镇及更大范围内建成一大批区域化、专业化、特色化的生产基地。同时对生产基地实行标准化无公害生产，提高农产品质量档次，为龙头企业提供高质量的原料。推进农产品精深加工，把发展农产品深加工与农村富余劳动力转移、小城镇建设和壮大区域经济有机结合起来，推进新农村建设步伐。

③ 依托特色产业，发挥产业集群效应，推进小城镇建设，加大招商引资力度，为小城镇建设注入活力。宁夏回族自治区中卫市宣和镇的快速发展离不开养鸡这个特色产业的支撑。禽蛋产业的不断发展壮大，为小城镇基础设施建设以及二、三产业的发展注入了源源不竭的动力。在做大做强禽蛋产业上，坚持面向大市场，建设大基地，发展大产业。2005年年底，全镇养鸡存栏达到320万只，饲养量达到551万只，全镇禽蛋产业生产、流通、加工三大车间综合产值达到4.5亿元，占全镇社会总产值的50%。全镇规模养鸡户发展到1920户，农民人均纯收入的50%以上来自养鸡产业，养鸡产业在农民增收中发挥着“二分天下有其一”的重要作用，成为宣和镇经济发展的半壁江山。

宣和镇一方面靠发挥产业集群效应，加快小城镇建设。强大的工业经济是小城镇建设快速发展的支撑性力量，而形成有特色的农副产品加工产业集群，在推动镇域经济持续快速发展，拉大集镇框架，扩大就业，转移农村剩余劳动力，促进农民增收等方面都有着积极的作用。

另一方面靠加大招商引资力度，为小城镇建设注入活力。宣和镇依托矿产资源、土地资源、劳动力资源丰富的优势，经过多年的培育发展，形成了以美利工业园区南区和集镇农副产品加工基地为主的经济增长极，为搭建招商引资平台，加快小城镇建设注入了强大的动力。

二、小城镇不同发展模式及其规划特点与理念

小城镇规划因其不同类别与发展模式有不同的规划要求，因而也有不同的规划特点与相应的规划理念。

1. 大城市郊区小城镇规划理念

大城市郊区小城镇一般为城市规划范围或城市次区域范围的小城镇。城市郊区，特别是城市次区域现状多为农村与小城镇。作为大城市后备用地，对大城市次区域发展战略研究日显重要，其中小城镇规划建设问题更是次区域发展战略研究的一个重要命题。按城市总体规划、城市发展战略和区域规划来进行统筹规划是大城市郊区小城镇规划的基本特点。

大城市郊区小城镇区域功能统筹突出与大城市功能对接，促进大城市与其郊区小城镇互动发展。

（1）小城镇的发展模式

小城镇因其自然环境、资源、经济、人口和发展条件不同，以及发展动力机制不同而形成不同的发展模式。按照不同区位条件的小城镇经济发展动力机制的特点，小城镇发展模式可分为大城市郊区，城镇密集区，以及东、中、西部地区发展模式，也可按不同的小城镇类型，区分不同类型的小城镇发展模式。而不同的建设模式又对应不同的规划模式。

以珠江三角洲和长江三角洲城镇密集地区小城镇发展模式为例，二者虽然各有特色，但基本源于“资源加工类型”和“商贸流通类型”两种。在珠三角有“以下（乡镇以下的各类企业）促上（市级企业），遍地开花”的东莞模式，“以上（市属企业）带下（乡镇以下企业）、一镇一品”的中山模式，“中间（乡镇企业）突破，带动两头（市属、村办企业）”的顺德模式，“六轮（市、镇、村、经济社、联合体、民营经济）齐转，各显神通”的南海模式等不同类型。如狮岭镇是采用广东省特色专业镇的发展模式，皮革皮具业是狮岭镇的特色经济、支柱产业及富民产业，经过多年的发展，目前狮岭镇已成为全国最大的皮具生产销售中心和皮具原辅材料集散地，有皮革皮具商行和生产企业5000多家，从业人员近12万人，年产皮具4亿只，年产值超过100亿元，年原辅材料交易额超100亿元。

在长三角也有“立足村镇、发展集体经济”的苏南模式，“以民营小企业为主，相近产业同类集聚”的温州模式等多种发展道路，形成发展模式多样化的局面。例如，义乌市佛堂镇位于浙江中部，距中国小商品城10km。2005年实现国内生产总值16.1亿元，财政税收收入1.68亿元，工农业总产值56亿元，农民人均纯收入6067元。三产比例为10.8:77.8:11.4。成为区域面积最大、集聚人口最多、综合经济实力最强的义乌市第一大镇。全镇有个体工商户8000多家，其中从事工业个体企业的有3000多家，义南工业功能区从2001年的1km^{2}拓展到7km^2，入区企业138家，外资企业17家，总投25亿元。先后引进

华鸿、王斌、恒安以及外资企业德基、新宏等投资在1亿元以上的规模企业落户佛堂，成为义乌文化体育用品和工艺品两大专业生产区，初步形成了商贸流通的产业集群。

小城镇发展模式在小城镇发展实践中得到不断完善。

前述上海安亭镇地处上海西北部，是上海国际汽车城所在地，按照上海市“一城九镇”的统筹整体规划，突出国际汽车城的城镇功能，与上海市经济中心等城市整体功能对接。并按城市统筹规划的要求，加快推进城市化建设，进一步优化城市功能，市政基础设施和公共服务设施等不断得以完善，小城镇与城市互动发展。安亭镇国际汽车城的产业布局和现代城镇格局很快初步形成。

同时，大城市郊区小城镇城镇规划功能还应突出其重要的区域功能。总体而言，主要有以下七个方面：

1）城市的生态屏障与社会屏障功能。

2）绿色无公害鲜活食品、观赏产品及其前延、后续产品的重要生产基地功能。

3）区域性现代化制造业基地功能。

4）区域性对外经济技术合作窗口功能。

5）城市重要的物流平台功能。

6）旅游与休闲胜地功能。

7）城市辅助生活基地功能。

在由大城市—郊区小城镇—农村腹地共同构成的大的经济区域中，诸多的郊区小城镇已成为都市圈城乡空间网络中的重要节点。郊区小城镇凭借大城市优势，完善城镇空间发展支撑系统，服务并参与大城市经济，已经成为大城市发展的重要组成部分和农村城市化的重要平台。主要表现为：一是当前大城市的空间发展已经超越了工业化发展初期“圈层式”近域推进阶段，而更多地采用“重点建设”战略，即在主城之外选取新的城市空间增长点——大城市郊区小城镇，成为“都市区”组成部分；二是大城市郊区小城镇受中心城区郊区化和小城镇本身城市（镇）化的双重推动，已成为城市化的战略重点地区。部分小城镇已经快速成长为发达小城镇，主要分布在经济发达地区的珠江三角洲、长江三角洲、京津唐地区、胶东半岛、辽中南地区等区域的大都市区、各省会城市郊区。

（2）基于城市区域发展战略和区域规划的小城镇规划模式与发展格局选择

以苏州西部次区域发展战略的小城镇规划模式与发展格局为例。

苏州西部次区域是指苏州西部的沿太湖地区，在该区域700多平方公里的范围内，除苏州新区国家级高新技术开发区（含枫桥镇）和太湖度假区外，有望亭、浒墅关、通安、镇湖、东渚、光福、藏书、木渎、横塘、胥口、浦庄、横径、渡村、东山、西山和越溪（并入长桥镇）等16个小城镇。

近些年，苏州已成为我国实现现代化的先导地区，经济要素的开放与市场流通出现区域化、全球化的趋势。其西部次区域小城镇因其得天独厚的区位优势，经济发展水平普遍较高，人均GDP在2万元以上，GDP三产结构比例为12.69:47.59:39.62，据推算，西部次区域就业人口中已至少有70%以上从事二、三产业。

1）规划模式与发展格局　从大城市区域发展战略研究和区域规划入手，选择大城市次区域小城镇不同规划模式和发展格局，有以下几点优势：

① 与按区域功能定位，组织区域空间分工相协调。结合长江三角洲经济区和苏锡常都

市圈的区域发展战略研究，苏州西部次区域发展战略研究确定其在苏州市、长江三角洲和全国中的功能定位为：苏州未来中心城区结构拓展的战略要地，长江三角洲地区高新技术生产研发中心、江南水乡和太湖风光为特色的休闲、人居中心和旅游胜地。

按区域功能定位，产业分工，结合自然条件和区位特征，组织区域空间分工，主要划分为几个区域：高新技术产业区；318 国道沿线综合产业区；国际科研教育区；环太湖旅游观光、生态农业和休闲居住区。

② 与区域城镇体系合理布局和小城镇建设模式选择相协调。从发展战略研究入手，应用点轴开发和空间结构等理论，西部次区域城镇体系布局确定了三个不同层次，选择相应的城镇规划模式和发展格局。

中心城区：次区域中心城区是苏州中心城区的拓展，包括新区和往北延伸的浒安组团。

新区合并附近枫桥镇、横塘镇与木渎镇（部分地区）。上述小城镇选择按中心城区一并规划的模式和发展格局。新区为高新技术产品制造基地和技术创新基地，远景期规划人口 50 万人左右。

浒安组团是沿 318 国道、京沪铁路和京杭运河产业聚集轴，整合浒墅关、通安、胥口及横泾四镇的工业基础，以现代制造业和高新技术产业为主的带状新城。上述浒墅关、通安也选择按中心城区一并规划的模式和发展格局，远景期规划人口 15 万人左右。

卫星城：主要由镇湖镇、东渚镇及光福镇、藏书镇（部分地区）撤并形成的以科研、教育、会展、居住为主的太湖组团。原四镇选择按山水格局、生态环境考虑的城市组团规划模式和卫星城的发展格局。远景期规划人口 25 万人左右。

小城镇撤并后，保留北边的望亭镇和西南的西山、东山、渡村、浦庄、胥口镇。望亭镇（规划 5 万人）在浒望城镇轴线上，与浒安组团联系紧密，选择工贸型小城镇的规划模式；西山镇（规划 3 万人）和东山镇（规划 4 ~5 万人）选择田园城镇的规划模式与发展格局，东山镇宜重点培育为中心镇。带动和辐射周围 4 镇。渡村、浦庄、胥口（规划各 3 万人左右）选择旅游型小城镇规划模式与发展格局，上述西南部小城镇与太湖国家度假区形成环绕太湖湾观光、休闲、度假、疗养、人居的风景旅游胜地和田园城镇群落。

此外，农村居民点通过规划合理布局，主要为保留山水格局、田园风光次区域范围的中心村。远景期规划人口控制在 35 万人左右。

③ 小城镇规划模式和发展格局遵循集聚、辐射和协调、持续发展的空间布局原则

a. 集聚与辐射。西部次区域发展战略研究采取区域空间统一布局，从根本上改变目前小城镇布点过多及其非农产业和居民点无序分散布局的空间形态。中心城区和卫星城范围，撤镇改建街道办事处；整治各级开发区和工业小区环太湖各镇工业区向新区、浒安、旺山工业园区集聚；控制停止农村和小城镇宅基地审批，引导农村居民点适当集中和向中心城区（新区）、卫星城和小城镇的居住区、居住小区集聚，以强化次区域城镇集聚与辐射功能。

b. 协调与可持续发展。打破西部次区域范围地域行政隶属关系，城镇统一规划，在功能上与区域发展战略统一、协调，既在开放型经济条件下，强调空间利用的开放性，又侧重于生态环境的不断改善和保护，以清洁生产和生态农业为战略目标，统筹安排产业与生产要素的空间布局，减少低水平重复建设，促进资源的集约、合理利用和优化配备，确保区域城镇经济可持续发展。

④ 基础设施联合建设与资源共享。打破行政地域界线，区域协调，统筹规划，联合建

设，资源共享；总体优化，合理布局，因地制宜，节约用地，为不同等级、不同类型的城镇提供不同需求的基础设施服务条件；克服小城镇基础设施各自为政、重复建设、资源投资浪费，以及规模小、运行成本高、效益低的弊病，促进可持续发展。

2）不同规划模式小城镇的特色塑造　缺乏特色，千镇一面是当前我国小城镇规划建设中存在的主要问题之一。我国地域辽阔，小城镇量大面广，不同地区、不同类型小城镇差别很大。从这一意义上讲，小城镇较之城市，规划建设更应有不同的特色和风貌。

传统的、封闭的小城镇规划，不能在区域发展战略和整体环境协调中去塑造特色，规划手法也存在较大的局限性。苏州西部次区域的新城与小城镇的发展战略研究、特色相关研究，集中体现在个体与整体协调、和谐的景观风貌特色塑造上，主要表现在以下方面：

① 重点突出太湖之滨“真山真水园中城”的现代山水生态城镇的特色风貌。

根据苏州市总体规划，突出苏州古城“假山假水城中园”，西区新城“真山真水园中城”的总体格局，重点构建山清水秀的江南现代山水城镇。

a. 保护沿太湖滨水区和河湖水网。太湖沿岸1km不等的滨水地带为生态保护战略要地，沿岸5km为建设控制区，逐步拆迁该地带现状散乱的农村居民点。

b. 保护山体和农田水网生态调控地区。禁止开山采石，保护山体植被与野生生物资源，强调山体、水网为背景的城镇景观风貌设计。

c. 构筑城镇开敞空间系统。构筑城镇开敞空间与生态景观视野，将景观通道相结合，以便于人们亲近自然。

规划两条主要景观视廊，其一横贯区域中部，北自新区中心，西经科学城到太湖组团，延伸到太湖；其二把太湖风光和东山、西山的山色美景引入新区中心区，景观通道包括滨湖观光通道、太湖大桥及横纵向贯穿区域的道路与河道。

② 注重延续历史文脉渊源，构筑生态和谐、文脉延续的城镇格局。历史文化遗存和山水特色都是形成区域城镇风貌特色的重要基础。

由太湖国家度假区，西山、东山“田园城镇”，胥口、浦庄、渡村旅游城镇等组成的环太湖旅游新城，以及科学城和城市第二居所的太湖组团，均处在国家级太湖景区，古民居、古街、古村落、古镇、古桥、古塔以及摩崖石刻、私家园林、名人遗迹等大量的古文化遗迹和洞、窟、寺庙、园等人文景观多以太湖山水为背景。

规划生态和谐、文脉延续的城镇格局，既可重视发挥整体优势，又能突出西山、东山“田园城镇”与众不同的独特优势，更以人文景观相融于自然景观，塑造完美特色。

③ 借助城市设计，塑造区域重点城镇的不同特色

重点城镇的不同特色塑造包括以下方面：

a. 新区依傍大运河和西部群山，城区河网，公园相间，山水辉映，建筑空间布局、形态和路网格局既延续古城文脉渊源，又有浓郁的现代特色。

b. 科学城掩映青山绿水间的恬静高效特色。以融入自然生态环境的绿色、人性化、地方色彩的现代化为特色，自然环境优雅，没有城市的喧闹，但有城市的高效。

城市设计有大面积的乔木森林、湖泊水面和公共绿地开放空间；地方色彩的河道水网布局；人车分行，林荫步行系统和完备的现代化服务设施；低密度、模块化高效企业建筑群。

c. 滨湖会展的独特文化特色和环湖第二居所的悠闲特色。太湖组团体现古苏太湖之滨的新形象，以绿色为基调，生态为主题，依山傍水，独特的滨湖会展苏州文化特色兼容环湖

尺度宜人的第二居所悠闲特色。

d. 西山、东山小城镇的现代化田园风光城镇特色。

苏州西部次区域主要发展战略研究规划图详见图 1-5 ~ 图 1-17。

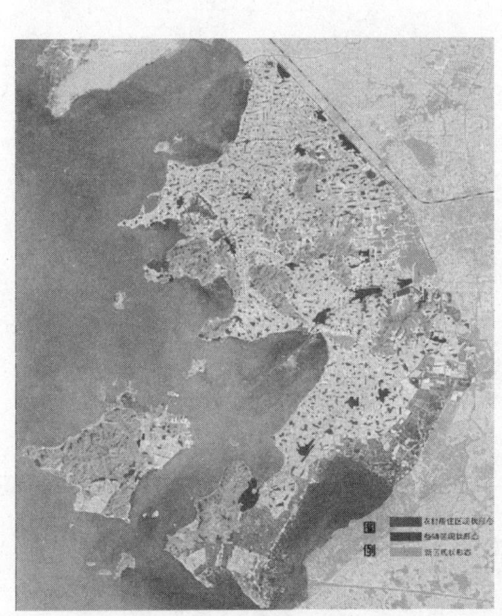

图 1-5　苏州西部次区域
小城镇及农村居民点用地现状

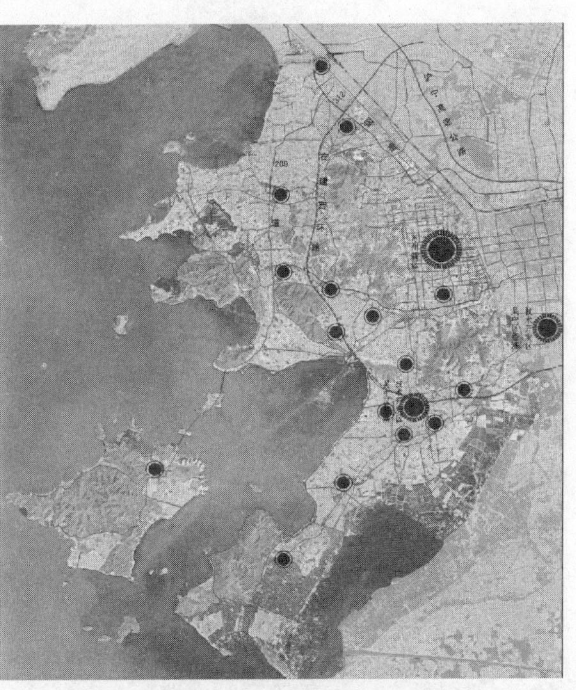

图 1-6　苏州西部次区域镇级
以上工业区现状与原规划分布

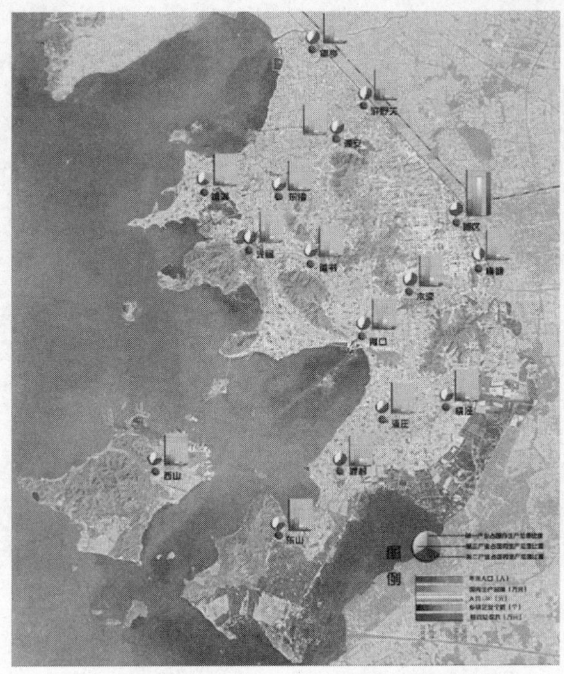

图 1-7　苏州西部次区域小城镇社会经济状况

图 1-8　苏州西部次区域小城镇自然与人文资源现状

图例
R 居住组团
公共服务组团
生产组团
旅游休闲组团
科学城

图 1-9　苏州西部次区域空间发展模式选择

图 1-10　苏州西部次区域用地规划方案

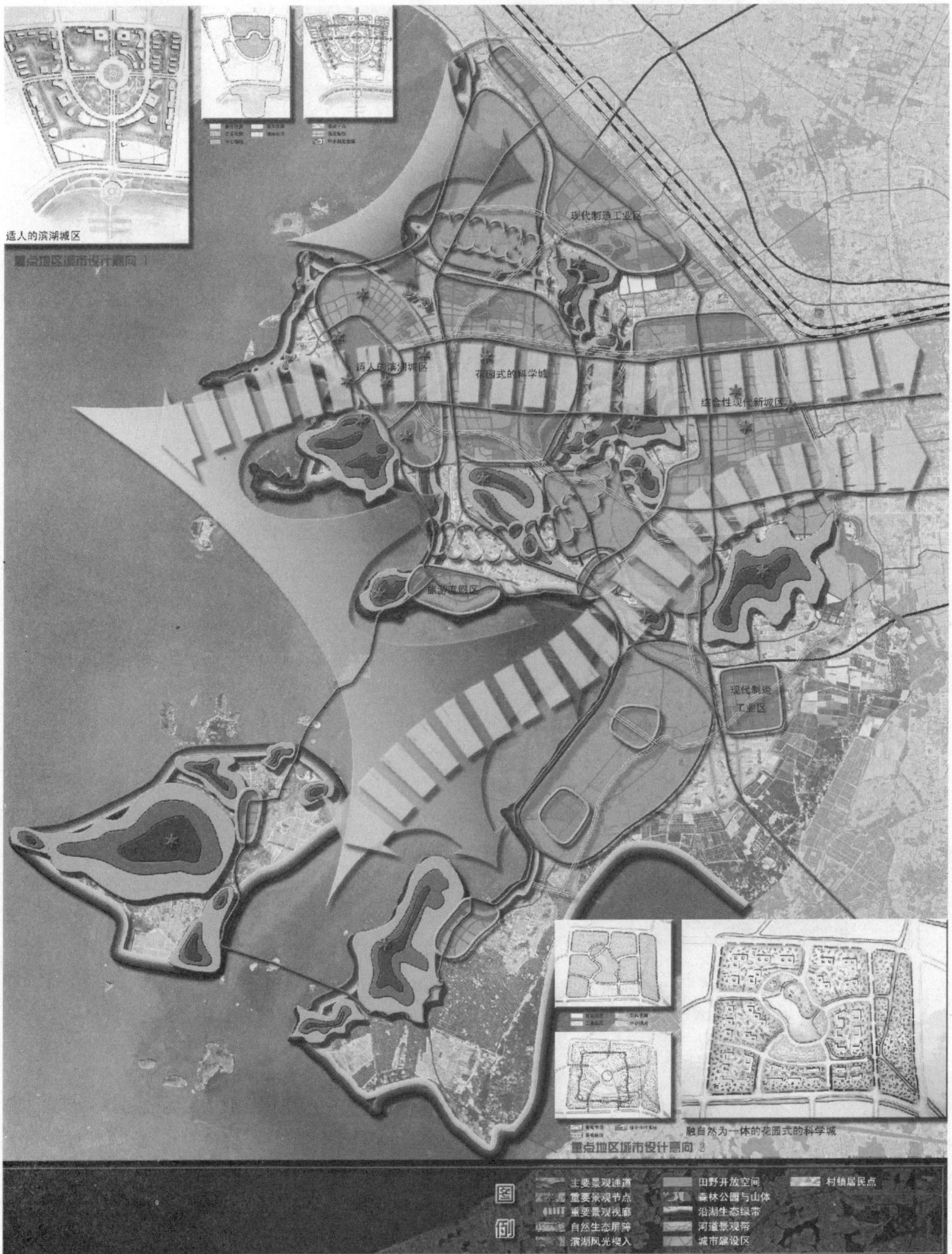

图 1-11　苏州西部次区域景观分析与整体空间意向

图 1-12　苏州环太湖地区休闲旅游度假发展概念规划

图 1-13　连接西山岛太湖大桥

a）

白尾鹞　燕隼　鹌鹑

松雀鹰

鹊鹞

灰胸竹鸡

凤头蜂鹰　红隼

大鵟　秃鹫　红脚隼　白枕鹤

b）

白鲟　青鱼　中华鲟　胭脂鱼

鲢鱼　鲫鱼　黑斑侧褶蛙　平胸龟

鳙鱼　鳜鱼　金线侧褶蛙　乌龟

鲤鱼　松江鲈鱼　虎纹蛙　黄缘闭壳龟

c）

图 1-14　环太湖小城镇生态人文资源

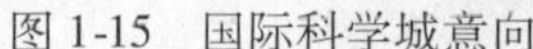

图 1-15　国际科学城意向

图 1-16　优雅的人居环境意向

图 1-17　高新技术企业意向

（3）融合大都市区一体化发展战略的规划理念

大城市郊区小城镇发展战略及其规划应与大城市城镇体系发展战略相融合，以大城市城镇体系规划为指导，体现“大都市区一体化”的思想与规划理念。依据大城市区域分工，把握符合自身经济发展规律的战略、方针、政策及职能定位，加强自身经济发展内在动力，促进大城市城乡区域经济发展。

例如，融合天津市城镇体系规划发展战略，规划确立郊区蓟县的四大类型小城镇：工业主导型（上仓镇、别山镇）、产业带动型（下仓镇）、商贸市场型（邦均镇）、风光旅游型（下营镇、官庄镇）均有明显区域协调的经济特征，从而引导和促进了小城镇经济与大都市区域经济的协调发展。

大城市城镇体系规划对其郊区小城镇发展的职能定位主要有“副城”、“卫星城”及“区域性中心镇”等。

（4）小城镇基础设施规划

依托和衔接大城市及其区域基础设施。

如前所述，大城市普遍重视加强区域道路体系和基础设施建设，大城市周边郊区小城镇沿主要交通走廊多呈现放射节点式发展，依托和衔接大城市基础设施条件得天独厚。

（5）从大城市区域生态系统的良性循环考虑，注重小城镇规划的生态理念

在大城市城镇体系规划中，大城市郊区小城镇及其农村是整个大城市生态环境的屏障，在生态城镇建设中起着十分重要的作用。郊区小城镇规划建设注重生态理念，加强生态环境保护，有利于整个大城市区域生态系统的良性循环。

例如，北京市门头沟区斋堂镇，根据新修编的门头沟区区域发展规划，斋堂镇是全区西部山区发展的次中心，承担着建设北京市绿色生态屏障的重要功能。长期以来，斋堂镇以农业生产的矿业开采为主导产业，按照区域功能规划定位的要求，在这些年的工作中，所有传统采矿业全部关闭，紧紧围绕充分发挥深厚的历史文化和民俗旅游等资源优势，以旅游文化业为主导的新型产业正在培育之中，加快建设生态经济新区、旅游集散中心、传统教育基地、历史文化古镇。

2. 城镇密集地区小城镇规划理念

城镇密集地区的小城镇是城镇密集区域一体化、产业一体化的重要组成部分，在促进整个城镇密集地区经济社会协调发展，落实产业分工，解决就业，促进城乡统筹等诸多方面发挥了重要作用。

以区域规划为指导，突出与核心城市的双向互动、区域一体化、产业一体化以及基础设施和公共设施配套一体化是城镇密集地区小城镇规划的主要特色。

1）以区域规划为指导，在生产力布局、城镇空间发展与用地规划等方面，突出区域一体化与产业一体化城镇统筹规划理念。

城镇密集地区小城镇非农产业发展较快，二、三产业均比较发达，产业和人口相对密集；城镇之间人流、物流、信息流交往频繁，相互联系紧密，在与核心城市的双向互动和其他小城镇的分工协作中，形成集群优势，共同参与国际、国内竞争；经济社会发展水平较高，各项设施建设走在全国前列；对农村的带动作用和服务能力均较强，城乡关系朝着良性互动方向发展。

城镇密集地区的密集首先来源于产业的高度密集，产业的集聚带来人口的增长，引发服务业的需求，进而拉动产业继续发展，形成良性循环。在这些城镇密集地区的小城镇，均出现了产业和人口高度密集的态势，形成了城镇连绵发展的状态。

珠江三角洲地区，人口密度接近 1000 人/km^2，区域内共集中了近 30 个各级城市，400 个建制镇，城镇平均间距不足 10 千米，密度超过 100 个/万 km^2。平均每个建制镇人口超过 3 万人，其中虎门、长安等镇人口高达 60 ~ 70 万人。小城镇沿海岸与珠江口呈马蹄形分布，大致可分为内、外两环。初步形成了深圳—东莞—广州—佛山的城镇连绵区。

在城镇密集地区，随着经济和社会的发展，资金、技术密集的金融、保险、研发等功能不断向具有资本、人才以及信息优势的核心城市集中；劳动力和资源密集型的生产加工产业则主要流向劳动力和自然资源相对较丰富、成本相对较低的小城镇，并且按照规模效益的原理在一定区域形成聚集。小城镇与核心城市在职能与产业分工的不断深化中，形成更高层次的协作，呈现核心城市带动的双向互动发展，小城镇之间也有明确的专业化分工，形成产业集群发展优势。

城镇密集地区城镇发展的成功经验，集中体现了小城镇与大、中、小城市的协调发展关系。作为连绵发展地区城镇整体及其产业集群的重要组成部分的城镇密集地区小城镇，其规划必须以其区域规划为指导，以突出与核心城市发展双向互动，突出区域一体化和产业一体化，实践城乡统筹科学发展观。

2）突破行政区划限制，借更高层次的区域规划统筹整合，促进相关城镇之间产业的合理分工与横向联合，实现协同发展，建立与区域块状经济相适应的城镇集群。

3）基础设施和公共设施规划，充分考虑城镇分布和产业及人口高度密集的因素，以区域规划和城镇体系规划为指导，依托核心城市和区域交通走廊，突出重要区域设施的统筹规划和一体化优化配置的规划理念。

① 依托城镇密集地区特大城市基础设施和区域交通走廊，凸现周边小城镇的区位优势，实现跨越式发展。

如前所述，沪宁、沪杭城镇密集地区小城镇依托上海及其区域建设的重大基础设施和交通走廊，实现周边小城镇规划建设的跨越式发展。又如，广深珠高速公路以及珠江三角洲轨道交通网络的规划建设，将珠三角东西两岸的400余个大、中、小城镇联为以广州为核心的统一整体，构成珠三角两小时经济圈。

② 充分发挥城镇密集地区城镇分布和产业及人口的高度密集的有利条件，实现重要基础设施，公共设施规划的区域统筹和一体化优化配置。

城镇密集地区区域经济社会发展必须有与其相应的区域基础设施和公共设施配套。无论从现状条件、规划需求还是服务区域来考虑，实现规划区域统筹、一体化优化配置及资源共享，避免重复建设都是有利的，也是必要的。城镇密集地区区域规划或城镇体系规划按照效益最优化的原则，统筹确定路、水、电、气等重要基础设施的布局与走向，实现优化配置与区域共享，指导小城镇相关规划的延续，确保规划的前瞻性、经济性、合理性及可行性。

4）基础设施和公共设施应突出分级配置，同时，要考虑相邻服务范围及外来人口的需求。

城镇密集地区城镇基础设施和公共设施规划更应突出分级配置的原则，包括不同等级城镇的分级配置和同一小城镇的分级配置，以利实现城镇密集地区不同城镇及其分布条件下不同等级设施的合理配置及其在不同范围的资源共享。

3. 其他类型和发展模式小城镇的规划理念

科学规划，体现特色，突出因地制宜地发展经济与培育特色产业是其他类型和发展模式小城镇的主要规划理念与特色。

1）完善从区域到镇域的各个层次规划，构建指导城镇发展建设的规划体系，科学规划，体现特色，集约发展，打破行政区划，规划建立与区域经济相适应的城镇极核体系。并突出从区域层面统筹小城镇的发展布局，明确重点发展的小城镇。根据资源和环境承载能力及当前水平，科学确定小城镇规模，建立合理的空间布局，紧凑发展。

2）因地制宜地规划与发展环境经济。无论哪一种类型、哪一种发展模式的小城镇，都应遵循生态规划原则，特别要避免一哄而上的粗放型建设与发展模式，坚持因地制宜，重视利用环境资源，发展以环境资源为依托的环境经济，节约资源，保护生态环境。

我国沿边省份的小城镇大多经济落后，但保有大面积的绿色生态环境，为发展生态农业、畜牧业和旅游业提供很好的条件。如内蒙古的额尔古纳市所属乡镇、新疆的阿勒泰市红墩镇，前者与瑞士的雀巢品牌结盟，后者与上海光明乳业合作，利用生态良好的牧场发展无污染的牛奶及奶制品业；又如新疆小营盘镇依托牧草业，广西东门镇依托甘蔗延伸产业链，发展循环经济都体现了这一规划原则。

3）注重调整产业结构，发展特色产业，促进相近产业的集中融合规划。立足小城镇发展实际，合理调整产业结构，结合本地资源、环境条件，发挥比较优势，培育、发展与区域经济相适应的特色产业。把发展特色产业同建设特色小城镇结合起来，协调产业分布，更好地发挥产业的集聚效益。

第二章

小城镇规划及编制要求

PLANNING AND DESIGN OF TOWN

第一节　小城镇与镇乡村规划的重要性

（1）城乡统筹规划的重要组成部分

我国小城镇是“城之尾，乡之首”，在城市和乡村发展建设及相关城乡规划、区域规划统筹中，起着促进、衔接与协调的载体和桥梁作用。

按照我国《城乡规划法》，城乡规划“包括城镇体系规划、城市规划、镇规划、乡规划和村庄规划。”

小城镇规划既是城镇规划的组成部分，包含在城镇规划中，又是镇乡村规划的核心，更多体现在镇乡村规划之中，以及上述规划的城乡统筹与区域统筹之中。

（2）政府管理、调控和指导小城镇与新农村建设的重要依据

小城镇与涉及的镇乡村规划是城乡规划的重要组成部分。城乡建设，规划是龙头。小城镇与涉及的镇乡村规划是小城镇和新农村建设的龙头。小城镇与涉及的镇乡村规划是小城镇和新农村社会经济发展的蓝图，也是政府管理、调控和指导小城镇和新农村建设的重要依据与手段。

（3）镇乡村规划是搞好小城镇和新农村建设的首要保证，是实现小城镇和新农村建设可持续发展的重要途径

小城镇和新农村建设必须要有规划指导，按规划建设。镇乡村规划是搞好小城镇和新农村建设的首要保证。规划是一项全局性、综合性、战略性很强的工作。镇乡规划的基本任务，是根据一定时期乡镇经济社会发展目标和要求，统筹安排，合理开发利用各类用地及空间资源，综合布置各项建设，实现镇乡经济和社会的可持续发展。镇乡村规划是实现小城镇和新农村建设可持续发展的重要途径。

我国多年来偏重城市建设而忽视村镇建设，村镇建设长期缺乏科学规划，大多处于自发随意状态。20 世纪 80 年代改革开放带动农村经济、社会大发展，村镇建设走上有规划、有步骤的科学发展道路，发生了全方位变化，但与城市规划建设相比，差距还是很大。

确立镇乡村规划在小城镇和新农村建设中的龙头作用和地位，在促进小城镇和新农村健康、快速、可持续发展中起着越来越重要的作用。

（4）镇乡村规划是小城镇和新农村建设发展中落实中央关于小城镇和新农村建设方针政策的重要环节

前些年来，中央提出的相关方针政策主要是：

1）发展小城镇，是带动农村经济和社会发展的一个大战略。

2）发展小城镇，必须遵循“尊重规律、循序渐进”、因地制宜、科学规划、深化改革、创新机制、统筹兼顾、协调发展的原则。

3）发展小城镇的目标。力争经过十年左右的努力，将一部分基础较好的小城镇建设成为规模适度、规划科学、功能健全、环境整洁、具有较强辐射能力的农村区域性经济文化中心，其中少数具备条件的小城镇要发展成为带动能力更强的小城市，使全国城镇化水平有一个明显的提高。

4）现阶段小城镇发展的重点是县城和少数有基础、有潜力的建制镇。

5）发展小城镇，应贯彻既要积极又要稳妥的方针，循序渐进，防止一哄而起。

6）大力发展乡镇企业，繁荣小城镇经济，吸纳农村剩余劳动力，乡镇企业要合理布局，逐步向小城镇及其工业小区集中。

7）编制小城镇规划，要注重经济、社会和环境的全面发展，合理确定人口规模与用地规模，既要坚持建设标准，又要防止贪大求洋和乱铺摊子。

8）编制小城镇规划，要严格执行有关法律、法规，切实做好与土地利用总体规划以及交通网络、环境保护、社会发展等各方面的衔接和协调。

9）编制小城镇规划，要做到集约用地和保护耕地，要通过改造旧镇区，积极开展迁村并点，土地整理，开发利用基地和废弃地，解决小城镇的建设用地，防止乱占耕地。

10）必须充分认识建设社会主义新农村是党中央在新的历史时期重要决策，必须完整理解“生产发展、生活宽裕、乡风文明、村容整洁、管理民主”建设社会主义新农村的目标要求，必须明确村庄整治是社会主义新农村建设的重要内容，搞好村庄规划、建设，改善农民居住条件，改变村容村貌，是建设社会主义新农村的一项重要工作。

11）村庄整治要坚持以规划与实施安排为指导。编制村庄整治规划与实施安排是政府引导和规范村庄整治工作的手段，是组织实施新农村建设的规划指引和工作指南。

12）村庄整治工作要认真做好两个规划。一是适应农村人口和村庄数量逐步减少的趋势，编制县域村庄整治布点规划，科学预测和确定需要撤并及保留的村庄，明确将拟保留的村庄作为整治候选对象。二是编制村庄整治规划和行动计划，合理确定整治项目和规模，提出具体实施方案和要求，规范运作程序，明确监督检查的内容与形式。

13）编制村庄整治规划与实施安排要防止简单套用城市规划的方法和指标；要保护耕地，集约节约使用土地；要因地制宜，突出农村特点和地方特色；要落实各级政府对农村的支持政策，增强可操作性。同时，要组织动员农民广泛参与规划的编制和实施。

14）整治那些未来依然是农村聚落的地区，以及生态保留地区、控制建设地区内有一定规模的中心村。要按照统筹城郊和协调区域发展的原则，将市政公用设施逐步向郊区农村延伸，为农村繁荣创造条件，为农民提供服务。

15）村庄整治试点工作要重点关注三个方面。一是筛选整治的重点内容，如村庄内部道路、村庄供水设施、排水设施、垃圾集中堆放点、村内乱搭滥建、人畜混杂居住、村庄废旧坑塘与河渠水道、村容村貌整治、村民活动场所、古村落与古建筑的保护等。二是继续探索制定村庄整治规划的方法与实施路径。三是研究村民参与和民主管理的实现途径与制度性保障。

上述中央方针政策首先要在县（市）域城镇体系规划、镇（乡）域镇（乡）村体系规划、镇乡村规划中加以落实。

第二节　镇乡村规划原则

（1）城乡统筹和区域统筹规划原则

镇乡村社会经济发展与用地空间布局及基础设施、社会公用设施配套建设等都应遵循城乡统筹和区域统筹规划原则。

（2）规划分级指导和协调原则

县（市）域城镇体系规划指导镇（乡）域镇（乡）村体系规划与镇（乡）域规划。

县（市）域城镇体系规划及镇（乡）域镇（乡）村体系规划指导镇（乡）总体规划，镇总体规划指导镇详细规划。

镇总体规划应与土地利用总体规划等规划相互衔接与协调。

（3）合理用地、节约用地原则

合理用地，节约用地，充分利用原有建设用地，新建、扩建尽量利用荒地和薄地，尽量不占用耕地和林地。

（4）因地制宜，科学合理，塑造特色的原则

我国地域辽阔，不同地区小城镇发展的条件差异很大，东部、西部小城镇的数量、人口规模和经济社会发展都呈极不平衡的分布态势，即使在同一地域、同一行政辖区内，由于区位特点和资源条件不同，经济发展水平不同，小城镇之间存在很大差异，镇乡规划及其规划标准的合理选用必须遵循因地制宜、科学合理原则。

同时，镇乡规划应遵循因地制宜、塑造特色的原则。一是尊重小城镇不同自然环境特色、历史文化传统特色、建筑风格特色、创造独特的城镇景观，避免小城镇个性的丧失；二是发挥小城镇的不同区位优势，以市场为导向，因地制宜，培育和形成具有地方特色及竞争力的优势产业与主导产业，发展特色经济。

（5）生态环境优先和可持续发展原则

生态环境规划应贯穿到整个镇乡规划当中，生态环境优先和可持续发展原则，需要强调两点，一是镇乡不能搞先建设后治理，二是重视“以人为本”，创造良好的生态环境和优美的人居环境。

（6）有利生产，方便生活，合理布局原则

有利生产、方便方活，促进流通、繁荣经济，安排好住宅、乡镇企业、基础设施和公共设施，合理布局，引导人口向社区集聚，工业向园区集聚，引导商业进市场，严格限制零星工业布点、分散住宅建设和“路边店”建设。

（7）近期规划与无期规划一致原则

镇乡建设应以远期规划为目标，分期建设，并遵循近期规划与远期规划一致，分期建设的规模、速度、标准与经济发展、居民生活水平相适应的原则。

第三节 镇乡村规划编制要求

1. 主要规划编制要求

（1）县（市）域城镇体系规划

县（市）域城镇体系规划是全国、省域、市域、县域四个基本层次城镇体系规划之一，也是基层城镇体系规划。

县（市）域城镇体系规划在小城镇规划中占有重要地位，一方面落实上一层次城镇体系规划的总体要求，另一方面指导镇和乡总体规划，以及镇（乡）域规划的编制。县域城镇体系规划涉及的城镇应包括建制镇、独立工矿区和乡。

县（市）域城镇体系规划内容与要求包括以下几方面：

1）提出县（市）域城乡统筹的发展战略。

2）确定生态环境、土地和水资源、能源、自然和历史文化遗产等方面的保护与利用的

综合目标及要求，提出空间管制的原则和措施。

3）预测县（市）域总人口及城镇化水平，确定各镇乡人口规模、职能分工、空间布局和建设标准。

4）提出中心镇、重点镇发展定位、用地规模和建设用地控制范围。

5）确定县（市）域交通发展策略；原则确定县（市）域交通、通信、能源、供水、排水、防洪、垃圾处理等主要基础设施和社会服务设施及危险品生产储存设施的布局。

6）根据镇乡建设、发展和资源管理需要划定镇乡规划区，镇乡规划区范围应当位于镇乡行政管理范围内。

7）提出实施规划的措施和有关建议。

（2）镇（乡）域镇（乡）村体系规划

镇域镇村体系与乡域乡村体系是县域以下一定地域内相互联系和协调发展的基层聚落体系。我国县城镇外建制镇与乡都实行以镇（乡）管村的行政体制。镇域村镇体系与乡域乡村体系既有共同规划元素，又有相同规划特点。

镇（乡）村体系一般分为镇、村或乡、村二级聚落。其中镇可分为中心镇和一般镇，村可分为中心村和基层村。

镇（乡）域镇（乡）村体系规划在镇（乡）规划中也占有重要地位。一方面落实与延伸上一层次县（市）域城镇体系规划的总体要求，另一方面指导镇乡相关规划。镇（乡）域镇（乡）村体系规划应依据县（市）域城镇体系规划确定的中心镇、一般镇和乡的性质、职能与发展规模进行编制。

镇（乡）域镇（乡）村体系规划综合评价镇（乡）域镇（乡）村发展条件；拟定产业发展方向、镇（乡）村人口规模和用地控制范围；提出村庄建设与整治设想；统筹安排镇（乡）域基础设施与社会设施；引导和控制镇（乡）村的合理发展与布局；指导镇乡相关规划编制。

镇（乡）域镇（乡）村体系规划具体内容包括以下部分：

1）镇（乡）域镇区、乡政府驻地和村的现状调查，资源、环境等发展条件分析，以及产业发展前景与劳动力、人口流向趋势预测分析。

2）镇区、乡政府驻地、村规划人口规模及镇区、乡政府驻地规划发展的用地控制范围。

3）新农村建设及村庄建设与整治设想。

4）镇（乡）域主要道路交通、公用工程设施、公共设施以及生态环境、历史文化保护、防灾减灾与防疫系统规划。

镇（乡）域镇（乡）村体系规划的期限：近期5~10年，远期20年。

（3）镇（乡）域规划

镇（乡）域规划是镇（乡）的区域性规划。其任务是在镇（乡）域范围落实县（市）域城镇体系和县（市）社会经济发展战略提出的要求，指导镇区、乡、村庄规划的编制。

小城镇镇（乡）域规划主要内容包括：①综合评价镇（乡）域镇（乡）村发展条件；②确定镇乡的性质、规模和发展方向；③确定镇（乡）村体系等级、规模结构和镇区、乡政府驻地规划区范围及中心村、基层村布局；④协调镇区、乡政府驻地发展与产业配置的时空关系，以及镇区建设与基本农田保护的关系；⑤统筹安排镇域基础设施的社会设施；⑥确定保护区域生态环境、自然和人文景观以及历史文化遗产的原则和措施。

（4）镇总体规划

镇总体规划主要指县城镇、中心镇和一般镇为主要载体的建制镇总体规划。

镇总体规划主要综合研究和确定小城镇性质、规模、容量、空间发展形态和空间布局，以及功能区划分，统筹安排规划区各项建设用地，合理配置小城镇各项基础设施，保证小城镇每个阶段发展目标、发展途径、发展程序的优化和布局结构的科学性，引导镇合理发展。

镇总体规划指导镇详细规划的编制。

根据城乡规划法，“城市总体规划、镇总体规划以及乡规划和村庄规划的编制，应当依据国民经济和社会发展规划，并与土地利用总体规划相衔接。”

镇总体规划编制应同时依据县（市）域城镇体系规划。

镇总体规划具体内容包括以下方面：

1）分析确定镇性质、职能和发展目标。

2）划定禁建区、限建区、适建区、建成区、制定空间管制措施。

3）预测镇区人口规模，确定建设用地规模，划定建设用地范围。

4）确定镇区空间发展形态、空间布局、用地组织及镇区中心。提出主要公共设施布局。

5）确定主要对外交通设施和主要道路交通设施布局。

6）确定绿地系统发展目标及总体布局，划定各种功能绿地的保护范围（绿线）和河湖水面的保护范围（蓝线）。

7）确定历史文化保护及地方传统特色保护的内容和要求，划定历史文化街区、历史建筑保护范围（紫线），提出保护措施。

8）确定电信、供水、排水、供电、燃气、供热、环卫发展目标及主要设施总体布局。

9）确定生态环境保护与建设目标，提出污染控制与治理措施。

10）确定综合防灾与公共安全保障体系，提出防洪、消防及抗震、防风、防地质灾害等其他易发灾害的防灾规划与防灾设施布局。

11）确定旧区改建、用地调整原则和方法，提出改善旧区生产生活环境的要求和措施。

12）确定空间发展时序，提出规划实施步骤、措施与政策建议。

县城镇总体规划参照城市规划编制办法执行。

（5）镇详细规划

镇详细规划分为镇控制性详细规划和镇修建性详细规划。

镇控制性详细规划主要以镇总体规划为依据，详细规定建设用地的各项控制指标和其他规划管理要求，强化规划的控制功能，指导修建性详细规划的编制。

1）镇控制性详细规划　镇控制性详细规划体现具体的相应规划法规，是小城镇具体规划建设管理的科学依据，也是镇总体规划和修建性详细规划之间的有效过渡和衔接。

编制控制性详细规划，应当综合考虑当地资源条件、环境状况、历史文化遗产、公共安全以及土地权属等因素，满足地下空间利用的需要，妥善处理近期与长远、局部与整体、发展与保护的关系。同时，应当遵守国家有关标准和技术规范，采用符合国家有关规定的基础资料。

控制性详细规划应当包括下列基本内容：

① 土地使用性质及其兼容性等用地功能控制要求。

② 容积率、建筑高度、建筑密度、绿地率等用地指标。

③ 基础设施、公共服务设施、公共安全设施的用地规模、范围及具体控制要求，地下管线控制要求。

④ 基础设施用地的控制界线（黄线）、各类绿地范围的控制线（绿线）、历史文化街区和历史建筑的保护范围界线（紫线）、地表水体保护和控制的地域界线（蓝线）等“四线”及控制要求。

上述为控制性详细规划基本内容，镇控制性详细规划可以根据实际情况，造当调整或者减少控制要求和指标。规模较小的建制镇的控制性详细规划，可以与镇总体规划编制相结合，提出规划控制要求和指标。

参照城市相关规划编制办法，县城镇控制性详细规划具体内容包括：

① 确定规划范围内不同性质用地的界线，确定各类用地内适建、不适建或者有条件地允许建设的建筑类型。

② 确定各地块建筑高度、建筑密度、容积率、绿地率等控制指标；确定公共设施配套要求、交通出入口方位、停车泊位、建筑后退红线距离等要求。

③ 提出各地块的建筑体量、体型、色彩等城市设计指导原则。

④ 根据交通需求分析，确定地块出入口位置、停车泊位、公共交通场站用地范围和站点位置、步行交通以及其他交通设施。规定各级道路的红线、断面、交叉口形式及渠化措施、控制点坐标和标高。

⑤ 根据规划建设容量，确定市政工程管线位置、管径和工程设施的用地界线，进行管线综合。确定地下空间开发利用具体要求。

⑥ 制定相应的土地使用与建筑管理规定。

上述控制性详细规划确定的各地块的主要用途、建筑密度、建筑高度、容积率、绿地率、基础设施和公共服务设施配套规定应当作为强制性内容。

2）镇修建性详细规划　镇修建性详细规划是以镇总体规划和镇控制性详细规划为依据，对镇当前拟建设开发地区和已明确建设项目的地块直接做出建设安排的更深入的规划设计。

镇修建性详细规划可直接指导镇当前开发地区的总平面设计及建筑设计。

参照城市相关规划编制办法，县城镇修建性详细规划具体内容包括：

① 建设条件分析及综合技术经济论证。

② 建筑、道路和绿地等的空间布局和景观规划设计，布置总平面图。

③ 对住宅、医院、学校和托幼等建筑进行日照分析。

④ 根据交通影响分析，提出交通组织方案和设计。

⑤ 市政工程管线规划设计和管线综合。

⑥ 竖向规划设计。

⑦ 估算工程量、拆迁量和总造价，分析投资效益。

除县城镇外，镇修建性详细规划可比较镇控制性详细规划酌情适当调整。

(6) 镇道路交通规划

道路交通规划作为重要基础设施工程规划在小城镇规划及相关县（市）城镇体系规划

中都是十分重要的规划。

小城镇道路交通包括对外道路交通和镇区道路交通。

小城镇对外道路交通是城乡联系的桥梁，在小城镇经济和社会发展以及人们生活中起着十分重要的作用。

小城镇镇区道路既是小城镇中行人和车辆交通来往的通道，也是布置小城镇公用管线、街道绿化，安排沿街建筑、消防、卫生设施和划分街坊的基础，并在一定程度上关系到临街建筑的日照、通风和建筑艺术造型的处理；同时，对小城镇的布局、发展方向及小城镇的集聚和辐射均起着重要作用。小城镇镇区道路是小城镇各用地地块的联系网络，是整个小城镇的骨架和“动脉”。小城镇道路交通规划是小城镇规划和建设的重要组成部分。

1）县（市）域城镇体系规划中的道路交通工程规划　县（市）域城镇体系规划中的道路交通工程规划编制内容和基本要求主要包括：

① 提出县（市）域交通发展策略。

② 确定县（市）域公路、铁路、水路系统网络布局及运输站场、码头等其他重要交通设施的布局。

重点提出县（市）驻地城镇与县（市）际相邻城镇、县（市）域其他小城镇之间以及县（市）域其他小城镇与小城镇之间道路网的布局骨架。

2）镇（乡）域规划中的道路交通工程规划　镇（乡）域规划中道路交通规划编制内容和基本要求主要包括：

① 提出镇（乡）域交通发展策略。

② 确定镇域及过境公路、铁路、水路走向和运输站场、码头等其他主要交通设施布局。

重点提出镇区（乡政府驻地）与邻近城镇（乡）、镇区（乡政府驻地）与镇（乡）域的中心村，以及中心村与一般村之间的道路网布局。

3）镇总体规划中的道路交通工程规划　镇总体规划中的道路交通工程规划编制内容和基本要求包括：

① 道路交通现状分析；

② 交通量需求预测；

③对外交通组织和主要对外交通设施布局；

④ 镇区道路网规划，包括道路横断面（断面形式与路宽）、交叉口规划、出入口道路规划等；

⑤ 公共交通（大型镇）、自行车交通、步行交通规划，提出综合交通规划原则；

⑥ 道路交通设施规划，包括公共运输站场、公共停车场、公共加油站的布局，以及广场的分布。

乡规划的道路交通规划内容和基本要求可参照上述镇道路交通规划的内容与基本要求，并根据不同乡的实际情况作适当简化。

4）镇控制性详细规划道路交通工程规划　控制性详细规划道路交通工程规划应以上一阶段总体规划为指导，在总体规划的基础上深入编制，编制内容和基本要求应包括：

① 根据交通需求分析确定地块出入口位置、停车泊位、公共交通场站用地范围和站点位置、步行交通以及其他交通设施。

② 规划各级道路的红线、断面、交叉口形式及渠化措施、控制点坐标和标高。

5）镇修建性详细规划道路交通工程规划　修建性详细规划道路交通工程规划编制内容和基本要求除一般要求外，尚应包括：

① 道路空间布局和道路景观规划设计（与相关建筑、绿地综合规划设计）。

② 根据交通影响分析，提出交通组织方案和设计。

(7) 镇公用工程设施规划

镇公用工程设施规划包括给水、排水、供电、通信、燃气、供热、环卫等项基础设施工程及其工程管线综合和用地竖向规划。

给水、排水、供电、通信、燃气、供热等工程规划分总体规划和详细规划两个阶段，其中详细规划分控制性详细规划和修建性详细规划。前者针对规划用地地块及其相关控制指标的工程详细规划，后者针对地块建筑平面布置及相关控制指标的工程详细规划，各项规划深度随修建性详细规划深度而加深，并进行工程投资估算。

1）给水工程规划

① 给水工程总体规划。其主要内容包括：

a. 确定用水量标准，估算镇用水总量。

b. 根据水源水质、水量情况，选择水源，确定取水位置和取水方式。

c. 提出水源卫生防护措施要求，确定水源保护带范围。

d. 根据镇及其所在区域城镇群布局与用地规划、地形，选择给水处理厂或配水厂、泵站、调节构筑物的位置和用地，输配水干管布置方向，估算干管管径。

e. 确定镇节约用水目标和计划用水措施。

总体规划的给水工程规划主要依据总体规划，并按总体规划要求编制。

② 给水工程详细规划。给水工程详细规划是镇详细规划中的给水工程规划，是在总体规划的基础上进行的详细规划范围内的进一步规划，它是镇详细规划范围内给水工程设计的基础和主要依据。

其主要内容包括：

a. 预测用水总量，确定规划区供水规模。

b. 根据用户对水质的要求，确定水质目标，选定给水处理厂位置。

c. 根据镇及其所在区域用户所要求的水质、用户分布情况，确定镇供水方式（统一或分区供水，或分质供水），确定泵站、调节构筑物位置、标高。

d. 确定输配水管走向、管径，进行必要的水力计算。

e. 对修建性详细规划进行工程投资估算。

详细规划的给水工程规划主要依据详细规划，并按详细规划要求编制。

2）排水工程规划

① 排水工程总体规划。其主要内容包括：

a. 划定镇排水范围。镇排水工程规划范围应与镇总体制划范围一致；当镇污水处理厂或污水排出口设在镇规划区范围以外时，应将污水处理厂或污水排出口及其连接的排水管渠纳入镇排水工程规划范围。

b. 预测镇排水量与污染负荷。要求分别估算预测镇生活污水量、工业废水量和雨水径流量。一般将生活污水量和工业废水量之和称为镇总污水量，而雨水径流量单独估算。

c. 拟定镇污水、雨水的排除方案。要求确定排水区界和排水方向；研究生活污水量、工业废水量和雨水的排除方式，确定排水体制；研究原有排水设施的利用和改造方案，确定镇在规划期限内排水系统的建设要求，近远期结合、分期建设等问题。

d. 确定不同地区的污水的排放标准。从污水受纳水体的全局着眼，既符合近期的可能，又要不影响远期的发展。采取有效的措施，如加大处理力度、控制或减少污染物数量、充分利用受纳水体的环境容量，使污水排放污染物与受纳水体的环境容量相平衡，以达到保护自然资源，改善水体环境的目的。

e. 进行排水管、渠系统的平面布置。确定排水区界，划分排水流域，进行污水管网、雨水管网、防洪沟的布置。在管网布置中要确定干管、渠的走向和出口位置，确定雨、污水主要泵站数量、位置以及水闸位置。

f. 确定污水处理厂位置、规模、处理等级以及用地范围。

g. 根据国家环境保护规定与镇的具体条件，提出污水、污泥综合利用的措施。

②排水工程详细规划。其主要内容包括：

a. 对污水排放量和雨水量进行具体的统计与计算。

b. 对排水系统的布局、管线走向、管径进行计算复核，确定管线平面位置、主要控制点标高。

c. 对污水处理工艺提出初步方案。

d. 对修建性详细规划进行工程投资估算。

3）供电工程规划

①供电工程总体规划。其主要内容包括：

a. 供电现状分析。

b. 电力负荷和用电量预测。

c. 供电电源规划，包括有条件的新能源开发利用。

d. 输配电网规划，包括确定电压等级，主要变电站与供电线路。

e. 预留规划高压线走廊。

② 供电工程详细规划。其主要内容包括：

a. 预测各用地地块、小区或规划范围用电负荷。

b. 确定供本规划区（小区）的35kV及以上电源点的位置、面积和容量，以及外部电源线路路径。落实经济本规划区的高压电力线路走廊。

c. 规划区（小区）中压配电网规划，包括网络结构、10kV（6kV）变电站位置、结线方式、用地面积、容量和数量确定，并落实到详细规划分图图则。

d. 确定中压配电网的线路回数、导线或电缆规格，以及敷设方式，预留通道用地（对于简单、小范围的详细规划，一般同时考虑低压配电网规划）。

e. 对修建性详细规划进行工程投资估算。

4）通信工程规划

通信工程规划包括电信工程规划、广播电视工程规划和邮政主要设施规划。

① 通信工程总体规划。其主要内容包括：

a. 通信现状分析。

b. 通信用户预测。

c. 局所规划及移动通信设施规划。

d. 宽带通信与广播电视规划。

e. 通信线路与管道规划。

f. 主要邮政设施规划。

② 通信工程详细规划。其主要内容包括：

a. 规划范围接入网小区用户需求预测。

b. 落实规划范围内总体规划局所与广播电视局站位置、规模及用地。

c. 规划范围用户接入网规划，确定接入网主要设施，即 OLT（Optical Line Terminal）光线路端和 ONU（optical network unit）光网络单元的数量和分布。

d. 确定通信线路、有线电视线路路由、敷设方式及其地下敷设管道的位置、管孔与埋深要求。

e. 确定邮政局所位置与用地。

5）供热工程规划

① 供热工程总体规划。其主要内容包括：

a. 预测规划期热负荷。

b. 选择和确定供热热源和供热方式，

c. 确定热源布局、供热范围和供热能力与预留用地。

d. 提出供热管网的热媒形式与参数。

e. 布置重要供热设施和供热干线管网。

② 供热工程详细规划。其主要内容包括：

a. 测算规划范围热负荷。

b. 规划布置供热设施和供热管网。

c. 确定热力站、尖峰锅炉房主要供热设施位置和预留用地面积。

d. 确定供热管网、管道、管径和敷设方式。

e. 修建性详细规划应作出投资估计。

6）燃气工程规划

① 燃气工程总体规划。其主要内容包括：

a. 合理确定燃气供应的主要供气对象和供气规模，计算各类用户的用气量及总用气量。

b. 根据当地能源资源的实际情况，选择和确定燃气的气源。

c. 确定气源厂、储配站、储罐站等主要供气设施的规模、分布与预留用地。

d. 选择确定燃气供应系统的供气方式、管线压力级制和调峰方式。

e. 布置燃气干线管网。

② 燃气工程详细规划。其主要内容包括：

a. 测算详细规划范围的燃气负荷。

b. 选择确定详细规划范围的燃气供应系统的规模、位置与预留用地等。

c. 布置落实详细规划范围的燃气供应系统的输配管网。

d. 确定详细规划范围的燃气输配系统管道管径。

e. 修建性详细规划要估算规划期内所需建设投资、主要原材料和设备等的数量。

7）环境卫生工程规划

环境卫生工程规划一般只在总体规划阶段编制。其主要内容包括：

a. 测算镇固体废弃物产量，分析其组成和发展趋势，提出污染控制目标。

b. 确定镇固体废弃物的收运方案。

c. 选择镇固体废弃物处理和处置方法。

d. 布局各类环境卫生设施，确定服务范围，设置规模，设置标准、运作方式、用地指标等。

e. 进行可能的技术经济方案比较。

8）工程管线综合规划

工程管线综合对于镇规划、建设、管理都很重要。综合的目的是为了协调和解决各种管线在平面、空间及时间上的相互冲突和干扰，从而加速城镇各项建设的设计与施工的进度，避免对城镇人民生活造成影响和国家资金的浪费。因此，管线工程综合是镇规划的一个重要组成部分。

工程管线综合规划应以各专项工程管线的规划资料为依据，一般在详细规划阶段编制。

其主要内容包括：

a. 确定工程管线地下埋设时的排列顺序和工程管线间及与相邻建（构）筑物之间的最小水平净距。

b. 确定地下埋设工程管线交叉时的最小垂直净距和最小覆土深度。

c. 确定架空敷设时的管线及杆线的平面位置及与周围建（构）筑物、道路、相邻工程管线间的最小水平干净距和最小垂直净距。

d. 编制规划平面综合和竖向综合示意图及说明。

9）用地竖向规划

用地的竖向规划，主要任务是利用和改造建设用地的自然地形，选择合理的设计标高，使之满足镇生产和生活的使用功能要求；同时达到土方工程量少、投资省、建设速度快、综合效益佳的效果；尽可能减少对原来自然环境的损坏，建造出适合人群居住和生产的优美环境。

用地的竖向规划是各种总平面规划与设计的组成部分。任何一处总平面设计除了对各种建筑物、构筑物和道路交通等进行平面布置外，对于用地的地面高度也要进行合理考虑，使改造的地形能适于布置和修建各类建筑物；同时，它有利于排除地面水，满足镇居民正常的生活、生产、交通运输以及敷设地下管线的要求。

用地竖向规划根据建设项目的使用功能要求，结合用地的自然地形特点、平面功能布局与施工技术条件，在研究建、构筑物及其他设施之间高程关系的基础上，充分利用地形，减少土方量，因地制宜地确定建筑、道路的竖向标高，合理地组织地面排水，有利于地下管线的敷设，并解决好用地及周边的高程衔接。

用地竖向规划分总体规划阶段和详细规划阶段竖向规划。

① 总体规划阶段用地竖向规划。需要对镇的全部用地进行竖向规划，可以编制镇用地竖向规划示意图。图纸的比例尺与总体规划相同，一般为1:10000～1:5000，图中应标明下列内容：

a. 镇各个基本组成部分用地布局及干道网。

b. 干道交叉点的控制标高，干道的控制纵坡度。

c. 其他一些主要控制点的位置和控制标高，如桥梁、铁路与干道的交叉口、防护堤、桥梁、隧道等。

d. 分析地面坡向、分水岭、汇水沟、地面排水走向。

此外，在编制竖向规划示意图的同时，编写说明书，以说明分析镇用地的自然地形情况和竖向规划的示意图，包括竖向示意图中未能充分表明、必须用文字说明的内容。

② 详细规划阶段的用地竖向规划。其主要内容包括：

a. 确定各项建设用地的平整标高。

b. 确定建筑物、构筑物、室外场地、道路、排水沟等的设计标高，并使它们相互间协调。

c. 确定地面排水的方式和相应的排水构筑物。

d. 确定土（石）方平衡方案。

（8）镇（乡）综合防灾工程规划

综合防灾工程规划也是基础设施工程规划之一。

针对我国镇（乡）易发并致灾的洪涝、地震、火灾、风灾和地质破坏五大灾种，根据不同地区、不同镇（乡）实际情况，因地制宜，制定合理的设防标准和编制综合防灾工程规划，对于提高镇（乡）综合防灾能力，保护人民生命财产，保障社会经济发展具有重要意义。

镇（乡）综合防灾工程规划的主要内容和要求包括：

1）除防洪消防专项规划外，同时依据当地易发灾害实际情况，确定抗震、抗风、抗地质灾害等防灾规划专项。

2）编制的各项防灾规划内容要求

① 消防规划包括历史火灾分析，消防站、消防给水、消防通道、消防通信指挥系统、消防装备规划及消防对策与措施。

② 防洪规划包括提出历史洪灾和防洪现状分析，确定防洪区域、防洪特点、防洪标准及防洪设施，提出工程防洪措施与非工程防洪措施结合的防洪规划体系。

③ 抗震防灾规划包括历史震灾分析和工程震灾预测，抗震设防区划和设防标准等级，规划目标，抗震防灾生命线工程和地震次生灾害预防，避震场地布置和疏散道路安排，主要抗震对策和措施。

④ 抗风减灾规划包括历史风灾分析，抗风设防区划与抗风设防标准，抗风设防的用地与设施布局，以及抗风减灾的主要对策与措施。

⑤ 抗地质灾害规划包括区域地质灾害发育历史分析，发育类型，地质灾害的危害程度，设防区划，设防等级，工程地质场地评价，抗地质灾害用地布局和技术规定，以及抗地质灾害的主要对策与措施。

3）综合布局主要防灾设施，确定相应标准、规模及用地。

4）提出主要综合防灾对策与措施，包括防灾统一指挥机构、疏散通道、疏散与避灾场地等。

（9）镇公共设施规划

镇公共设施是镇社会基础设施，也是镇生存与发展必须具备的要素之一，与工程基础设施一样，在镇经济发展中起十分的重要作用。

镇公共设施按其使用性质分为行政管理、教育机构、文体科技、医疗保健、商业金融和集贸市场六类。

镇公共设施规划包括公共设施分类分级，需求预测与用地规模，用地布局与项目配置以及分期建设。

镇公共设施规划应结合镇中心区规划，合理布局，以利形成相应的行政、商业、文体等中心。镇级以上教育、卫生等公共设施规划规模，尚应依据不同公共设施服务特点，考虑可能跨镇的服务辐射范围的需求。

乡公共设施规划可根据不同乡实际情况适当调整和简化编制内容。

（10）镇生态环境规划

在“生态—经济—社会”三维复合系统的动态演进和可持续发展中，镇生态环境起着重要作用。镇生态可持续性是小城镇可持续发展的基础和前提。

镇生态环境规划是镇规划的重要组成之一。镇生态环境规划对于保护和创造镇良好的生态环境和人居环境，促进镇健康、可持续发展有十分重要的作用，镇生态环境规划思想应贯穿到整个镇规划当中。

镇生态环境规划包括镇生态建设规划和镇环境保护规划两个部分，其中生态建设规划包括：镇及其相关区域的生态环境现状评估，镇生态分区，生态环境容量、生产适宜性对镇规划建设的指导和控制要求，以及镇生态敏感区的保护；镇环境保护规划包括镇大气环境、水体环境、噪声环境、电磁环境保护规划，同时提出镇环境保护措施与方法。

镇生态环境规划在总体规划阶段编制。

（11）乡规划与村庄规划

“乡规划、村庄规划的内容应当包括：规划区范围，住宅、道路、供水、排水、供电、垃圾收集、畜禽养殖场所等农村生产、生活服务设施与公益事业等各项建设的用地布局与建设要求，以及对耕地等自然资源和历史文化遗产的保护与防灾减灾等的具体安排。”

乡规划还应当包括本行政区域内的村庄发展布局。

规模较大、发展条件较好乡的乡规划可参照镇总体规划编制。

乡规划可按镇规划标准（GB 50188—2007）执行。

2. 其他规划编制要求

（1）小城镇中心区规划

小城镇中心区是小城镇中镇级主要公共设施集中，人群流动较多的公共活动地段，是指服务于小城镇及其辐射区域的综合功能聚集区，综合功能主要包括行政、商业、金融、文化，也包括教育、体育、医疗卫生。从布局形态来说，小城镇中心区一般为以单核为主的核心型集中式布局，在形态特征上有十字形、一字形和枝状形。小城镇中心区是小城镇规划构图的核心。

小城镇中心区一般既是行政中心，又是商业中心、文体中心和信息中心，而对于旅游型小城镇和历史文化名镇来说，其中心区可能是以古镇区或名胜风景区为主的旅游中心。

小城镇中心区规划包括小城镇中心区详细规划，以及根据需要编制的小城镇中心区城市设计、小城镇中心区景观风貌规划。

小城镇中心区规划应依据镇总体规划和小城镇中心区的地位与作用以及小城镇特点，在小城镇景观风貌特色塑造、各类公建群体组合与布局形态、交通道路组织、绿地与空间环境规划方面有更高的要求。

（2）小城镇（中心区）城市设计和景观风貌规划

《城市规划编制办法》总则第八条规定，在编制规划的各个阶段，都应当运用城市设计的方法，综合考虑自然环境，人文因素和居民生产、生活的需要，对城市空间环境做出统一规划，提高城市的环境质量、生活质量和城市景观的艺术水平。

结合小城镇实际，小城镇城市设计（主要是中心区城市设计）和小城镇景观风貌规划，对于提高小城镇环境质量和知名度，创造优美人居环境，提升小城镇档次起重要作用。

小城镇城市设计包括城市设计体系、城市设计准则、城市设计图则的编制。

城市设计体系包括用地布局、道路系统、景观系统、公共空间、中心区建筑构成与控制体系；城市设计准则包括总体准则和分地块准则；城市设计图则含分析图则、总体图则和分地块图则。

小城镇景观风貌规划是以小城镇总体规划为指导，与自然环境景观相呼应，突出生活景观和社会、历史、文化景观，同时以中心区人文景观和历史街区、风貌区保护为重点，突出小城镇传统商业街和民居风貌等地方特色，深化总体规划，塑造小城镇特色和提高环境质量水平的专项规划。

小城镇城市设计与景观风貌规划有密切联系。

小城镇城市设计"以人为本"，体现"人与自然的和谐"，需要突出自然景观与人文风貌，小城镇景观风貌规划包括人文景观规划，是小城镇城市设计的核心，而小城镇的人文景观规划在很大程度上需要借助城市设计的方法。

（3）小城镇居住小区规划

小城镇居住小区是指被小城镇道路或自然分界线所围合，并与居住人口规模（Ⅰ级：8000～12000人：Ⅱ级：5000～7000人）相对应，配建有一整套较完善的，能满足该区居民物质与文化生活所需的公共服务设施的居住生活聚居地。

我国小城镇居住小区的建设，总体上尚处于乡村城镇化的初级阶段，据有关部门1997～2000年对全国二十多个省市一百多个小城镇居住小区调查，小城镇居住小区虽有进步，但就总体而言，水平低，质量差，许多问题亟待解决。其主要问题有以下几方面：

1）缺少规划自发建设多，独立分散，规模过小且宅院大，建筑层数低，土地浪费严重。

2）小区功能不全。规划组织结构、基础设施和公共服务设施配置、路网、停车场地、绿地等残缺不全。

3）住宅大而不当，功能混杂，不适用，不安全，不卫生。

4）环保质量差，缺乏建筑文化特色和地方特色。

小城镇居住小区规划主要包括居住小区人口、用地规模与居住组织结构规划、居住小区道路规划、住宅与公建群体组合、用地布局规划、绿地规划、空间环境规划。

小城镇居住小区规划也包括旧民住小区改建规划。

小城镇居住小区规划的一般编制要求按镇详细规划要求。居住用地及布局规划应符合镇规划标准（GB 50188—2007）居住用地规划的相关要求。小城镇镇居住小区规划同时应研究相关小城镇迁村并点和人口集聚的要求。

（4）小城镇工业园区规划

小城镇工业园区是在小城镇一定范围内相对集中并且具有多方面生产联系的工业企业群

园区。在工业园区内安排工业企业时，主要考虑工业与企业之间在原料、生产过程、副产品和废品处理、生产技术、厂外工程、辅助工厂等方面的协作，并满足自身的建厂要求，改变目前乡镇企业布局分散的状况，给工业企业的生产创造良好的条件和环境，并尽可能地节约投资，提高经济效益，节约用地。

小城镇工业园区规划主要是乡镇企业工业园布置规划，包括园区人口、用地规模、工业结构规划，园区道路规划，工业厂房与管理、培训、科研、仓储、生活等配套及服务设施群体组合用地布局规划，绿地规划，空间环境规划。小城镇工业园区规划也包括小城镇科技园区规划。

小城镇工业园区规划编制其他一般要求，按镇详细规划要求。同时，应符合镇规划标准（GB 50188—2007）生产设施和仓储用地规划等相关要求。

（5）小城镇绿地规划

小城镇绿化对于改善小城镇气候，保护小城镇环境，维护小城镇生态平衡具有重要作用。

小城镇绿地规划包括小城镇绿地分类，绿地系统，公园绿地、防护绿地、生态绿地、生产绿地、道路绿地等各类绿地的用地功能和用地布局规划，以及绿地分期建设规划。

（6）历史文化名镇保护规划

历史文化名镇保护规划是历史文化名镇总体规划的重要专项规划。其目的在于保护历史文化名镇和协调历史文化名镇保护与建设发展之间的关系。该规划主要内容包括确定保护原则、内容和重点，划定保护范围和建设控制地带及环境协调区，提出保护措施。

历史文化名镇保护的主要内容包括：历史文化名镇名村的历史格局和风貌；与历史文化密切相关的自然地形、地貌、水系、风景名胜、古树名木；反映历史风貌的历史地段、街区和建筑、建筑群，文物保护单位；体现民俗精华、传统庆典活动的用地和设施等。

历史文化名镇保护规划应分析小城镇历史、社会、经济背景，体现名镇的历史价值、科学价值、艺术价值和文化内涵。

历史文化名镇保护范围应严格保护该地区历史风貌，维护其整体格局及空间尺度，其保护规划应制定建筑物、构筑物和环境要素的维修、改善与整治方案，进行重要节点的整治规划设计，同时划定保护范围外围的划定建设控制地带和环境协调区的边界线，提出相应的规划控制和建设要求。

（7）小城镇旅游发展总体规划

小城镇旅游发展总体规划是以旅游为主导产业的旅游型小城镇总体规划的重要组成部分，或者是旅游型小城镇不可缺少的一项专项规划。

小城镇旅游发展总体规划主要内容包括：小城镇旅游资源评价与合理开发利用，旅游空间格局与功能分区，旅游产品开发，旅游交通，旅游基础设施与配套设施规划。

小城镇旅游发展总体规划宜在评价旅游资源、旅游产品开发档次与旅游市场预测的基础上，同时酌情考虑接轨和融入相关区域旅游经济圈。

（8）县、乡土地利用总体规划

小城镇土地利用总体规划应与县级、乡级土地利用总体规划相衔接与协调。

土地利用总体规划是依据国民经济和社会发展规划，国土整治和环境保护的要求，土地供给能力以及各项建设对土地的需求，对一定时期一定行政区域内的土地利用进行总体战略部署的规规，也是对其土地开发利用和保护所制定的目标和计划。

土地利用总体规划分为国家、省级、地级、县级和乡级五级土地利用总体规划。

与小城镇规划相关的土地利用规划主要是县级和乡级（也含某些地级）土地利用总体规划。

县级土地利用总体规划的主要任务是根据上一级土地利用总体规划的要求和本地土地资源的特点，分解落实土地利用的各项指标，划分土地用途区，重点划定小城镇和村镇建设用地区、独立工矿区、农业用地区等，为土地用途转用规划许可提供依据。

县级土地利用总体规划的主要内容包括：

1）确定全县土地利用规划目标和任务。

2）合理调整土地利用结构和布局，制定全县各类用地指标；确定土地整理、复垦、开发保护分阶段任务。

3）划定土地利用区，并确定各区土地利用管制规划。

4）安排能源、交通、水利等重点建设项目的用地。

5）将全县土地利用指标分解落实到各乡、镇。

6）拟定实施规划的措施。

乡级土地利用总体规划的主要任务，是按照县级规划的要求，将各类用地指标、规模和布局落实到地块，并将农田保护区规划、村镇建设规划、土地整理规划落实到土地利用总体规划图上。

乡级土地利用总体规划的内容，主要是在乡域土地利用现状分析的基础上，重点阐明并落实上一级土地利用总体规划的指标和各类土地用途区用地控制的途径和措施。

（9）村庄整治规划

村庄整治工作是我国社会主义新农村建设的核心内容之一。村庄整治有利提升农村人居环境和农村社会文明，有利改善农村生产条件，提高广大农民生活质量、焕发农村社会活力，有利于改变农村传统的农民生产生活方式。

村庄整治规划是政府引导、规范和实施村庄整治工作编制的村庄规划，也是组织实施新农村建设的规划指引和工作指南，也是镇乡村涉及的一项重要规划和镇乡村规划的重要组成之一。

村庄整治规划及其行动计划的目标任务按照“生产发展、生活宽裕、乡风文明、村容整洁、管理民主”的中央关于新农村建设要求，可具体归纳为经济发展、道路硬化、统一供水、房屋整洁、人畜分离、水冲厕所、沼气入户、环境优美、林果成荫、文明和睦10个方面。

村庄整治规划的主要内容包括村庄现状概况与存在问题分析、整治规划与整治行动计划。

第四节　镇乡村规划编制方法及借鉴

1. 小城镇规划相关问题分析

小城镇规划直接关系到小城镇健康可持续发展，小城镇规划相关问题主要有以下方面：

1）小城镇规划建设布局不合理　造成小城镇建设布局不合理的主要原因是：

① 未能从小城镇发展战略高度，认识和重视小城镇规划，小城镇规划落后于小城镇发展。

② 小城镇规划水平普遍较低。

其一是现有小城镇规划队伍整体实力相当薄弱，近年来一些省市，甚至于县（市）也成立了村镇规划设计单位、规划设计咨询公司等，但是尚刚起步，规划设计人员严重缺乏，发展条件普遍较差。

其二小城镇规划收费标准普遍较低，小城镇规划一般都由资质低、条件差的规划设计单位、部门完成，难以通过竞争招标等手段，保证规划质量。

③ 缺少县（市）域城镇体系规划及其实施的组织与协调，由此造成城镇体系网络、层次不清，城镇职能难以正确定位。

现有城镇规划编制办法，没有突出城镇体系的重要指导地位，而小城镇各自为政的传统规划建设方法，往往使得县（市）域城镇体系规划与镇区规划变成“二张皮”；除普遍缺少县（市）域城镇体系规划指导外，一些编制了区域城镇体系规划的地方，由于缺乏规划实施的组织与协调，还是不能落实小城镇布局与职能的正确定位。例如苏州西部次区域小城镇规划，在2001年苏州行政区划调整前，该区域16个小城镇中大部分属于苏州下辖的吴县市，也曾做过本区域规划，但一是规划缺少本区域发展战略研究：二是缺少规划实施组织协调，本区域小城镇规划建设仍然各自为政，区域规划难以实施。

2）我国小城镇发挥集聚、辐射和带动作用距离规划目标要求差距很大

① 主要原因首先是小城镇人口规模普遍偏小。我国设镇标准低，1984年10月我国调整后的设镇标准规定，乡政府驻地非农业人口达到2000人左右就可以建镇，加上历史原因，我国小城镇人口规模普遍偏小，而许多小城镇规划的人口规模依据不足，直接限制小城镇规模经济的发挥，降低小城镇对农村剩余劳动力以及外来人口的吸纳能力，影响其集聚、辐射、带动作用的发挥。

我国小城镇镇区人口只有少数超过1万人，多数都在5000人以下。以经济发达、人口稠密的浙江省为例，全省建制镇中城镇人口规模在1万人以下的占80%，5000人以下的占一半。黑龙江省除7个县城镇人口规模较大外，其他286个小城镇中，人口大于1万人的只有52个，占农村小城镇总数的14.7%，不足3000人的小城镇91个，还有24个小城镇人口不足千人。而我国一批大城市和特大特市的郊区也同样存在相当数量规模偏小的小城镇，与中心城的发展很不适应。以广州市的小城镇建设为例，广州市中心城区已超过600万人（含暂住人口），而含暂住人口在内的镇区人口不足1万人的小城镇占44%（其中11个镇镇区人口小于5000人），1万~5万人的占35%，而5万人以上只有7个。又如对苏州西部次区域700多km^2的15个小城镇2001年现状镇域人口统计，小于2.5万人有4个占26.7%，3万~3.5万5个占33.3%，3.9万~5万6个占40%，平均镇域人口仅3.5万人左右，镇区人口与其腹地镇域农村人口都偏小，而其小城镇分布密度却相当高。

星罗棋布的小城镇规模偏小，同样达不到规模经济，无法形成社会服务及其设施建设的合理规模，也严重影响城镇集聚和辐射功能的形成。

② 其次小城镇布局和职能定位不尽合理，小城镇规划理论方法，特别是小城镇相关城镇体系规划理论方法的研究，以及小城镇规划建设相关政策、标准法规的研究基础薄弱，明显落后于当前小城镇发展等问题。

我国地域辽阔、地区经济发展很不平衡，不同地区小城镇发展的基础差别很大，小城镇发展需要有相当的经济实力作为基础，而且不同地区不同类型的小城镇需要有其辐射的适宜腹地范围。小城镇的区域差异性和类型的不同性，要求小城镇根据不同的区位条件和要素分析，确定小城镇规划布局的合理功能定位、规模和地理分布。而近些年来一些地方不顾客观条件和经济社会发展规律，片面追求小城镇发展、盲目攀比、一哄而起，功能重叠、重复建设，不但造成资源浪费，也直接影响小城镇的集聚和辐射，以及健康可持续发展。同时，也从一个侧面暴露当前小城镇规划理论方法与相关政策、法规研究以及管理机制方面存在的问题和薄弱环节。

3）小城镇用地粗放，居住和工业布局分散，用地浪费严重，存在规划相关问题不少

① 小城镇用地指标偏高。相当长时间我国小城镇与村庄人均建设用地比城市高出近1/3，同时，我国幅员辽阔，自然环境、生产条件、风俗习惯非常多样，长期缺乏规划与管理的建设，导致全国各省（自治区、直辖市）小城镇现状人均建设用地水平差别很大。根据有关部门提供的1988～1999年小城镇与村庄建设统计资料，1988年各省建设用地指标中，镇区幅值为50～742m^2/人，村庄幅值为55～865m^2/人，1999年镇区幅值为64～428m^2/人，村庄幅值为60～462m^2/人，相差幅度虽由15倍缩小为7倍左右，但总的来说差别还是很大，同时根据统计资料分析我国东部、中部平均镇区人均用地面积达150～160m^2，有50%以上的省、市的建制镇人均用地面积在150m^2以上，其中内蒙古、黑龙江、辽宁、海南、吉林等省自治区建制镇人均用地面积在200m^2以上，明显超过相关城镇用地标准。说明节约用地是小城镇规划和建设中的一个突出问题。

表2-1为根据有关统计的我国不同地区小城镇人均用地面积。

表2-1　我国不同地区小城镇人均用地面积统计

地区	人均用地面积/（m^2/人）									
	1990年	1991年	1992年	1993年	1994年	1995年	1996年	1997年	1998年	1999年
东部	124.83	126.90	131.05	133.18	139.39	151.46	146.38	151.89	151.63	152.19
中部	167.7	156.30	161.67	161.04	157.86	154.57	157.81	159.79	160.16	159.13
西部	95.11	91.24	90.31	90.33	91.25	113.32	111.87	112.34	111.99	110.74

注：西部地区小城镇多为经济欠发达地区小城镇，开发建设比较落后、缓慢，小城镇人均用地面积较小。

② 用地粗放，浪费严重。20世纪90年代初期，东部沿海广东、浙江、江苏等省一些地方小城镇建设不合理，占用和浪费土地现象十分普遍，特别是在公路两侧耕地连片征用，多征少用，多占不用，早征迟用，占优存劣的粗放型用地模式，互相攀比、盲目扩张，以及以招商引资为名，行圈地卖钱之实，造成农村耕地的大量破坏和丢失，极大浪费土地资源。同时，这种用地粗放式扩张，吞并了大量作为生态平衡不可缺少的城镇间水网、农业生态绿化隔离地带，造成城镇群与区域生态环境恶化。

③ 土地投入产出效益不高。其主要原因一是小城镇居住和工业布局分散，乡镇工业的大量分散布局，导致占地规模普遍偏大。二是旧镇普遍容积率低，而交通、绿化、公共设施用地不足。三是镇区用地结构不合理，许多小城镇工业用地和居住用地比重过大，功能分区混乱，土地利用无序，用地零碎，建筑零乱；有的镇区布局混乱，尤其是沿公路“长廊式”延伸布局，用地混杂，土地利用综合效益差。

④ 土地闲置和土地供需不平衡。20世纪90年代初期，特别是沿海地区许多小城镇，在

开发区热、房地产热过程中，盲目大片、大量征用土地，但由于规划不切实际或选址不当，开发资金、项目得不到落实，加上宏观经济调整，经济发展速度放缓，致使大量的土地闲置，经过近几年的重视、努力、发展和消化，闲置土地的存量已减少很多，但由于各自为政等经济发展结构和模式未能实现根本性改变、不合理大量征用土地的行为依然存在，仍有土地闲置，同时由于土地使用权转让的关系，在现有的已批复和转让的土地还继续闲置的同时，新的建设用地又不断外延扩张，更突出了土地供需之间的不平衡矛盾。

⑤ 土地污染严重。小城镇处于城乡结合部，目前小城镇产业结构层次普遍较低，越来越多的高能耗、重污染、劳动密集型的“夕阳工业”转移到小城镇，使小城镇成为土地污染严重的地区。一方面是污染物排放的重点区域，另一方面乡镇工业发展很快，但企业规模小，治污能力弱，缺乏防污、治污措施，工业“三废”未经处理大量排放，同时乡镇工业布局分散，不但增加治污难度，而且使得污染、扩散程度和影响范围更大。

⑥ 管理机制不健全、政策法规不完善。许多地方小城镇土地利用规划缺乏与小城镇规划的衔接、协调，土地利用管理的土地规划衔接政策、土地供应政策、宅基地使用政策、承包土地去留政策、土地置换政策、收益分配政策不完善，不能适应小城镇快速发展需要。

4）规划建设“千镇一面”，缺乏特色　很多小城镇规划建设特色不明显是小城镇规划建设存在的主要问题之一，表现在以下方面：

① 规划建设各自为政，“小而全”模式产业趋同、功能同构，缺乏在城镇体系规划指导下，因地制宜地创造和培育产业特色的能力。

② 小城镇大多有丰富的地形地貌和优美的山水自然环境，也有许多乡土文化、历史文化和独特的民俗民风等人文资源，但是规划建设却“千镇一面”，不突出景观、风貌特色；一些小城镇不注重历史文化建筑等地方传统风格、风貌保护，盲目攀比、大拆大建，导致历史风貌逐渐消失，地方文化随之流失；而一些小城镇建筑集中布置在主要公路两侧，加上千篇一律的“火材盒式”建筑更无特色可言。

③ 小城镇城市设计很少，一些条件较优越小城镇的规划中形象特色塑造力度不够。近几年我国城市设计日趋热门，但小城镇城市设计开展还是很少，尚属起步阶段，主要集中在沿海经济发达地区大中城市郊区小城镇和条件优越的县城镇、中心镇，就总体数量来说，还是很少。

2. 小城镇规划若干相关对策

我国小城镇差别很大，存在的规划相关问题有共性的问题，也有非共性的问题。解决上述主要问题的对策，宜既从更高的层面，又从不同视线角度，从近期建设与远期发展结合考虑，促进小城镇健康、可持续发展。

（1）摆脱行政建制和农业经济的小城镇均衡布局传统理念，强化城镇乡发展轴带，划分城镇乡功能等级，调整县（市）域城镇体系，合理布局梯度式小城镇，提升县（市）域城镇体系规划和相应区域规划的指导作用。

在经济全球化和信息网络化的今天，城镇个体空间与城镇群体空间的有机衔接日显重要，而传统的各自为政、小城镇“小而全”的规划模式与方法，削弱与排斥着县（市）域城镇体系规划的指导作用。小城镇普遍存在着两种情况。一种情况是我国大多数地方的小城镇是历史和自然形成的，并按地方行政划分的需要设立，在历史上一般符合经济和社会发展要求，但在社会主义市场经济条件下，从小城镇的发展区位、资源、腹地等条件来看，一些小城镇布局存在明显的局限性。例如，我国乡镇布局密集的沿海地区，在农业经济时代，生产力发展水平低，土地是农业经济基本的重要的生产资料，县域劳动力和人口只能按地域土地相对平均聚居和分布，直至20世纪90年代初，从沿海“村村点火，处处冒烟”的乡镇企业发展到星罗棋布的小城镇，仍然是“均衡布局”模式。但是这种密集均布的城镇体系与城镇结构并不符合工业化和城镇化的发展规律，在市场经济下，小城镇以工业和其他非农产业为依托，各种工业资源和经济要素以效益为取向自由流动。不同区位、不同经济基础的小城镇，工业化和城镇化发展条件差别很大，小城镇不可能均衡发展。另一种情况是近年一些地方片面追求小城镇发展，盲目攀比，一哄而起，造成重复建设、功能重叠、资源浪费。上述两种情况说明小城镇现有的布局和结构必须在研究和规划城镇体系，强化城镇发展轴带，划分城镇功能等级的基础上作出合理适宜调整，才能促进其健康可持续发展。江苏省提出在“十五”规划中“择优培育重点中心镇”作为全省小城镇建设的方向，同时把强化县级市的城市功能作为农村城市化的重点。并在“十五”规划中提出不仅要通过区划调整、撤乡并镇，在5年内进一步减少200多个小城镇，同时要集中力量，把择优确定的219个重点中心镇，率先建设成为交通便利、设施配套、环境优美、各具特色的新型示范镇，从而形成县城—中心镇—一般镇的梯度式县（市）域小城镇合理结构布局。

（2）积极稳妥地进行县（市）域乡镇行政区划调整，为小城镇集约发展创造条件。

结合城镇体系规划，对乡镇行政区划调整，有利于小城镇合理布局，优化区域发展格局，精简乡镇管理。例如，江苏省提出目前着重抓好三种类型乡镇撤并。

1）调整县（市）城区的行政区划，增强县（市）城区在区域经济中的辐射功能和带动作用，重点调整行政区域面积30km^{2}以下的县级市政府驻地镇和行政区域面积20km^{2}以下的县城镇的行政区划。

2）确定中心镇的规模，调整到位。

3）加快撤并规模偏小的乡镇，重点撤并行政区域面积30km^{2}以下或乡镇域人口2万以下的乡镇。

我国现行设镇标准不能适应和促进小城镇可持续发展的要求。中国城市规划设计研究院课题组在小城镇规划标准研究中，建议国家有关部门在组织共同深入相关研究的基础上，对设镇标准及早修订。

（3）加强土地资源的合理、协调利用，节约小城镇用地。

1）制定和完善小城镇规划用地指标，加强小城镇规划节约用地研究。

2）搞好小城镇镇区规划，加强小城镇规划与土地利用总体规划的协调，控制用地无序扩张，实施总量控制措施。

3）结合旧镇改造和土地整理，提高小城镇存量土地利用率。

4）严格控制分散建厂和乡镇企业依托小城镇集中布局，工业向工业园区集聚以连片发展形成规模，提倡单元式、公寓式住宅，人居向住宅小区集聚。

5）促进土地利用方式从粗放外延扩张向集约综合开发和多维空间利用方向转变。

6）制订和完善小城镇土地利用管理政策与法规，加快土地使用制度的改革，建立小城镇土地的市场化配置机制和土地价格的市场化形成机制，促进土地资源的优化和集约利用。

（4）注重小城镇规划的特色塑造

1）坚持小城镇全面统筹规划和合理布局　小城镇规划突出比较优势，突出自身特色，防止雷同、千镇一面。

2）因地制宜，培育产业特色 小城镇特色产业是小城镇经济发展的重要支柱，应在城镇体系规划指导下根据小城镇区位优势、资源条件，小城镇不同类型，因地制宜，构筑与城镇化相适应的经济产业结构，培育符合区域经济特色的优势产业，并找准经济发展和小城镇建设的结合点，实现经济发展和城镇建设相互协调，双向带动。

3）小城镇规划要突出小城镇自然景观和人文景观风貌特色，县城镇和中心镇要在总体规划指导下做控制性详细规划和修建性详细规划，并重视特色塑造。

4）小城镇建筑及建筑群落体现不同民族、不同地域、不同文化背景和农村自然风光特色，并与保护历史街区、传统建筑有机结合。

5）加强历史古镇和历史街区保护，延续历史文脉 历史古镇、文化名镇的改造与保护应采取小规模渐进改造与整治，以利保护性有机更新；以及采取古镇保护与新区开发相对独立的格局，并强化对全镇整体环境的控制，使新区建设与古镇总体格局相协调。

3. 小城镇规划编制改革对策

小城镇规划编制要以全面、协调、可持续的科学发展观，从重确定开发建设项目转向重保护和合理利用各类资源，明确空间管制要求。

小城镇总体规划从重确定小城镇性质、规模、功能定位转向重控制合理的环境容量和确定科学的建设标准，促进人居环境改善和小城镇可持续发展。

（1）规划编制项目与内容改革

1）完善编制规划项目与内容 小城镇规划宜酌情重点增加下列规划和规划内容：

① 小城镇生态环境规划。小城镇生态环境规划思想应贯穿整个总体规划。依据小城镇资源—环境—人口—经济分析，确定保护和合理利用各类自然资源和人文资源，重点确定土地资源、水资源的保护和合理利用，明确相关空间管制要求；提出控制合理的环境容量，确定产业结构调整和主导特色产业的培育，确定科学的建设规模和建设标准。

② 县城镇、中心镇中心区城市设计和景观风貌规划。县城镇和中心镇建设是小城镇建设重点，县城镇、中心镇的中心区是小城镇建设的重中之重。县城镇、中心镇中心区城市设计和景观风貌规划对于塑造小城镇特色，提高小城镇建设档次和环境质量，创造优美人居环境起着重要作用。

③ 小城镇居住小区规划和工业园区规划。小城镇居住小区规划和工业园区规划对于引导实施小城镇人口向居住小区集聚，乡镇企业向工业园区集聚起重要作用，同时也是合理布局、节约用地、保护生态环境和改善人居环境不可缺少的。

④ 历史文化名镇保护规划。历史文化名镇保护规划是历史文化名镇总体规划的重要专项规划。历史文化名镇保护规划要确定名镇保护的总体目标和名镇保护重点，划定历史文化保护区、文物保护单位、建设控制地区，提出规划分期实施和管理的措施。

⑤ 县（市）域城镇体系规划和小城镇总体规划，要补充完善强制性内容，新编制的小城镇规划，特别是详细规划和近期建设规划，必须明确强制性内容，规划确定的强制性内容要向社会公布。

⑥ 小城镇规划强制性内容涉及县（市）域协调发展、资源利用、环境保护、风景名胜资源保护、自然与文化遗产保护、公众利益和公共安全等方面。

小城镇总体规划强制性内容包括铁路、港口等基础设施位置，小城镇建设用地和用地布局；小城镇绿地系统、河湖水系、水厂或配水站规模和布局及水源保护区范围，小城镇或小城镇联建污水处理厂规模和布局，小城镇高压线走廊、微波通道保护范围，小城镇主、次干道的道路走向和宽度，公共交通枢纽和主要社会停车场用地布局，科技、文化、教育、卫生等公共服务设计的布局，历史文化名镇格局与风貌保护、建筑高度等控制指标，历史文化保护区和文物保护单位以及重要的地下文物埋藏区的具体位置、界线和保护准则，镇区防洪标准、防洪堤走向、防震疏散、救援通道和场地，消防站布局，地质等灾害防护。

小城镇详细规划中的强制性内容包括：规划地段各个地块的土地使用性质、建设量控制指标、允许建设高度、绿地范围，停车设施、公共服务设施和基础设施的具体位置，历史保护区内及涉及文物保护单位附近建、构筑物控制指标，基础设施和公共服务设施建设的具体要求。

⑦ 小城镇近期建设规划。依据国民经济和社会发展五年计划纲要，考虑本地区资源、环境和财务条件，编制与五年计划纲要起止年限相适应的近期建设规划。

小城镇近期建设规划应合理确定近期小城镇重点发展区域和用地布局，重点加强生态环境建设，安排镇区基础设施、公共服务设施、经济适用房、危旧房改造的用地，制定保障实施的相关措施。近期建设规划应注意与土地利用总体规划相衔接，严格控制占地规模，不得占用基本农田。各项建设用地必须控制在国家批准的用地标准和年度土地利用计划的范围内，严禁安排国家明令禁止项目的用地。

2）县城镇中心镇总体规划编制内容改革

① 明确提出中心镇建设用地总量控制指标和环境容量控制指标。

② 确定规划区不准建设区（区域绿地）、非农建设区（城镇建设区）、控制发展区（发展备用地）三大类型地区的规模和范围，并提出相应的规划建设要求。

③ 建立中心镇拓展区规划控制黄线、道路交通设施规划控制红线、市政公用设施规划控制黑线、水域岸线规划控制蓝线、生态绿地规划控制绿线、历史文化保护规划控制紫线等“六线”规划控制体系，并提出具体控制要求。

④ 增加中心镇总体规划、详细规划中有关规划控制、综合协调和空间管制的政策、导则或导引、图则的法规内容。

（2）规划编制方法与程序的改革

规划编制方法与程序的改革主要考虑以下方面：

1）先确定规划区不准建设区，即先确定规划不能动的范围。

2）再确定规划可动地区，即规划非农建设区和控制发展区，研究可动地区如何规划建设，如何控制建设。

3）重视交通道路规划在小城镇空间布局中的规划引导作用。

4）不准建设区、非农建设区、控制发展区按以下规定确定：

① 不准建设区。不准建设区（区域绿地）包括具有特殊生态价值的自然保护区、水源保护地、农田保护区、海岸保护带、湿地、山地、重要的防护绿地，以及在重要交通干道和市政设施走廊两侧划定的禁止建设的控制区等。不准建设区也包括工程地质、地震地质条件不允许建设的控制地区。

② 非农建设区。非农建设区（城镇建设区）包括镇中心区、工业区、乡村居民点等全部非农建设用地范围。中心镇规划应根据土地总量控制要求和用地安排需要，确定中心镇非农建设区的范围。

③ 控制发展区。中心镇域范围内不准建设区和非农建设区以外，规划期内原则上不用于非农建设的地域为控制发展区，一般为中心镇远景发展建设备用地。

5）“六线”规划控制体系按以下规定确定：

①中心镇拓展区规划控制黄线。“黄线”是用于界定中心镇新区、工业新区等新增非农建设用地范围的控制线。

② 道路交通设施规划控制红线。“红线”是用于界定城镇主、次干道及重要交通设施用地范围的控制线。

③ 市政公用设施规划控制黑线。“黑线”是用于界定各类市政公用设施、地面输送廊道用地范围的控制线。

④ 水域岸线规划控制蓝线。“蓝线”是用于界定较大面积的水域、水系、湿地及其岸线保护范围的控制线。

⑤“绿线”是用于界定中心镇公共绿地和开敞空间范围的控制线。

中心镇建设区以外的区域绿地、环城绿带等必须同样进行严格控制和保护的开敞地区，也应一并纳入“绿线”管制范畴。

⑥ 历史文物保护规划控制紫线。“紫线”是用于界定文物古迹、传统街区及其他重要历史地段保护范围的控制线。

6）小城镇规划编制要符合城镇体系布局，规划建设指标必须符合国家规定，防止套用大城市的规划方法和标准。

4. 小城镇规划的公众参与和规划公布方法

公众参与、规划公布和信息反馈是小城镇规划编制与管理的重要环节；也是进一步促进市民对规划、对政府决策的理解和支持，调动社会各界和市民建设城镇积极性，以及城镇建设适应市场经济的一项重要举措；同时也是进一步提高规划实效性和可操作性的重要保证。

（1）我国城市规划编制公众参与、规划公布与信息反馈的现状分析

我国城镇规划编制实行公众参与、规划公布与信息反馈已经多年，取得很好效果，也积累了不少经验。不但在相关规划理论探讨与规划实践中得到规划界的日益重视，而且也越来越成为广大市民的共识，并得到广大民众的支持。

公众参与、规划公布与信息反馈贯穿规划编制的全过程。规划初期通过当天电视、报纸、信息网及时报道本市城市规划编制消息，规划设计单位向民众发放相关调查内容的抽样调查表，政府城市规划行政管理部门通过各行业渠道，征求对规划编制要求；规划编制方案阶段、成果阶段除相关信息报导外，在适宜的时候，用适宜的方式公布规划，征求各行业、各部门与广大市民的意见，收集各方面的反馈信息。城市社会经济发展、空间布局、基础设施、人居环境无不与社会各阶层、各部门以及每一个市民密切相关，规划公布往往激发不同社会阶层的公众参与规划的愿望与热情，而公众参与及信息反馈促进规划编制进一步完善与深化。例如 1988 年和 1989 年海南省刚成立，在中国城市规划设计研究院海南分院编制省府海口市首轮城市总体规划中，当时就在报纸登载征求意见的规划方案，曾在社会各界和市民中引起极大鼓舞和反响，又如 2002 年、2003 年中国城市规划设计研究院编制徐州市城市总体规划中，有一位十分关心本地建设，退休以来一直潜心研究本地优质铁矿资源综合开发利用，并曾给地方政协提案的退休高级工程师，自从新闻媒体得知城市总体规划修编开始以来，就多次主动找到规划局和规划编制组为规划编制献计献策，共同探讨他提出的在城市规

划区的利国镇规划建设集矿产开采、冶炼、铸造为一体的“国际一流铸造城”的可能性，充分表明城市规划的公众参与、规划公布与信息反馈深得人心。

深圳市通过公众参与，强化规划实施监督的做法也很典型。深圳市城镇规划法定图则在社会上的认知程度很高，市民不仅对法定图则结果关心，对编制过程也很关心，参与和监督的意识很强。深圳市通过不断摸索，总结出一套多层面、多进程、多渠道的公众参与规划模式。规划参与在人员上涵盖了市民、专家和各有关部门；在方式上，图则编制前期可通过规划主管部门召集的协调会表达意见，在草案形成后可通过规定的公众展示对内容提出建议，在图则实施后还可通过调整程序提出自己的意见；在沟通渠道上，推行总展场、辖区分展场、网上展厅三种图则展示形式并行的做法，市民随时通过规划展厅、网站、咨询电话等方式及时了解图则的情况。深圳市最近开辟了独立域名的城市规划委员会网站，得到广大市民的好评。随着公众参与的不断深入，有关法定图则的信访和投诉增加，反映公众参与对促进图则的科学制定，监督图则的有效实施起着重要作用。

深圳市政府城市规划行政主管部门还将继续拓宽公众参与的渠道，进一步深化委员会的公开听证证制度，增加规划决策的透明度，同时加大规划公示的力度，将法定图则的个案调整也列入法定公示范围，并且研究公众参与的裁决规则，对于公众的不同意见，规划委员会如何确定生流意见，意见的效力如何，如何取舍并最终实现对各方意见的协调，对不能吸收的意见如何对待等。这些问题随着公众参与规划深度和广度的加强，都将以程序性的制度形式，确保公众参与制度的规范、合理和有效。

但是，就总体来说我国城镇规划，特别是小城镇规划公众参与还是不足，据广东等地小城镇相关调查，现有小城镇规划编制和审批过程中普遍存在缺乏公众参与问题。一是政府其他部门参与不足，对小城镇规划了解和参与很少，二是社会各界和民众参与不足，公众对规划参与和支持不足，更不能发挥公众对规划编制、审批和实施的监督作用。由此造成编制单位规划编制调研不深，成果过于理性化、套路化，使得规划成果的代表性与认同性不足，同时规划公众参与的不足也严重影响通过规划编制宣传规划，普及规划知识，树立小城镇规划的权威。

公众参与、规划公布与信息反馈不仅是规划编制管理中，促进市民对规划、对政府决策的理解和支持不可缺少的重要环节；也是进一步调动社会各界和市民建设城镇积极性和城镇建设适应市场经济的一项重要举措；同时也是进一步提高规划实效性和可操作性的重要保证。

（2）国内外公众参与、规划公布与信息反馈的比较

国外发达国家城市规划编制很重视规划公布与信息反馈，英国的地方规划编制，把它作为整个规划编制体系的相对独立阶段，包含在规划编制的磋商、咨询、修改三个阶段中。

表 2-2 为我国城市总体规划与英国地方规划公众参与规划编制的相关比较。

表 2-2　我国城市总体规划与英国地方规划公众参与规划编制的相关比较

比较阶段	比较内容	
	我国城市总体规划	英国地方规划
① 为纲要前期方案阶段 ② 为磋商阶段	① 现场调查同时向社会各界公众对规划相关内容抽样问卷调查，并召开相关各部门的资料收集和征求意见座谈会 前期方案主要在城市建设系统范围的有关部门汇报交流、征求意见并进行必要修改，规划主管部门认可后，酌情向市领导班子汇报征求意见	② 主要对规划草案在政府有关行政部门的小范围，进行为期 6 周的规划公布和信息反馈，经过磋商，对规划草案进行必要的修改，再提交有关部门审核

（续）

比较阶段	比较内容	
	我国城市总体规划	英国地方规划
① 为纲要成果阶段 ② 为咨询阶段	① 根据纲要前期方案阶段的基础资料和专题研究资料编制，规划纲要进一步作专题论证和方案比选，包括分析构思、协调、论证、比选、修改、反馈等工作过程 当地人民政府组织专门的纲要审查会议（含上级主管部门组织有关部门和专家对其中城镇体系规划的评议和协调），审查和修改意见形成正式会议纪要，修改方案、审查批复后的纲要成为编制正式成果的依据 采用不同范围，适当方式，公布纲要规划方案，征求社会各部门意见	② 由规划管理部门公布规划，并在较大范围进行为期6周的公众咨询，通过公众听证解决意见分歧，规划方案的实质性修改必须向公众公布
① 为成果编制阶段 ② 为修改阶段	① 根据编制成果的依据，补充相关社会调研和编制、完善正式成果，规划主管部门审查同意后，由上级主管部门组织成果专家评审会，根据评审意见再修改、完善，并按审批程序上报审批 其间包括多次论证、交流、协调、修改与反馈的工作过程，审批后规划公布	② 公布经前一咨询阶段已作修改并将采纳的规划方案，若公众没有进一步修改的建议经决策部门同意，规划方案即被采纳；若公众有修改意见或决策部门提出修改意见，则重复新一轮的公众咨询和修改程序，直至没有进一步修改建议，决策部门同意，规划被采纳

（3）小城镇规划公众参与、规划公布与信息反馈的作用机理和机会、法律基础

我国小城镇总体规划，同样涉及社会经济发展、空间布局、基础设施、生态环境等各个方面。小城镇建设以城乡互融，实行农村城镇化为社会发展目标，并在以小城镇为中心，发展经济的同时，创造优雅人居环境，实现人与自然和谐共处，这一切无不与小城镇社会各界、各部门、居民、农民息息相关。而且我国小城镇建设落后，底子薄弱，要适应当前小城镇快速健康发展形势，必须在规划指导和政府政策引导下，招商引资，动员和鼓励企业、个人等社会各个方面共同参与小城镇建设，通过小城镇规划编制中的公众参与、规划公布和信息反馈，激发不同社会阶层的公众参与，完善深化规划，共同建设小城镇的热情，使社会各阶层公众，包括企业与个人看到参与编制的规划根本上体现民众与自己的长远利益和意愿。从这一层意义上讲小城镇规划编制中，推行公众参与、规划公布和信息反馈更有必要。

充分发挥公众参与规划，有利小城镇建设招商、容商，有利鼓励、吸引和刺激民间投资，通过独资、股份、租赁等多种形式发展乡镇企业和个体经济，有利通过项目融资模式和多元投融资机制，加快小城镇基础设施和其他工程项目建设，有利发挥市场机制作用，依靠社会力量搞好小城镇建设，吸收利益各方共同参与小城镇规划，通过公众参与、规划公布和信息反馈修改完善深化的小城镇规划。

公众参与、规划公布和信息反馈在促进小城镇规划适应社会经济快速发展需要，引导包括乡镇企业和个体经济在内的小城镇各项建设纳入科学合理的小城镇规划轨道，以及在通过多方协商达成利益均衡，增加规划的实效性、可操作性中起到重要作用。

我国城市规划编制的公众参与、规划公布与信息反馈虽然取得可喜的成绩，但在推行的力度和深度上还是很不够，编制规划缺乏对社会各阶层、各团体、国有企业、集体企业和个

体企业的不同利益及其对城市建设发展的不同需求的深层次调查和综合分析，不能充分反映社会不同阶层、团体、个体等的公众的意见和利益要求。规划编制公众参与、规划公布与信息反馈工作的开展各地很不平衡，而小城镇规划编制的公众参与，则尚属起步。其关键问题在于现行规划编制办法和管理程序，尚没有把公众参与的民意社会调查，征求有关社会各界意见，规划公布和信息反馈等纳入到法定程序上来，成为制度化。

上述方面我们与国外发达国家相比尚有较大差距，尽管我们尚未建立完善可作借鉴的诸如公众听证、公众质询之类法定程序等管理组织机制，但一旦走上法制轨道，通过不断完善，我们完全能够做得更好，因为我国城镇规划编制建立公众参与有资本主义国家无法相比的社会基础和法律基础。具体来说：

1）中国共产党是中华人民共和国执政党，“党的三个代表思想”深入人心。而我国城镇规划编制的公众参与，本身也是体现代表中国最广大人民的根本利益。

2）我国城市和小城镇经济已由国有经济和集体经济扩展到个体经济、私营、联营、股份制、外资、中外合资、港澳台投资经济等多种经济成分，城市与小城镇开发建设涉及融资、投资、招商、容商等各个方面，城镇规划的编制决策和实施必须考虑各方不同利益要求，并通过多方共同参与和协商达成城镇建设的各方利益均衡，这是新时期城镇规划编制公众参与的客观要求和社会基础。

3）改革开放以来，针对我国城镇社会、政治、经济发生的重大变化，我国社会经济政策作了重大调整，并以国家大法《中华人民共和国宪法修正案》先后确立城镇土地所有权和使用权分离的制度，规定“土地使用权可以依据法律的规定转让”；“国家实行社会主义市场经济”；“国家在社会主义初级阶段，坚持公有制为主体，各种所有制经济共同发展的基本经济制度，在法律规定范围内的个体经济、私营经济，是社会主义市场经济的重要组成部分”。这不仅是我国社会主义计划经济体制转型到社会主义市场经济体制的法律基础，同样也是新时期我国城镇规划编制公众参与的法律基础。

4）《中华人民共和国宪法》规定：“中华人民共和国的一切权力属于人民”，“人民依照法律规定，通过各种途径和形式管理国家事务，管理经济和文化事业，管理社会事务……”我国宪法的这些规定是我国城镇规划编制公众参与的社会民主政治法律基础，是西方国家所无法相比的。

（4）小城镇规划公众参与、规划公布与信息反馈的若干建议

提出公众参与、规划公布与信息反馈的若干建议措施主要是：

1）我国城镇规划编制的公众参与、规划公布和信息反馈应立足于我国的国情，因势利导，充分利用我国优越的社会主义制度有利条件，发挥与挖掘蕴藏在人民中的公众参与的巨大政治热情和潜在动力，使“人民当家做主”和“人民城市人民建”成为实际行动。

2）在新的城乡规划编制办法和管理程序中把公众参与的民意社会调查等和规划公布、信息反馈正式纳入到法定程序，逐步规范化、制度化。

3）总结并逐步推广地方公众参与城镇规划编制的好经验、好办法。

我国上海、青岛等地城市规划编制、审批管理有许多好的经验，住房和城乡建设部副部长仇保兴于2002年8月12日在全国城乡规划工作会议上的讲话提出“要推行上海、青岛的经验，公开规划编制、调整、审批的全过程。”

4）借鉴国外公众参与规划编制的先进管理办法，对公众关系密切的用地和建设项目布

局试行必要的公众听证制度，争取公众的更大理解和支持。

5）规划方案阶段加强对城镇社会各阶层、各部门、团体、企业和个体对城市建设发展的不同需求的深层次民意调查和综合分析，并通过规划方案适宜公布和信息反馈，充分反映社会不同阶层、团体、个体等的公众意见和利益要求。

6）城镇规划公众参与的实施应包括总体规划和详细规划两个规划阶段，亦应包括规划图则编制和城市设计等。

7）普及城镇规划知识提高全民的城镇规划意识，特别是应做好小城镇规划知识普及和民众参与试点工作。

8）因地制宜借助各种新闻媒体途径进行规划公布和信息反馈，包括报刊、广播、展览、宣传栏等，并逐步建立政府政务电子信息系统网络，为政府与公众“对话”创造更便利的条件。

9）地方政府城乡规划主管部门宜结合当地实际把公众参与规划公布和信息反馈纳入到加强城镇规划建设管理的实施细则，加大公众参与城镇规划编制、决策和实施的力度及深度。

5. 小城镇规划的分区分级分类指导

小城镇不同于城市，不仅在于它是“城之尾，乡之首”，是城乡结合部的社会综合体，而且我国地域辽阔，小城镇量大面广，不同地区、不同等级、不同类型的小城镇差异性很大，不同小城镇对规划要求也各不相同。

我国小城镇的上述特点，决定小城镇规划必须遵循分区分级分类指导的原则。

（1）小城镇规划及其标准、导则研究中的分区分级

根据不同地区、不同规模级别、不同类型小城镇现状条件与规划发展的明显差异性，按小城镇分区、分级的不同要求编制标准、导则指导小城镇规划是必需的。

根据我国小城镇规划的特点和实际情况，国家小城镇规划相关重点课题研究在大量有代表性小城镇调研分析基础上，衔接相关规范，提出以下划分方式。

按规划等级层次划分，小城镇可分为县城镇、中心镇、一般镇三个等级。

按人口规模划分，小城镇可分为大、中、小三个等级。如表2-3所示为小城镇按人口规模分级。

表2-3　小城镇按人口规模分级

分　级	小　型	中　型	大　型
镇区人口规模/万人	<1	1～3	>3

考虑小城镇基础设施配置特点及其投入效益等相关因素，小城镇基础设施的合理水平和定量化指标选择宜划分一级、二级、三级3个等级小城镇。

一级镇：县驻地镇、经济发达地区3万以上镇区人口的中心镇，经济发展一般地区2.5万以上镇区人口的中心镇。

二级镇：经济发达地区一级镇外的中心镇和2.5万以上镇区人口的一般镇，经济发展一般地区一级镇外的中心镇和2万以上镇区人口的一般镇，经济欠发达地区1万以上镇区人口县城镇外的其他镇。

三级镇：二级镇以外的一般镇和在规划期将发展为建制镇的集镇。

此外，小城镇规划本身包含不同层次规划的等级划分。

小城镇规划及其标准、导则研究中的分区一般分东部地区、中部地区、西部地区，分别对应经济发达地区、经济发展一般地区和经济欠发达地区。

根据需要，尚可细分为沿海地区、京津唐地区、东北地区、边远地区、山区等，以更切合实际，指导不同地区的小城镇规划。

（2）不同地域不同分布形态和发展趋势的小城镇规划分类指导

不同分布形态类别的小城镇在规划模式与发展格局上有很大的差别，不同地域小城镇的分布形态基本可分为三大类：

第一类小城镇及其规划是城市规划区及城市规划的组成部分，其现状和发展趋势多为城市，但在规模、发展速度、功能布局上与中心城尚有许多不同，应在按城市规划模式和方法整体规划的同时，区分其与中心城的差别，规划标准也应考虑上述原则。

第二类小城镇规划应侧重考虑其作为一定农村区域经济发展中心的特点及其与城市规划的较大区别。在经济发展上侧重城乡一体化区位优势发挥和小城镇特色产业培育；在用地和基础设施布局上侧重区域整体规划指导，统筹规划、联合建设、资源共享；在规划标准上应在考虑与城市区别的同时，考虑处于城镇发展核心区、密集区的先进性的较高要求。

第三类小城镇规划较多体现农村区域城镇联系相对疏松小城镇的特点，在规划理论方法上与城市规划有更大不同，应侧重考虑县域城镇体系规划的指导和因地制宜原则，重视基础设施建设。规划标准应侧重考虑合理水平、技术指标的较大差别与远期发展可能缩小的差别。

（3）其他不同类别考虑的小城镇规划分类指导

不同分类小城镇之间会存在很大差别，按其不同的地区、性质、功能、规模对规划用地布局及其各项规划标准有不同的要求，规划也有不同的侧重。因此，将小城镇按地理特征、功能、空间形态发展模式的不同进行分类。

综合型的小城镇一般为县域政治、经济、文化中心的县驻地镇或农村一定区域经济、文化中心的中心镇。其对规划及其标准的各项要求和其他小城镇不同，一般都有较高起点和标准，以满足其中心城镇发展要求。

利用当地资源形成特色主导产业的特色产业型小城镇，规划往往与其产业要求有很大关系。如生态旅游型小城镇对其侧重的生态环境规划、旅游规划、景观风貌规划及城市设计都有较高要求，对交通、通信、环保、环卫基础设施标准会有更高要求。

工业起主导地位的工业主导型小城镇，注重用地布局、用地平衡，往往对工业用地规划有更高要求，对交通、水电、通信等基础设施有超前发展的要求。

商贸流通型小城镇，对集市贸易、商业服务、邮电金融一类公共设施和交通、通信等基础设施规划及其标准会有更高的要求。

小城镇的众多不同分类及其存在差异决定其规划必须按不同类别分类指导，不能简单套用城市的规划模式与要求。

（4）不同层次规划的小城镇规划分级指导

遵循小城镇不同层次规划分级指导原则是指导好各项小城镇规划的重要保证。

不同层次的小城镇规划及其分级指导相互关系主要反映在以下方面：

1）县（市）域城镇体系规划　县（市）域城镇体系规划指导小城镇总体规划、镇（乡）村体系规划以及镇（乡）域规划的编制。

2）小城镇总体规划　小城镇总体规划主要指县城镇、中心镇和一般镇为主要载体的建制镇总体规划。小城镇总体规划指导小城镇详细规划的编制。

3）小城镇详细规划　小城镇控制性详细规划指导修建性详细规划的编制。

小城镇修建性详细规划可直接指导小城镇当前开发地区的总平面设计及建筑设计。

4）其他小城镇规划　其他小城镇规划与相关规划也同样有不同层次的分级指导关系，并主要体现在其相关层次（同一层次或上一层次）的城镇体系规划、总体规划、详细规划的指导关系上。

6. 城镇密集地区的县（市）域镇村布局规划方法借鉴

江阴地处江苏苏锡常城镇密集地区“金三角”的几何中心，交通便捷、经济发达。江阴市镇村布局规划对于经济发达城镇密集地区的县（市）域镇村布局规划来说，颇有代表性，其城镇布局、村庄布点、工业企业布局整合、农村用地布局整合，基础设施、社会设施统筹共享的城乡统筹规划理念与方法颇值借鉴。

（1）空间与产业布局现状特点

1）市域空间布局

① 市域空间布局已经呈现出片区集聚发展的趋势，市域四个片区内城镇规模迅速发展，农村人口向城镇转移的速度近年来一直处于较高水平，城市化进程处于高速发展期。

② 城镇人口密度增加，片区内土地集约开发模式正逐步摆脱原有各自行政地域的约束，且还在不断地集聚，第二、三产业活动主要向片区中心集中，“一城四区”的构架逐步形成。

2）市域产业布局　产业布局在全市域内展开，全市已经形成以纺织、服装、冶金、机械为支柱产业，各片区均有一定规模的、相对独立的产业作为支撑。全市产业的集群度和网络化程度越来越高，对城市的发展建设提出了新的要求。

3）农村居民点现状特征

① 村庄布局分散。全市陆域共有自然村落2847个，平均每平方公里超过3个自然村村庄，其中大部分为50户以下的小村庄。人口规模在800人以上村庄数占村庄总数比例小；人口规模在300~800人之间村庄数占村庄总数比例为23.2%；人口规模在300人以下的村庄数占村庄比例为74.5%。

② 较多地方出现“空心村”现象。

③ 基础设施不完善。自然村庄内道路、给水、排水、电信、燃气等基础设施难以配套，污水处理设施缺乏，大部分生活污水经化粪池简单处理后直接排入河道，污染环境。

④ 公共设施落后。由于农村自然村庄布局分散，导致农村文化、教育、卫生、社区服务等公共设施布局难以到位，制约了农村居民生活质量的进一步提高。

（2）城镇布局

根据市域城镇的分布特点，结合城市总体规划市域城镇空间布局的目标形态确定为“一城四区”即中心城区和澄东、澄西、澄南、澄东南四片区。

（3）村庄布点规划借鉴

1）规划基本原则

参阅本章“7. 村庄整治规划的基本要求与方法中（4）村庄整治规划思路与方法”中的村庄布点应考虑的原则要求。

2）布局与景观规划建设导则

① 布局要求。改建、扩建型农村居民点应妥善处理与新旧居民点的建设关系，积极推进旧居民点的改造和整治；重视保护和利用历史文化资源，注意保护原有居民点的社会网络和空间格局，加强绿化和环境建设；扩建居民点应与原有居民点在社会网络、道路系统、空间形态等方面良好衔接；公共服务设施宜集中布置，形成居民点活动中心，并应与公共活动场地结合布置。

② 景观要求。重点加强居民点入口与公共中心的景观环境建设，营造标志性景观效果；根据农村居民点整体因素，确定建筑风格及建筑群组合形式。新建建筑应强调与原有建筑风貌的协调，反映地方特色；加强平面绿化和立体绿化结合、绿化布置与水面结合；尽量保留现有河道水系，并加以整治和沟通，河道设计应满足防洪和排水要求。

3）住区规划设计要求　居民点的建设一般以公寓房建设为主，在规划城镇建设用地范围内，现状城镇建设用地范围外的农村居民点人口规模大约在3000～8000人，容积率也控制在1.0～1.2之间，绿化率在35%以上。在城镇建设用地范围外的农村居民点，人口规模大约在1000～4000人，容积率也控制在0.5～0.8之间，绿化率在35%以上。

农村居民点的建设一般以保留现状村庄跟规划新型农村居民点相结合的方式，规划设计注重新的农村居民点与保留自然村落之间的协调，考虑农民生活习惯，如小区设计在宅前路的规划、底层空间使用、住宅建筑的层高等方面，尽量体现农民的生活方式，为农民服务。

（4）乡镇工业布局整合规划借鉴

1）落实科学发展观，转变经济增长方式，优化产业布局，加速产业结构调整，探索新型工业化发展道路，全面增强工业经济竞争力，实现工业经济的持续快速健康发展。

2）乡镇工业企业坚持向园区集中，集约发展的原则，积极进行资源和空间整合，推动农村产业集聚。

3）对于零星分布的企业及规划园区外围的工业分阶段逐步拆迁，统一安置，对于规划园区内的现有工业企业进行保留。

工业拆迁结合工业园区（集中区）规划分类分期进行。首期安排纺织加工业，二期逐步安排工业园区的二三类工业，如化工、印染、材料、化学、大型机械等，可以等工业园区的各类配套设施到位以后再搬迁，既减轻了对环境的污染，又减少了企业因搬迁引起的损失。

（5）农林用地布局整合规划借鉴

根据农业资源不同，现有农村产业分布和要求不同，因地制宜进行农业产业结构和布局调整。坚持以人为本和全面、协调、可持续发展的科学发展观。经济效益、社会效益、生态效益兼顾，达到人与自然和谐，农村与城市一体，农业与二、三产业配套，经济社会与环境资源相协调。通过规划，农业结构、要素配置、农业设施、农业环境、产品质量、经营管理得到全面优化和提升。通过规划形成不同农业片区的功能特色、产业特色和景观特色。

整合规划的农林产业包括：绿色粮油产业、经济林果产业、花卉苗木产业、现代蔬菜产业、现代畜牧产业、现代水产业及旅游农业产业。

（6）基础设施和社会设施统筹规划共享

1）道路网规划　市域通过高速公路、快速路、一级二级公路联系，镇域主次干道按总体规划、市域二级路网规划、片区总体规划进行规划，村庄道路与镇域主次干道相衔接。

2）给排水工程设施　区域供水系统覆盖市域城镇，给水管网环状布置。

排水采用雨污分流制，镇区污水处理厂较近村庄同时共享。

3）供电、通信工程设施　4 个电厂、1 个 500kV 变电站，城镇村用电共享。电信与有线电视统筹考虑以后发展，预留一定孔数。

4）环卫设施　全面实行垃圾分类收集，按焚烧、填埋、综合处理的各自要求全面进行分类收集。农村居民点生活垃圾主要采用垃圾桶加侧装车或后装压缩车收运方式。垃圾运输向集装化、大型化发展。分类后的无机垃圾尽量回收利用，有机垃圾近期以卫生填埋为主，远期以焚烧为主。农村居民点垃圾收集后，送至镇垃圾转运站，再送至市垃圾处理厂处理。

5）社会共享设施　教育设施：统筹城镇村配套，新建学校要考虑以后发展；卫生设施：设立社区卫生服务中心，服务人口 3 ~5 万人，服务半径 1.5 ~2km，偏远地区设立社区卫生服务站。服务人口 1 ~1.5 万人，服务半径 1km。

规划每万人设置医疗点一个，具有为居民进行日常预防保健及简单医疗功能。

片区级（人口 5 万 ~10 万）建设 1 处综合文化设施用地，内容包括社区图书馆、文化馆、影视中心、书店。

组团级（人口 3 万 ~5 万）建设 1 处综合文化设施用地，内容包括文化站、图书借阅、影院、文娱活动。

7. 村庄整治规划的基本要求与方法

（1）村庄人居环境现状及存在问题

根据有关调查分析，我国许多村庄人居环境主要存在的问题有以下几个方面：

1）饮用水安全问题

① 一些水源选择不规范、不卫生，水源地没有保护。

② 缺乏必要的水净化处理设备、消毒设施和除砂、防浑浊设施，没有定期对贮水设备进行清洗消毒，水质不达标。

③ 许多村庄没有自来水。

④ 生活污水随意排放，影响饮水安全。

2）排水及污染问题

① 许多村庄没有排水及污水处理设施。各种污水通过渗漏排放造成农村地表水、地下水与土壤的污染。

② 养殖户和养殖场未对畜禽粪便进行无害化、减量化和资源化处理，并且养殖生产污水直接渗漏或流入场外排水沟，对周围环境形成严重污染。

③ 缺乏下水道系统和集中的化粪池，多数农户的人畜粪便堆积在院内的粪坑内，造成污水、粪便的集中，无害化处理困难，以及形成严重环境污染。

3）生活垃圾污染问题

① 生活垃圾没有集中收运和经卫生填埋场集中处理，而是随意堆放、填埋，特别是堆放填埋在水源地沿岸、泄洪道内、村庄内外池塘里、居民点边缘，造成严重环境污染（图 2-1、图 2-2）。

② 没有分类垃圾处理。

③ 分散养殖助长生活垃圾肆虐。

4）道路问题

① 过境道路穿越村庄，并且缺乏道路交通管理设施，村民出行安全造成重大隐患。

图 2-1　水源地沿岸、泄洪道里、村庄内外的池塘里、村庄居民点的边缘，垃圾随意堆放与填埋

图 2-2　村庄宅旁的污水塘与粪堆

② 多数村庄道路没有硬化，恶劣交通条件给村民出行带来严重不便（图 2-3）。

a）

b）

图 2-3　没有硬化的道路和排水设施

③ 道路规划建设与管理不规范，不符合国家标准要求，多与村庄建设缺乏协调。

5）防灾安全隐患

① 许多村庄不在消防站责任区范围。

② 村内严重缺乏消防设施与消防装备。

③ 消防通道或没有或不符合要求。

④ 存在多种火灾隐患，防患意识薄弱。

⑤ 缺乏防洪排涝设施。

⑥ 普遍存在河沟、河流受阻，严重影响防洪排涝。

6）公共服务设施

① 公共服务设施项目不配套，不能满足村民文化生活需要。

② 公共卫生防疫设施更为薄弱，一些卫生防疫仍然是空白。

（2）村庄整治及规划的基本原则

村庄整治应遵守以下主要基本原则：

1）尊重农民意愿，农民选择的原则。

2）坚持资源整合利用与节地、节能、节水、节材原则。

3）因地制宜、分类指导原则。

4）就地整治、城中村和空心村改造、散户散村及易灾村落迁建等有区别、多模式整治的原则。

5）坚持基本整治项目优先和注重实效的原则。

6）保护村庄历史遗存，弘扬传统文化的原则。

7）营造村庄宜居环境的原则。

（3）村庄整治规划基本要求

1）村庄整治规划应以治旧为中心，以公共设施、公共环境的整治与改善为主要内容，避免混同于其他建设性规划。

2）应深入调查、科学评估、征求农民意愿、结合当地实行来合理确定整治项目、整治措施与整治时序。

3）整治规划内容与要求应既满足当前需要又兼顾长远发展。

4）规划主要技术文件应符合村庄整治的实施要求，规划成果图表包括：现状图、整治布局图、主要指标表、投资估算表、实施计划表及说明书。

5）村庄整治项目应包括涉及农民生命财产安全与生产生活最急需的基本整治项目和其他整治项目两大类。

基本整治项目包括安全与防灾、给水工程设施、垃圾处理、粪便处理、排水工程设施、道路桥梁及交通安全设施。

其他整治项目包括公共环境、坑塘河道、文化遗产保护、生活用能。

（4）村庄整治规划思路与方法

我国开展村庄在整治工作以来，涌现出一些不同地域、不同类别的村庄整治规划范例，这对各地村庄整治规划编制起到了较好的示范作用，对村庄整治工作起到积极推动和指导作用。

本节以沈阳建筑大学城市规划研究所完成的沈阳大民屯镇方巾牛村村庄整治规划和四川

省村镇规划建筑设计院完成的四川永安镇白果村整治规划等为例，来分析村庄整治规划实践的主要思路与方法。

1）规划编制特点　方巾牛村是北方地区规模较大的村庄，是有“沈阳棚菜第一村”之称的绿色食品蔬菜生产基地。现状突出问题是道路不成系统、交通不畅、基础设施配套差、饮用水质不达标、土地浪费严重、禽畜混杂，以及坑塘排水干渠堆肥环境污染严重。整治规划针对现状主要问题，着重住宅、畜禽养殖场，公共设施布局、道路水系及绿地景观整治，进行近远期改造规划，提出近远期治理重点和实施举措。本案例规划编制的另一特点是从整治规划到建筑设计，整治项目规划设计完美结合，并落到细处。

白果村位于四川双流永安镇镇域中南部，是内地规模较大的村庄，是成都市的蔬菜供应基地之一。现状突出问题归纳为农宅、公共设施与基础设施、环境以及院落与用地闲置的“散、缺、脏、空”。整治规划针对现状的“散、缺、脏、空”，以及村域聚居点分散、地貌丰富多样的特点，首先进行村域的村庄布点规划，然后针对住宅建筑与用地、公共设施与基础设施、院落环境，提出整治规划与实施规划。本案例规划编制的特点是规划前期调研扎实，规划步骤、目标、方案编制思路明确、成果条例清晰、针对性强。

2）规划步骤与成果编制方法　村庄整治及规划的一般步骤应考虑以下方面：

① 前期村庄布点规划阶段。村庄整治规划一般应以县的县域村庄布点规划（规模小的县）或以镇（乡）的镇（乡）域村庄布点规划为其前期统筹考虑的布点规划依据。

总结相关成功经验，村庄布点应考虑的原则要求包括：以人为本尊重农民意愿，充分考虑农民利益，方便农民生产生活的原则；对适宜迁并的自然村落采取分期向规划布点迁并的规划控制和政策引导相结合的原则，先迁并易受灾害和难发展的贫困村落；区域统筹有利于接受镇区、乡政府驻地辐射，促进镇乡村发展的原则；村庄选址符合耕作半径，与基本农田保护区协调，有利实现现代农业的产业化和规模化经营的原则；有利实现交通便利和基础设施配套的原则；保持现状村落特色，注重与有价值的历史文化遗存或特色村庄的保留相结合的原则；尊重历史形成的合理性，有利实施和符合节地、节能、节水、节材的原则；符合国家相关政策法规和村庄整治标准的原则。

② 村庄整治规划阶段。村庄整治规划可按以下步骤进行：

深入村庄与农户调查以及现状存在问题分析→制定整治目标，确定整治规划框架→提出整治规划内容与具体方案→提出整治行动计划、起步整治项目→投资预算→资金保证→实施与管理。

成果编制包括规划说明书和规划图纸。

a. 规划说明书（含相关表格）

规划说明书包括现状概况与主要存在问题分析，整治规划以及整治行动计划。

现状概况包括村庄区位、自然条件、基本组成、特色与经济状况。主要存在问题包括农宅、用地、道路、公共设施、基础设施及环境卫生等主要方面。表2-4为白果村整治规划村庄建设存在问题表。

表 2-4 白果村整治规划村庄建设存在问题表

问题分类			内容细分
散			(1) 农宅空间分布散 (2) 人均宅基地面积大，利用率低，土地资源浪费
缺	公共设施		(1) 无农民集中活动场，无集中绿地和安全管理机制 (2) 路面的硬化及宅间空地的美化与净化不足
	基础设施	道路	(1) 道路系统不完善，且无路灯 (2) 路基不规则，同一条道路的路面宽度不统一 (3) 道路横断面混乱，同一条道路上的排水沟不连续，绿化系统不连续 (4) 路面质量差，以碎石路面和泥结石路面为主
		管线	(1) 给水现状：白果村尚未设置集中供水设施，村民生活生产用水均取用地下水源，每户村民均设有取水水井，井深6~8m，经过水泵提升至户内供人畜饮用 (2) 雨水现状：村庄内现状雨水采用民房周围排水沟散乱汇集排入至农田的周边农灌渠内 (3) 污水现状：村民生活污水以及畜禽粪便经沼气池处理后用于农灌 (4) 供电现状：村内低压配电线路导线截面普遍偏小，三相供电线路辐射太窄，供电质量较低 (5) 电信现状：村内电信安装率较低，电信线路架设较为混乱，电信分支器老化
		环卫	无垃圾收集点及垃圾箱，农户生活垃圾无收集存放，塑料垃圾乱扔，生活垃圾挖坑堆肥。污染严重
脏			(1) 禽畜养殖不卫生，大养殖户位置不当，影响下游水体和公共卫生 (2) 农房部分未人畜分离，厕所大多为旱厕，卫生条件差；新房水厕，但污水未经任何处理就排放或农用 (3) 家禽在街道及院落随地大小便，公共环境卫生较差
空			(1) 村内院落空地多，农房间闲置地多，宅间杂草丛生 (2) 田园无人管理地段多，景观遭破坏

编制整治规划应依据国家有关政策方针，村庄整治标准，遵循村庄整治基本原则，符合村庄整治基础要求，针对现状调研和存在问题，提出村庄整治规划范围、整治规划原则和各项整治规划内容。在规划方法上可以采取系统工程的方法，按照总体目标和分项目标，提出系统整治思路，然后落实到各项规划及其内容。图 2-4 所示为白果村整治规划整治思路，表 2-5 所示为白果村整治规划内容。

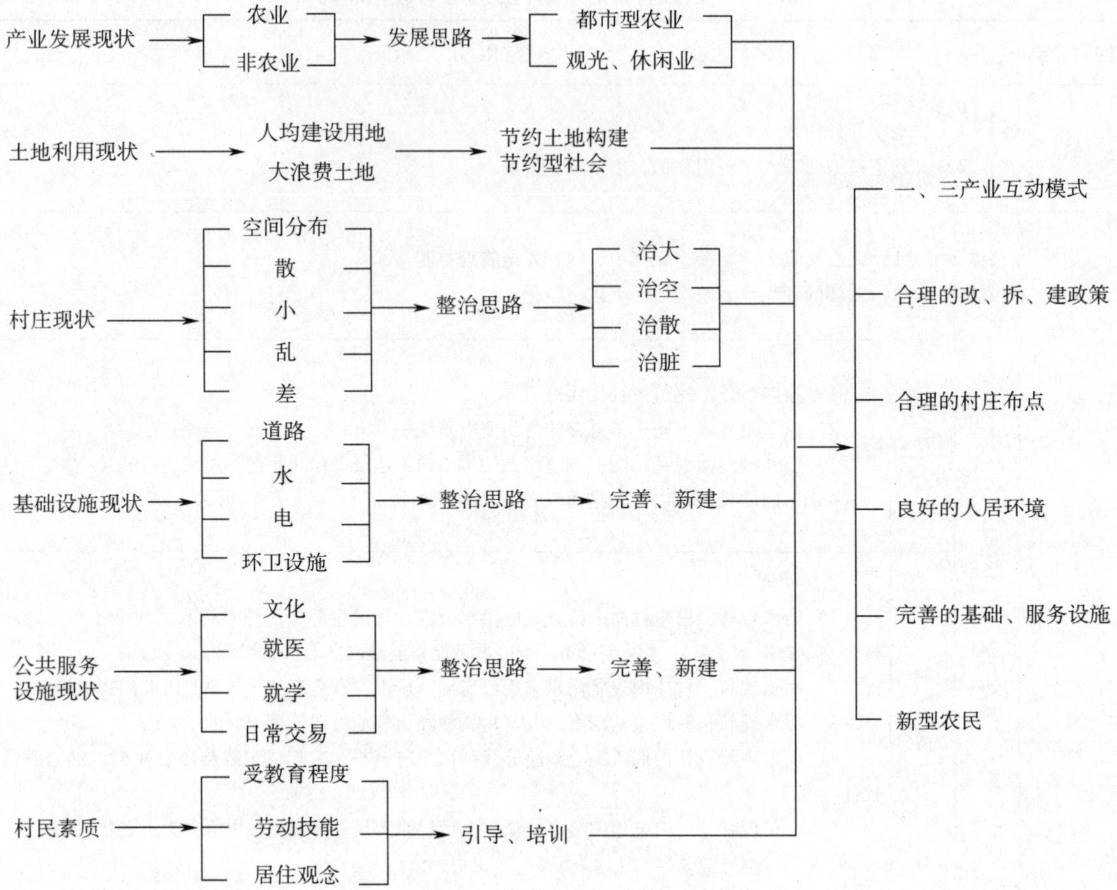

产业发展现状 → 农业、非农业 → 发展思路 → 都市型农业、观光、休闲业

土地利用现状 → 人均建设用地大浪费土地 → 节约土地构建节约型社会

村庄现状 → 空间分布：散、小、乱、差 → 整治思路 → 治大、治空、治散、治脏

基础设施现状 → 道路、水、电、环卫设施 → 整治思路 → 完善、新建

公共服务设施现状 → 文化、就医、就学、日常交易 → 整治思路 → 完善、新建

村民素质 → 受教育程度、劳动技能、居住观念 → 引导、培训

→ 一、三产业互动模式；合理的改、拆、建政策；合理的村庄布点；良好的人居环境；完善的基础、服务设施；新型农民

图 2-4 白果村整治规划整治思路

表 2-5 白果村整治规划内容

问题分类			内容细分
散			（1）农宅空间分布根据《双流县人民政府关于进一步加强农村宅基地管理工作的实施意见》的要求，对现有建筑质量较差的土坯房进行拆除 （2）3 人以下按 3 人计算，5 人以上按 5 人计算，每人 $30m^2$，搬迁村民按一户一处宅基，解决人均宅基面积大，土地浪费问题，利用现有村道进行相对集中安置
缺	公共设施		（1）土石院坝通过水泥、青石板等进行硬化，并结合黄果兰、天竺葵、桂花、黄果树等对庭院进行绿化 （2）结合民居、水塘、农田设置乡土木屋，形成村居休闲点、休闲活动中心
	基础设施	道路	（1）村道：红线宽度为 5m，车行道宽度为 4m，一侧布置路灯，一侧布置绿化 （2）社道：红线宽度 3.5～4m，车行道宽度 3m，在红线宽度 4m 的道路两侧分别布置路灯或绿化；在红线宽度 3.5m 的道路一侧设置路灯 （3）步游道及入户路：红线宽度 1.0～1.5m，以步行功能为主 （4）在车行道路的旁边设计排水沟，采用 30cm 厚 5 号水泥砂浆砌 20 号片石形成排水明沟，建筑基底标高高于场地标高 30cm 以上，排水经院落汇集于道路排水系统 （5）结合步行交通系统及建筑的收放有序，使绿化渗透到每家每户的宅前屋后

（续）

<table>
<tr><th>问题分类</th><th colspan="2">内容细分</th><th></th></tr>
<tr><td rowspan="1">缺</td><td>基础设施</td><td>管线</td><td>（1）给水工程。永安镇自来水厂距白果村仅 598m，规划从永安镇铺设 DN100 供水管线一条，在村内生活主干道侧布置给水管道，保留村民现有的自设取水水井以作为生活杂用水和畜禽用水水源
（2）雨水工程：规划整治区内地形平坦，雨水应顺应地势就近排放，宅院内雨水经雨水明沟汇集排入整治后的两条雨水沟渠。规划区内现有两条雨水明沟，现状为土沟，沟底宽 0.5m，规划整治为采用 30cm 厚 5 号水泥砂浆砌 20 号片石成梯形明沟
（3）污水工程：村民生活废水收纳于沼气池内；生活污水通过 D110PVC 塑料排水管统一收集至集中设置的沼气净化池处理后用于农灌，畜禽粪便排入沼气池处理后用于农灌
（4）电力工程：改造现状供电网络，三相供电网络覆盖率为 100%
（5）电信工程：规范村内电信线路走向，完善数字通信、光纤网络</td></tr>
<tr><td>脏</td><td colspan="3">（1）设公厕一处面积 30m²
（2）垃圾收集点设置 4 处，厕所均改建为水厕，并通过化粪池进行处理
（3）通过建筑内部功能的调整做到人畜分离
（4）养殖大户进行拆迁，设集中禽畜舍圈</td></tr>
<tr><td>空</td><td colspan="3">（1）通过整合院落空间，在宅间种植乡土植物或果树进行绿化
（2）设村庄社区管理委员会，加强对村庄的管理</td></tr>
</table>

整治行动计划，又叫整治实施计划，即依据整治规划落实整治行动计划，包括整治步骤、整治实施项目、起步整治项目、工程量和造价估算、实施措施与建议。

方法：整治行动计划宜加强领导、分期实施、起步整治项目一般为试点阶段整治项目，同时在资金管理、用地审批等方面强调规范化操作和规范审批程序及支付方式。资金筹集在政府帮扶投入的同时，应积极引入市场机制，多渠道筹集建设资金。

表 2-6 所示为方巾牛村环境整治项目实施计划表。

表 2-6　方巾牛村环境整治项目实施计划表

实施顺序	项目名称和内容	投资估算/万元	实施年度
1	养殖小区（一期）：占地 6 万 m^2，建筑 2 万 m^2	375	2006
2	固定垃圾池：20 处	2	2006
3	南部污水管道：Φ300mm×1200m	44	2006
4	北部排干治理：土方 1000m^3，绿地 5000m^2	30	2006
5	秸秆燃气：用户 900 户，占地 5000m^2	300	2006
6	乡路改造：边沟盖板 1300m，路灯 35 盏，步道砖 7800m^2，绿地 2600m^2	54	2006
7	环路改造：柏油路面 3800m×7m，砌筑边沟 2800m	100	2006
8	中心街改造：800m×6m，砌筑边沟 800m	26	2006
9	乡路、北环路围墙整修：2600m	26	2006
10	种植行道树：2600 株	13	2006
11	文化广场：地面砖 2300m^2，绿地 800m^2	20	2006
12	农宅院落整治示范：30 户	15	2006

（续）

实施顺序	项目名称和内容	投资估算/万元	实施年度
13	治理西部水塘：土方 3000m^3，拆迁围墙 600m，附属房屋 400m^2，绿地 2000m^2	14	2007
14	集中供水：供水人口 2800 人	160	2007
15	民居改厕：双坑交替盖板卫生旱厕 500 户	25	2007
16	公厕、小学校厕所：建筑 45m^2，高压水冲式	15	2007
17	南二路改造：柏油路面 1000m×5m，砌筑边沟 1000m	34	2008
18	北二路改造：柏油路面 1400m×5m，砌筑边沟 1400m	46	2008
19	生态湿地：处理污水能力 4.3M/D，土方 1 万 m^3，绿地 4900m^2	30	2008
20	街头绿地：5 处，3000m^2	12	2008
21	整理电力线、照明线、电视线、通信线架设	5	2008
22	迁移扩建供热站：供热量 4.3MW，建筑 300m^2	40	2008
23	南一路改造：柏油路面 1000m×5m，砌筑边沟 1000m	34	2009
24	公园：绿地 5200m^2，地面硬覆盖 1500m^2	30	2009
25	道路交叉口整治：4 处，拆迁房屋 1 栋 80m^2	10	2009
26	乡路拆弯：拆迁房屋 3 栋 180m^2，柏油路面 160m×7m，砌筑边沟 320m	19	2009
27	整修其他等级道路沿线围墙：4000m	40	2009
28	四级道路硬化：4000m×3.5m，砌筑边沟 4000m	72	2010
合计		1591	

表 2-7 所示为方巾牛村整治政府政策支持项目明细表。

表 2-7 方巾牛村整治政府政策支持项目明细表

实施顺序	项目名称	政府政策	建材量估算
1	养殖小区	示范	水泥 3000t、钢材 75t
3	南部污水管道	补助	
5	秸秆燃气	示范	水泥 30t、钢材 1t
6	乡路改造	补助	水泥 60t、钢材 6t
7	环路改造	补助	沥青混凝土 1500m^3、水泥 280t
8	中心街改造	补助	沥青混凝土 300m^3、水泥 80t
9	围墙整修	示范	水泥 330t
10	种植行道树	补助	
11	文化广场	补助	水泥 20t
12	农宅院落整治示范	示范	水泥 30t
14	集中供水	补助	
15	改厕	示范	水泥 120t、钢筋 3t
17	南二路改造	补助	水泥 50t、沥青混凝土 300m^3
18	北二路改造	补助	水泥 70t、沥青混凝土 420m^3
19	生态湿地	补助	
23	南一路改造	补助	水泥 50t、沥青混凝土 300m^3
25	道路交叉口整治	补助	
26	乡路拆弯	投资	水泥 20t、沥青混凝土 10m^3

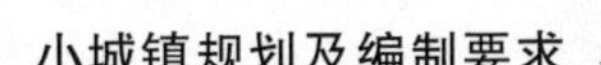

表 2-8、表 2-9 所示分别为某村整治工程项目总表和一期启动区块：整治工程项目表。

表 2-8　某村整治工程项目总表

项　目		数　量	单　价	造价/万元
建筑立面改造		90000m²	18 元/m²	162.0
新建村活动中心		600m²（建筑面积）	800 元/m²	48.0
新建村委、幼儿园		2000m²（建筑面积）	500 元/m²	100.0
新建公厕		1 个		4.0
房屋拆迁		3300m²	200 元/m²	66.0
围墙	拆除	600m	100 元/m	6.0
	改造	450m	200 元/m	9.0
绿化（含小品）		3500m²	100 元/m²	35.0
砌坎		380m	250 元/m	9.5
排水沟		4000m	100 元/m	40.0
架空线整治				28.0
管线（弱电）入地				45.0
道路建设	新建	8000m²	100 元/m²	80.0
	路面整修	8000m²	25 元/m²	20.0
合计				652.5

表 2-9　某村一期启动区块：整治工程项目表

项　目		数　量	单　价	造价/万元
建筑立面改造		50000m²	18 元/m²	90.0
新建村活动中心		600m²（建筑面积）	800 元/m²	48.0
新建公厕		1 个		4.0
房屋拆迁		2000m²	200 元/m²	40.0
围墙	拆除	320m	100 元/m	3.2
	新建（改造）	250m	200 元/m	5.0
绿化（含小品）		2000m²	100 元/m²	20.0
砌坎		400m	250 元/m	10.0
排水沟		2000m	100 元/m	20.0
架空线整治				15.0
管线（弱电）入地				25.0
道路建设	新建	1500m²	100 元/m²	15.0
	路面整修	4000m²	25 元/m²	10.0
合计				305.2

b. 规划图纸包括现状图和各项整治规划布局图意向图。

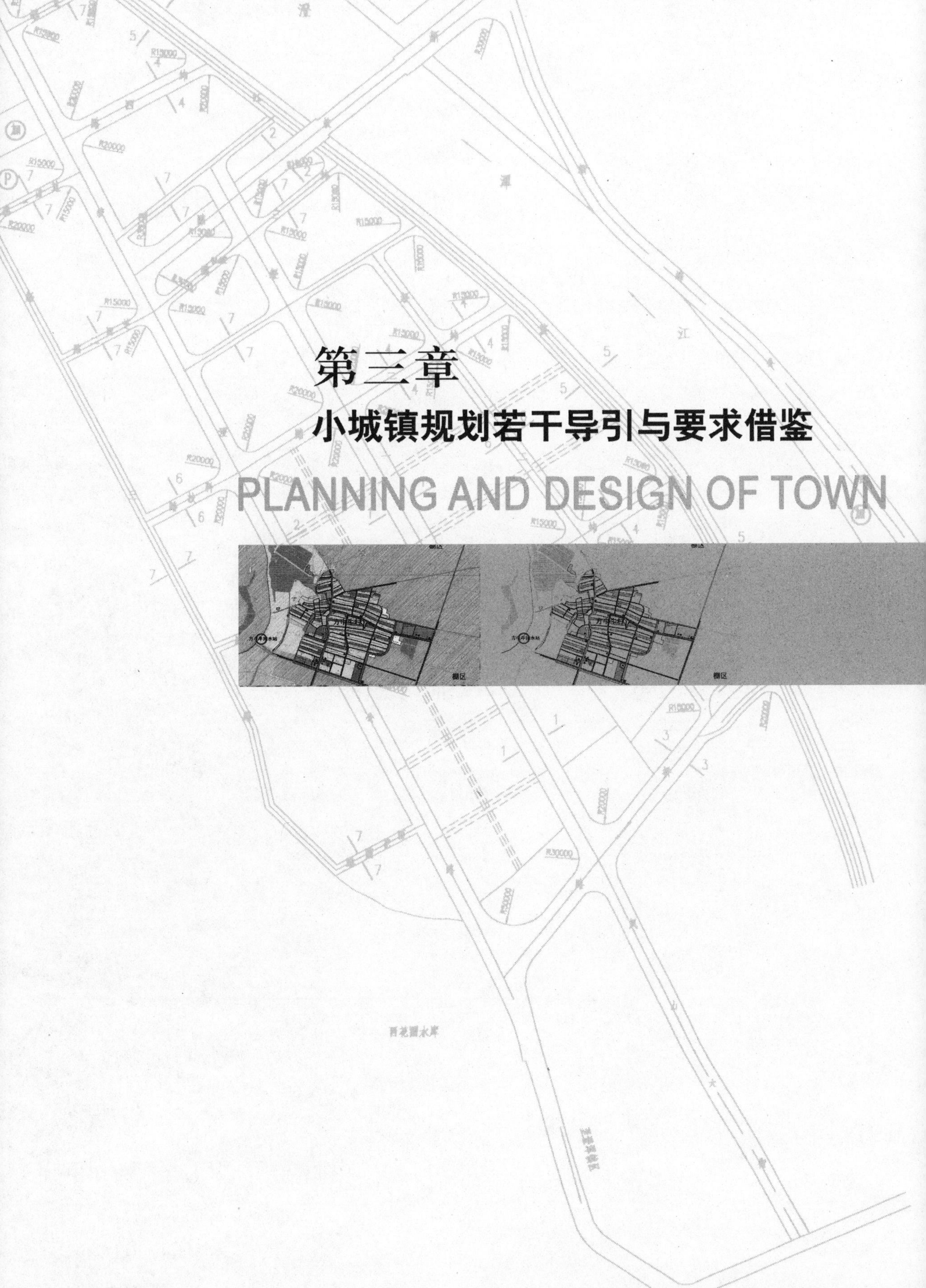

第三章

小城镇规划若干导引与要求借鉴

PLANNING AND DESIGN OF TOWN

选择以下有较好适用性和研究深度的部分规划导引，不仅是借鉴相关规划（要求）导引的内容，而且是借鉴规划方法思路与技术技巧，以便根据小城镇不同类别及规划的实际需要，提高借鉴相关文献与拓宽规划思路的能力。

第一节 县（市）域城镇体系规划导引㊀借鉴

1 总 则

1.1 为促进和规范县（市）域城镇体系规划的编制工作，保障县（市）域城镇体系建设的有序进行，实现城乡之间、地区之间、经济与社会、人与自然的协调发展，特制定本导则。

1.2 本导则主要适用于县域和县级市市域的城镇体系规划的编制工作。

1.3 规划的编制年限一般为二十年，同时应根据地方经济、社会发展规划编制五年的近期规划、二十年的远期规划及远景规划。

1.4 编制县（市）域城镇体系规划应遵循国家相关法律、规范及技术标准，以经批准的省、市城镇体系规划及县（市）国民经济和社会发展战略为依据，并且应与相关规划相协调。

1.5 县（市）域城镇体系规划由县（市）人民政府组织编制，经有关部门技术论证后，提请县人民代表大会审议通过，并报上级人民政府批准。经过法定审批程序后的县（市）域城镇体系规划是指导县（市）域空间建设的纲领性文件，具有法律效应。在县（市）人民代表大会的监督下，由县（市）人民政府负责组织实施。

1.6 承担编制县（市）域城镇体系规划任务的单位必须具有乙级以上规划设计资格。

2 基本原则与主要任务

2.1 基本原则

2.1.1 区域整体发展的原则。

2.1.2 服从大局原则。

2.1.3 空间控制的原则。

2.1.4 以人为本的原则。

2.1.5 可持续发展的原则。

2.2 主要任务

2.2.1 落实省（市）域城镇体系规划提出的要求，指导乡镇域规划的编制。

2.2.2 对国民经济社会发展等战略规划进行空间地域上的落实。

2.2.3 优化城镇体系结构，使县（市）与城镇体系成为支撑县（市）域经济发展的高

㊀ 本导引为沈阳建筑大学主持国家科技攻关计划“小城镇及相关区域规划设计导则与标准研究”课题的县（市）域城镇体系规划导则研究的条文部分（条文说明略）。

效载体系统。

2.2.4　控制开发强度，保护资源与环境的可持续利用。

2.2.5　统筹布置基础设施和社会公共服务设施。

2.2.6　科学规划产业发展空间，促进产业结构的调整。

2.2.7　建设各具特色的城镇体系。

3　县（市）域基本情况分析

3.1　区位分析。

3.2　自然条件和自然资源评价。

3.3　历史背景分析。

3.4　经济基础分析。

3.5　城镇发展与城镇化状况分析。

3.6　社会与科技发展水平分析。

3.7　环境与生态环境评价。

4　预测县（市）域人口和城镇化发展水平，制定社会、经济发展战略和目标

4.1　县（市）域总人口预测必须同时考虑自然增长与机械增长，尤其是机械增长的预测要切合地方发展实际状况。总人口预测包括规划期末总人口与分时段总人口预测。

4.2　城镇化水平预测应遵循城镇化发展规律，科学务实，避免盲目扩张，为制定城镇化发展战略提供可靠的依据。为保证预测目标值的准确性，宜采用多种方法进行校核。

4.3　制定城镇化和城镇社会经济发展战略，引导城镇化和城镇社会、经济及环境建设健康、协调、有序地发展。

4.4　制定经济发展目标，宏观调控经济发展速度。

4.5　制定社会发展目标，促进社会各个领域均衡发展，提高城镇化的质量。

4.6　制定资源与环境保护目标，为维持经济建设和保护资源与环境的协调发展提供政策法律保障。

5　确定产业发展空间布局

5.1　根据总体发展战略规划提出的目标，明确经济区域的划分与组织，明确产业结构调整后的发展方向和重点，制定适合本区域的产业发展模式、体现区域整体协调优化发展原则的产业发展空间规划。

5.2　产业发展空间规划应遵循经济发展与资源和环境保护相协调的原则。产业布局应符合生态环境要求，根据风向、河流流向等自然要素和环境条件要求，在适宜工业发展的地区设置工业园区；应综合考虑经济效益、社会效益与环境效益的协调统一；既要利于改善生态环境结构，促进生态环境良性循环，又要有利于发展经济，防止因开发建设不当造成新的

生态环境破坏。

5.3 产业发展空间规划应按照循环经济的理念，模仿自然生态系统，设计合理的生态工业链，提高土地、水等资源和能源的综合利用效率，使园区内企业能够互惠互利、共同发展。

5.4 为保护土地资源，应抑制或整顿开发区的建设，严禁违规圈地、占用农田的开发行为。

6 城镇体系规划

6.1 城镇体系是全县（市）社会、经济与空间发展的核心。县（市）域城镇体系规划是通过对县（市）域人口、资源在城乡之间、城镇之间的合理分配，基础设施的统筹配置以及城镇功能等的科学组织，使县（市）域各城镇在社会、经济及空间发展上形成有机联系的城镇体系网络，支撑县（市）域社会、经济及城镇建设的可持续发展。

6.2 县（市）域城镇体系规划编制重点是：对全县（市）的建制镇和乡镇的发展做出整体规划，优化城镇体系结构，完善城镇体系建设；对中心镇的发展提出具体指导建议，使之成为县（市）域社会经济发展的节点和人口集聚的核心；坚持区域整体发展的原则，克服各个镇、乡的分散性、盲目性建设行为，强调区域资源的协调配置和区域基础设施的共建共享。

6.3 城镇体系空间发展战略应根据城镇发展的历史基础、发展现状和未来趋势以及交通干线对产业聚集与城镇布局的影响程度，既要强化具有区位优势的中心城市、中心镇的集聚功能和扩散效应，又要保证县（市）域空间的均衡发展。制定空间发展战略应避免“形式化战略”现象发生，因地制宜选择切实可行并适合本地区的发展战略模式。

6.4 城镇体系空间结构的组织应根据县（市）域的地缘关系和社会经济联系的密切程度进行必要的分区，并明确每一片区的特点与发展前景，片区界限应尽量保持原有行政区划的完整性。作为一个地域生活和生产的生态共同体，每一片区至少应有一个可发挥主导作用的中心镇。同时，还可根据城镇发展战略与未来社会经济发展的需要，应对有关县行政区划、建制调整提出撤并规划建议，优化城镇体系布局。区划调整的原则是：有利于促进城镇社会经济的发展，有利于加快城镇化的进程，有利于提高城镇居民的生活环境。

6.5 城镇体系空间结构的形式可采用由中心城区、片区、城镇带或城镇组群等构成的模式。应通过优化空间结构，加强中心城市与其他城镇、其他城镇彼此之间的联系，使县（市）域城镇体系形成一个协调发展的有机系统。

6.6 城镇体系规模等级的设置一般按照中心城市——中心镇——一般镇三级城镇体系规模等级结构模式进行考虑，根据实际需要，也可采用中心城市——中心镇——重点镇——一般镇四级城镇规模体系等级结构模式，有条件的可以提出中心村和其他村庄布局的指导原则。城镇体系规模等级的确定可采用多种定性与定量相结合的评定方法，通过建立城镇发展潜力综合评价指标体系等进行评价确定。

6.7 城镇体系职能结构定位就是根据城镇的规模、性质及职能特色等确定城镇的功能地位。其主要目的是提升中心城市的地位，增强中心镇的骨干节点功能，培育各具特色的城镇组群，建立职能清晰、分工明确、布局合理的城镇职能结构体系。城镇体系职能结构定位应符合城镇的实际状况和发展需要，既要突出职能特色，又不宜片面强调职能差异。

6.8　为保障县（市）域城镇化健康、有序、均衡的发展，在强化中心城市建设的同时，应提出中心镇的规划建议，并加大中心镇的建设力度，增强中心镇社会、经济的聚集力和辐射力，发挥中心镇在县（市）域城镇体系中承上启下的重要节点作用，形成以中心城市为核心，中心镇为节点，一般乡镇为基础的有机网络体系。

6.9　城乡居民点体系的组织应按照节约土地、集中建设、完善设施、协调发展的原则，重点建设中心镇和中心村，可提出撤并等区划调整措施，逐步兼并自然村等，优化城乡居民点体系布局结构。城乡居民点体系布局结构一般按照中心城市——中心镇——一般镇——中心村——基层村五级结构体系进行组织，也可根据实际需要，采用中心城市——中心镇——一般镇——中心村四级结构体系。

7　用地空间协调管制规划

7.1　县（市）域空间用地规划原则是有计划地增加中心城市和中心镇的建设用地，逐步降低乡镇居住用地比重，保护基本农田，扩大生态环境保护用地范围，合理安排并限制其他建设用地，严格控制各类开发区的建设，防止利用建设开发区进行圈卖土地的违法行为。

7.2　县（市）域用地功能类型一般可划分为城镇建设用地、乡村建设用地、交通用地、其他建设用地、农业生产用地、环境生态和景观控制用地（文物保护用地、生态旅游用地）等。

7.3　应根据县（市）域空间发展的总体要求，参照土地利用规划中规定的各类用地指标，制定县（市）域空间协调配置规划，应明确标示各类用地的空间范围，并提出不同类型土地及空间资源有效利用的引导性和限制性措施。

7.4　城镇建设用地指城镇各种建设行为所占据的用地，即《城市用地分类与规划建设用地标准》（GBJ 137—1990）和《村镇规划标准》（GB 50188—1993）中规定的九大建设用地类型。城镇建设用地应按照城镇体系规模等级结构，以规划期城镇人口的合理规模为依据，严格按国家标准确定城镇建设用地指标，控制建设用地规模。城镇建设用地应从内部进行合理调整，以内部挖掘为主，新增建设用地应优先利用非耕地和劣质耕地，禁止占用生态林地、生态保护绿地及基本农田。

7.5　乡村建设用地是指集镇区和村庄的建设用地。乡村建设用地应严格按国家标准确定乡村建设用地指标，有计划地引导零散居民点向镇区和中心村集中，逐步压缩乡村建设用地总量。

7.6　交通用地是指城镇区域内的铁路、公路、管道运输设施、港口及其附属设施的建设用地。交通用地的增加应本着合理适量的原则，县级和乡级公路的扩建与改建应严格执行国家相关标准，控制道路建设宽度，并应尽量不占用农田。

7.7　农业生产用地是指各种农业生产行为所占用的土地。应严格保护基本农田，保持耕地总量基本平衡。

7.8　环境生态和景观控制用地是指各种人文景观、自然景观、水源保护涵养区及生态环境保护区等所占用的土地。环境生态和景观控制用地范围内，应重点加强对各种人文景观、自然景观、水源地及生态环境保护区的保护，严格控制各种建设用地的扩张。

8　生态环境、资源以及人文景观保护规划

8.1　县（市）域生态环境、资源以及人文景观保护应从区域整体利益的角度出发，坚持统筹利用、协调共生、保护物种多样性的基本理念，制定人口与资源、环境协调发展的对策和措施，强调生态环境、资源以及人文景观保护规划的整体性、综合性及连续性，加强中心城市与各城镇、各部门系统之间资源与环境保护工作的协调。

8.2　生态环境、资源以及人文景观保护规划的目标是通过制定相关政策和法律，保护区域生态环境、资源以及人文景观，遏制城镇建设给生态环境、资源以及人文景观所造成的破坏；加强生态环境整治，减轻自然灾害的危害；合理开发自然资源和人文景观资源，实现资源保护与开发利用的良性循环，营造人与自然和谐统一的城镇生态环境。

8.3　生态环境、资源以及人文景观保护规划的原则：坚持生态环境保护与生态环境建设并举；坚持污染防治与生态环境保护并重；坚持统筹兼顾，综合决策，合理开发利用；坚持谁开发谁保护，谁破坏谁恢复，谁使用谁付费制度。

8.4　根据土地、水域及森林等生态环境的基本状况和利用功能，应按照生态环境保护对不同区域的功能要求，科学划分生态环境功能分区，并制定相应的保护措施。划分生态环境功能分区的目的就是分类控制开发强度，控制土地用途，防止非农用地的无序蔓延，促使功能区生态环境要素向良性方面发展。

8.5　对水资源、农业资源、矿产资源、林草资源、旅游资源、湿地等重点资源的开发以及道路交通设施建设、新区建设、旧城改造等重大项目应进行环境影响评价，并加大生态环境监管工作力度，严禁可能对城镇人居环境和生态环境造成破坏的建设项目、资源开发项目的实施。

8.6　水源保护区内应逐步完善生态环境保护工程的建设，禁止一切破坏水环境生态平衡的活动以及破坏水源林、护岸林、与水源保护相关植被的活动。对于生态环境已经遭到破坏的水源保护区，应强化环境保护规划的地位与作用，并提出修复生态系统的具体措施，尽快恢复生态系统的良性循环。

8.7　整合生态环境、资源以及人文景观的管理保护部门，进一步完善县（市）、中心镇、一般乡镇三级环保机构建设；完善管理、监测体系，提高环境监管能力，有条件的可建立县（市）资源环境信息中心，定期公示重大资源环境问题并开展相关对策研究。

8.8　强化地方资源环境的保护法规与政策的建设，加大宣传教育力度，使城乡居民理解生态环境、资源以及人文景观保护工作的意义并拥护可持续发展的理念。应充分运用法律、经济及行政等手段，明确生态环境、资源以及人文景观保护的权、责、利。

8.9　应进行全县（市）域生态环境、资源以及人文景观的普查工作，建立动态信息管理系统，对于区域内各种自然保护区、风景名胜区、历史文化名镇、名村以及人文景观等，应制定相关的保护规划，科学处理开发与保护之间的关系，维持相关资源的可持续开发利用。

9　统筹制定各项专项规划

9.1　城镇体系规划中的专业规划主要有道路交通规划、给水工程规划、排水工程规划、

供电工程规划、通信工程规划、供热工程规划、燃气工程规划、社会公共服务设施规划、文物古迹及风景名胜保护规划、环境卫生设施规划、环境保护规划、防灾减灾规划、观光旅游规划等。各项专业规划的编制既要严格遵守各部门专业的标准和技术要求，还要妥善处理纵向衔接、横向协调的相关问题。

9.2 编制专业规划时应根据县（市）的性质、功能及存在的问题，重点突出具有优势的专业规划和解决主要现实问题的相关专业规划，并应重视对基础设施和社会公共服务设施。环境保护及防灾减灾等专业规划的编制。

9.3 按照城镇体系空间结构和规模等级，确定基础设施和社会公共服务设施的空间布局及其服务范围，并提出各级居民点配置设施的类型和标准。

9.4 基础设施和社会公共服务设施的配置应遵循以下原则：

9.4.1 统筹配置、优化协调的原则。

9.4.2 共建共享的原则。

9.4.3 可持续发展的原则。

9.4.4 以民为本的原则。

9.4.5 保护资源与环境的原则。

10 近期建设规划

10.1 根据城镇体系规划中的近期发展目标与近期建设的需要，近期建设规划应确定近期重点发展的城镇、重点建设项目、建设时序及空间用地安排，明确县（市）域近期发展方向、规模和空间布局。

10.2 近期建设项目的确定需要考虑以下几方面因素：一是当前全县（市）社会经济发展和人居环境建设迫切需要解决的“瓶颈”问题；二是决定近期建设项目的规模、标准及资金问题；三是处理好近期建设与长远发展的协调问题；四是综合协调各职能部门近期规划的统筹安排问题。

10.3 近期建设项目的安排应遵循以下几项原则：一是区分轻重缓急，先急后缓；二是集中力量，成片建设，滚动开发；三是优先开发效益好的生产项目。

11 提出实施规划的政策和措施

11.1 设置规划建设协调机构。

11.2 成立城乡发展专家咨询委员会。

11.3 明确县（市）域城镇体系规划的指导地位。

11.4 按县（市）镇体系规划的要求，加强城镇建设分类指导。

11.5 建立规划实施政策保障机制。

11.6 建立规划实施法律保障机制。

11.7 建立规划实施金融保障机制。

11.8 建立规划实施技术保障机制。

11.9 建立民众参与规划制定和监督实施的机制。

附：规划编制程序图（3-1）。

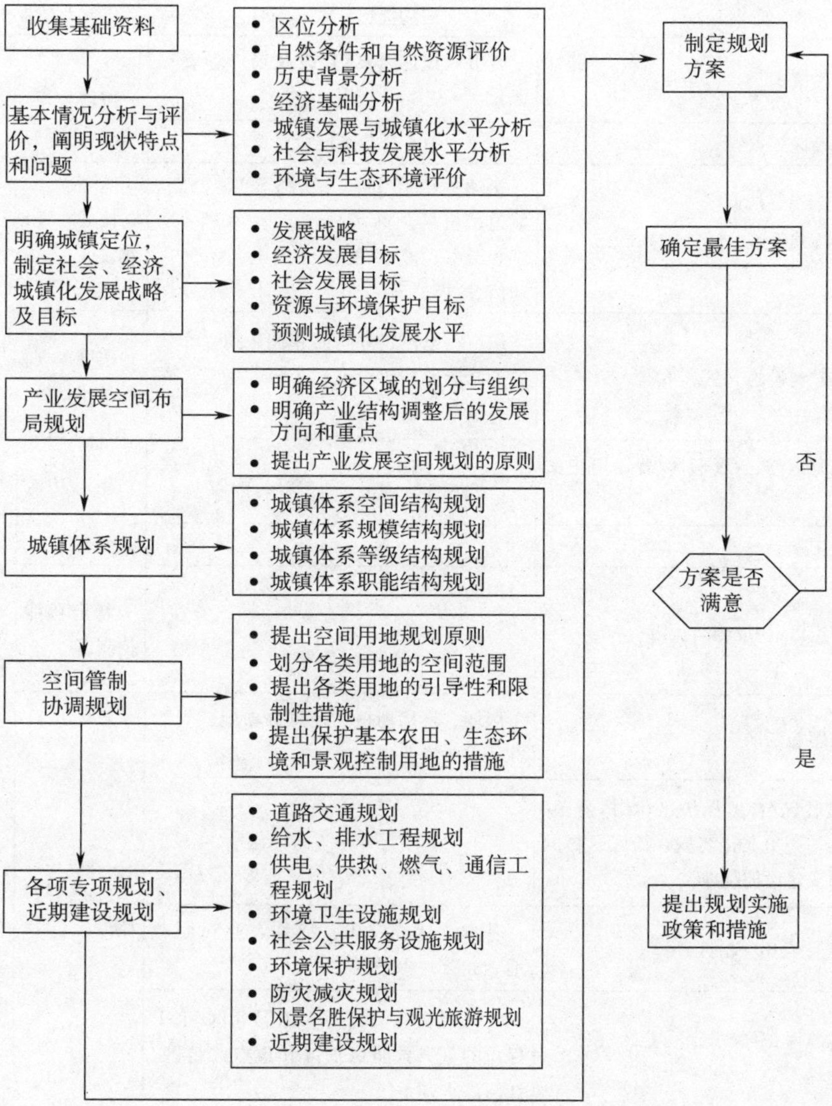

收集基础资料

基本情况分析与评价，阐明现状特点和问题
- 区位分析
- 自然条件和自然资源评价
- 历史背景分析
- 经济基础分析
- 城镇发展与城镇化水平分析
- 社会与科技发展水平分析
- 环境与生态环境评价

明确城镇定位，制定社会、经济、城镇化发展战略及目标
- 发展战略
- 经济发展目标
- 社会发展目标
- 资源与环境保护目标
- 预测城镇化发展水平

产业发展空间布局规划
- 明确经济区域的划分与组织
- 明确产业结构调整后的发展方向和重点
- 提出产业发展空间规划的原则

城镇体系规划
- 城镇体系空间结构规划
- 城镇体系规模结构规划
- 城镇体系等级结构规划
- 城镇体系职能结构规划

空间管制协调规划
- 提出空间用地规划原则
- 划分各类用地的空间范围
- 提出各类用地的引导性和限制性措施
- 提出保护基本农田、生态环境和景观控制用地的措施

各项专项规划、近期建设规划
- 道路交通规划
- 给水、排水工程规划
- 供电、供热、燃气、通信工程规划
- 环境卫生设施规划
- 社会公共服务设施规划
- 环境保护规划
- 防灾减灾规划
- 风景名胜保护与观光旅游规划
- 近期建设规划

制定规划方案 → 确定最佳方案 → 方案是否满意（否：返回制定规划方案；是：提出规划实施政策和措施）

图 3-1　县（市）域城镇体系规划编制程序图

第二节　县（市）域空间管制规划基本要求借鉴

中国城市规划设计研究院主持的小城镇区域与镇域规划导则研究课题提出小城镇区域空间管制规划要求。

根据生态环境保护、节约和集约利用土地、防灾减灾等要求，提出不同类型土地及空间资源有效利用的限制性和引导性措施。应明确区域空间管制规划要求，其主要内容建议为：

1. 在总体空间布局基础上，根据各种空间要素的保护与建设、生态、特定功能，按照不同的法定要求，予以在空间上深化、协调、整合落实，具体建议要素如表3-1所示。

表3-1　小城镇区域空间管制要求

<table>
<tr><th>区</th><th>亚　区</th><th>功能区、线、点</th><th colspan="2">建设管制的基本要求</th></tr>
<tr><td rowspan="3">适宜建设区</td><td>城镇建设区</td><td>城市建设区/城镇建设区（产业新城区）</td><td colspan="2" rowspan="2">按城乡规划适宜建设区</td></tr>
<tr><td>农村建设区、点</td><td>集镇、中心村、基层村位置</td></tr>
<tr><td>基础设施建设区、线（带）、点</td><td>交通：轨道交通（铁路等）、公路、航道、机场及站场、港口等/水利、防洪、给水、排水/能源（供电、燃气）、通信/垃圾处理</td><td colspan="2">按城乡规划及专业规划适宜建设区</td></tr>
<tr><td rowspan="4">重点监控区</td><td>独立工矿与设施（区）</td><td>矿产、电厂、危险品仓储、独立布置的如修造船厂等企业、市场、宗教、军事、监狱、墓地等</td><td colspan="2">按城乡规划与专业规划严格控制建设区</td></tr>
<tr><td>普通旅游区/旅游度假区/普通历史文化遗产区</td><td></td><td rowspan="2">生态功能区</td><td rowspan="2">非建设为主与特殊审批建设区</td></tr>
<tr><td>一般农田</td><td></td></tr>
<tr><td>机场净空区/核设施防护区</td><td></td><td>特定功能控制区</td><td>按特定功能要求控制建设或非建设区</td></tr>
<tr><td rowspan="6">禁止建设区</td><td>生态敏感脆弱区</td><td>湿地、珍稀动植物栖息分布地、天然林、重要渔业水域</td><td rowspan="4">环境敏感区</td><td rowspan="4">非建设主导与特殊审批建设区</td></tr>
<tr><td>风景名胜区/自然保护区/森林公园/文保单位、历史文化名城、街区、村的保护范围及建设控制地带</td><td></td></tr>
<tr><td>（基本）农田保护区</td><td>基本、标准农田、特色农业（原产地、养殖）保护区</td></tr>
<tr><td>饮用水源保护区/水土涵养区/蓄滞洪区</td><td>江河源头区、重要水源涵养区/水土保持的重点预防保护区和重点监督区/江河洪水调蓄区</td></tr>
<tr><td>生态绿化区、廊道</td><td>生态公益林、（城郊、防灾）生态绿化区、区域性生态廊道</td><td>生态功能区</td><td>非建设为主与特殊要求建设区</td></tr>
<tr><td>水利设施功能保护区/公路两侧用地/防护林区</td><td></td><td>特定功能控制区</td><td>按特定功能要求控制建设或非建设区</td></tr>
</table>

注：1. 空间管制一般应落实至区、亚区。功能区、线、点可视具体情况确定；基础设施建设区、线（带）、点视重要与控制要求也可部分或全部划入重点监控区。如需要也可划定禁止建设区。

2. 上表以东部发达地区为例设计，其他地区可参照执行。

2. 明确区域空间管制的层次、内容、重点、措施，对跨区域空间管制要素提出管制方式。内容等方面的建议。在空间管制规划中应合理布局如下区域空间要素：

1）城市（镇）建设区　城市建设区、城镇建设区（含独立型产业新城、新区）及主要功能区。

2）村镇体系　集镇、中心村、基层村位置。

3）农田保护区　主要集中的、成规模的基本农田，尤其要明确标准农田范围。

4）生态绿化区　主要集中的、成规模的山体、平原、滨水、城郊绿化及区域性生态绿化廊道等，明确生态公益林范围。

5）基础设施通道与节点　主要的机场、港口、航道、铁路、轨道交通、高速公路、国道、省道、其他公路（一般至中心村）与城镇对外公路或城镇间主要联系道路与站场，供水、供电、排污主要管网走向、设施节点及与交通通道一起设置的基础设施走廊等。

6）城乡社会设施　主要的教育、卫生、文体、福利及其他的有必要的行政、科技、市场等设施。

7）其他重要区域与节点　如风景旅游、历史文化遗产、自然保护、水土保持工程、特色农业、防灾控制、自然资源（如珍稀动植物保护区、江河湖海库、湿地、滩地）、景观、水利工程、机场净空、核设施防护及其他的工矿、物流等区域或节点。

第三节　小城镇区域基础设施配置导引㊀

1　总　则

1.0.1　为科学编制小城镇区域基础设施规划，合理布局与配置区域性基础设施，实现小城镇区域性基础设施联建共享，避免重复建设，节省投资，提高效益，促进城乡一体化发展编制本导则。

1.0.2　本导则包括以下小城镇区域性基础设施配置导则：

1）小城镇区域性公路系统设施配置导则；

2）小城镇区域性给水系统设施配置导则；

3）小城镇区域性排水系统设施配置导则；

4）小城镇区域性供热系统设施配置导则；

5）小城镇区域性燃气系统设施配置导则；

6）小城镇区域性电力系统设施配置导则；

7）小城镇区域性通信系统设施配置导则。

1.0.3　本导则称小城镇指县城镇、中心镇和一般镇为主要载体的建制镇。

1.0.4　本导则适用于小城镇区域性基础设施，包括区域性公路、给水、排水、供热、燃气、电力、通信设施统筹规划与共享配置。

1.0.5　本导则涉及的小城镇区域主要是指小城镇所在县（市）域，也指跨县（市）行

㊀　本导引为中国城市规划设计研究院主持的小城镇区域与镇域规划导则研究课题编者负责完成的小城镇区域基础设施配置导则的条文。

政范围的小城镇密集分布的城镇区域范围，同时也包括小城镇所在城市区域范围。

1.0.6　本导则涉及基础设施共建共享的小城镇应主要为城镇密集分布型和紧临中心城区的近郊型小城镇。

1.0.7　小城镇区域基础设施应以区域城镇体系规划为依据，结合所涉及区域规划、流域规划统筹规划，综合安排。

1.0.8　小城镇区域基础设施应依据和按照统筹规划，在相应的一级城镇规划行政主管部门组织协调下实行政府投资及集体、个人股份也包括外资股份在内多元组合的多种投资融资渠道的共建共享开发模式。

2　小城镇区域性公路设施配置导引

2.1　小城镇区域性客、货运公路与过境公路

2.1.1　小城镇区域性公路是以小城镇为主的区域范围内涉及的公路，应包括县（市）域范围小城镇与城市之间、小城镇与小城镇之间、小城镇与乡之间客运、货运公路，也包括跨县（市）行政范围的城镇区域范围小城镇与城市之间的客运、货运公路；以及上述区域范围的小城镇过境公路。

2.1.2　小城镇区域涉及的公路按其在公路网中地位分干线公路和支线公路，其中干线公路分国道、省道、县道和乡道；按技术等级划分可分为高速公路、一级公路、二级公路、三级公路和四级公路。

2.1.3　小城镇区域性客运、货运道路应能满足小城镇区域性客运、货运交通的要求，以及救灾和环境保护的要求，并与小城镇区域性客运、货运流向相结合。

2.1.4　小城镇过境公路应遵循下列原则：

1）小城镇过境公路应与镇区道路分开，过境道路不得穿越镇区。

2）小城镇过境道路路由选择应结合小城镇远期规划，在小城镇镇区之外，规划区边缘设置。

3）对原穿越镇区的过境道路段应采取合理手段改变穿越段道路的性质与功能。

2.2　小城镇对外区域交通量预测及对外交通方式

2.2.1　小城镇对外区域交通量预测应以小城镇经济社会发展和小城镇总体规划，以及县（市）域城镇体系规划为依据。

2.2.2　小城镇对外交通包括小城镇对外客运交通和对外货运交通。

2.2.3　公路应是绝大多数小城镇主要对外交通运输方式，小城镇对外交通运输方式还包括铁路、水路方式，并应结合自然地理和环境特征等因素合理选择。

2.3　小城镇对外区域交通组织

2.3.1　小城镇道路应尽量减少与公路的交叉，以保证公路交通的畅通、安全和有序。

2.3.2　小城镇过境交通应尽可能与城镇内交通分离，互不干扰又有机联系。

2.4　小城镇区域性共享公共运输站场

2.4.1　小城镇应设置专用的公路汽车客运站，县城镇和中心镇应设长途客运站1~2个，其中1个为中心站，镇区人口5万以上至少应有1个4级或4级以上长途客运站；一般镇宜设1个长途客运站，并宜结合公交站设置。

2.4.2　小城镇应按不同类型、不同性质规模的货运要求，设置综合性汽车货运站场或物流中心，以及其他经过车辆的集中经营场所。

2.4.3　小城镇公路汽车客运站、汽车货运站场等公共运输站场预留用地面积，按相关规范规定。

2.4.4　小城镇过境、外来机动车公共停车场，应设置在过境道路和镇区出入口道路附近，主要停放货运车辆，同时配套相应的服务设施。

3　小城镇区域性给水设施配置导引

3.1　区域给水系统、水源保护地与水资源供需平衡

3.1.1　小城镇区域给水系统统筹规划应依据区域城镇体系规划或区域规划以及河流流域规划，并与小城镇区域排水系统统筹规划等相关专业规划相协调。

3.1.2　小城镇区域给水系统供水范围的水资源和用水量之间应保持平衡，当区域城镇用同一水源或水源在规划区域以外时，应进行区域或流域范围的水资源供需平衡分析。

3.1.3　选择小城镇区域性给水水源，应以小城镇区域水资源勘察或分析研究报告和小城镇区域供水水源开发利用规划及区域、流域水资源规划为依据，同时应满足小城镇区域用水量和水质等方面的要求。

3.1.4　涉及流域的水资源和近郊紧临城市型小城镇区域供水水源地应依据相关区域规划和城市总体规划在相关区域规划范围中统筹规划及协调共享配置。

3.1.5　涉及城市远郊、密集分布型小城镇区域供水水源地应在市域城镇体系给水系统规划中统筹规划和协调共享配置，当城镇群区域涉及跨行政区域时，其共享水源地应在跨行政区域的相关城镇区域规划中确定。

3.1.6　小城镇区域水源选择的其他要求同城镇水源选择有关标准要求。

3.1.7　小城镇区域水源保护应符合有关标准规定。

3.2　区域性水厂设置

3.2.1　小城镇区域性的水厂设置应以区域城镇体系规划或区域规划为依据，统筹规划、优化配置、共建共享。

3.2.2　涉及城市规划区近郊紧临型小城镇区域性水厂应依据城市总体规划，在相关城市区域规划范围中统筹规划和协调共享配置。

3.2.3　涉及城市远郊、城镇密集分布型小城镇区域性水厂设置应在市域城镇体系规划中或城镇密集区域、核心区域的区域规划中统筹规划，协调共享配置。

3.2.4　10 万 m^3/d 左右供水规模的小城镇区域性水厂，一般宜在县（市）域或市域城镇体系规划中统筹规划确定。

3.3　输水管渠

3.3.1　小城镇区域性共享输水管渠布置应以区域城镇体系规划或区域规划的给水系统规划为依据。

3.3.2　小城镇区域性共享输水管渠应结合相关区域性共享水厂配置和共享输水管的下一级给水工程，统筹规划与协调优化配置。

4 小城镇区域性排水系统设施配置导引

4.1 区域排水系统、区域排水设施

4.1.1 小城镇区域排水系统工程规划应依据区域城镇体系规划或小城镇区域规划和河流流域规划，并应与小城镇区域给水、环境保护、道路交通、水系、防洪规划及其他相关专业规划相协调。

4.1.2 小城镇区域排水系统主要是区域污水排除系统，区域排水设施主要为共享污水处理厂，污水排出口有其共享的排水管渠。

4.1.3 小城镇区域污水排除系统应根据小城镇区域城镇群布局，结合竖向规划和道路布局、坡向以及污水受纳体和污水处理厂位置进行流域划分与系统布局。

4.2 区域性污水处理厂

4.2.1 城镇密集分布的小城镇区域性污水处理厂应统筹规划，联建共享。

4.2.2 涉及城市规划区近郊紧临型小城镇区域性污水处理厂应依据城市总体规划，在相关城市区域规划范围中统筹规划和协调共享配置。

4.2.3 涉及城市远郊、城镇密集分布型小城镇区域性污水处理厂设置应在市域城镇体系规划中或城镇密集区域、核心区域的区域规划中统筹规划，协调共享配置。

4.2.4 10 万 m^3/d 处理水量以下规模的相邻小城镇共享区域性污水处理厂，一般宜在县（市）域或市域城镇体系规划中统筹规划，协调共享配置。

4.3 区域性污水排出口排水管渠

4.3.1 小城镇区域性污水排出口选择和排水管渠布置应以小城镇区域城镇体系规划或区域规划的排水系统规划为依据。

4.3.2 小城镇区域性共享污水排出口和排水管渠布置应结合相关区域性污水处理厂配置，和污水排除设施共享相关的城镇布局，统筹规划与协调优化配置。

5 小城镇区域性供热系统设施配置导引

5.1 区域供热系统、区域供热设施

5.1.1 城镇密集区供热系统应按其区域统筹规划，并应与国家能源政策和区域电力规划、环境保护规划相结合。

5.1.2 小城镇区域供热系统规划供热区划定，应符合以下原则：

1）按距离热源的远近划分供热区域，减少管材的投资；

2）按城镇热负荷的分布、热用户的种类、热媒的参数划分；

3）考虑城镇空间发展划分；

4）考虑城镇地形、地貌和布局形态划分；

5）考虑旅游、环境保护、能源综合利用等其他相关因素划分。

5.1.3 小城镇区域性供热设施应主要包括共享的热电厂与热力管网。

5.2 热电厂

5.2.1 小城镇区域性热电厂应遵循“经济合理”和“以热定电”的原则，合理选取热

化系数，热化系数应小于1。以工业热负荷为主的供热系统，热化系数宜取0.8～0.85；以采暖热负荷为主的供热系统，热化系数宜取0.52～0.63；工业和采暖热负荷兼有的供热系统，热化系数宜取0.65～0.75。同时应发展多种供热负荷，提高热源厂年利用小时数。

5.2.2　工业热负荷和民用热负荷常年稳定的城镇密集分布区域应积极建设区域性热电厂。

5.2.3　长江流域与黄河流域之间采暖期短和有条件的县城镇、中心镇等小城镇区域供热规划可采取三联供模式。

5.2.4　涉及城市规划区近郊紧临型小城镇区域热电厂应依据城市总体规划，在相关城市区域规划范围中统筹规划和协调共享配置。

5.2.5　涉及城市远郊、密集分布型小城镇区域性热电厂设置应在城镇密集区域、核心区域统筹规划和协调共享配置。

5.3　共享区域供热管网

5.3.1　小城镇共享区域性热力管网布置应结合相关区域性热电厂选择配置和共享相关的城镇布局，统筹规划，协调配置。

6　小城镇区域性燃气系统设施配置导引

6.1　区域性燃气系统、区域性燃气设施

6.1.1　小城镇区域性燃气系统规划应依据区域城镇体系规划或区域规划及国家能源政策，并与区域能源规划、环境保护规划等专项规划相协调。

6.1.2　小城镇区域性燃气设施应主要为天然气长输高压管道、门站、储气站等。

6.2　天然气长输管道

6.2.1　小城镇区域天然气长输管道布置应依据国家西气东输等天然气输送规划、小城镇区域性燃气系统规划布局确定。

6.2.2　小城镇天然气长输管道布置应结合受气端的城镇布局以及门站、储气站的选址要求。

6.3　门站、储气站

6.3.1　涉及城市规划区近郊紧临型小城镇区域共享天然气系统门站和储气站应依据城市总体规划，在相关城市规划范围中统筹规划和协调共享配置。

6.3.2　涉及城市远郊、密集分布型小城镇区域性天然气系统门站、储气站设置应在市域城镇体系燃气系统规划中统筹规划，协调共享配置。

6.3.3　小城镇区域性燃气系统规划天然气门站和储气站站址选择要求同小城镇燃气系统规划优化导则的相关规定。

7　小城镇区域性电力系统设施配置导引

7.1　区域电力系统与区域电力设施

7.1.1　小城镇接受区域电力系统电能的区域电力系统一般应是地区行政范围（也含部分跨地区供电范围）的区域电力系统，同时也包括个别偏僻地区尚未能联网的县行政范围

区域电力系统。

7.1.2 小城镇电力系统规划应依据区域城镇体系规划或区域规划及国家能源政策、环保政策，并结合本区域能源资源、能源条件和区域环境保护规划。

7.1.3 小城镇相关的区域电力系统规划应根据其区域电力负荷预测和现有电源变电所、发电厂的供电能力及供电方案，进行电力电量平衡，测算规划期内电力、电量的余缺，提出规划年限内需增加的区域电源变电所和发电厂的装机容量。

7.1.4 小城镇区域共享电力设施主要是指小城镇接受区域电能的上一级电力系统设施，包括共享的发电厂、220kV 以上（含部分 110kV）变电站及其高压输送电力线路。

7.2 共享区域发电厂与区域变电站

7.2.1 涉及大中城市规划区近郊紧临型选址在小城镇区域的发电厂，500kV、220kV 变电站应依据区域电力规划和城市总体规划，在城市规划区域范围统筹规划和协调共享配置；小城镇区域共享的 25 万 kW 以下中、小型电厂，220kV 变电站应在县（市）域范围内统筹规划和协调共享配置。

7.2.2 涉及城市远郊、密集分布型选址在小城镇区域的发电厂，500kV、220kV 变电站应在市域城镇体系电力规划中和在含小城镇的城镇密集区域、核心区域电力系统规划中统筹规划及协调共享配置；小城镇区域共享 25 万 kW 以下中、小型电厂，220kV 变电站应在县（市）域或市域城镇体系规划中统筹规划与协调共享配置。

7.3 高压输送电力线路

小城镇区域共享的高压输送电力线路应结合小城镇区域共享相关的发电厂、变电站规划，在相关区域范围内统筹规划与协调共享配置。

8 小城镇区域性通信系统设施配置导引

8.1 区域通信系统、区域通信设施

8.1.1 小城镇相关区域通信系统应为以地级市行政范围为主（含直辖市范围）的本地网通信系统。

8.1.2 小城镇相关区域通信系统规划应依据相关区域城镇体系规划或区域规划。

8.1.3 小城镇相关区域通信系统设施主要应是共享的本地网长话局、汇接局、骨干传输网线路、中继网线路。

8.2 共享的本地网长话局、汇接局

8.2.1 小城镇相关区域的本地网长话局、汇接局应在城市规划区及其市域范围内统筹规划与协调共享配置。

8.3 共享的骨干传输网、中继网

8.3.1 涉及大中城市规划区近郊紧临型小城镇相关区域的骨干传输网线路和局间中继网线路应在以中心城区为核心的城镇核心区域、密集区域及相关本地网范围统筹规划与协调共享配置。

8.3.2 涉及城市远郊、密集分布型小城镇相关区域骨干传输网线路和局间中继网线路应在大中城市市域城镇体系规划和城镇密集区区域规划中统筹规划与协调共享配置。

第四节　地方中心镇规划导引借鉴

随着经济的快速增长和城镇化进程的加快，我国许多经济发达地区，特别是沿海经济发达地区的城镇化集聚效应尤显突出，部分服务职能和经济要素向较发达的小城镇聚集，城镇密集区迅速成长，更多的新城镇涌现。如何有效地引导这些经济发达小城镇的规划和建设，防止破坏性的城镇扩张和生态环境恶化，正日益成为许多地方政府的重要课题。

城镇建设，规划先行。目前发达地区小城镇建设中普遍存在的一个十分突出的问题，就是规划滞后、标准偏低、操作性不强。为了抓好中心镇规划的编制和管理工作，切实提高中心镇的规划管理水平，引导中心镇进行科学的和可持续发展的城镇规划建设，广东省建设厅组织编制了《广东省中心镇规划指引》（GDPG—005）。该《指引》结合小城镇发展建设的实际情况，在规划体系、主要内容和实施管理等方面提出了许多建设性的意见和要求。本节将主要以《广东省中心镇规划指引》（GDPG—005）为例，介绍沿海发达地区中心镇规划的特点与要求。

值得指出，广东省中心镇城镇化水平较高，人口规模较大。为了解决村镇规划标准偏低和实施困难的问题，对那些规模较大的（人口在50000人以上）中心镇，其中一些条件好的、规模大的实际已发展为城市这一部分是按城市规划标准，而针对广东经济发达中心镇特点，其规划标准和实施要求较一般其他同类地区中心镇也更高一些。其他地区不同发展水平的小城镇规划在借鉴中应按分类指导原则，根据自身的经济发展水平和建设条件，考虑符合本地实际情况的地方中心镇规划标准和实施要求。

一、中心镇规划基本原则

（1）宏观着眼，区域协调

中心镇规划必须对中心镇的经济腹地进行区域分析，在超越镇域的区域范围进行资源配置、产业布局和重要基础设施建设的协调及规划，特别是要符合以下两项原则：

1）落实上层次规划要求，处理好与周边城镇各项设施和用地的衔接，促进区域基础设施的共建、共享。

2）立足长远，科学规划，提出符合区域协调发展的村镇调整、撤并方案。

（2）要素集聚，集约发展

中心镇规划要正确引导、合理布局，促进中心镇生产要素的集聚。对经济欠发达地区，规划要强化中心镇作为农村商品生产和交换中心的职能，繁荣农村经济。

1）积极引导“工业进（工业）园”，严格限制工业零星布点。原则确定集中设置的工业园区的规模和布局，制定集约建设工业区的规划措施，实现项目统一开发、污染集中控制、设施配套完善的目标。对工业园区以外的现状零散工业用地，要提出用地和功能调整的建议和措施。村一级不再独立布置工业用地。

2）积极引导“住宅进（社）区”，严格限制农村住宅分散建设。镇区内要逐步杜绝单家独户式的私房建设，鼓励农民到镇区购房或按规划集中建设公寓式住宅。提出村庄集约建设的目标和措施，适度限制村一级非农建设用地的扩张。开展旧村土地整理，将弃置的土地统一安排使用或复垦。

3）积极引导“商业进（市）场”，严格限制“马路经济”的蔓延。引导商贸活动到镇区成“行”成“市”经营，鼓励集中建设教育、文化娱乐、医疗福利等公共设施。

（3）节约用地，合理布局

中心镇规划应确保城镇空间布局紧凑，合理利用土地资源。既要保证城镇各项功能有效运转，又要节约土地资源。

1）总体规划的建设用地规模应根据上一层次各项规划和中心镇人均建设用地指标综合确定。要处理好非农建设用地与保护耕地、稳定基本农田面积的关系，既要保证耕地、基本农田的动态平衡，又要为城镇合理发展留出空间。

2）推进旧镇区更新改造，提高现状建成区城镇化质量。促进旧区居住形态向城市型转变，提出改善环境、集约用地的措施，使建成区在经济和物质形态方面与城镇发展相协调。

3）积极开展迁村并点和土地整理，开发利用荒地和废弃地。

（4）突出服务，完善功能

在中心镇规划中，基础设施和公共服务设施应向城镇适当集中，满足城镇居民及周边农村居民日益增长的物质和精神生活的需求。

1）中心镇公建配套既要考虑服务城镇居民，又要考虑服务乡村腹地及外来人口的需求。公建配套要根据中心镇人口构成，合理确定服务配套类型、项目、规模和服务范围。

2）公建配套应根据中心镇人口规模，按镇级——居住区级——小区级——组团级或镇级——居住区级——小区级的配套层次，分级设置。

（5）保护生态，改善环境

中心镇规划与建设要注意生态环境的保护和居住环境的改善，防止生态环境恶化，为城镇居民创造舒适、健康、优美的生活环境，实现城镇环境的可持续发展。

1）逐步改变以牺牲环境和浪费资源为代价的低水平、粗放型的发展模式，防止资源的过度开发和生态环境的恶化。

2）结合产业结构的调整，加大防治污染力度。对污染排放未达标企业提出限期整改措施，对不符合产业政策及限期整改仍不达标企业实行关、停、并、转，不断提高中心镇环境质量。

3）科学组织中心镇园林绿地系统的软、硬质要素，充分发挥自然生态要素改善城镇生活环境的作用，全面实施“青山、碧水、蓝天、绿地”工程，创造出青山绿水、鸟语花香、舒适优美的中心镇生态环境。

（6）因地制宜，保持特色

中心镇规划应加强自然和历史文化的保护，重视城镇特色的塑造，避免城镇个性的丧失。

1）培育中心镇主导产业和特色产品，发展特色经济。正确认识中心镇的区位优势，以市场为导向，因地制宜，培育和形成具有地方特色和竞争力的优势产业和特色产品。

2）保护并强化中心镇自然环境特色。通过保护和发扬历史文化传统，塑造有特色的建筑风格，形成风貌独特的城镇景观。

（7）因势利导，分期建设

正确处理好“远期合理和近期现实，普遍提高和重点突破”的关系，以“长远合理布局”为战略目标，兼顾各分期目标的实现，因地制宜，因势利导，分步实施，促进城镇可持续发展。

1）编制与国民经济和社会发展五年计划同步的近期建设规划，确定近期建设目标、内容和实施步骤。根据宏观经济形势，本着实事求是的态度，科学预测近期建设用地量，并确保各项建设的用地控制在国家批准的用地标准和土地利用年度计划内。

2）提出城镇土地连片开发和基础设施集中配套的措施。实事求是地确定镇区综合开发范围，对工业区、住宅区、基础设施、商贸市场提出综合开发、配套建设的时序和要求。

二、中心镇规划的主要内容和层次

中心镇作为一个由多种体系构成的复杂系统，由于涉及的领域很广，在进行建设时，就可能遇到各种各样、错综复杂的问题，因此要建设好中心镇，就必须合理、科学地解决好中心镇问题，对中心镇各项建设进行统一全面的规划。

（1）中心镇规划的主要内容

1）中心镇规划的目的　在规划的范围内，促进中心镇的经济、社会、环境的协调与持续的发展；为居住在中心镇的人们提供合适的空间，改善其居住条件、环境条件、服务条件和交通运输等条件，以满足人们的精神和物质生活的需求。

2）中心镇规划工作的依据　规划工作的依据就是国家有关的方针政策、经济和社会发展的长远规划、区域规划，以及当地的自然、历史、现状等各种条件，其中国家的方针政策和长远规划对全国都有指导意义；某一地区的区域性的经济、社会发展计划则是该地区建设的依据；国家标准与规范，如《中华人民共和国城市规划法》、《村镇规划标准》（GB 50188—1993）、小城镇相关标准等，以及各省市制定的有关城镇建设和规划设计的技术规定及文件。

3）中心镇规划工作的任务　根据国家中心镇发展和建设的方针及各项技术经济政策，国民经济发展计划和区域规划，在调查了解中心镇所在地区的自然条件、历史演变、现状特点和建设条件的基础上，布置中心镇体系；合理地确定中心镇的性质和规模；确定城镇在规划期内经济和社会发展的目标；统一规划与合理利用中心镇的土地；综合部署中心镇经济、文化、公用事业及战备防灾等各项建设；统筹解决各项建设之间的矛盾，相互配合，各得其所，以保证中心镇按规划有秩序、有步骤地协调发展。

4）中心镇规划的主要工作内容　中心镇规划的主要工作内容具体包括：调查、搜集和分析研究中心镇规划工作所必需的基础资料；确定中心镇性质和发展规模，拟定中心镇发展的各项技术经济指标；合理选择中心镇各项建设用地，拟定规划布局结构；确定中心镇基础设施的建设原则和实施的技术方案，对其环境、生态以及防灾等进行安排；拟写旧区利用、改建的原则、步骤和方法，拟定新区发展的建设分期等；拟定中心镇城镇建设风貌的建构原则和设计指引；安排中心镇各项近期建设项目，为各单项工程设计提供依据。

（2）中心镇规划的层次

中心镇规划工作涉及面广，层次与内容很多，工作量也很大。这样大的工作量，需分阶段地进行。一般的城市规划工作基本分为总体规划和详细规划两个阶段，中心镇规划工作也参照城市规划标准分为：中心镇总体规划和中心镇建设规划两个阶段。中心镇正处于城乡两者之间的过渡环节，其要素按城乡二元划分，一部分属城市范畴，另一部分目前仍属乡村范畴，但中心镇规划内容的层次划分不同于大中城市，其他规模较小的城镇严格地讲应包括四个层次：第一层次：县（市）域城镇体系规划；第二层次：中心镇镇域总体规划；第三层次：中心镇镇区总体规划；第四层次：镇区局部地段或村庄的详细规划。

中心镇总体规划往往是由第二、第三层次内容共同组成，在镇域范围内重点确定土地利用性质和空间布局结构。中心镇第一层次的规划是其第二、三层次规划的依据，第四层次则是该规划的延伸和局部的详细内容，有时第三层次也包含有第四层次中的详细规划内容。

三、中心镇规划阶段

（1）中心镇总体规划

中心镇总体规划是指在市（区、县）域城镇体系规划及其他上层次相关规划的指导下，对中心镇行政区域内全部用地和各项建设进行的整体部署。中心镇总体规划的期限一般为20年。

在总体规划的基础上，应编制建设用地分区图则，对建设任务和开发强度不同的各类规划建设区（保护地区、完善地区、改造地区和发展地区等）提出相应的分类、分区管制要求。

在总体规划阶段，应单独编制近期建设规划，对中心镇近期的发展布局和重点建设项目做出安排。近期建设规划的期限为5年，原则上与国民经济和社会发展五年计划同步编制。

（2）中心镇建设规划

中心镇建设规划是指在总体规划和建设用地分区图则的基础上，详细规定建设用地的各项控制指标和其他规划管理要求，或者直接对当前的各项建设做出具体安排和规划设计。建设规划阶段主要包括详细规划（控制性详细规划、修建性详细规划）、专项规划和城市设计等内容。

修建性详细规划一般可以直接依据建设用地分区图则编制。城镇化程度较高的中心镇，应单独编制重点地区的控制性详细规划，以指导修建性详细规划的编制。

根据实际情况和需要，中心镇还可在总体规划中各专业规划的基础上，单独编制交通系统规划、绿化景观规划、消防规划、防灾规划、工程管线规划、历史文化保护规划等专项规划和城市设计，以指导城镇各项建设。专项规划和城市设计的主要内容及成果要求，遵照国家、省相关规划的编制办法执行。

中心镇规划体系如图3-2所示（实框为必备内容、虚框为可选内容）。

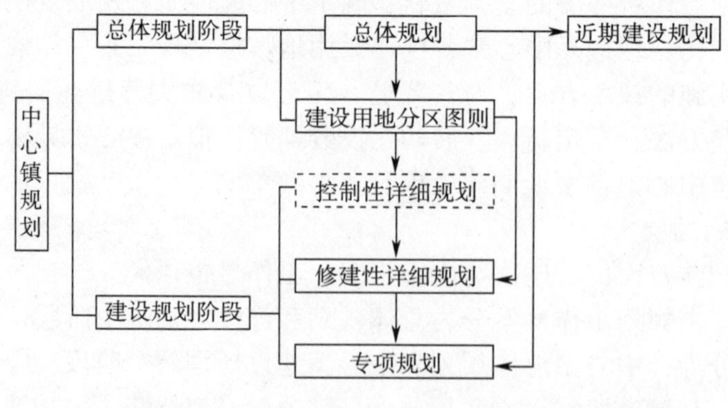

图3-2　中心镇规划体系

四、中心镇规划内容与深度

根据中心镇规划体系的要求，各层次规划分别应包含下列内容，并达到相应的深度要求。

1. 总体规划

（1）主要任务

中心镇总体规划的主要任务是：落实上层次规划及发展策略研究提出的各项要求，综合研究和确定城镇的性质、规模和空间发展的形态，统筹安排城镇各项用地，合理配置基础设施。总体规划应重点确定镇域范围的土地利用性质和空间布局结构，通过实施“三区”、“六线”的规划控制体系，引导城镇持续健康发展。

（2）主要内容

中心镇总体规划的主要内容包括：

1）确定城镇性质和发展方向，明确城镇规划区范围。

2）提出规划期内镇域人口及用地发展规模　中心镇用地发展规划需依靠建设用地总量控制。中心镇建设用地总量是指城镇在规划期内可用于居住、工业生产及商贸等非农建设活动的用地总面积，组织编制中心镇总体规划时，必须明确提出中心镇建设用地总量控制指标，并作为中心镇规划建设的一项硬性管理措施加以贯彻。建设用地总量应根据现行用地标准，结合实际确定，在严格控制规模的前提下，满足实际开发建设的需求。

中心镇用地总量一般通过常住人口的人均建设用地和各类用地占城镇建设用地的比例两项指标来控制。

常住人口的人均建设用地指标，应以现状建设用地的人均水平为基础，根据人均建设用地指标分级和允许调整幅度（规划人均建设用地指标对现状人均建设用地水平的增减数值）确定。

规划期内，暂住人口人均建设用地可按中心镇常住人口人均建设用地指标的60%～80%计算。

《广东省中心镇规划指引》中对各项主要用地占城镇建设用地的比例提出了要求。中心镇规划中的居住、工业、公共服务设施、道路广场及公共绿地五大类用地，各自占建设用地的比例宜符合表3-2的规定。

表3-2　中心镇建设用地构成比例

类别代号	用地类别	占建设用地比例（%）
R	居住用地	25～35
M	工业用地	15～35
C	公用服务设施用地	12～20
S	道路广场用地	8～15
G1	公用绿地	8～12

3）镇域范围内确定不准建设区（区域绿地）、非农建设区（城镇建设区）、控制发展区（发展备用地）三大类型地区的规模和范围，并提出相应的规划建设要求。

① 不准建设区。不准建设区（区域绿地）包括具有特殊生态价值的自然保护区、水源

保护地、海岸带、湿地、山地、农田、重要的防护绿地以及在重要交通干道和市政设施走廊两侧划定的禁止建设的控制区等。

不准建设区应在中心镇总体规划图上明确标示，并在现场设立明确的地界标志或告示牌。规划期内不准建设区必须保持土地的原有用途，除国家和省的重点建设项目、管理设施外，严禁在不准建设区内进行非农建设开发活动。

② 非农建设区。非农建设区（城镇建设区）包括镇中心区、工业区、乡村居民点等全部非农建设用地范围。

中心镇规划应根据总量控制要求和用地安排需要，确定中心镇非农建设区的范围。非农建设区内可以进行经依法审批的开发建设活动。非农建设区应在中心镇总体规划图上明确标示，并在中心镇规划建设中具体落实界线坐标。

③ 控制发展区。中心镇镇域范围内除不准建设区和非农建设区以外，规划期内原则上不用于非农建设的地域为控制发展区，一般为中心镇远景发展建设备用地。控制发展区应保持现状土地使用性质，非经原规划批准机关的同意，原则上不得在控制发展区内进行非农建设开发活动。

另外《广东省规划指引》中指出：不准建设区、非农建设区、控制发展区的土地控制总量，应维持3:4:3左右的比例。其中，不准建设区的土地控制面积，不得低于30%，并以“绿线”严格限定；在规划期内，非农建设需占用控制发展区用地的，必须同时从非农建设区中划出同样数量土地返还控制发展区。国家和省、市重点项目需要的建设用地，可根据具体情况，优先在中心镇非农建设区内安排解决，确需占用不准建设区和控制发展区时，须按程序调整总体规划并上报审批。

4）确定城镇建设与发展用地的空间布局和功能分区，以及镇中心区、主要工业区等位置、规模［用地分类按《城市用地分类与规划建设用地标准》（GBJ 137—1990）执行］。建立“六线”规划控制体系，并提出具体控制要求。“六线”具体是指以下几种控制线：

① 城镇拓展区规划控制黄线——“黄线”是用于界定城镇新区、工业新区等新增非农建设用地范围的控制线。

② 道路交通设施规划控制红线——“红线”是用于界定城镇主、次干道及重要交通设施用地范围的控制线。

③ 市政公用设施规划控制黑线——“黑线”是用于界定各类市政公用设施、地面输送廊道用地范围的控制线。

④ 水域岸线规划控制蓝线——“蓝线”是用于界定较大面积的水域、水系、湿地及其岸线保护范围的控制线。

⑤ 生态绿地规划控制绿线——“绿线”是用于界定城镇公共绿地和开敞空间范围的控制线。城镇建设区以外的区域绿地、环城绿带等必须同样进行严格控制和保护的开敞地区，也应一并纳入“绿线”管制范畴。

⑥ 历史文物保护规划控制紫线——“紫线”是用于界定文物古迹、传统街区及其他重要历史地段保护范围的控制线。

5）确定城镇对外交通系统的布局以及铁路、港口、机场、高速公路等主要交通设施的规模、位置，确定城镇主、次干道系统的走向、断面、主要交叉口形式，确定主要广场、停车场的位置、容量。

6）统筹安排城镇行政、商业、文化、教育、卫生、体育、社会福利等公共服务设施的发展目标和总体布局。

7）综合协调并确定城镇给水、排水、防洪、供电、电信、燃气、消防、环卫等市政公用设施的发展目标和总体布局。

8）确定城镇河湖水系的治理目标和总体布局，分配沿海、沿江岸线。

9）确定城镇园林绿地系统的发展目标及总体布局。

10）确定城镇环境保护目标，提出防治污染措施。

11）根据城镇防灾要求，提出人防、抗震、防灾规划目标和总体布局。

12）确定需要保护的风景名胜、文物古迹、传统街区，划定保护和控制范围，提出保护措施。历史文化名镇（村）要编制专门的保护规划。

13）确定旧区改建、村庄迁并、用地调整的原则、方法和步骤，提出改善旧区生产、生活环境的要求和措施。

14）与相关规划衔接，综合协调镇中心区与独立工矿区、农村居民点的各项建设，统筹安排居住用地、公共服务和市政公用设施。

15）进行综合技术经济论证，提出规划实施的步骤、措施和方法。

16）编制近期建设规划，确定近期建设目标、内容和实施部署。

（3）主要成果

中心镇总体规划的成果包括规划文件和规划图纸。规划文件包括文本和附件（规划说明书和基础资料收入附件），规划文本是对规划的各项目标和内容提出规定性要求的文件，规划说明是对规划文本的具体解释（以下有关条款同）。

1）总体规划文本的主要内容包括：总则，包括规划编制依据、规划期限、规划范围；镇域发展战略及总体目标、城镇性质；城镇化水平、镇域人口规模及用地发展规模；空间布局和功能分区，划定“三区”、“六线”，提出相应的规划建设要求，列出镇域土地利用平衡表和城镇建设用地平衡表；道路交通系统规划；公共服务设施规划；市政公用设施规划；水域岸线规划；绿地系统、景观风貌及旅游发展规划；环境保护规划；综合防灾规划；历史文化保护规划；旧区改建规划；规划实施措施；近期建设规划；附则，包括文本的法律效力、规划的解释及其他说明等。

2）总体规划说明书的主要内容包括：编制背景与编制过程；规划依据、原则、指导思想与主要技术路线；现状情况评述；区域发展分析；镇域发展战略及总体目标，城镇性质；城镇化水平，镇域人口规模及用地发展规模；镇域土地利用整体控制要求，城镇建设区用地布局，“三区”用地范围和边界，“六线”规划控制体系，列出镇域土地利用平衡表和城镇建设用地平衡表；道路交通系统规划；公共服务设施规划；市政公用设施规划；水域岸线规划；绿地系统、景观风貌及旅游发展规划；环境保护规划；综合防灾规划；历史文化保护规划；旧区改建规划；规划实施措施；近期建设规划等。

3）总体规划的主要图纸包括：区域、现状分析图（根据需要绘制，图纸比例、数量不限）；土地利用现状图；规划结构图（根据需要绘制，比例不限）；总体规划图；“三区”、“六线”控制图；道路交通系统规划图；公共服务设施规划图；市政公用设施规划图（包括给水、排水、防洪、供电、电信、燃气、消防、环卫规划等）；绿地系统、景观风貌及旅游发展规划图；环境保护规划图；综合防灾规划图；历史文化保护规划图（根据需要绘制）；

近期建设规划图；远景规划图（根据需要绘制）等。除特别注明的以外，图纸比例一般为1/5000～1/10000。

2. 建设用地分区图则

（1）主要任务

中心镇建设用地分区图则的主要任务是：在总体规划的基础上，将城镇规划建设区进一步划分为类别不同的典区域，分别对各类区域的用地性质、人口分布、开发强度、公共服务和市政公用设施的配套要求，以及开发建设时序等做出进一步的安排。建设用地分区图则应重点确定建设用地的开发建设强度和设施配套标准，强化“四类地区”的分区管制要求，为编制建设规划和开展日常管理提供依据。

（2）主要内容

建设用地分区图则的主要内容包括

1）分析、评估现状建成区内各单元用地的人口分布、土地性质、建筑质量以及公共服务和市政公用设施配套水平，预测、论证新增建设用地和近期重点建设地区的土地性质、规模和开发时序等。

2）结合建设现状和总体规划，将城镇建设用地划分为保护地区、完善地区、改造地区和发展地区等四类典型地区，制定各典型地区的规划管制政策，原则确定各类地区的开发建设强度、公共服务设施和市政公用设施的配套标准以及景观风貌设计的要求等。

各类控制地区的具体规划要求如下：

① 保护地区。保护地区是指在城镇发展过程中，为延续历史文化、维持生态平衡而需严格予以保护的地区，包括历史保护区和自然保护区等。

保护地区的规划建设，应体现整体性保护的原则。在保护地区不得进行与保护对象无关的工程建设，周边地区的建筑风格、体量、色彩、屋顶高度、建筑材料应与保护地区建筑和景观保持协调。

② 完善地区。完善地区是指目前已基本建成、质量较好但配套设施仍需完善的地区，其用地功能和主要建筑在一定时期内基本保持不变，如成片的工业建成区、建设质量较好的城镇中心区和生活区、镇区外围暂不需要改造的农村居民点等。

完善地区的规划建设，应遵循加强维护、合理利用、逐步改善的原则，统一规划，分期实施。完善公共配套设施和市政设施是该区规划建设的重点。

③ 改造地区。改造地区是指建设质量和环境状况较差，配套设施缺乏，用地功能与城镇规划功能相矛盾的区域，其主要功能或大量建筑物需进行较大规模的更新改造，如功能置换区（工业搬迁、商业改造等）、城中村和闲置废弃地等。

改造地区的规划建设，应主要通过调整用地性质和提高建设标准来实现城镇总体规划的功能安排，从而满足城镇土地优化升级和生活、景观质量提升的需要。

④ 发展地区。发展地区是指未建设或建设强度不大、尚待开发的新发展地区，包括新城镇中心区、工业园区和商住区等。

发展地区的规划建设，应处理好生产与生活、产业与环境、整体与局部、远期和近期的关系，强化公共服务设施与市政公用设施的配套建设，形成功能齐全、环境优美的新型城区。

3）按城市分区规划的深度，落实和深化各专项规划的规划要求和基本布局，包括：城镇主次干道的红线位置、断面、控制点坐标和标高，支路的走向、宽度以及主要交叉口、广场、停车场位置和控制范围；工程干管的位置、走向、管径、服务范围以及主要工程设施的位置和用地范围；各级公共服务设施的分布及其用地范围；绿地系统、旅游设施布局以及重点地区的城市设计要求。

4）建设用地分区图则应采用以下管制指标体系对规划内容进行控制。

① 规划控制指标。规划控制指标分为规定性和指导性两类，前者是必须遵照执行的，后者是参照执行的，以表格的形式表达。

规定性指标一般为：用地性质（含土地使用兼容性）；建筑密度（建筑基底总面积/地块面积）；建筑控制高度；容积率（建筑总面积/地块面积）；绿地率（绿地总面积/地块面积）；交通出入口方位；停车泊位及其他需要配置的公共设施。指导性指标一般为：人口容量（人/ha）；建筑形式、体量、风格要求；建筑色彩要求；其他环境要求和规划设施建议。

② 主要指标控制要求

a. 建筑间距：正向间距按不小于南向建筑高度的0.8倍退缩，最小不小于9m，侧向间距低层为6m以上，多层为8m以上，高层为13m以上，低层与多层之间侧向间距6m以上，多层与高层之间侧向间距9m以上。

b. 建筑密度：低层区为35%～40%，多层区为25%～30%，高层区为20%～25%。

c. 容积率：低层区为1.0以下，多层区为1.0～2.0，高层区为2.0～4.0。

d. 绿地率：新区开发不小于30%，旧区改建不小于25%。

5）建设用地分区图则应根据典型地区管理政策和各专项规划的要求，结合路网格局，对近期重点建设地区进一步细分。根据典型地区规划管理政策和各专项规划的要求，结合路网格局，对近期重点建设地区进一步细分地块单元，并进行独立编码。地块编码采用三级六位编码方法，由类型码、街区号、地块号组成。

其中，类型码应反映该地块单元的分区特征，由两个汉语拼音组成（如BH表示保护地区）；街区号由两位数字组成，表示中心镇主干道围合的街区；地块号用两位数字表示，由设计单位赋予，按从左到右、从上到下顺序编号。

例如，BH0102代表保护地区第01号街区第02号地块。

6）根据典型地区规划管制政策和各专项规划的要求，进一步明确近期重点建设地区各地块单元的用地性质（含土地使用兼容性）、人口规模、开发强度（容积率、建筑密度、建筑高度、绿地率等）、公共服务和市政公用设施配套、绿化配置以及城市设计要求。

7）提出其他规划设计要求和规划实施的措施、建议等。

（3）主要成果

建设用地分区图则的成果包括规划文件和规划图纸。

1）建设用地分区图则的主要内容

①总则，包括适用范围、规划依据等。

②典型地区划分及规划管制政策。

③主要的专项规划，包括道路交通、绿化系统、公共服务设施、市政公用设施、城市设计等。

④明确近期重点建设地区，并细分地块单元，提出相应的规划控制要求，有关标准和指标可根据各地实际情况和管理细则适当调整，以表格形式为主。

⑤规划实施措施等。

2）建设用地分区图则的主要图纸包括：

①现状及发展分析图；②典型地区分区规划图；③主要的专项规划图；④近期重点建设地区的地块划分与用地编码图；⑤近期重点建设地区主要地块单元的规划控制图则等。图纸比例一般为 1/2000 ~ 1/5000。

3. 控制性详细规划

（1）主要任务

根据规划深化和规划管理的需要，城镇化程度较高的中心镇应当编制控制性详细规划。控制性详细规划的主要任务是：详细规定建设用地的各项控制指标和其他规划管理要求，指导修建性详细规划的编制。

（2）主要内容

中心镇控制性详细规划的主要内容包括：

1）详细规定规划范围内各类不同使用性质用地的界线，规定各类用地内适建、不适建或者有条件地允许建设的建筑类型。

2）规定各地块建筑高度、建筑密度、容积率、绿地率等控制指标；规定交通出入口方位、停车泊位、建筑后退红线距高、建筑间距等要求。

3）提出各地块的建筑体量、体型、色彩等要求。

4）确定各级支路的红线位置、控制点坐标和标高。

5）根据规划容量，确定工程管线的走向、管径和工程设施的用地界线。

6）制定相应的土地使用与建筑管理规定。

（3）主要成果

控制性详细规划的成果包括规划文件和规划图纸。

1）控制性详细规划文件的主要内容

① 总则，明确规划的依据和原则、规划行政主管部门和管理权限。

② 土地使用和建设管理通则，包括各类用地的适建要求、建筑间距的规定、建筑物后退道路红线的规定、相邻地段的建筑规定、容积率奖励和补偿规定、市政公用设施、交通设施的配置和管理要求、有关名词解释和其他规定。

③ 地块划分以及各地块的使用性质、规划控制原则、规划设计要点。

④ 各地块控制指标一览表（控制指标分为规定性和指导性两类）。

⑤ 规划实施细则等。

2）控制性详细规划的主要图纸

① 位置图，标明控制性详细规划的范围及与相邻地区的位置关系；比例尺视总体规划图纸比例尺和控制性详细规划的面积而定。

② 用地现状图，分类标明各类用地范围，标绘建筑物现状、人口分布现状、市政公用设施现状。比例尺为 1/1000 ~ 1/2000。

③ 土地利用规划图，标明各类用地的性质、规模和用地范围及路网布局。比例尺为 1/1000 ~ 1/2000。

④ 地块划分编号图，标明地块划分界限及编号（与文本中控制指标相一致）。比例尺为 1/5000。

⑤ 各地块控制性详细规划图，标明各地块的面积、用地界限、用地编号、用地性质、规划保留建筑、公共设施位置，标注主要控制指标；标明道路（包括主、次干路和支路）走向、线型、断面、主要控制点坐标和标高、停车场和其他交通设施的用地界线，比例尺为1/1000～1/2000。

⑥ 各项工程管线规划图，标绘各类工程管线平面位置，图纸比例一般为1/1000～1/2000。

4. 修建性详细规划

（1）主要任务

中心镇修建性详细规划的主要任务是：以总体规划和建设用地分区图则（控制性详细规划）为依据，直接对各项建设做出具体的安排和规划设计，指导各项建筑和工程设施的设计与施工。

（2）主要内容

中心镇修建性详细规划的主要内容包括：

1）建设条件分析及综合技术经济论证。

2）做出建筑、道路和绿地等的空间布局和景观规划设计，绘制总平面图。

3）道路交通规划设计。

4）绿地系统规划设计。

5）工程管线规划设计。

6）竖向规划设计。

7）估算工程量、拆迁量和总造价，分析投资效益。

（3）主要成果

中心镇修建性详细规划的成果包括规划文件和规划图纸。

1）修建性详细规划文件的主要内容：①现状条件分析；②规划原则和总体构想；③用地布局；④道路系统规划；⑤绿地系统规划；⑥各项专业工程规划及管线综合；⑦竖向规划；⑧主要技术经济指标，包括总用地面积、总建筑面积、平均层数、容积率、建筑密度、绿地率、工程量及投资估算等。

2）修建性详细规划的主要图纸

① 规划地段位置图，标明规划地段在城镇中的位置以及和周围地区的关系。

② 规划地段现状图，标明自然地形地貌、道路、绿化、工程管线及各类建筑的范围、性质、层数、质量等。

③ 规划总平面图，标明规划建筑、绿地、道路、广场、停车场、河湖水面的位置和范围。

④ 道路交通规划图，标明道路的红线位置、横断面、道路交叉点坐标与标高、停车场用地界限。

⑤ 绿地系统规划图，标明各类绿地的位置、面积、类别等。

⑥ 竖向规划图，标明道路交叉点、变坡点标高、室内外地坪规划标高。

⑦ 工程管网规划图（根据需要可按单项工程出图或出综合管网图），标明各类市政公用设施管线的走向、管径、主要控制点标高，以及有关设施和构筑物位置。

⑧ 表达规划设计意图的模型或鸟瞰图等。图纸比例一般为1/500～1/2000。

第四章

小城镇用地及相关规划技术

PLANNING AND DESIGN OF TOWN

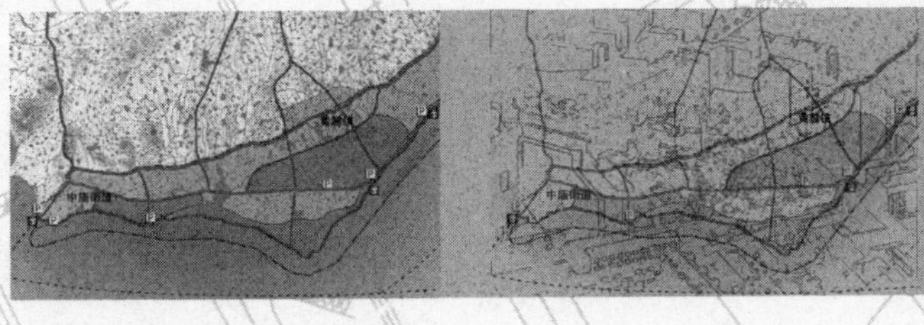

第一节　小城镇规划用地评价与选择

一、小城镇用地条件评定

小城镇建设用地的条件评定是在调查收集各项自然环境条件、建设条件等资料的基础上，按照规划与建设的需要，以及整备用地在工程技术上的可能性与经济性，对用地条件进行综合的质量评价，以确定用地的适用程度，为小城镇发展用地的选择与功能组织提供科学的依据。

用地条件评价包括了多方面的内容，主要体现在用地的自然环境条件、建设条件和其他条件（如社会、经济等条件）等三方面。这三方面条件的分析与评价不能孤立进行，必须以全面、系统的思想和方法综合做出。

（一）自然环境条件分析与评定

1. 自然环境条件分析

自然环境条件与城镇的形成与发展关系十分密切，它不仅为城镇建设提供了必需的用地条件，同时也对城镇布局结构形式和城镇功能的健康运转起着很大的影响作用。城镇建设用地的自然环境条件分析主要在工程地质、水文、气候、地形和生物等几个方面进行（表4-1）。

表 4-1　自然环境条件对规划建设的影响分析表

自然环境条件	分 析 因 素	对规划与建设的影响
地质	土质、风化层、冲沟、滑坡、岩溶、地基承载力、地震、崩塌、矿藏	规划布局、建筑层数、工程地基、防震设计标准、工程造价、用地指标、城镇规划、工业性质
水文	江河流量、流速、含沙量、水位、洪水位、水质、水温，地下水水位、水量、流向、水质、水温、水区、泉水	城镇规模、工业项目、城镇布局、用地选择、给排水工程、污水处理、堤坝、桥涵、港口、农业用水
气候	风象、日辐射、雨量、湿度、气温、冻土深度、地温	城镇工业分布、居住环境、绿地、郊区农业、工程设计与施工
地形	形态、坡度、坡向、标高、地貌、景观	城镇布局与结构、用地选择、环境保护、道路网、排水工程、用地标高、水土保持、城镇景观
生物	野生动植物种类、分布，生物资源，植被，生物生态	用地选择、环境保护、绿化、郊区农副业、风景规划

（1）工程地质条件

1）建筑土质与地基承载力　在小城镇建设用地范围内，由于地层的地质构造和土质的自然堆积情况存在差异，加之受地下水的影响，地基承载力大小相差悬殊。全面了解建设用地范围内各种地基的承载能力，对城镇建设用地选择和各类工程建设项目的合理布置以及工程建设的经济性，都是十分重要的。此外，有些地基土质常在一定条件下改变其物理性质，从而对地基承载力带来影响。例如湿陷性黄土，在受湿状态下，由于土壤结构发生变化而下陷，导致上部建设的损坏。又如膨胀土，具有受水膨胀、失水收缩的性能，也会造成对工程建设的破坏。选择这些地段进行城镇建设时，应妥善安排建设项目，并采取相应的地基处理措施。

2）地形条件　不同的地形条件，对小城镇规划布局、道路的走向和线型、各项基础设施的建设、建筑群体的布置、小城镇的形态、轮廓与面貌等，都会产生一定的影响。结合自然地形条件，合理规划小城镇各项用地和各项工程建设，无论是从节约土地和减少平整土石方工程投资，还是从管理、景观等方面来看，都具有重要的意义。

从宏观尺度说，地形一般可分为山地、丘陵和平原三类；在小地区范围，地形还可进一步划分为多种形态，如山谷、山坡、冲沟、盆地、谷道、河漫滩、阶地等。为了便于城镇建设与运营，多数城镇选择在平原、河谷地带或低丘山冈、盆地等地方修建。平原大都是沉积或冲积地层，具有广阔平坦的地貌，建设城镇较为理想；山区由于地形、地质、气候等情况较为复杂，城镇布局困难较多；丘陵地区当然也可能有一些棘手的工程问题，但在一些低丘地区，若能恰当地选择用地、合理布局，也可以取得良好的效果。

就小城镇各项工程设施建设对用地的坡度要求来说，如在平地一般要求不小于0.3%，以利于地面水的汇集、排除；但在山区若地形过陡则将出现水上冲刷等问题，对道路的选线、纵坡的确定及土石方工程量的影响尤为显著，一般认为坡度大于20%的地区不宜作为城镇建设用地。

对丘陵地区或山区中地形比较复杂的城镇，地形分析是一项重要工作。为直观、简洁地表达、分析地形特点，可以采取比较简单的地貌分析法在图纸上进行这项工作：将原地形图的等高线加以简化，以便对地形的主要特点有一个了解；按照建设用地分类规定的坡度，划出各类用地坡度的范围；分析地形的空间特点，标明制高点、分水脊线、沟谷、洼地，以及分析景观视野角度范围等。

3）冲沟　冲沟是由间断性流水在地层表面冲刷形成的沟槽。冲沟切割用地，使土地的使用受到妨碍或增加工程设施及投资。尤其在冲沟发育地区，水土流失严重，往往损害耕地、建筑、道路和管道，给工程建设带来困难。所以规划前应弄清冲沟的分布、坡度、活动状况，以及冲沟的发育条件，以便规划时尽可能避免此类用地或及时采取必要的治理措施，如对地表水导流或通过绿化、工程等方法防止水土流失。

4）滑坡与崩塌　滑坡是由于斜坡上大量滑坡体（土体或岩体）在风化、地下水以及重力作用下，沿一定的滑动面向下滑动而造成的，常发生在山区或丘陵地区。因此，山区或丘陵地区的城镇，在利用坡地或紧靠崖岩进行建设时，需要了解滑坡的分布及滑坡地带的界线、滑坡的稳定性状况。不稳定的滑坡体本身，处于滑坡体下滑方向的地段，均不宜作为城镇建设用地。如果无法回避，必须采取相应工程措施加以防治。崩塌的成因主要是由山坡岩层或土层的层面相对滑动，造成山坡体失去稳定而塌落。当裂隙比较发育，且节理面顺向崩塌方向时，极易发生崩落。另外，不恰当的人工开挖，也可能导致坡体失去稳定而造成崩塌。

5）岩溶　地下可溶性岩石（如石灰岩、盐岩等）在含有二氧化碳、硫酸盐、氯等化学成分的地下水的溶解与侵蚀之下，岩石内部形成空洞（地下溶洞），这种现象称为岩溶，也叫喀斯特现象。地下溶洞有时分布范围很广、洞穴空间高大，若工程建筑物和水工构筑物不慎选在地下溶洞之上，其危险性是可以想象的。特别是有的岩溶发生在地下深处，在地面上并不明显。因此，小城镇规划时要查清溶洞的分布、深度及其构造特点，而后确定小城镇布局和地面工程建设的内容。条件适合的溶洞，还可以考虑作为城镇库房或游览场所。特别需要指出的是，因矿藏开采而形成的地下采空区，犹如地下空洞，不仅对地面的建筑和设施的荷载有限制，严重时会使地面塌陷。因此矿区附近的小城镇，在规划布局和建设时应高度重视地质条件的勘察和分析，避免采空矿层对地面建设的不利影响。

6）地震 地震是一种自然地质现象，对城镇建设有极大的危害性。我国又是地震多发区，所以在进行地震设防地区的小城镇规划时，应高度重视，充分考虑地震的影响。由于大多数地震是由地壳断裂构造运动引起的，因此了解和分析当地的地质构造非常重要。在有活动断裂带的地区，最易发生震害；而在断裂带的弯曲突出处或断裂带的交叉处往往又是震中所在。因此，城镇布局和重要建设应尽量避开断裂破碎地段，断裂带上一般可设置绿化带，不要布置设防要求较高的建筑或设施，以减少地震时可能发生的破坏。

地震震级是衡量地震释放能量大小的尺度，地震烈度则表示地震对地表和工程结构影响的强弱程度。一次地震只有一个震级，但由于距离震中远近的不同和地质构造的差异，地震烈度可能不一样。地震烈度分为12度，在6度和6度以下地区，地震对城镇建设的影响不大；在7~9度地区进行建设，应考虑防震工程措施；9度以上地区，一般不宜作为城镇建设用地。

在地震设防地区建设城镇，除应严格按设防标准对各项建设工程实施防震措施外，城镇上游不宜修建水库，以免震时水库堤坝受损，洪水下泄而危及城镇；有害的化工工厂或仓库不宜布置在居民密集地区的附近或上风、上游地带，以免直接威胁居民生命安全；城镇还应避免利用沼泽地区或狭窄的谷地，城镇重要设施和建筑不宜布置在软地基、古河道或易于塌陷的地区，以减轻地震可能带来的破坏和损失；为减少次生灾害的损失，小城镇规划时还必须充分考虑震后疏散和救灾等问题，建筑不宜连绵成片，对外交通联系要保证畅通。供水、供电、通信等要有多套应急供应的措施和网络，各种疏散避难的通道和场所要通畅、近便和充足。

（2）水文及水文地质条件

1）水文条件 江河湖泊等地表水体，不仅是城镇生产、生活用水的重要水源，而且在城镇水运交通、排水、美化环境、改善气候等方面具有重要作用。但某些水文条件也可能给城镇带来不利影响，如洪水侵袭、水流对沿岸的冲刷、河床泥沙淤积等。特别是我国许多沿江沿河的城市和小城镇，水利设施落后，常常受到洪水的威胁。为防范洪水带来的严重影响，规划时应采用不同的洪水设防标准，处理好用地选择、总体布局以及堤防工程建设等方面的问题。另一方面，城镇建设也可能造成对原有水系的破坏，如过量取水、排放大量污水、改变水道与断面、填埋河流等均能导致水文条件的变化，产生新的水文问题。因此，在长期的小城镇规划和建设过程中，需要经常对水体的流量、流速、水位、水质等水文资料进行调查分析，随时掌握水情动态，研究规划对策。

2）水文地质条件 水文地质条件一般是指地下水的存在形式、含水层的厚度、矿化度、硬度、水温以及水的流动状态等条件。地下水常常用作城镇的水源，特别是在远离江河湖泊或地面水水量不足或水质不符合卫生要求的地区，地下水往往是最主要的城镇水源。因此调查并探明水文地质条件对城镇用地的选择、城镇规模的确定、城镇布局和工业项目的建设等都有重要作用。由于地质情况和矿化程度不一，地下水的水质、水温、水位等对城镇水源和建筑工程都会产生不利影响，应特别关注它们的适用性。

地下水并不是取之不尽，用之不竭的，应根据地下水的蕴藏量和补给速度合理确定开采量。倘若地下水被过量开采，就会使地下水位大幅度下降，形成“漏斗”。漏斗外围的污染物质极易流向漏斗中心，使水质变坏，严重的还会造成水源枯竭，引起地面沉陷，从而对城镇的供水、防汛、排水、通航以及地面建筑和管网工程产生不利影响或造成破坏。小城镇规划布局时，还应根据地下水的流向和地下水与地面水的补给关系来安排城镇各项建设用地，特别要注意防止地下水的水源地受到污染。

（3）气候条件

气候条件对小城镇规划与建设有着多方面的影响，尤其在为城镇居民创造一个舒适的生活环境、防止污染等方面，关系更为密切。影响小城镇规划与建设的气象因素主要有：太阳辐射、风象、气温、降水、湿度等几个方面，其中风象对小城镇总体规划布局影响最大。

风是由空气的运动而形成的，用风向与风速两个量来表示。风向就是风吹来的方向，表示风向最基本的特征指标是风向频率。风向频率一般分 8 个或 16 个方位观测，累计某一时期内各个方位风向发生的次数，并以占该时期内不同风向总次数的百分比来表示。风速是指单位时间内风所移动的距离，表示风速最基本的特征指标是平均风速。平均风速是按每个风向的风速累计平均值来表示的。根据城镇多年风向、风速观测记录汇总表可绘制风向频率图和平均风速图，又称风玫瑰图。

进行小城镇用地规划布局时，为了减轻工业排放的有害气体对小城镇，尤其是生活居住区的危害，通常把工业区按当地盛行风向（又称主导风向，即最大频率的风向）布置于生活居住区的下风位或一侧，但应同时考虑最小风频风向、静风频率、各盛行风向的季节变换及风速等关系。有害气体排放对下风向污染的程度，除与风向及频率有关外，还与风速、排放口高度、大气稳定度等有关。污染程度与风向频率成正比，与风速成反比。它们的关系可用下式表示：

$$\text{污染系数} = \frac{\text{风向频率}}{\text{平均风速}}$$

因此，从减轻污染的角度出发，有害气体排放的污染工业应布置在污染系数最小的方位上，同时还应特别注意静风、局部环流等对环境的不利影响。总体布局中的绿地组织和道路系统规划也应充分结合盛行风向，加强自然通风效果。

除风向外，太阳辐射也具有重要的卫生价值。分析研究城镇所在地区的太阳运行规律和辐射强度，对建筑日照标准、建筑朝向、建筑间距的确定，以及建筑物遮阳和各项工程采暖设施的设置，都将提供重要依据。

随着纬度的变化，地球表面所接受的太阳辐射强度不一，气温也发生变化。另外由于海陆位置不同，海陆气流变化对温度也有较大影响。气温差异对小城镇建筑形式、居住形态、工业布局以及降温、采暖设施的配置等都有直接影响。温度影响还表现在由于气温日差较大而引起的“逆温层”等不利气温变化，它对小城镇的工业发展和环境保护有较大的制约，应在小城镇用地分析与布局规划时予以足够重视。

降水也是重要的自然环境条件之一，小城镇所在地区雨量的多少和降雨强度，是城镇地面排水工程规划设计的主要依据；山洪的形成、江河汛期的威胁等也给城镇用地的选择和城镇防洪工程建设带来直接影响。此外，湿度的大小不但对某些工业生产工艺有所影响，同时对居住区的居住环境是否舒适也有一定的关系。

2. 小城镇用地的自然条件评定

小城镇用地的自然条件评定是在调查分析自然环境条件各要素的基础上，综合各项自然环境条件的适用性和整备用地在工程技术上的可能性与经济性，按照规划与建设的需要，对用地的自然环境条件进行质量评价，以确定用地的适用程度，为正确选择和合理组织小城镇建设与发展用地提供依据。

小城镇用地的自然环境条件评定一般可分为三类。

（1）一类用地 一类用地，即适于修建的用地。这类用地一般具有地形平坦、规整、坡度适宜，地质条件良好，没有被洪水淹没的危险，自然环境条件比较优越等特点，能适应各项城镇设施的建设需要。这类用地一般不需或只需稍加工程措施即可用于建设。其具体要求是：

1）地形坡度在10%以下，符合各项建设用地的地形要求。

2）土壤地基承载力满足一般建筑物对地基的要求。

3）地下水位低于一般建筑物、构筑物的基础埋置深度。

4）没有被百年一遇洪水淹没的危险。

5）没有沼泽现象，采取简单的工程措施即可排除地面积水。

6）没有冲沟、滑坡、崩塌、岩溶等不良地质现象。

（2）二类用地 二类用地，即基本上适于修建的用地。这类用地由于受某种或某几种不利条件的影响，需要采取一定的工程措施加以改善后，才适于建设。它对城镇各项设施的建设或工程项目的布置有一定的限制。其具体状况是：

1）地质条件较差，修建建筑物时需对地基采取人工加固措施。

2）地下水位较高，修建建筑物时需降低地下水位或采取排水措施。

3）属洪水轻度淹没区，淹没深度不超过1～1.5m，需采取防洪措施。

4）地形坡度较大，修建建筑物时，除要采取一定的工程措施外，有时还要实施较大的土石方工程。

5）地表面有较严重的积水现象，需要采取专门的工程措施加以改善。

6）有轻微的、非活动性的冲沟、滑坡、岩溶等不良地质现象，需采取一定的工程准备措施。

（3）三类用地 三类用地，即不适于修建的用地。这类用地条件极差，往往要采取特殊工程措施才能使用。其具体状况是：

1）地基承载力小于60kPa，存在厚度在2m以上的泥炭层或流沙层，需要采取很复杂的人工地基和加固措施才能修建建筑。

2）地形坡度超过20%，布置建筑物很困难。

3）经常被洪水淹没，且淹没深度超过1.5m。

4）有严重的活动性冲沟、滑坡、岩溶、断层带等不良地质现象，若采取防治措施需花费很大工程量和工程费用。

5）具有很高农业生产价值的丰产农田。

6）具有其他限制条件，如具有开采价值的矿藏，给水水源卫生防护地段，存在其他永久性设施和军事设施等。

我国地域辽阔，各地情况差异明显，城镇用地自然环境条件评定的用地类别划分应根据各地区的具体条件相对确定，类别的多少也可根据环境条件的复杂程度和规划要求灵活确定，不必强求统一。如有的城镇用地类别可分为四类或五类，也有的城镇则可分为两类。因此，用地条件的评定应具有较强的地方性和实用性。

特别需要指出的是，小城镇用地的自然环境条件评定，不应只是各项环境条件单项评定的简单累加，而要考虑它们相互的作用关系综合鉴别。特别是要根据不同城镇的具体情况，抓住对用地影响最突出的主导环境要素，因地制宜地进行重点分析与评价。例如，平原河网地区的城镇必须重点分析水文和地基承载力的情况；对于山区和丘陵地区的城镇，地形、地貌条件则往往成为评价的主要因素。又如，位于地震设防区内的城镇，对地质构造情况的分析和评定就显得十分重要；而矿区附近的城镇发展必须首先弄清地下矿藏的分布、开采等情况。同时，小城镇用地的自然环境条件评定还要尽可能地预计城镇建设过程中人为影响给自然环境条件可能带来的变化、对建设的可能影响等。另外，用地评定虽然以自然环境条件为主，但仍然需要同时考虑其他社会、经济因素。如是否是农业生产价值较高的良田，尤其是先期经济和时间投入均较高的高效蔬菜田，是用地条件评定的一项重要衡量指标。

用地自然环境条件评定的成果包括图纸和文字说明。评定图可以按评定的项目内容（如地基承载力、地下水等深线、洪水淹没范围、坡度等）分项绘制，也可以综合绘制于一张图上。无论采取何种方式，评定图均应标明最终评定的分类等级和范围界限，它可以单独成为一张图纸，也可以标注在综合图上，以表达清晰明了为目标。

（二）防灾建设用地适宜性评价

小城镇用地条件评定与用地选择应考虑防灾建设用地适宜性评价。小城镇防灾建设用地适宜性评价可在自然环境综合地质条件分析基础上，按表 4-2 进行评价。

表 4-2　小城镇防灾建设用地适宜性评价表

用地类别	地质、地形、地貌
防灾适宜建设用地	满足下列条件的用地可划分为适宜建设用地： ① 属稳定基岩或坚硬土或开阔、平坦、密实、均匀的中硬土等场地稳定、土质均匀、地基稳定的用地 ② 地质环境条件简单，无地质灾害破坏作用影响 ③ 无明显地震破坏效应 ④ 地下水对工程建设无影响 ⑤ 地形起伏虽较大但排水条件尚可
防灾较适宜建设用地	① 属中硬土或中软土场地，场地稳定性尚可，土质较均匀、密实，地基较稳定 ② 地质环境条件简单或中等，无地质灾害破坏作用影响或影响轻微，易于整治 ③ 虽存在一定的软弱土、液化土，但无液化发生或仅有轻微液化的可能，软土一般不发生震陷或震陷很轻，无明显的其他地震破坏效应 ④ 地下水对工程建设影响较小 ⑤ 地形起伏虽较大但排水条件尚可
防灾较不适宜建设用地	① 中软或软弱场地，土质软弱或不均匀，地基不稳定 ② 场地稳定性差：地质环境条件复杂，地质灾害破坏作用影响大，较难整治 ③ 软弱土或液化土较发育，可能发生中等程度及以上液化或软土，可能震陷且震陷较重，其他地震破坏效应影响较小 ④ 地下水对工程建设有较大影响 ⑤ 地形起伏大，易形成内涝

（续）

用地类别	地质、地形、地貌
防灾不适宜建设用地	① 场地不稳定：动力地质作用强烈，环境工程地质条件严重恶化，不易整治 ② 土质极差，地基存在严重失稳的可能性 ③ 软弱土或液化土发育，可能发生严重液化或软土可能震陷且震陷严重 ④ 条状突出的山嘴，高耸孤立的山丘，非岩质的陡坡，河岸和边坡的边缘，平面分布上成因、岩性、状态明显不均匀的土层（如故河道、疏松的断层破碎带、暗埋的塘滨沟谷和半填半挖地基）等地质环境条件复杂，地质灾害危险性大 ⑤ 洪水或地下水对工程建设有严重威胁 ⑥ 地下埋藏有待开采的矿藏资源
危险地段	① 可能发生滑坡、崩塌、地陷、地裂、泥石流等的场地 ② 发震断裂带上可能发生地表位错的部位 ③ 不稳定的地下采空区 ④ 地质灾害破坏作用影响严重，环境工程地质条件严重恶化，难以整治

注：1. 表未列条件，可按其场地工程建设的影响程度比照推定。

2. 划分每一类场地工程建设适宜性类别，从适宜性最差开始向适宜性好推定，其中一项属于该类即划为该类场地，依次类推。

（三）建设条件分析与评定

小城镇用地的建设条件是指组成小城镇各项物质要素的现有状况、它们的服务水平与质量以及它们在近期内建设或改进的可能。与建设用地的自然条件评价相比，小城镇用地的建设条件评价更强调人为因素所造成的方面。除了新建城镇之外，绝大多数城镇发展都不可能脱离现有建设的基础，所以，城镇既存的布局往往对城镇进一步发展方向具有十分重要的影响。小城镇的建设条件包括建设现状条件、工程准备条件以及外部环境条件等。

1. 建设现状条件

小城镇用地的建设现状条件的分析与评价包括以下几个方面：

（1）用地布局结构方面　小城镇的布局现状是历史发展过程的产物，有着一定的稳定性。对小城镇用地布局结构的评价，应着重于这样几个方面：

1）小城镇用地布局结构是否合理。

2）小城镇用地布局结构能否适应发展。

3）小城镇用地布局结构对生态环境的影响。

4）小城镇内外交通结构的协调性、矛盾与潜力。

5）小城镇用地布局结构是否满足小城镇性质的要求，或是否反映出小城镇特定自然地理环境和历史文化积淀的特色等。

（2）市政设施和公共服务设施方面　对小城镇市政设施和公共服务设施的建设现状的分析和评价，应包括数量、质量、容量、布局以及进一步改造利用的潜力等，这些都将影响到用地的选择、土地开发利用的可能性与经济性以及小城镇的发展方向等。

市政设施方面，包括现有道路、桥梁、给水、排水、供电、电信、煤气、供暖等的管网、厂站的分布及其容量等，它们是土地开发的前提条件。是否具备上述基础设施，或者使其具备上述基础设施的难易程度，都极大地影响小城镇建设用地的选择和小城镇的发展格局。

公共服务设施方面，包括商业服务、文化教育、医疗卫生等设施的分布、配套和质量等，它们作为用地开发的环境，是土地适用性评价的重要衡量条件。尤其是在居住用地开发方面，土地利用的价值往往取决于各种公共服务设施的配套程度和质量。

（3）社会、经济构成方面　影响土地利用的社会构成状况主要表现在人口数量、结构及其分布的密度，小城镇各项物质设施的分布、容量同居民需求之间的适应性等。在城镇人口密集地区，为了改善设施和环境，强化综合功能，常常需要选择新的用地，以疏散人口、扩张功能。但高密度人口地区的改建，又会带来动迁居民安置困难、开发费用昂贵等问题。因此，人口分布的疏密将直接影响土地利用的强度和效益，进而左右开发用地的评价和开发方式的选择。

小城镇经济的发展水平、产业结构和相应的就业结构对小城镇用地选择、用地结构和功能组织的影响更为明显。不同的经济发展阶段，会采取新区开发或旧城改建的不同方式；不同的经济实力，理解开发利用土地经济性的角度也不同；不同的产业结构，对小城镇用地的要求自然更不同。因此，小城镇的经济条件直接影响着用地分析与选择的价值判断标准。

2. 工程准备条件

分析与选择小城镇建设用地时，为了能顺利而经济地进行工程建设，以较少的资金投入获得较大的经济社会效益，总是倾向于选择有较好工程准备条件的用地。用地的工程准备视用地自然状态的不同而不同，常用的有地形改造、防洪、改良土壤、降低地下水位、制止侵蚀和冲沟的形成、防止滑坡等。一般而言，现代工程技术拥有几乎所有用地的工程准备手段，只要用地的各种条件调查清楚，任何用地经过改造都能适应城镇建设要求，关键是看经济综合实力、科技发展水平和社会、经济与环境的综合效益。小城镇建设的用地准备应尽可能减少对自然环境的大规模破坏，避免过大的经济投入，以实现小城镇建设与土地资源、自然环境的可持续发展。

小城镇用地选择和发展方向的确定还要看所选择的用地方向是否具备充足的用地数量，能否满足城镇的长远发展需要，为城镇的进一步发展留有余地。同时，拟发展范围内农田质量和分布情况也是建设条件的重要分析因素，它对城镇发展方向和城镇规划布局有着重要影响。

3. 外部环境条件

小城镇用地建设条件的分析与评定，还需要充分考虑小城镇建设地区外部环境的技术经济条件，主要包括：

（1）经济地理条件　小城镇与区域内城镇群体的经济联系、资源的开发利用以及产业的分布等。

（2）交通运输条件　小城镇对区域内外的交通运输条件，如铁路、港口、公路等交通网络的分布与容量，以及接线接轨的条件等。

（3）能源供应条件　主要是供电条件，包括区域供电网络、变电站的位置与容量等。

（4）供水条件　小城镇所在区域内水源分布及供水条件，包括水量、水质、水温等方面与城乡、工农业等各部门用水需求间的矛盾分析等。

二、小城镇用地选择

小城镇在选择其建设发展用地时，除需要对用地的自然环境条件、建设条件等进行用地适用性的分析与评定外，还应对小城镇用地所涉及的其他方面，如社会政治方面（城乡关系、工农关系、民族关系、宗教关系等）、文化方面（历史文化遗迹、小城镇风貌、风景旅游及革命圣地、各种保护区等）以及地域生态等方面的条件进行分析。这是因为这些条件都作为小城镇用地的环境因素客观存在着，并对用地适用性的综合评定产生影响，进而影响着小城镇用地的选择和组织。

小城镇用地选择是小城镇总体规划的重要工作内容。对新建小城镇而言，用地选择是合理选择和确定小城镇的位置和范围；对现有小城镇，则主要是合理选择和确定小城镇用地的发展方向。它是在用地条件综合分析与评定的基础上，根据小城镇各项功能对用地环境的要求和小城镇用地组织与规划布局的需要进行的。小城镇用地选择的一般原则为：

（1）符合国家有关法律、法规和有关城镇建设、土地利用的方针政策，尽量少占农田、不占保护耕地、节约用地。

（2）尽可能满足城镇各项设施在土地使用、工程建设以及对外界环境方面的要求，充分考虑现有条件的利用，考虑与现状的关系，考虑规划的合理性和经济性。

（3）尽量避免不同功能用地之间的相互干扰，避免新发展用地与原有用地之间的相互干扰。特别是在选择工业用地时，必须结合工业自身的特点，充分考虑它与其他用地、尤其是生活居住用地的布局关系，避免工业对其他用地的负面影响。

（4）用地选择时，应多方案比较、综合评定，尽可能采用先进的科学方法和技术手段，力求用地选择和功能组织的科学性。

此外，由于小城镇的特殊性，以下几方面也是小城镇用地选择时应该注意的。

（1）小城镇的发展用地应有良好的建设条件　由于小城镇的技术、经济条件有限，用地选择应尽可能避开不利的自然条件，使小城镇建设最大限度地经济、适用、安全。小城镇建设用地宜选择在水源充足、水质良好、便于排水、向阳通风以及地质条件适宜的地段；应避开山洪、风口、滑坡、泥石流、洪水淹没、地震断裂带等自然灾害影响地段；避开自然保护区、有开采价值的地下资源或地下采空区；尽量避免铁路、重要公路和高压输电线路穿越城镇。

（2）小城镇用地应位置适中，交通方便　小城镇的形成受行政区划影响较大，它们一般都是区、乡（镇）人民政府的所在地，从而也是区、乡（镇）的政治、经济、文化中心，承担着为周围地区服务的职能。为了便于管理、联系，小城镇的位置相对居中。同时，交通运输条件既是小城镇赖以产生和生存的基础，又是促进小城镇繁荣，推动小城镇发展的动力。因此，交通的方便与否，是小城镇用地选择的重要标准之一。

（3）资源丰富，市场广大，能源供应等基础设施齐备　资源和市场是小城镇经济发展的两大支柱，因而也是影响小城镇用地选择的重要因素。再者，小城镇一般势单力薄，无力、往往也不适合单独建设供水、供电等大型基础设施，因此用地选择尽可能接近水源或能源供应设施，是小城镇用地选择的重要原则之一。

第二节　小城镇规划相关用地优化技术

一、土地利用优化

小城镇节约用地优化是指将一定的土地利用方式与土地利用的生态适宜性、社会经济性进行适当组合，从而形成良好的土地利用结构和追求土地利用的三态效益的最大化的过程。由于土地资源本身具有位置的固定性、质量的差异性和经济供给上的稀缺性等特点，小城镇用地优化的目的就是在不同的部门、不同的用途之间分配有限的土地资源，并在微观层次上与其他的经济资源有机结合，使得地尽其用。土地利用系统是在人类活动持续或周期性的干预下，进行土地自然再生产和经济再生产的复杂的生态经济系统，小城镇的节约用地优化必须从整个土地利用系统出发，当系统的某些要素发生变化时，土地利用优化的动力机制、优化标准就会发生变化，因而小城镇节约用地优化是一个动态和渐进的社会过程，它是土地利用活动过程的优化而不是终极目标的优化。一般而言，小城镇土地利用是否处于优化状态，主要可以从土地数量结构的合理性、土地利用空间布局的均衡性、土地用途的相对稳定性和土地利用的可持续性这四个方面来衡量。

小城镇土地利用的优化，一方面是我国在资源特别是耕地资源相对短缺条件下的现实选择，另一方面是由当前小城镇建设中土地利用不合理的现状决定的。通过土地利用优化，充分挖掘小城镇存量土地潜力，有利于小城镇建设与耕地保护之间的协调发展。前些年我国农村居民点用地多达1640万ha，居民人均用地高达185m^2，按居住人均用地降到120m^{2}计算，则可腾出573万ha土地，可以充分满足小城镇建设对土地的需求。

二、不同小城镇发展模式的规划用地结构比例优化

国外小城镇大多数为大城市的卫星城镇，受大城市影响，其经济发达、规划超前、建设水平高、居住环境好，其建设用地结构比较合理。一般地，居住用地占小城镇总用地的25%～35%，生产及仓储用地占15%～20%，公共服务及其商业用地占10%～20%，道路交通用地占10%～15%，绿化广场用地占10%～15%，公用工程用地占3%～5%，其他用地约占5%。在这种用地结构比控制下，小城镇社会经济形态比较协调稳定，城镇居住密度适当，道路宽阔，生活便利。

借鉴国内外发达小城镇的建设用地结构，依据现行建设用地标准管理体系规定的各类用地控制性结构比，结合小城镇未来发展趋势，不同特性的小城镇，其各类建设用地的最佳结构比应略有差异（表4-3）。

表4-3　小城镇各类建设用地优化结构比

城市类型	居住建筑用地	工业仓储用地	公共服务及商业用地	道路交通用地	广场绿化用地	公用工程用地	其他建设用地
农业产业化推动型	40%～50%	10%～15%	10%～15%	5%～10%	10%～15%	2%～5%	2%～5%
工业带动型	30%～40%	20%～30%	10%～15%	5%～10%	10%～15%	2%～5%	2%～5%
旅游带动型	30%～40%	5%～10%	15%～20%	5%～10%	20%～25%	2%～5%	2%～5%
市场带动型	30%～40%	10%～15%	20%～25%	5%～10%	10%～15%	2%～5%	2%～5%
外向带动型	30%～40%	15%～20%	15%～20%	5%～10%	10%～15%	2%～5%	2%～5%

三、用地优化相关技术

1. 非农产业结构优化

非农产业结构的转换是农业产业推动型小城镇土地利用优化的主要优化模式。小城镇发展的真正动力在于经济发展、产业支撑。尤其是乡镇企业和专业市场的发展。在改革开放初期，乡镇企业多是以家庭小作坊来进行生产，因而其分布较为分散，且规模小，企业素质普遍不高，企业竞争力不强。随着国有企业结构调整的逐步展开，乡镇企业市场萎缩，经济效益普遍下滑，小城镇的发展也受到产业发展的限制，使得其规模小、质量低、功能不完善、集聚力不强。面对日益激烈的市场竞争，乡镇企业正从最初的小规模、分散化、低技术含量向专业化、集团化和高技术化的方向发展，这种发展趋势带来了小城镇产业的集聚发展。与这种产业结构的调整升级相应的是土地利用结构的调整优化和土地集约使用，通过产业结构的优化特别是乡镇企业向工业小区聚集，小城镇土地利用表现出明显的功能分区，土地利用结构正逐渐趋向合理。

2. 集约用地土地利用调整优化

产业聚集是指主导小城镇发展的二三产业的多个生产部门集中于某一区域，共同投资建设，形成较大的产品供需市场，从而带动就业人口的聚集和相关投资、服务与消费活动的集聚。产业聚集可以带来经济规模的增加和劳动生产率的提高，降低交易费用，其过程实质是用地集约的过程。集约用地是当前小城镇发展既定的战略选择，也是实施可持续发展战略的必然选择。一方面，针对乡镇企业劳动力过剩、资本短缺和技术老化等矛盾，积极引导、推进产业结构的调整、升级，发展城镇二三产业，使其向工业小区和商业区集中，从而发挥其规模和协同效益。另一方面，在主导产业的选择上，注重与当地的自然资源优势相结合，与国家大项目的建设相结合，使得其产业保持持续的经济活力，充分发挥小城镇的极化效应，推进各种要素的聚集，从而实现土地利用的调整优化。

3. 用地功能分区优化

小城镇镇区用地功能分区，就是根据各类建筑物和设施的不同性质及用途，分别组合成为功能不同的用地区。功能分区的好处是：能把居民点内功能相同的部分组合在一起，进行合理布局，使各部分用地紧凑、功能明确，既能避免不同功能间的相互干扰和影响，又可共同利用公共设施，减少基建费用，节约土地。

小城镇镇区用地功能分区的原则是：

1）各功能区之间，应有方便的联系。

2）经济利用土地，各区用地布局力求紧凑，外形力求整齐，并为今后发展留有余地。

3）充分考虑居民对各种公共设施、动力设备的综合利用，为组织生产、方便生活创造条件。

4）有利于卫生、防疫、防火，有利于环境保护。

粗略划分，镇区用地功能区可分为生活区和生产区两大部分。生活区内集中布置住宅建筑及公共建筑；生产区内集中布置生产性建筑，有时根据实际需要，在生活区内可布置为居民服务的或污染较小的生产性建筑，在生产区内也可以设置某些管理性建筑和宿舍等。

也可以根据不同用地功能的作用将用地区分为基本功能区和辅助功能区。基本功能即与生产和生活直接相关的最基本的需求：如住宅、工业、商业、办公用地等。辅助功能即与生产和生活间接发生作用的表达舒适程度的需求：如交通设施、休闲设施、绿地等。

不同功能用地区可以进行合理巧妙的组合，从而大大提高土地利用能力，增强用地的科学性、合理性和经济性。

小城镇用地功能分区是否合理、正确，对镇区各项用地结构将产生直接而深远的影响。功能分区科学、合理，就能使各项用地结构得到合理布局，使之有利生产，方便生活。反之，功能分区不合理，将给居民点造成不良后果。如环境受到污染，影响居民健康；交通不便，影响生产；造成土地浪费；增加建设投资等。因此，功能分区正确与否，是评价镇区建设规划的重要标志之一。

4. 小城镇规划合理布局优化

小城镇镇区用地合理布局，就是把小城镇镇区内的各项用地，按其性质和功能（作用）以及相互间的联系等，有机地组合在一起，使之成为一个统一的整体，从而为居民的生活和生产创造良好的环境条件。小城镇镇区用地合理布局的主要任务是对镇区内部的用地结构、街道网、公共建筑用地、居住建筑用地、生产建筑用地以及绿地系统、给水系统、排水系统、供电系统等的用地进行合理组织、统一安排，对各部分用地的详细规划起控制和指导作用。其主要内容包括：小城镇镇区功能分区；公共中心和街道网布局；主要公共建筑用地和住宅用地的布局；绿化、供水、排水、供电系统等设施的用地布局等。

小城镇镇区用地合理布局内容的详度与深度，取决于小城镇镇区的性质、类型、规模、自然条件及小城镇镇区建设的现状等。同时，小城镇镇区规划所依据的基础资料的完备程度也影响着总体布局。在资料依据不足的情况下，为便于安排部分急于建设的项目，指导建设项目用地的详细规划，可以先概略地做出功能分区和各项用地的合理布局，布置道路网和确定近期建设用地，然后再逐步完善。

（1）小城镇规划合理布局优化的原则

1）节约用地原则　贯彻执行“十分珍惜、合理利用土地和切实保护耕地”的基本国策，在用地布局和选址中不占或少占良田，保护、开发土地资源，制止非法占用土地的行为。尽量采用先进技术和有效措施，使用地达到充分合理的利用。

2）符合功能分区要求原则　总体布局的合理与否，首先要看功能分区是否合理。功能分区是对总体布局中各组成项目规划的控制和指导。

3）保证小城镇镇区各组成要素在空间上的合理配置原则　小城镇镇区各组成要素及其自然因素构成一个环境，它不仅是一个平面概念，而且是一个立体概念。在进行总体布局时，不仅要使各组成要素在平面布局上合理，还要使它们在空间上相互协调。因此，小城镇镇区总体布局要在充分考虑镇区的地形、地物、自然特点及建筑形式的基础上编制。

4）坚持“适用、经济，在可能条件下注意美观”的原则　小城镇镇区中的建筑群及公共设施的规划，不仅要考虑适用、经济，同时也要考虑建筑形式和布局的艺术及美观。

5）既要突出重点，又要留有余地的原则　小城镇镇区总体布局的重点是功能分区、公共中心和主干街道的布置。居民点的各组成要素，通过功能分区构成一个完整的统一体。在总体布局中，对全部组成要素的布局要统一考虑，且留有发展的余地。

（2）小城镇用地合理布局的基本要求

1）使用要求　为生产生活等用地使用提供方便、合理的外部环境，处理好各组成部分之间客观、必然联系和矛盾。这是小城镇镇区用地布局最基本的要求。镇区土地的使用要求

是多方面的，既包括适应功能要求和使用者行为的建筑平面组合，也包括满足人们室外休息、交通、活动等要求的外部空间组织及相应配建设施等，以及确保实现上述功能的有关工程设施及相应技术要求等。

2）节约要求　节约用地也是镇区用地布局时必须考虑的一个重要问题，这不仅是国家的重要国策要求，同时也具有明显的经济意义，特别是在土地有偿使用的情况下，节约用地可以减少用地成本。在建筑群体组合中，适当缩小建筑间距、提高建筑密度则可充分挖掘土地利用潜力，达到节约土地的目的。

3）卫生要求　镇区用地应形成卫生、安静的外部环境。其中，正确的选址是确保镇区用地避免环境污染侵害的关键。场地及其周围的主要污染源有：具有污染危害的工厂、锅炉房、废弃物的排放与清运、车辆交通等。为防止和减少这些污染源对场地环境的污染，镇区用地总体布局必须合理。

4）全要要求　镇区用地总体布局除需满足正常情况下的使用要求和卫生要求外，还必须能够适应某些可能发生的灾害，如火灾、地震等情况，因而必须分析可能发生的灾害情况，并按有关规定采取相应措施，以防止灾害的发生、蔓延或减少其危害程度。

5）经济要求　镇区用地总体布局必须注意建筑的经济性，使之与经济发展水平相适应，并以一定的投资获得最大的经济效益。总体布局工作应结合场地的地形、地貌、地质等条件力求土石方量最小，合理确定室外工程的建设标准和规模，恰当处理经济适用与美观的关系，有利于施工的组织与经营，从而降低场地建设的造价。

6）美观要求　镇区用地布局不仅要满足使用的要求，而且应取得某种艺术效果，为使用者创造出优美的空间环境，满足人们的精神和审美要求。用地的总体布局，应当充分协调各建筑单位之间的关系，把建筑群体及其附属设施作为一个整体来考虑，并与周围环境相适应，才能形成明朗、整洁、优美的空间环境。

第三节　小城镇建设用地规划控制与平衡技术

一、小城镇规划建设用地控制技术

1. 建设用地规划指标选择

我国小城镇数量大、分布地域广。不但不同地区小城镇自然环境，生产条件、风俗习惯、经济社会发展差别很大，而且由于长期以来，小城镇自发建设缺乏规划指导，造成全国小城镇现状人均建设用地水平差异很大。因此，小城镇规划建设用地必须按现行镇规划标准选择建设用地指标，控制建设用地。特别是现状用地问题较大的小城镇，更应严格控制和选择用地指标。

同时，根据国家“九五”、“十五”相关重点课题的大量有代表性小城镇及其规划的调查分析研究，以及综合专家意见，认为鉴于我国小城镇特点和实际情况，用地指标标准很难覆盖全国所有小城镇，特别是地多人少的西部边远地区小城镇和山地小城镇。因而，在不同地区小城镇用地差别很大的情况下，一些地区小城镇用地规划同时结合或依据地方标准与相关规定，使指标选择更符合小城镇实际。如目前北京、广东、湖北、浙江、深圳、河南等一些省、市都已经制定或着手制定相关标准和导则。

2. 按标准选择控制建设用地比例

用地标准的建设用地构成比例是人均建设用地标准的辅助指标，是反映规划用地内容各项数量的比例是否合理的重要标志，通过建设用地构成比例辅助指标以合理控制建设用地。

二、小城镇规划建设用地平衡技术

1. 考虑不同类型小城镇的特点和不同要求

小城镇因其发展类型和主导产业不同在用地要求上会有较大不同。例如，对于生态条件十分优越，自然、人文景观等旅游资源十分丰富的可完全以旅游为主导产业的小城镇并不需要安排工业用地，对其地域不适宜发展的现有工业，宜整合到相邻或所在城镇区域的工业型小城镇。在小城镇所在区域或相邻区域酌情平衡此类用地，不失为用地平衡切实有效的方法之一。

2. 特殊情况的用地平衡

“十五”国家科技攻关计划小城镇规划及相关技术研究课题，在相关典型、有代表性小城镇调研与征询22个省市规划主管部门和标准使用单位意见以及高层专家论证基础上，针对区域工业基地的具有工业特别优势的工业型小城镇的工业用地平衡难题，提出“区域性工业基地的工业型小城镇经省、地级市城市规划行政主管部门和国土行政主管部门批准，其中区域性大型工业企业用地可不在小城镇规划范围用地平衡，而酌情在较大相关区域范围内用地平衡，同时符合区域性建设用地总量控制的要求；其在规划范围用地平衡的工业用地占建设用地比例仍可按不大于30%控制。”

第四节　小城镇土地用途管制与土地利用分区规划技术

小城镇规划需要与土地利用规划、土地利用分区规划相协调，了解本节内容有利拓展小城镇规划的思路与方法。

一、小城镇土地利用存在问题分析

小城镇是在传统的城乡分割的二元经济结构下出现的，它的发展过程是自下而上的城市化过程，是一种诱致性的制度变迁，因而在小城镇的形成和发展过程中，具有很大程度的自发性。但这个过程还处在以粗放经营为特征的外延扩展阶段，土地利用主要问题是土地利用活动的盲目性，主要表现在以下方面：

（1）小城镇急剧扩张

以1984～1998年统计为例，全国的建制镇由5698个增加到1.9万个，建制镇的总用地规模达到17161.1km^2，小城镇的人均建设用地分别为特大城市和大城市的1.9倍和1.6倍，与之形成鲜明对比的是用地效率极其低下，闲置浪费现象严重。据估算，闲置土地占小城镇总面积的5%～8%。小城镇单位土地提供的GDP仅相当于全国平均水平的33%，相当于200万人口以上大城市的3%。

（2）小城镇土地利用的土地数量结构不合理

小城镇由于其发展的诱致因子的不同，其土地利用结构表现不一致。其土地利用结构不尽合理，主要表现在居住用地比重过大，公共设施用地和绿化用地比重偏少，公共服务设施配套不完善。据浙江瑞安市东部六镇建成区用地结构统计数据表明，居住用地占76%，人均达89m²，而公共设施用地和绿化用地的比例仅占0.3%、0.4%，人均不足0.5m²。

(3) 小城镇土地利用的空间分布不均衡

小城镇土地利用的空间分布是小城镇职能和空间分布土地资源的结果。一般而言，小城镇土地利用的空间分布主要表现在两个层次：宏观和微观层次。宏观层次指的是小城镇体系的空间分布，受地方局部利益的驱动和行政区划的影响。我国小城镇体系的建设还远不完善，小城镇的设立带有一定的盲目性，它往往不是从区域经济整体出发，而是地方官员急功近利的体现，城镇人口规模普遍偏小，小城镇重复建设现象严重，产业结构趋同，集聚效益低下，生态环境恶化。微观层次指的是小城镇内部的土地利用，许多小城镇的兴起主要是依托过境公路发展起来的，其空间分布多为轴向发展，纵深发展不够，空间形态不合理；由于用地缺乏硬性的预算约束，地价对用地分布缺乏制约，导致各类用地混杂，特别是工业用地分散，缺乏明确的功能分区。

小城镇的土地利用现状与我国土地资源、特别是耕地资源的保护现实极不协调，国家出于生存安全的考虑将加大耕地的保护力度，调整日益紧张的人地关系。小城镇空间形态的扩展方式将由水平方向的外延发展为主向内涵发展为主的方向转变，因而优化小城镇土地利用结构，合理配置各种经济要素，是促进小城镇建设走可持续发展的必由之路。

二、土地用途管制和土地利用总体规划

1. 土地用途管制的目的和意义

(1) 实行土地用途管制的主要目的有以下三个：

1) 依据土地利用规划规定土地用途，以行政、经济和法律手段来规范土地利用行为，引导合理利用土地，从而强化国家宏观调控土地的职能，避免土地利用管理中的政府失控。

2) 通过土地用途的严格管制，使土地利用结构与布局得以最优化方案配置，农业用地特别是耕地和林地得到有效保护，非农业建设用地得到有效控制，土地质量、土地利用率和产出率逐步有所提高，土地资源得以可持续利用。

3) 通过对土地利用方式的优化控制，充分协调人与自然、经济社会与生态环境等关系，逐步创造一个良性、高效的生态环境，满足可持续发展的需要。

(2) 土地用途管制的意义

1) 实施土地用途管制制度，是保证有限的土地资源实现可持续利用的途径，是缓减人地矛盾的重要手段。

2) 实施土地用途管制制度，严格限制农用地转为建设用地，可限制城市空间的过度扩张，保护生态环境。

3) 实施土地用途管制制度，能有效地利用城市存量土地，引导城镇土地的高效、可持续利用。

2. 土地用途管制和土地利用总体规划

土地用途管制是旨在严格保护耕地，有效地配置土地资源，提高土地利用集约水平等一系列的行为过程。在这个行为过程中，必然会出现土地用途管制的主体、客体、目标、手段等构成其基本要素。

土地用途管制的主体是国家，其主要的表现形式是政府。修订后的《土地管理法》加强中央和省级政府的土地管理职能。土地利用总体规划编制的审批权、土地利用年度计划审

批权、农用地转用批准权、土地征用权在中央和省两级政府。与此同时，在已经批准的农用地转用范围内，具体项目的用地交由市、县政府审批。在土地用途管制行为过程中体现强化国家管理土地的权力，是实现土地用途管制的重要保证。

土地用途管制的客体是已确定用途、数量、质量和位置的土地，这些资料有赖于土地利用总体规划提供。这就对土地利用总体规划的科学性和实践性提出了更高的要求。有关管制客体信息要全面，是实现土地用途管制的重要依据，说明土地利用总体规划是土地用途管制的重要技术保障。土地用途管制的目标是严格限制农用地转为建设用地，控制建设用地总量，对耕地实行特殊保护，确保省区内耕地总量不减少。

土地用途管制的目标是严格限制农用地转为建设用地，控制建设用地总量，对耕地实行特殊保护，确保省区内耕地总量不减少。

土地用途管制的手段是编制土地利用总体规划，规定土地用途，划分土地利用区，实行分区管制。将土地分为农用地、建设用地和未利用地。制订土地利用年度计划，实施农用地转用审批制度。在各土地利用区内制订土地使用规则，限制土地用途。要对土地用途管制行为过程实行动态监测，加大违法批地用地的查处、监督，按土地利用总体规划规定的用途使用土地。与此同时，土地行政主管部门要采取经济手段（价格、税收等）来调节和控制土地利用。

除此以外，土地用途管制范围包括农村和城市，形成城市土地用途管制和农村土地用途管制区域系统，相互补充，融为一体。土地用途管制客体信息包含用途、数量、质量和位置，做到信息四统一和图、数相符。土地用途管制的深度是实现分区管制（划分土地利用区）和类型管制（划定土地利用类型）并重。

三、小城镇的土地用途管制分区

1. 小城镇土地用途分区确定的原则

土地用途分区是市场经济条件下，控制土地利用空间布局的方法，依据土地主导用途的不同划分用地区，从而控制土地的数量、用途和功能。土地用途分区的原则有：

1）土地适宜性原则 土地适宜性决定土地的主导用途，土地用途分区以此为基础。

2）以供定需的原则 以土地可供量为基础，依据各类用地需求量，综合平衡用地。

3）保持耕地总量动态平衡的原则 优先安排耕地，严格控制非农建设用地。

4）分区界线明显的原则 分区划线尽量利用明显的道路等线状地物或河流等自然地物。

2. 小城镇土地用途管制分区的社会目标

（1）保护耕地，控制建设用地

耕地资源是人类社会发展的基础支持系统，保护耕地即保护我们的生命线，耕地保护体现的是以公益性目标为主的社会效益。土地用途管制分区作为宏观调控手段，应以公益性目标为主，突出对耕地资源的保护。

（2）提高土地利用效率，克服土地利用的负外部效应

土地用途管制分区的内涵即国家采取社会控制手段将对他人造成损害的土地用途类型和受损害的土地用途类型从空间上严格分离，防止土地利用的负外部效应的发生和解决用地矛盾，协调社会、个人目标，以解决“市场失灵”问题和保障国家目标的实现。土地用途管

制分区的主要目的即国家加强土地利用控制，土地利用控制主要包括土地数量配置的控制、土地用途空间定位的控制和土地资源在不同时段间的数量及空间分配控制。因此，优化土地利用结构布局和提高土地利用的经济效益是土地用途管制分区的重要社会目标之一。

（3）保护和改善生态环境

实行土地用途管制分区制度有利于加强耕地保护和农地转用管制及环境保护。通过规定和限制各用途区土地利用方式，使本区域土地得到综合整治，对过度开垦、围垦的土地退耕还林、还草、还湖，加强生态环境建设，创造优美、舒适、有序、和谐的人类居住环境，实现保护和改善生态环境的社会目标。

3. 小城镇土地用途管制分区确定的方法

表4-4所示为国内不同划区方法的比较与评价。

表4-4　国内不同划区方法的比较与评价

类型	定性方法（特尔菲法）	定量方法		
		叠图法	聚类法	指标法
划分依据操作要点	依靠专家及技术人员的经验，在主导因素与综合分析相结合、因地制宜原则下选择一些因素进行分析、研究，确定土地的最佳用途	运用各部门各类有关的规划图件进行叠加、优先确定完全重叠界线，而后解决不重叠界线的问题	对各类分区因子的指标应用数学模型进行计算、归类，根据聚类结果进行分区划线	划分单元，选择与土地用途有关的土地结构和质量指标及各指标所占的权重，经计算划分土地用途区
划区方法评价	方法简单易行，便于操作。但缺少大量的定量指标作依据，靠人们的经验来划分，分区结果不可避免带有片面性	方法简便，但在实际工作中常遇困难，有的界线叠加后不重叠，争议多，处理工作量大	依据充分，计算科学，分区结果可靠	计算指标越多，分区结果的准确性越高。但土地质量指标难以掌握，土地利用结构变动较大
适宜地区	土地利用区域差异明显，主导用途突出，界线易于确定，分区者熟悉当地土地利用状况	基础工作扎实，各类图件齐全、规范的地区	基础资料齐全，技术条件较好的地区	指标体系齐全，有一定技术条件的地区
应注意问题	参与分区的专家要有较高的土地利用理论水平，且熟悉当地土地资源利用情况	图件认真检查，叠加时经纬网点及明显地物套合要准确	分区人员熟悉数学模型，计算认真，指标、权重选择合理	选取的分区指标能较好地反映各自的土地用途，有代表性、稳定性

4. 国内大城市土地利用分区的实践

表4-5所示为若干省市土地利用分区情况。

表4-5　若干省市土地利用分区情况

	地域分区原则	地域分区	用地分区
南京市	土地利用条件相似性、土地利用结构类似性、土地开发利用方向一致性、乡镇行政界限完整性等原则	Ⅰ为北部丘陵岗地农业土地利用区，Ⅱ为中部江河沿岸平原谷地农业土地利用区，Ⅲ为西南及东部丘陵岗地农业土地利用区，Ⅳ为南部丘岗坪区农业土地利用区，Ⅴ为中部城市土地利用区	Ⅰ为耕地区，Ⅱ为农用非耕地区，Ⅲ为城镇建设用地区，Ⅳ为村镇建设用地区，Ⅴ为独立工矿用地区，Ⅵ为其他建设用地区，Ⅶ为未利用土地区，Ⅷ为自然和人文景观保护区

（续）

	地域分区原则	地 域 分 区	用 地 分 区
上海市		中心城区、浦西九区、浦东新区、近郊区、山湖区、杭州湾北区、三岛区	
武汉市		北部东北部林农多种经营及旅游发展区、中部综合农业生产区、主城城市建设及近郊蔬菜副食品生产区、南部农林水产多种经营及旅游发展区	
重庆市	土地资源分布地域差异性、位置固定性，社会经济条件、土地利用的特征和建设途径、发展方向的相对一致性，保护乡镇行政界线的完整性	（1）城市建设发展区；（2）三峡移民开发区；（3）丘陵农业区；（4）山地林农牧区	
南昌市	根据南昌市的自然、地理环境和社会经济条件的相似性，发展方向的一致性及保持行政区划的相对完整性原则	（1）中部城市土地利用区；（2）东北部鄱湖平原土地利用区；（3）中南部赣抚平原土地利用区；（4）西部低山丘陵土地利用区；（5）东南部岗丘土地利用区	
广东省	（1）区内土地利用的自然和社会经济发展条件的类似性；（2）经济联系与布局的密切性；（3）土地利用结构的一致性；（4）行政区域完整性	（1）珠江三角洲区；（2）东部沿海区；（3）西部沿海区；（4）北部山区	（1）基本农田保护区；（2）一般耕地区；（3）林、园、牧业用地区；（4）城乡居民点建设用地区；（5）独立工矿及特殊用地区；（6）自然人文景观保护区
浙江省	（1）土地资源特点的相对类似性；（2）利用方向的相对一致性；（3）集中连片，保持行政区域的完整性；（4）以地貌类型与土地利用结构为主导因素，结合参照产业结构布局和经济发展水平等辅助因素	（1）浙北平原区；（2）浙东南沿海丘陵区；（3）浙中盆地丘陵区；（4）浙西北丘陵山区；（5）浙西南山地丘陵区；（6）沿海岛屿区	
云南省	根据各市县的自然条件、土地利用结构、社会经济条件、土地利用方向、土地开发利用措施等的相似性和差异性，注重保持各市县行政界线完整	（1）滇东北山地高原农林牧土地利用区；（2）滇中高原湖盆农林业土地利用区；（3）滇东南中低山岩溶山原林农牧业土地利用区；（4）滇西北高山高原峡谷林牧业土地利用区；（5）滇西南中低山盆谷农林热作土地利用区	
湖北省		鄂北岗地区、鄂中丘陵岗地区、鄂中南平原区、鄂东沿江平原岗地区、鄂东北丘陵低山区、鄂东南丘陵低山区、鄂西南山区、鄂西北山区、神农架自然保护区	

四、小城镇土地用途管制分区类型及其规则

结合我国小城镇用地的特点及其城市用地分类，并借鉴国内外相关土地用途管制研究的成果，确定小城镇土地用途管制分区类型及其规则。

1. 小城镇用途管制分区类型

（1）农地区

农地区分为基本农田保护区、基本草牧场区和一般农用地区。

1）基本农田保护区　我国人多地少，耕地总体质量不高的基本国情和耕地保护的严峻形势决定了我们必须严格保护耕地，保障我们国家食物安全。国家制定了《基本农田保护条例》，从法律上规定，对生产条件较好、规模较大的粮、棉、油和名、优、特、新农产品基地与经过土地整理的农田实行特殊保护，并采取相应的保护措施。因此，以土地利用总体规划所确定的基本农田为主导用途，并考虑自然立地条件，划分基本农田保护区，对基本农田保护区内土地实行用途管制，并制定相应的土地用途管制措施。

2）基本草牧场区　我国草地退化形势严峻，为有效保护草地，国家对《草原法》作了进一步修改和完善，实行基本草原保护制度，对发展畜牧业生产所需要的大面积生产条件较好的野生草本植物和灌木丛生的土地区域以及改良草地和人工草地实行特殊保护，划为基本草牧场区，并采取相应的管理措施。为执行《草原法》，以所划分的基本草场为主导用途，确定基本草牧场区，制定基本草牧场区土地用途管制措施。

3）一般农用地区　为实现国家目标和突出市场机制引导农业用地内部结构调整，增加土地用途分区管制的弹性，将未划入基本农田保护区、林地区和基本草牧场区内的其他农用地归为一类，划为一般农用地区，对区内土地制定合理的土地用途管制措施。

（2）林地区

林地区分为生态林区和生产林区。

我国生态环境脆弱，进行生态环境建设的任务艰巨，为防止水土流失和遏止森林的破坏，国家严格实行《森林法》，为我国的森林保护提供法律基础。因而，为满足国家对森林保护的要求，对林地实行用途管制，以林地为主导用途划分林地区。在林地区内，有以保护为目的，以生态林为主导用途划分生态林区；以生产为目的，以生产林为主导用途划分生产林用途区，在各区内制定管制措施，规定其保护的措施和林业生产的限制条件。

（3）城镇建设区、村庄建设区和独立工矿用地区

严格限制农用地转为建设用地，控制建设用地的规模，是我国实行土地用途管制制度的核心。我国的建设用地主要分为三大类：城镇建设用地、村庄建设用地和工矿建设用地。针对以往以用地现状分类进行分区，分区结果比较零碎的问题，以建设用地的三大类为主导用途，根据土地利用总体规划所确定的城镇建设用地、村庄建设用地和工矿建设用地规模，分别划定城镇建设区、村庄建设区和独立工矿用地区三个用途区。

（4）自然保护区、风景名胜旅游保护区

为加强自然保护区、风景名胜旅游保护区的保护，国家制订了《自然保护区条例》和《风景名胜区管理暂行条例》等有关法律和法规，国家、省（自治区）、市人民政府分别划定了国家级、省级、市级等自然保护区、风景旅游保护区。为保护自然保护区和风景名胜旅游保护区自然资源，依据所划定的各级、各类保护区范围划分自然保护区、风景名胜旅游保

护区，并根据需要在自然保护区内划分核心区和外围区，对各区土地实行用途管制。

（5）专用区

专用区是考虑地方实际情况，根据地方自然资源的特点和社会经济发展、生态环境保护的要求以及需要特殊保护的地区所划定的一个未加限定名称的区域。如军事用地区、陵园区和环境敏感地区，考虑加强水源地保护，可设立水源地保护区，若需加强脆弱生态环境的保护和水土流失的治理，可设立脆弱生态环境特别保护区等。

2. 小城镇用途管制区规则

土地用途管制分区的主要内容包括两方面，一方面是进行土地用途管制分区类型划分；另一方面是制定分区管制规则，制定每个用途区内土地的限制条件和非限制条件，并对每个用途区内土地的主导用途和允许用途进行规定。

（1）土地的规划用途

土地规划用途类型主要用于土地用途分区管制规则主导用途和允许用途的规定，使得分区管制规则更为具体和详细，土地用途分区管制更具有操作性。土地规划用途类型、各类土地用途管制区规定的主导用途、非允许使用用途、允许零星用地使用用途和准许为现状用途使用，见表4-6。

表4-6　各类用途区规定用途表

	农地区			林地区		城镇建设区		乡村建设区		工矿建设用地区		自然保护区		风景名胜旅游保护区
	基本农田保护区	基本草牧场区	一般农用地区	生态林区	生产林区	建成区	规划发展区	建成区	规划发展区	工业用地区	矿业用地区	核心区	外围区	
基本农田	△	○	√	○	○	×	○	×	○	○	○	○	○	✓
种植园地	✓	○	✓	○	○	○	○	○	○	○	○	○	○	✓
生态林地	✓	✓	✓	△	○	✓	✓	✓	✓	✓	✓	△	△	△
生产林地	○	○	✓	○	△	×	○	×	○	○	○	×	×	×
基本草原	○	△	✓	○	○	×	○	×	○	○	○	○	○	✓
一般农用地	○	○	△	○	○	○	○	○	○	○	○	○	○	✓
特定生态用地	✓	✓	✓	✓	✓	✓	✓	✓	✓	✓	✓	✓	✓	✓
城镇用地	×	×	×	×	×	△	△	×	×	×	×	×	×	×
农村居民点用地	×	×	✓	×	✓	✓	✓	△	△	×	×	×	×	○
独立居住建筑用地	×	×	✓	×	✓	○	○	○	○	×	×	×	×	○
工矿建筑用地	×	×	✓	×	✓	○	○	○	○	△	△	×	×	○
农业建筑用地	✓	✓	✓	✓	✓	○	○	○	○	△	△	×	×	○
其他建筑用地	○	○	✓	○	✓	○	○	○	○	△	△	×	×	○

（续）

	农地区			林地区		城镇建设区		乡村建设区		工矿建设用地区		自然保护区		风景名胜旅游保护区
	基本农田保护区	基本草牧场区	一般农用地区	生态林区	生产林区	建成区	规划发展区	建成区	规划发展区	工业用地区	矿业用地区	核心区	外围区	
盐田	×	×	○	×	×	○	○	○	○	△	△	×	×	×
旅游用地	×	×	✓	○	✓	✓	✓	✓	✓	×	×	×	×	△
军事用地	○	○	✓	○	✓	✓	✓	✓	✓	×	×	×	×	○
墓地	×	×	○	×	×	×	×	○	○	×	×	×	×	○
古迹保存用地	✓	✓	✓	✓	✓	✓	✓	✓	✓	✓	✓	✓	✓	✓
养殖场用地	×	×	✓	×	×	○	○	○	○	×	×	×	×	○
水源地	✓	✓	✓	✓	✓	✓	✓	✓	✓	✓	✓	✓	✓	✓
水利设施用地	✓	✓	✓	✓	✓	✓	✓	✓	✓	✓	✓	×	✓	✓
交通用地	✓	✓	✓	✓	✓	✓	✓	✓	✓	✓	✓	×	✓	✓

注：△—主导用途；✓—允许零星用地使用用途；×—非允许使用用途；○—准许为现状用途使用，鼓励向主导用途转变。

（2）基本农田保护区的土地用途分区管制规则

其包括通则和细则两方面内容。

农地区土地用途管制通则：

1）区内农用地不得闲置、荒芜；应培肥地力，防止污染，保证其质量不降低，并不断提高其质量；与土地有关的其他自然资源（植物、水）的利用，不应当造成农业用地面积缩小及土质恶化和肥力下降。

2）鼓励区内影响农业生产的其他用地或现状用途不适宜的其他用地，调整到适宜的土地用途类型区。

3）因特殊需要，允许在本区内安置或建造天然气加压站、天然气管道、高压线、变电站、地下管线等小型公共基础设施和水井、油井等的钻勘建设。

4）基本农田保护区土地用途分区管制规则细则：①依据《基本农田保护条例》等有关法律规定的保护措施来保护基本农田保护区内耕地。②不允许在基本农田保护区内进行城镇、村镇、开发区、工业小区建设，不得安排新建非农建设项目；国家能源、交通、水利等重点建设应尽量避开基本农田保护区；各类非农业建设用地因特殊情况确需占用基本农田保护区内的农用地的，按照《基本农田保护条例》进行审批。③允许区内的农业建筑用地、水利设施用地、交通用地、水源地、古迹保存用地和特定生态用地，以及用于基本农田和为其服务的农田水利、农田防护林及农业建设用地。区内现有其他各类非农建筑物、构筑物不允许改建或扩建，鼓励其搬迁。建筑物、构筑物废弃拆除的，其土地要及时复垦为耕地。④允许区内现有其他零星用地，鼓励进行整治转变为基本农田。

（3）城镇建设区的土地用途分区管制规则

城镇建设区土地用途分区管制规则：

1）依据《城市规划法》、《城市房地产管理法》等有关法律规定的管理和保护措施进行城镇建设区内土地的利用。

2）城镇建设区内的土地主要用于城镇建设和开发区建设，严格执行城镇总体规划及分区规划。

3）城镇建设必须贯彻城镇用地外延扩展与内部挖潜相结合的原则，严格执行城市用地分类与规划建设用地标准。

4）因特殊需要，允许在本区内安置或建造天然气加压站、天然气管道、高压线、变电站、地下管线等小型公共基础设施和水井、油井等的钻勘建设。

5）保护和改善城镇生态环境。

6）区内土地利用符合城市环境质量标准和噪声标准。

城镇建设建成区土地用途分区管制规则细则：

1）建成区内人均建设用地标准不超过土地利用总体规划所确定的人均城镇建设用地标准。

2）建成区内居住、工业、道路广场和绿地 4 大类主要用地人均指标分别控制在 18～28m^2/人、10～25m^2/人、7～15m^2/人和不小于 9m^2/人。

3）建成区内居住、工业、道路广场和绿地 4 大类主要用地比例分别控制在 20%～32%、15%～25%、8%～15%和 8%～15%。

城镇建设规划发展区土地用途分区管制规则细则：

1）充分利用现有建设用地和空闲地，确需扩大的，应当首先利用非耕地或劣质耕地。

2）原有农用地可随建设用地的开发逐步退出。禁止破坏和荒芜土地，废弃撂荒土地，能耕种的必须及时恢复耕种。

3）禁止建设占用规划确定的永久性绿地、菜地和基本农田。

（4）自然保护区的土地用途分区管制规则

1）自然保护区内的土地依据《自然保护区条例》和《自然保护区土地管理办法》、《环境保护法》等法律、法规保护区内自然环境和自然资源。严格执行自然保护区总体规划。

2）国家自然保护区禁止作经济之用，只用于环境保护、科学研究和文化教育的目的。不允许在区内进行任何经营活动。只允许在对其进行科学研究工作的计划范围内进行勘察。

3）不允许在区内进行开垦、开矿、采石、挖砂、砍伐、放牧、涉猎、捕捞、采药、烧荒等活动；但是法律、行政法规另有规定的除外。

4）为保证自然保护区的公共价值，在区内限制土地使用者的权利，土地使用者必须固定生产生活活动范围，在不破坏自然资源的前提下，从事现状用地的种植业、养殖业。

5）不允许在区内及外围保护地带建立污染、破坏或者危害区内自然环境和自然资源的设施。

6）因特殊需要，允许在本区内安置或建造天然气加压站、天然气管道、高压线、变电站、地下管线等小型公共基础设施和水井、油井等的钻勘建设。

7）自然保护区内的土地受到破坏并能够复垦恢复的，有关单位和个人应当负责复垦，恢复利用。

8）区内影响自然环境和自然资源保护的其他用地或现状用途不适宜的其他用地，应按要求调整到适宜的用途类型区。

核心区土地用途分区管制规则细则：

1）任何人不允许进入其核心区。确需进入者，需经有关部门批准。

2）不允许在核心区建设生产设施和与自然保护区无关的人为设施，原有生产、开发活动应逐步停止。

3）不允许在核心区建设交通设施，不允许机动车进入核心区。

外围区土地用途分区管制规则细则：

1）外围区用于自然保护的科研观测教学活动、珍稀动植物的驯化繁育和适度参观考察、旅游，不允许其他一切生产、开发活动；原有生产、开发活动应逐步停止。

2）允许在外围保护地带设古迹保存用地、水利设施用地、交通用地和水源地。

五、小城镇土地用途管制的对策

针对土地用途管制实施中的难点，拟采取以下对策。

1. 充分调动地方各级政府的积极性

土地用途管制能否取得成效，在很大程度上取决于中央和地方政府两个积极性。目前，中央有很大的积极性，所以，关键是调动地方政府，特别是市、县政府的积极性。

调动地方政府对土地用途管制的积极性，首先要转变旧的用地观念。变“千方百计占用耕地”为“想方设法保护耕地，合理用地”，变“要我保护耕地”为“我要保护耕地”。只有保护耕地、保护农用地成为地方政府的自觉行动时，耕地、农用地才能真正保护住。

合理分配土地收益，建立保护耕地的激励机制。将用于土地保护的经费与土地出让、土地征用等脱钩，改为与耕地保护、土地整理、复垦开发等挂钩，并强化激励机制。对地方政府政绩考核，除经济发展指标外，还应增加保护耕地、环境改良等指标。

2. 在技术上实现从“分级限额审批”到“土地用途管制”的转换

要使土地利用总体规划真正成为土地用途管制的依据，必须努力做到以下三点：

1）明确界定现有土地用途　只有明确界定现有土地用途，才能有效地控制土地用途变更。现有土地用途的明确界定是指在实地有明确的位置和边界，在土地利用现状图上有相应的标示。

2）规划期的土地用途的位置和边界应明确标示在规划图上　为此，必须开展乡、村土地利用规划，并要求制作清晰、易读的大比例尺土地利用规划图，以作为农用地用途转用和征地审批的依据。

3）将土地利用规划实施与土地用途管制有机结合起来　要改变过去重规划轻实施的状况。农用地用途转用和征地后的土地用途必须与土地利用规划用途一致，否则不予批准。土地利用规划实施过程也就是土地用途管制过程，同时又通过土地用途管制来促进土地利用规划的实施。

3. 建立、完善服务于土地用途管制的政策体系和管理体制

制定有关土地产权主体、管理者之间的利益分配政策，使之有利于耕地保护。正确处理中央政府与地方政府，国家与农民集体之间的利益分配关系，是顺利实施土地用途

管制的关键。为此，应建立合理的租税费体系。制定耕地易地开发主体与土地产权主体或当地政府之间的利益合理分配政策，是保障耕地易地开发成功的重要问题。对农民集体土地产权主体实施土地登记、发证制度，以明晰每一个具体农民集体土地所有权主体是乡（镇）农民集体或是村农民集体或是村民小组农民集体，以激励农民合理用地，保护土地的积极性。

在管理体制上，应将国土资源管理机构的双重领导改变为垂直领导，以保障国土资源管理部门职能，特别是土地用途管制职能的顺利履行。

建立土地保护定期公告制度，充分发挥新闻媒体的舆论监督作用。

4. 建立、完善土地监察网络，增大土地执法力度

从国土资源部、省、市、县到乡（镇）土地管理所，应形成严密的土地监察网络，对违反土地法律、法规的行为进行监督、检查，监察工作要具有相对的独立性，不受同级政府的干预，以提高土地监督工作的效率和公正性。目前，新《土地管理法》已经公布，关键是加大执法力度。罚则要适度，过轻则不易收效。对于擅自改变土地用途，破坏耕地，越权批地等行为要严格依法追究法律责任。

5. 加大教育经费投入，培养一支高素质的土地管理队伍

实施土地用途制，需要一批政治、业务素质高的土地管理专门人才。因此，通过各种形式的教育，提高现有土地管理人员的法学、经济学、规划学水平，以及遥感、计算机技能，是顺利实施土地用途管制的重要保证。

总之，我们要建立全新的发展观和用地观，实行从保障建设用地供给到保护耕地转变，从外延粗放型到内涵集约型土地利用方式的转变，最大限度地发挥土地用途管制的效力。

六、土地用途管制的配套制度及保障

1. 配套制度

实行土地用途管制制度是土地管理方式改革的核心，也是实施规划的重要手段。实行土地用途管制除要依据上述条款式土地使用规则管制土地利用外，还应在日常工作中从规划管理和计划管理角度建立健全下列制度。

1）规划公示和动态管理制度　土地利用总体规划编制要求公众参与，成果应向全社会公布，对土地利用的许可、限制和限制性许可的各种规则也应作为规划内容公示。经批准规划执行接受全社会的监督。同时也作为审核城市规划、交通规划等部门规划的依据。土地利用总体规划实施的重点是近期规划，要根据规划的时效适时作修编，重点建设项目经批准占用基本农田或其他农地后，也要及时调整规划。规划管理具有动态性。

2）建设项目立项预审制　土地管理部门依据土地利用总体规划和年度土地利用计划审核项目能否在本地区立项，根据年度计划确定项目用地可供应量和供地时间；根据规划分析项目布局合理性。在项目建议书阶段或可行性研究报告评审阶段提出土地部门的初审意见。

3）建设用地规划审核制　土地利用规划审核制度应该作为建设用地审批的重要内容，主要审核项目用地是否在建设用地区内，用途是否符合规划安排，是否占用该区耕地；如果占用的是耕地区或其他农地区，要求项目重新选址或经有关部门批准后修订规划。经规划审核后方可办理土地征拨、出让手续。

4）土地用途转用许可制　用途的转用应符合规划，符合各分区的土地使用规则。主要审查是否向主导用途转用，是否符合土地利用结构调整的方向。用途转用应取得《土地用途转用许可证》，并作为可办理用地手续的凭证。

2. 制度保障

以土地用途管制制度代替旧有的分级限额审批制度是土地管理方式的一项重大变革，为保障这一制度的有效实施，还应建立健全以下制度：

1）农地转用许可制度　为了保证土地利用总体规划的实施，对占用农用地进行建设的，实行农用地占用的许可制度，用途的转变应符合规划，符合各分区的土地使用规则，然后才能予以许可，并取得《土地用途转用许可证》。

2）严格有效的土地管理制度　按照现行《土地管理法》，在用地审批问题上，只要符合本级政府的用地审批限额，就是合法的。今后应当把擅自改变土地用途纳入土地违法行为。用地单位和个人没有按照土地利用规划确定的用途使用土地的，地方政府对不符合土地利用规划确定的用途的用地进行了审批的，都是违法行为。

3）完善的土地利用规划制度　前面已经对此有所论述，此外，还应建立规划公示制度。土地利用总体规划要求公众参与，成果应以法律条款形式向全社会公布，对土地利用的许可、限制和限制性许可的各种规则也应公示，便于全社会监督和自觉执行。对历史形成的与土地利用总体规划不符合的土地，也应当实施有效的用途管制，例如不符合规划用途的乡镇企业用地、宅基地，就只能维持现状而不能改、扩建，否则就必须迁至规划确定的建设用地区。在土地管理程序上，必须对不符合土地利用总体规划的修改程序作出严格规定，缩小变通执行权。

七、国外土地利用分区规划的理论研究与实践借鉴

1. 国外土地利用规划的新理念

1）理性发展的理念　理性发展作为一种与市场机制相对应的政府宏观调控职能，主要是通过法律、财政、金融、税收等手段对城市开发和城市土地利用的过程与模式进行管理，强调环境、社会和经济的共同发展，强调对现有社会的改建和对现有设施的利用，强调生活品质与发展的联系，提倡一种较为紧凑、集中、高效的发展模式，提倡理性发展并不是说反对开发。

2）以人为本的理念　人的价值越来越受到重视，人的需要是各种活动的导向，可以说现代社会是一个以人为本的社会。土地利用规划当然也不例外，以人为本成为当前各国（地区）土地利用规划思想的主流。

3）公众参与的理念　公众参与是“以人为本”思想的重要体现，公众参与是法律赋予人民的权利，公众参与是“医治”行为主体失灵的发展必然。国外规划十分强调公众参与。

2. 土地利用规划的创新理论

1）整体结构性规划理论　20世纪60年代以来，英国提出了“结构性规划”，美国则有活动规划，澳大利亚称为战略规划，新加坡则叫概念规划。尽管规划的名称不同，共同特征都是要求淡化规划期，而要对城市的长远发展做出轮廓的、更有弹性的部署。而且，强调传统规划应从单纯物质规划的困囿中解脱出来，研究更高层次的结构性问题，而将各种具体目标和空间组织留给下一层次的地区规划去解决。因此，这样的结构规划往往以文本为主，图

纸都是图解式的，没有表明精确的界限，以保留足够的机动性。

2）表性分区理论　过分的功能分区往往带来城市生活的割裂，再考虑到土地用途具有兼容性，西方有些专家提出了“表性规划”的理论。就是说，不再以使用功能划分地块，而是根据各种建设活动对外界的影响作用来进行划分。

3. 国外土地用途分区的类型

具有明显地域特点的分区种类主要有计划单元开发制、财政分区制、排斥性分区制、功能分区制、鼓励性分区制、滚动分区制、时间分区制等。土地利用分区管制规则、管制措施是土地利用分区的重要组成部分。土地用途管制是世界上一些国家和地区广泛采用的土地管理制度。

4. 国外土地利用分区规划的实践

（1）美国

城市增长线、农地保护分区和分区分期发展。

分区制是美国各地方政府土地利用控制的最主要的方法。在城市，分区一般按居民区、商业区和工业区划分。乡村则重点保护农田，力求避免城市的无限制蔓延。分区规划逐步发展为细分控制以加强土地利用管理。分区规划一经确定，就具有法律性质。

1）分区情况　城市增长线，或城市发展边界（UGB），即在地图上标出的显示规划中的城市发展最大极限的边界线。

增长线以内又分为城市土地、可城市化地区和城市发展地区。

城市增长线（UGB）以外的农业或林业土地，包括农场、林地、港湾资源、滨海土地、沙滩等被通称为资源土地（resource land）。资源土地都要参加农场专用地分区。农业用地分区有两种类型：非排他性的和排他性的。

例外情况（Exception），即在规划中设有例外条款，符合这些例外条款的土地可以保持原状或作他用。例外条款的标准可变。

2）重要的分区管制措施　分期分区发展、税收鼓励计划、通过征收地点价值税来减少城市空地、农场权利法、发展权转移。

（2）德国

优势区规划、混合地域的含义和专门的详细管制规划。

在德国，土地利用规划（简称 F 规划）以土地用途管制分区为主要内容，地区详细规划（简称 B 规划）则详细规定了土地利用的具体方式、公共设施位置、有关建筑的限制（建筑率、容积率等），并依此进行分区管制。

优势区这一概念是德国区域规划中作为生态平衡的一种规划手段而提出来的。优势区的五种职能：①农业和林业生产；②闲暇和休养；③长期保障用水供应；④特殊的生态平衡功能；⑤原料和矿产的采集。

（3）法国

禁止利用土地区域的划分和农地的权属政策。

法国用政策限制农地转让，其政策核心是土地权属问题。此类政策包括：小块土地合并和限制农用地分割政策；规定私有农地必须用于农业经营，不准弃耕、劣耕和在耕地上搞建筑；成立“土地整治和农村安置公司”，收购小农自愿出让的农田卖给那些有经营能力的农民。

（4）日本

把管制措施上升到法律的高度以及严格细致的耕地保护分区。

土地利用规划范围内的土地被分为城市区、农业区、森林区、自然公园区、自然保护区五个大区，每个大区的土地利用都按照与该区域有关的法律进行管理，大区下又划分亚区。我们要实行最严格的耕地保护制度就应该借鉴日本的做法，针对每个分区都制定一部相应的专业法律法规，如城市区的管理有都市规划法，农业区有农业振兴地区整备法，森林区有森林法等，使管制规则上升到更权威的高度（表4-7）。

表4-7　日本农业土地利用计划中的地域划分及管制法律

分区	城市区	农业区	森林区	自然公园区	自然保护区
对应法律	都市规划法	农业振兴地区整备法	森林法	自然公园法	自然环境保护法

日本将农地划分为市街化（即城市化）调整区域以外的农地和市街化调整区域内的农地两大类。市街化调整区域以外的农地分为三种。市街化调整区域内的农地分为甲种农地和乙种农地。农业用地不能被任意侵占，不同农业用地也不许任意转用。

（5）韩国

准城市地域、准农林地域的划分及按限制程度的细分。

按照韩国《国土利用管理法》，全国国土分为5大地域，即城市地域、准城市地域、农林地域、准农林地域、自然环境保全地域，并就每个地域的土地利用行为加以限制规定，使其符合各用途地域的指定目的。

（6）欧美各国

土地利用规划的公众参与。

西方国家规划公众参与具有以下特点。第一，公众参与具有法律保障。第二，参与方式多样。第三，公众参与面广、程度深。

欧美四国城市规划过程中公众参与情况见表4-8。

表4-8　欧美四国城市规划过程中公众参与的比较

国家	法律保障	参与方式	参与组织、个人	规划师的作用	决策实体、要素	执行监督实体
英国	城乡规划法	公众审核、调查会、公众审查和现场接待等	社区组织、市民团体、各区规划局和委员会等	资料意见收集分析、规划编制、民主协商和意见处理汇总等	环境事务大臣、公众审查、地方规划局和相关人员等	环境事务大臣、监察人员、法院、听证会等
德国	建设法典	公告、宣传册、市民会议等	相邻区政府代表、公共管理部门和公共利益团体等	规划决定、方案宣传、方案编制、组织座谈和意见处理反馈等	社区管理机构官员、上级管理机构和市民意见书等	法院、上级规划管理部门等
美国	高速公路法	问题研究会、邻里会议、听证会和比赛模拟等	特别小组、机动小组、企业团体和居民顾问委员会等	激发公众参与、选择合适的参与方式、公众教育和协调各方的利益等	城市规划委员会、市议会、公众会议和听证会等	公众听证会和法院等
加拿大	官方自治条例	讨论会议、图形手册、设想展示会和热线等	讨论小组、专题研究小组等	鼓励公众全面参与、公众教育、组织意见和设想可视化模拟和规划反馈等	市议会和反馈建议等	法院和上级规划管理部门等

5. 国外（地区）土地利用分区的保证措施

国外土地利用分区的保证措施有很多方面，如法律、经济、行政等。各国土地用途分区管制的实施，或依土地用途分区条例进行，或依专门法律进行，均具有法定效力。法律措施表现在以下几个方面：对土地的产权主体加以限制，有法可依，执法必严。我国应该借鉴国际经验，建立和完善我国的土地用途管制分区制度，进一步加深土地用途分区管制的立法和执法工作，尽快制定土地用途分区条例及其相关经济措施。

行政措施主要包括建立完善的土地利用规划管理体制、实行严格的许可制、进行严格的监督检查等。还可以使用租、税、金融等间接的诱导性政策，如土地租税政策、投资政策等经济的手段来诱导社会的土地利用方向。另外还有其他措施如土地登记、土地整理、土地储备制度等措施来保证土地利用分区及管制的实施。

6. 国外土地利用分区规划的理论研究、实践对我们的启示

（1）通过改革、完善农村土地产权制度来保护耕地，控制建设用地（借鉴法国农村土地的权属政策）

完善农民集体土地产权的重要内容就是要承认和保护农民集体土地所有权，另外还要积极探索农民集体土地所有权交易的问题、农村集体土地内部转让问题等。我们要进行一系列的政策设计来达到保护耕地的目的。

（2）土地利用分区管制的实施要有具体的、切实可行的措施，各种手段并用

我们应吸取国外的经验，在分区管制制度实施过程中，应加强其他措施和手段的应用，如建立和完善土地开发许可制度、土地交易许可制度、土地登记制度、土地征用制度、土地租税费制度、土地整理制度、土地储备制度等，以这些措施相结合的方法，来促进土地资源的合理分配和有效利用。

（3）用集约利用城市土地的方法进行耕地保护（美国的城市增长线概念）

美国俄勒冈州通过划定“城市增长线”，鼓励在城市增长线（城市发展界线）内的密集型市区开发，以帮助保护农用地，尤其是大块农用地，取得了很大的进展，停止了跳跃式的发展，提高了在城市增长线以内的土地利用的效率。

比较我国的城市建设和发展的实践，我们更应坚持走内涵式为主的发展路子。对当前过分依靠外延式为主的发展模式，应引起高度重视。美国的城市增长线概念与我国的土地利用规划中对建设用地和农业用地的划分有异曲同工之处。

我们根据我国的国情，可以考虑进行分级管理。比如可进行三级管理：一级红色警戒线、二级基本保护线、三级基本控制线。一级红色警戒线就是高压线，不许跨越；二级基本保护线，占用后需要补充同样数量和质量的土地；三级基本控制线的土地需要经过法定程序报批。

（4）制定切实可行的公众参与措施

我们要非常重视规划编制过程中的公众参与，在公众参与的内容、方法、程序和制度上进行积极的探索。

（5）合理吸收，有扬有弃

国外及我国台湾土地资源利用配置中起主导作用的是市场机制，我们不能不顾及其形成背景而不加选择地照搬过来在我国大陆加以运用。因此，在实施土地分区管制制度时，应该对这种制度的历史背景和形成过程有明确的认识，并结合我国国情正确灵活地加以运用，才

能真正发挥其在土地资源合理配置中的作用。

第五节　小城镇用地规模选择方法

一、用地规模选择与确定的原则要求

小城镇用地规模选择与确定应遵循以下原则：

1）根据不同地区、不同等级层次、不同类别选择合理的用地指标。

2）小城镇用地规划应与土地利用总体规划相衔接，县（市）域城镇体系规划与县级土地利用总体规划相衔接，并为确定小城镇用地规模提供科学依据。

我国《土地管理法》第 22 条规定："城市总体规划、村庄和集镇规划，应当与土地利用总体规划相衔接，城市总体规划、村庄和集镇规划中建设用地规模不得超过土地利用总体规划确定的城市和村庄、集镇建设用地规模。"

3）节约用地，保护耕地原则。

4）用地规模的最佳经济效益与良好的生态环境条件相一致原则。

二、用地规模选择与确定的技术方法

1）小城镇用地规模主要考虑小城镇的等级层次、性质、地位、功能定位、社会经济发展水平、区位条件、自然资源、基础设施配套要求等因素，根据小城镇人口发展规模和人均建设用地指标选择确定。

2）根据对我国不同地区、不同类型小城镇人口和用地现状调查，以及对小城镇发展目标和集聚辐射功能发挥、市政基础设施合理经济配备要求等的综合研究，小城镇用地分级规模宜符合表 4-9 中规定。

表 4-9　小城镇用地分级规模　　（单位：ha）

规模分级	一般镇	县城镇中心镇
大	≥240	≥400
中	100～360	160～600
小	50～120	120～250

3）按镇规划标准（GB 50188—2007），镇人均建设用地指标、规划人均建设用地指标和建设用地比例应分别符合表 4-10～表 4-12 的要求。

① 人均建设用地指标应按表 4-10 中的规定分为四级。

表 4-10　人均建设用地指标分级

级　别	一	二	三	四
人均建设用地指标/（m^2/人）	＞60～≤80	＞80～≤100	＞100～≤120	＞120～≤140

② 新建镇区的规划人均建设用地指标应按表 4-10 中第二级确定；当地处现行国家标准《建筑气候区划标准》（GB 50178—1993）的Ⅰ、Ⅶ建筑气候区时，可按第三级确定；在各

建筑气候区内均不得采用第一、四级人均建设用地指标。

③ 对现有的镇区进行规划时，其规划人均建设用地指标应在现状人均建设用地指标的基础上，按表4-11规定的幅度进行调整。第四级用地指标可用于Ⅰ、Ⅶ建筑气候区的现有镇区。

表4-11　规划人均建设用地指标

现状人均建设用地指标/（m^2/人）	规划调整幅度/（m^2/人）
≤60	增0~15
>60~≤80	增0~10
>80~≤100	增、减0~10
>100~≤120	减0~10
>120~≤140	减0~15
>140	减至140以内

注：规划调整幅度是指规划人均建设用地指标对现状人均建设用地指标的增减数值。

④ 地多人少的边远地区的镇区，可根据所在省、自治区人民政府规定的建设用地指标确定。

⑤ 镇区规划中的居住、公共设施、道路广场以及绿地中的公共绿地四类用地占建设用地的比例宜符合表4-12的规定。

表4-12　建设用地比例

类别代号	类别名称	占建设用地比例（%）	
		中心镇镇区	一般镇镇区
R	居住用地	28~38	33~43
C	公共设施用地	12~20	10~18
S	道路广场用地	11~19	10~17
G1	公共绿地	8~12	6~10
四类用地之和		64~84	65~85

⑥ 邻近旅游区及现状绿地较多的镇区，其公共绿地所占建设用地的比例可大于所占比例的上限。

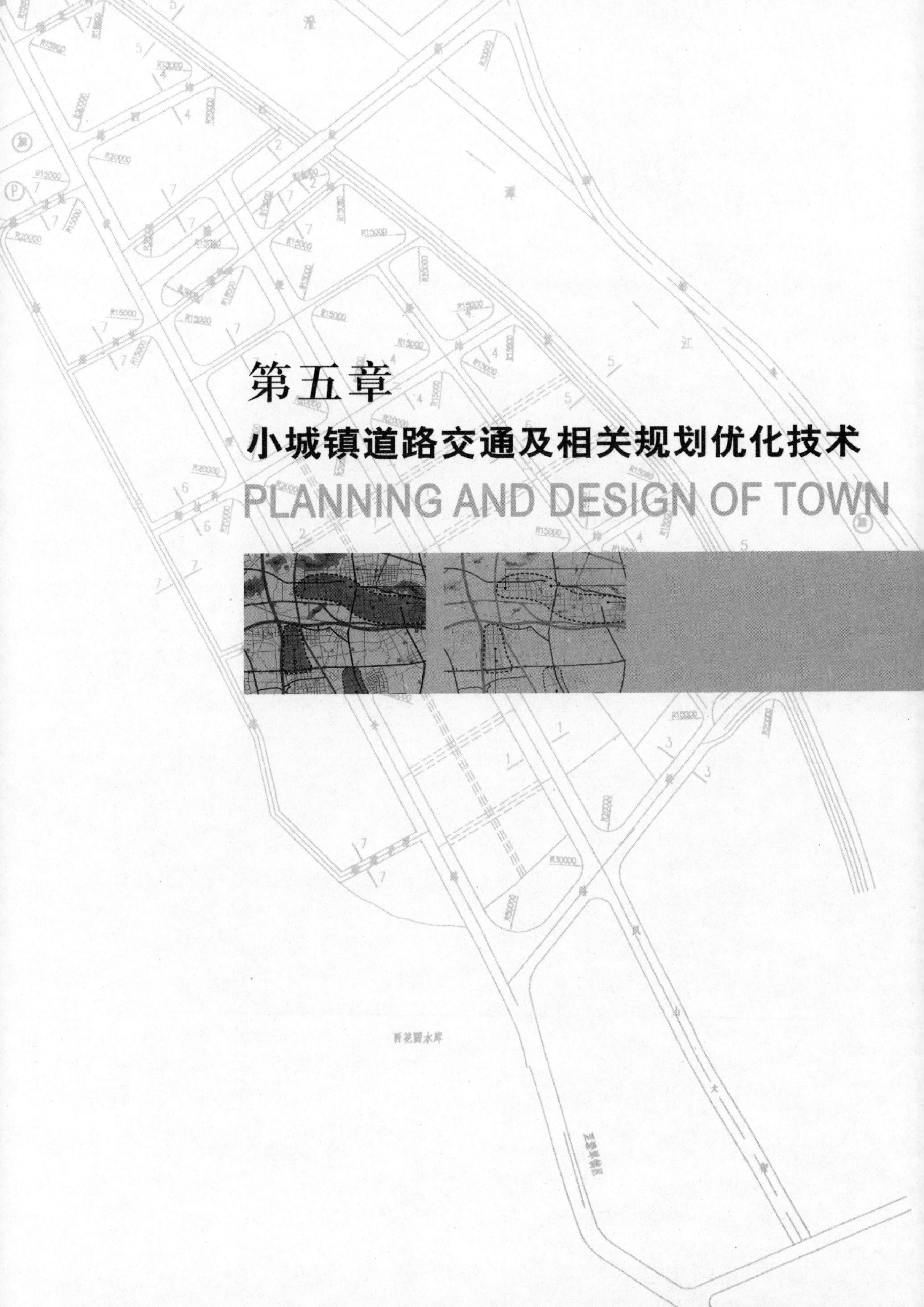

第五章
小城镇道路交通及相关规划优化技术

PLANNING AND DESIGN OF TOWN

第一节　小城镇交通需求分析与预测技术

小城镇道路交通需求预测是小城镇道路交通规划的基础。小城镇交通需求预测应区别不同地区、不同类别、不同规模小城镇对交通需求的不同要求，结合小城镇规划与相关因素进行。

一、小城镇交通需求分析

1. 交通需求相关因素

小城镇交通需求与小城镇性质、地位、类别、规模、区位条件、经济、社会发展水平、主导产业、居民生活水平以及交通方式密切相关。

上述相关因素直接影响到小城镇的对外交通和镇区交通需求，也影响到小城镇居民交通方式和交通工具的选择。

2. 对外交通需求分析

小城镇的对外交通需求与小城镇性质、地位、类别以及规模、区位条件有密切关系。不同类别、不同区位条件和不同经济、社会发展的小城镇对外交通需求各不相同。

对于县（市）域政治、经济、文化中心的县城镇和县（市）域中一定农村区域经济、文化中心的中心镇来说，由于其中心集聚、辐射作用和城镇间政治、经济、文化往来的需要，无论对外客运和货运交通都有较大需求。

对于交通型、流通型和口岸型小城镇，由于其交通区位优势往往是一定城镇、农村区域内的客流、物流中心，其对外交通需求显然也比较大。

对于商贸流通型小城镇，其对外交通需求与其商贸活动的物流、人流密切相关。

对于工业型、特色产业型小城镇和工矿型小城镇，其对外交通需求与生产、销售等的物流、人流密切相关。

对于旅游观光型小城镇和历史文化名镇，观光人流是其对外、对内交通需求的一大特点。

对于交通区位条件较好的“密集型”、“线轴型”小城镇，由于多在主要交通干线等交通便利地方集中分布，城镇之间联系紧密、便捷，同时多为处在经济发达、较发达地区，小城镇对外交通需求较大，其交通需求分析应结合较大区域相关因素分析。

对于点状（分散型）小城镇，则一般在县（市）域范围，结合县（市）域城镇体系规划和小城镇实际具体分析，其中经济欠发达地区、偏远地区和山区小城镇，受其相关交通基础和经济发展基础薄弱的影响，对外交通需求相对较小。

3. 镇区交通需求分析

小城镇的镇区交通需求与小城镇的性质、地位、规模及居民交通方式选择直接相关。

小城镇居民的交通方式按采用的交通工具分为机动车交通、非机动车交通和步行交通三种。

小城镇居民在考虑交通方式时的基本要素是交通距离。影响交通距离与交通方式的相关关系的因素有体能、交通时间和交通费用三项。不同的人在其选择时对三类因素考虑的侧重点是不同的。对老年人、儿童和青少年来说，选择交通方式时体能是最主要的考虑因素；对低收入者来说，费用是其选择交通方式的主要方面；对高收入者来说，可能时间对他来说价值最高。但是，在绝大部分情况下，在比较短的距离内（一般为500～1000m），步行是大部分小城镇居民首选的交通方式，因为其方便、体力能够承受、而且不发生任何费用；对距离较长的出行（一般在7km以上），应采取机动车作为交通工具；在1～7km的范围内，自行车交通将会是大部分拥有自行车的小城镇居民的主要交通方式。

我国小城镇、中小型一般镇的规模一般在3.5～15km^2，县城镇、中心镇规模一般也在15km^{2}以内。小城镇居民出行交通方式还是以自行车和步行为主，小城镇镇区道路交通规划，应特别重视步行交通系统和自行车交通系统的规划；对于大型的县城镇、中心镇和一般镇应考虑镇区公共交通需求，县城镇、中心镇应根据小城镇经济社会发展和居民生活水平，同时考虑出租车的公共交通需求。

小城镇机动车交通需求，应注意摩托车的迅速发展。因为摩托车价格便宜，其行驶速度、出行距离范围都较为适合小城镇，随着我国经济的发展，小城镇内摩托车的数量必然会有较快速度的增长。由于摩托车有极强的机动性，在安全性上比小汽车等其他机动车差，所以在进行小城镇道路规划时，需要对摩托车交通进行特别考虑，否则容易引起交通混乱和交通事故上升。

小城镇的私人小汽车发展速度相对摩托车来说比较缓慢，镇区交通中汽车的增长量主要受小城镇工业发展的刺激，属于生产性需要，除与镇区交通相关外，与对外交通关系更大。在道路规划时，应考虑小城镇的经济发展速度、工业类别等因素，重点规划好对外的货运交通系统。

随着小城镇经济和乡镇企业的发展，小城镇居民和迅速增多的“离土不离乡”亦工亦农的暂住人口及流动人口的对外交通需求，使得小城镇中行人和车辆的流量大小在各个季节、一周和一天中均变化很大，各类车辆流向均不固定，在早、中、晚上下班时造成人流、车流集中，形成流量高峰时段。小城镇经济的不断繁荣，车流、人流、物流增长很快，各类生产性交通流量、旅游出行人流和各类物资集散的物流交通在小城镇交通需求和预测中都是必须考虑的因素。

二、小城镇交通量预测方法

在原有小城镇道路的规划改造设计中，道路的远期交通量一般可按现有道路的交通量进行预测；新建的小城镇，道路的远期交通量可参考规模相当的同级小城镇进行预测。对于小城镇，目前一般还没有条件进行复杂的理论推算，通常可采用以下预测方法。

1. 按年平均增长量估算

按小城镇道路上机动车历年高峰小时（或平均日）交通量，来预测若干年后高峰小时（或平均日）交通量。该方法考虑了不同交通区的不同交通发生量的增长情况，并假定各区之间远景的出行分布模式与现在是一样的。该方法适用于用地性质等因素变化不大的小城镇，计算公式为：

$$N_{远} = N_0 + n \times \Delta N \tag{5-1}$$

式中，$N_{远}$是远期n年高峰小时（平均日）交通量；N_0是最后统计年度的高峰小时（平均日）交通量；ΔN是年平均增长量；n是预测年数（年）。

2. 按年平均增长率估算

在缺少历年高峰小时（或平均日）交通量的观测资料的情况下，可以采用按年平均增长率来估算远期交通量。年平均增长率可以参照规模相当的同级小城镇的观测资料，并分析考虑随着小城镇发展和道路网变化可能引起的该道路上交通量的变化，来选择确定一个合适的年平均增长率，也可以参照工农业生产总值的年平均增长率（一般来说，交通量的年平均增长率与工农业生产总值的年平均增长率是一致的）来确定，即

$$N_{远} = N_0(1 + nK) \tag{5-2}$$

式中，$N_{远}$ 是远期 n 年高峰小时（平均日）交通量；N_0 是最后统计年度的高峰小时（平均日）交通量；K 是工农业生产总值年平均增长率（%）；n 是预测年数（年）。

应该指出，上述两种方法算出的远期高峰小时交通量，不能直接用于道路的横断面设计。因为按高峰小时交通量设计的路面宽度，对其他时间的交通量来说，路面就显得过宽，尤其当有些道路的高峰小时交通量与其他小时交通量相差悬殊的情况下，更要注意，否则将使路面设计过宽，造成浪费。一般做法是将此数据乘上一个折减系数作为设计高峰小时交通量。系数的大小，视高峰小时交通量与其他时间交通量的相差幅度而定，相差大的取小值，相差小的取大值，一般为 0.8 ~0.93。

3. 按车辆的年平均增长数估算

小城镇一般都有机动车辆增长的历史资料，可以用来估算道路交通量的增长。但车辆增长与交通量增长不成正比，因为车辆多了，车辆的利用率就低，因此，估算时可将车辆增长率打折扣，作为交通增长率。

以上介绍的三种方法，只是把交通量的增长看成单纯的数字比率，而均未很好地考虑小城镇的性质，以及经济发展的方向和速度的不同在小城镇规划中对道路设计所起的影响，因而不能全面地反映客观的实际情况。不过，在没有详细的小城镇各用地出行调查资料和交通运输规划的情况下，这种根据现况观测资料，考虑可能的发展趋势来确定一定的增长率，从宏观角度应用于小城镇道路交通规划相关交通需求预测，同时作相关因素调查分析比较修正和其他预测方法比较修正。

4. 按生成率估算

根据出行生成率计算新增交通量。

对非机动车的交通量也可以参照机动车的方法来估算。但对自行车的利用率，却不会随自行车的增长而降低，这同它的使用特点有关。自行车的增长量同交通增长量是一致的，在小城镇道路规划中，应特别注意自行车的增长趋势，因为这是小城镇镇区的主要交通工具。

三轮车、平板车、兽力车目前还是小城镇重要的运输工具，它们在小城镇交通运输中所占比例与小城镇的性质、地理位置、自然条件、经济发展程度等有关。目前我国有些小城镇的某些路段上这些车辆所占比重还很大，在一定时期内仍有增长的趋势，在进行远期交通量预测时，应根据实际情况正确估算。

在商业街、居住小区道路等生活性道路上，行人是主要的交通量，因此在远期交通量预测时应注意到，一是随着小城镇居民物质文化水平的提高，出行次数将会增加；二是农民进入小城镇，增加了行人数量。行人交通量的估算，应结合调查观测资料及人口增长数来计算。

第二节　小城镇道路交通规划优化技术

小城镇道路既是小城镇中行人和车辆交通来往的通道，也是布置小城镇公用管线、街道绿化，安排沿街建筑、消防、卫生设施和划分街坊的基础，并在一定程度上关系到临街建筑的日照、通风和建筑艺术造型的处理；同时，对小城镇的布局、发展方向及小城镇的集聚和辐射均起着重要作用。小城镇道路是小城镇各用地地块的联系网络，是整个小城镇的骨架和“动脉”，也是小城镇规划和建设的重要组成部分。

一、小城镇道路交通系统规划优化的基本要求

小城镇道路系统规划除以小城镇现状、发展规模、用地规划及交通运输为基础外，还要很好地结合自然地理条件、环境保护、景观布局、地面水的排除、各种工程管线布置以及处理铁路和其他各种人工构筑物等的关系。在道路系统规划中，应满足下列基本要求：

（1）满足交通运输的要求

规划道路系统时，应使所有道路主次分明、分工明确，并有一定的机动性，以组成一个高效、合理的道路交通系统，从而使小城镇各功能区之间有安全、方便、迅速、经济的交通联系，具体要求是：

1）小城镇各主要用地和功能区之间应有短捷的交通路线，使全年最大的平均人流、货流能沿最短的路线通行，以使运输工作量最小，交通运输费用最省。例如，小城镇中的工业区、居民区、公共中心以及对外交通的车站、码头等都是大量吸引人流、车流的地点，规划道路时应注意使这些地点的交通畅通，以便能及时地集散人流和车流。这些交通量大的用地之间的主要连接道路，就成为小城镇的主干道。交通量相对小，不贯通全小城镇的道路称为次干道。主、次干道网也就成了小城镇规划的平面骨架。

路线短捷的程度，可用曲度系数来衡量。曲度系数亦称非直线系数，是指道路始、终点间的实际交通距离与其空间直线距离之比。

在小城镇中交通运输费用大致与行程远近成比例，因而这个系数也可作为衡量行车费用的经济指标之一。不同形式的干道网，有不同的曲度系数。对于一条干道，衡量其路线是否合理，一般要求其曲度系数在 1.1 ~ 1.2 之间，最大不能超过 1.4；对次干道的曲度系数也不能超过 1.4，即不出现反向迂回的路线。对山区、丘陵地区的干道，因地形复杂，展线需克服地形高差，曲度系数可适当放宽。

2）小城镇各分区用地之间的联系道路应有足够而又恰当的数量，同时要求道路系统尽可能简单、整齐、醒目，以便行人和行车辨别方向和组织交叉口的交通。

通常以道路网密度作为衡量道路系统的技术经济指标。所谓道路网密度是指道路总长（不含居住小区、街坊内通向建筑物组群用地内的通道）与小城镇用地面积的比值。

确定小城镇道路网密度一般应考虑的因素包括：道路网的布置应便利交通，居民步行距离不宜太远；交叉口间距不宜太短，以避免交叉口过密，降低道路的通行能力和降低车速；适当划分小城镇各区及街坊的面积。

道路网密度越大，交通联系也就越方便；但密度过大，势必交叉口增多，影响行车速度和通行能力，同时也会造成小城镇用地不经济，增加道路建设投资和旧村（镇）改造拆迁

工作量。特别是干道的间距过小，会给街坊、居住小区临街住宅带来噪声干扰和废气污染。

小城镇干道上机动车流量不大，车速较低，且居民出行主要依靠自行车和步行。因此，其干道网与道路网（含支路，连通路）的密度可比小城市高，道路网密度可达 8～13km/km^2，道路间距可为 150～250m；其干道密度可为 5～6.7km/km^2，干道间距可为 300～400m。实际规划中应结合现状、地形环境来布置，不宜机械规定，但是道路与支路（连通路）间距至少应大于 100m，干道间距有时也达 400m 以上。对山区道路网密度更应因地制定，其间距可考虑 150～400m。

干道网密度一般从小城镇中心地区向近郊，从建成区到新区逐渐递减，建成区大一些，近郊及新区低一些，以适应居民出行流量分布变化的规律。我国小城镇建成区道路网既密而路幅又窄，因此，在旧小城镇扩建、改建过程中应注意适当放宽路幅，打通必要卡口、蜂腰，并将某些过密、过窄的街道改为禁止机动车通行的内部道路，以及从机动车行驶考虑，封闭某些与干道垂直相交的胡同、街坊路，来控制道路网密度与道路间距，对提高道路网通行能力显然是有益的。

3）为交通组织管理创造良好条件　一个交叉口上交汇的街道不宜超过 4～5 条，交叉角不宜小于 60°或不宜大于 120°。一般情况下，不要规划星形交叉口，不可避免时，宜分解成几个简单的十字形交叉。同时，应避免将吸引大量人流的公共建筑布置在路口，增加不必要的交通负担。

（2）结合地形、地质和水文条件，规划道路网走向

小城镇道路网规划的选线布置，既要满足道路行车技术的要求，又必须要结合地形、地质水文条件，并考虑到与临街建筑、街坊、已有大型公共建筑的出入联系要求。道路网尽可能平而直，尽可能减少土石方工程，并为行车、建筑群布置、排水、路基稳定创造良好条件。

在地形起伏较大的小城镇，主干道走向宜与等高线接近于平行布置，避开接近垂直切割等高线，并视地面自然坡度大小对道路横断面组合作出经济合理安排。当主、次干道布置与地形有矛盾时，次干道及其他街道都应服从主干道线形平顺的需要。一般当地面自然坡度达 6%～10% 时，可使主干道与地形等高线交成一个不大的角度，以使与主干道相交叉的一般其他道路不致有过大的纵坡；当地面自然坡度达 12% 以上时，采用之字形的道路线形布置，曲线半径不宜小于 13～20m，且曲线两端不应小于 20～25m 长的缓和曲线。为避免行人在之字形支路上盘旋行走，常在垂直等高线上修建人行梯道。

在道路网规划布置时，应尽可能绕过不良工程地质和不良水文工程地质，并避免穿过地形破碎地段。这样虽然增加了弯路和长度，但可以节省大量土石方和大量建设资金，缩短建设周期，同时也使道路纵坡平缓，有利于交通运输。

确定道路标高时，应考虑水文地质对道路的影响，特别是地下水对路基路面的破坏作用。

（3）满足小城镇人居环境的要求

小城镇道路网走向应有利于小城镇的通风。我国北方小城镇冬季寒流主要受来自于西伯利亚冷空气的影响，所以冬季寒流风向主要是西北风，寒冷往往伴随风沙、大雪，因此主干道布置应与西北向成垂直或成一定的偏斜角度，以避免大风雪和风沙直接侵袭小城镇；对南方小城镇道路的走向应平行于夏季主导风向，以创造良好的通风条件；对海滨、江边、河边的道路应临水避开，并布置一些垂直于岸线的街道。

道路走向还应为两侧建筑布置创造良好的日照条件，一般南北向道路较东西向好，最好由东向北偏转一定角度。从交通安全来看，街道最好能避免正东西方向，因为日光耀眼会导致交通事故。事实上，小城镇干道有南北方向，也必须有与其相交的东西方向干道，以共同组成小城镇干道系统，不可能所有干道都符合通风和日照的要求。为此，干道的走向最好取南北和东西方向的中间方位，一般取南北子午线成30°～60°的夹角为宜，以兼顾日照、通风和临街建筑的布置。

随着小城镇经济的不断发展，交通运输也日益增长，机动车噪声和尾气污染也日趋严重，必须引起足够的重视。一般采取的措施有：合理地确定小城镇道路网密度，以保持居住建筑与交通干道间有足够的消声距离；过境车辆一律不得从小城镇内部穿过；控制载货车进入居住区；控制拖拉机进入小城镇；在街道宽度上考虑必要的防护绿地来吸收部分噪声、二氧化碳和释放出新鲜空气；沿街建筑布置方式及建筑设计作特殊处理，如宜使建筑物后退红线、建筑物沿街面作封闭处理或建筑物山墙面对街道等。

（4）满足小城镇景观的要求

小城镇道路不仅用作交通运输，而且对小城镇景观的形成有着很大的影响。所谓街道的造型即通过线形的柔顺、曲折起伏、两侧建筑物的进退、高低错落、丰富的造型与色彩、多样的绿化，以及沿街公用设施与照明的配置等，来协调街道平面和空间的组合，同时还把自然景色（山峰、水面、绿地）、历史古迹（塔、亭、台、楼、阁）、现代建筑（纪念碑、雕塑、建筑小品、电视塔等）贯通起来，形成统一的街景，对体现整洁、舒适、美观、大方、丰富多彩的现代化小城镇面貌起着重要的作用。

干道的走向应对向制高点、风景点（如：高峰、水景、塔、纪念碑、纪念性建筑物等），使路上行人和车上乘客能眺望如画的景色。对临水的道路应结合岸线精心布置，使其既是街道，又是人们游览休息的地方。当道路的直线路段过长，使人感到单调和枯燥时可在适当地点布置广场和绿地，配置建筑小品（雕塑、凉亭、画廊、花坛、喷水池、民族风格的售货亭等），或作大半径的弯道，在曲线上布置丰富多彩的建筑。

对山区小城镇，道路竖曲线以凹形曲线为赏心悦目，而凸形曲线会给人以街景凌空中断的感觉。这样的情况，一般可在凸形顶点开辟广场、布置建筑物或树木，使人远眺前方景色，有不断新鲜、层出不穷之感。

但必须指出，不可为了片面地追求街景，把主干道规划成错位交叉、迂回曲折，致使交通不畅。

（5）满足地面排水要求

小城镇街道中心线的纵坡应尽量与两侧建筑线的纵坡方向取得一致，街道的标高应稍低于两侧街坊地面的标高，以汇集地面水，便于地面水的排除。主干道如沿汇水沟纵坡，对于小城镇的排水和埋设排水管是非常有益的。

在作干道系统竖向规划设计时，干道的纵断面设计要配合排水系统的走向，使之通畅地排向江海河。由于排水管是重力流管，管道要具有排水纵坡，所以街道纵坡设计要与排水设计密切配合。因为街道纵坡过大，排水管道就需要增加跌水井；而纵坡过小，则排水管道在一定路段上又需设置泵站，显然，这些都将增加工程投资。

（6）满足各种工程管线布置的要求

随着小城镇的不断发展，各类公用事业和市政工程管线将越来越多，一般都埋在地下，沿街道敷设。但各类管线的用途不同，其技术要求也不同。如电信管道，它要靠近建筑物布置，且本身占地不宽，但它要求设较大的检修人孔；排水管为重力流管，埋设较深，其开挖沟槽的用地较宽；煤气管道要防爆，须远离建筑物。当几种管线平行敷设时，它们相互之间要求有一定的水平间距，以便在施工时不致影响相邻管线的安全。因此，在小城镇道路规划设计时，必须摸清道路上要埋设哪些管线，考虑给予足够的用地，且给予合理安排。

（7）满足其他有关要求

小城镇道路系统规划除应满足上述基本要求外，还应满足：

1）小城镇道路应与铁路、公路、水路等对外交通系统密切配合，同时要避免铁路、公路穿过小城镇内部。对已在公路两侧形成的小城镇，宜尽早将公路移出或沿小城镇边缘绕行。

对外交通以水运为主的小城镇，码头、渡口、桥梁的布置要与道路系统互相配合。码头、桥梁的位置还应注意避开不良地质地段。

2）小城镇道路要方便居民与农机通往田间，要统一考虑与田间道路的相互衔接。

3）道路系统规划设计，应少占田地，少拆房屋，不损坏重要历史文物。应本着从实际出发，贯彻以近期为主，远、近期相结合的方针，有计划、有步骤地分期发展、组合实施。

二、小城镇道路系统形式优化比较

小城镇镇区道路系统规划是小城镇总体平面规划的基础，它不仅要满足上述基本要求，而且在几何形状上也要满足合理要求。小城镇道路系统规划直接影响整个小城镇的布局和小城镇建设发展以及小城镇人居环境的好坏。一般来说，小城镇道路系统的形式，都是在一定历史条件和自然条件下，根据当地政治、经济和文化发展的需要，逐渐演变而形成的。因此，规划或调整道路系统时，采用的基本图形也应根据当地的具体条件，本着“有利于生产，方便生活”的原则，因地制宜，合理地、灵活地选择，决不能单纯为了追求整齐平直和对称的几何图形等来生搬硬套某种形式。一般街道密度应根据街坊布置综合考虑，以每隔100～200m设置一个交叉口为宜，不要太稀，也不宜太密。

目前常用的道路系统可归纳成四种类型：方格网式（也称棋盘式）、放射环式、自由式、混合式。前三种是基本类型，混合式道路系统是由几种基本类型组合而成的。

（1）方格网式（棋盘式）

方格网式道路系统最大特点是：街道排列比较整齐，基本呈直线，街坊用地多为长方形，用地经济、紧凑，有利于建筑物布置和识别方向；从交通方面看，交通组织简单便利，道路定线比较方便，不会形成复杂的交叉口，车流可以较均匀地分布于所有街道上；交通机动性好，当某条街道受阻，车辆绕道行驶时其路线不会增加，行程时间不会增加。为适应汽车交通的不断增加，交通干道的间距宜为400～500m，划分的小城镇用地就形成功能小区，分区内再布置生活性的街道。

这种道路系统也有明显的缺点，它的交通分散，道路主次功能不明确，交叉口数量多，影响行车畅通。同时，由于是长方形的网格道路系统，因此，使对角线方向交通不便，行驶距离长，曲度系数大，一般为1.27～1.41。

方格网式道路系统一般适用于地形平坦的小城镇，规划中应结合地形、现状与分区布局来进行，不宜机械地划分方格。为改善对角线方向上的交通不便，在方格网中常加入对角线方向的道路，这样就形成了方格对角线形式的道路系统。与方格网式道路系统相比，对角线方向的道路能缩短27%～41%的路程，但这种形式易产生三角形街坊，而且增加了许多复杂的交叉口，给建筑布置和交通组织带来不利，故一般较少采用。

（2）放射环式

放射环式道路系统就是由放射道路和环形道路组成。放射道路担负着对外交通联系，环形道路担负着各区域间的运输任务，并连接放射道路以分散部分过境交通。这种道路系统以公共中心为中心，由中心引出放射道路，并在其外围地区敷设一条或几条环形道路，像蜘蛛网一样，构成整个小城镇的道路系统。环形道路有周环，也可以是半环或多边折线式；放射道路有的从中心内环放射，有的可以从二环或三环放射，也可以与环形道路切向放射。道路系统布置要顺从自然地形和小城镇现状，不要机械地强求几何图形。

这种形式的道路系统优点是使公共中心区和各功能区有直接通畅的交通联系，同时环形道路可将交通均匀地分散到各区。路线有曲有直，较易于结合自然地形和现状。曲度系数平均值最小，一般在1.10左右。其明显的缺点是容易造成中心交通拥挤、行人以及车辆的集中，有些地区的联系要绕行，其交通灵活性不如方格网式好。如在小范围内采用此种形式，道路交叉会形成很多锐角，出现很多不规则的小区和街坊，不利于建筑物的布置，另外，道路曲折不利于辨别方向，交通不便。

放射环式道路系统适用于大型县城镇、中心镇。对一般的小城镇而言，从中心到各区的距离不大，因而没有必要采取纯粹的放射环式。为克服中心拥挤的问题，对放射性道路的布置应采取终止于中心区的内环路或二环路上，严禁过境车辆进入中心区。也可利用小城镇旧区中心和发展新区，布置两个甚至两个以上中心，以改善中心交通拥挤的状况。

（3）自由式

自由式道路系统是以结合地形起伏、道路迁就地形而形成，道路弯曲自然，无一定的几何图形。

这种形式道路系统的优点是充分结合自然地形，道路自然，生动活泼，可以减少道路工程土石方量，节省工程费用。其缺点是道路弯曲、方向多变、比较紊乱、曲度系数较大。由于道路曲折，形成许多不规则的街坊，影响建筑物的布置，影响管线工程的布置。同时，由于建筑分散，居民出入不便。

自由式道路系统适用于山区和丘陵地区的小城镇。由于地形坡差大，干道路幅宜窄，因此多采用复线分流方式，借平行较窄干道来联系沿坡高差错落布置的居民建筑群。在这样的情况下，宜在坡差较大的上下两平行道路之间，顺坡面垂直等高线方向，适当规划布置步行梯道或梯级步行商业街，以方便居民交通和生活。

（4）混合式

混合式道路系统是结合小城镇的自然条件和现状，小城镇道路系统吸收前三种基本形式的优点，克服其缺点，采取因地制宜混合布置的一种形式。

事实上在道路规划设计中，不能机械地单纯采用某一种形式，应本着实事求是的原则，立足地方的自然和现状特点，分析综合方格网式、放射环式、自由式道路系统的特点，扬长避短，科学、合理地进行小城镇道路系统规划布置。如小城镇能在原方格网基础上，根据新区及对外公路过境交通的疏导，加设切向外环或半环，则改善了方格网式的布置。

以上4种形式的道路系统，各有其优缺点，在实际规划中，应根据小城镇自然地理条件、现状特点、经济状况、未来发展的趋势和民族传统习俗等综合考虑，进行合理地选择和运用，绝对不能生搬硬套某种形式。

三、小城镇道路交通运输组织优化

小城镇交通在地域上可分为城镇对外交通和城镇内部交通两个系统。内外交通通过交通换乘、转运相互衔接，以实现乘客出行和货物运输的全过程。通过交通运输的合理组织，使城镇的内外交通便捷，客货运交通在城镇中均匀分布，流动有序。

1. 对外交通组织及规划优化

小城镇对外交通运输是指以小城镇为基点，与小城镇外部进行联系的各类交通运输的总称。它是小城镇存在与发展的重要条件，也是构成小城镇不可缺少的物质要素，它把小城镇与其他地区城镇联系起来，促进了它们之间的政治、经济、科技、文化交流，为发展工农业生产、提高人民生活质量服务。小城镇的对外交通方式一般包括公路、水路、铁路三项，其中公路与小城镇的关系最为密切。

（1）对外交通与公路对小城镇的作用及影响

1）对外交通对小城镇的形成和发展影响

① 小城镇对外交通对小城镇的形成和发展影响很大。改革开放后首先发展起来的是沿陆路交通线（包括公路、铁路）、沿水上交通线（包括江、海）的城镇，形成城镇发展轴。历史上形成的城镇也大多位于水陆交通的枢纽。

② 对外交通运输设施的布置、线路走向，很大程度上影响到小城镇的工业仓储、居住用地的位置，影响到小城镇的发展方向和建设用地的选择。

③ 对外交通还影响到小城镇的道路系统和交通组织。小城镇对外交通的车站、码头是小城镇内部交通的衔接点，它必须通过小城镇道路与小城镇的各用地功能组成部分取得方便的联系。所以，对外交通的变化也必将带来小城镇道路系统的调整。

2）公路对小城镇布局的影响　公路运输几乎在所有的小城镇都存在，它对小城镇的总体布局，尤其是道路系统的布局影响甚大。在小城镇范围内的公路，有的是小城镇道路的组成部分，有的是小城镇道路的延续。在进行小城镇规划时，应结合小城镇的总体布局合理地选定或调整公路的走向及其站场的位置。

我国许多小城镇一开始往往是依靠公路、沿着公路两边逐渐发展形成的，常常是公路和小城镇道路不分设，它既是小城镇的对外公路，又是小城镇的主要道路，两侧布置有大量的商业服务设施，行人密集，车辆来往频繁，相互干扰很大。由于过境交通穿越，分割小城镇建设用地，既不利交通安全，又影响小城镇人居环境和风貌，给小城镇人们工作和生活带来很大干扰，对小城镇发展也带来很大影响。

解决过境公路穿越小城镇的问题，在道路交通规划中主要应从规划布局等方面综合考虑，同时可合理选择以下方法：

① 公路沿小城镇边缘相切通过。当普通公路通过小城镇时，一般可将公路规划在小城镇边缘地带通过，把过境交通引至小城镇外围道路，为了避免小城镇道路沿公路设置过多的出入口，可采用设置复式道路的方式，即沿公路设置与公路平行的道路，减少和控制城镇道路与公路的交叉口，保证公路交通的畅通和安全。

② 公路与小城镇保持一定距离。一般来说，公路的等级越高和经过的小城镇规模越小，则在通过该城镇的车流中入境的比重就越小，因此公路以不进入小城镇镇区为宜，小城镇镇

区道路与公路的连接采取入城道路的方式。

③ 公路高架通过小城镇。高等级公路经过小城镇时，如采取绕越方式，有时会使道路的走向和线型不流畅，绕道距离过远，对公路的交通十分不利。此时可采用高架公路作为过境公路，地面层道路作为城镇道路使用。

2. 镇区交通组织

小城镇规划和建设中对小城镇交通应进行恰当的组织，使各类交通系统分明，功能作用分清，形成一个合理的交通运输网络。

1）过境交通与小城镇交通分流　公路应在小城镇外部边缘通过，不应穿越小城镇中心。通过交通分流，从而形成小城镇内部交通和过境交通两大系统。

2）客运交通与货运交通分流　城镇内主要的客运交通和货运交通流应各成系统，货运交通不应穿越小城镇中心区和住宅区，应与对外交通系统有方便的、直接的联系。

3）县城镇、中心镇等小城镇中心区人流较多的地区，应考虑适当的人车分流　实行交通分流，可以避免交通混杂、冲突和拥塞，使交通各从其类，各行其道，互不干扰，同时交通安全也有保障。小城镇镇区客运交通主要由步行、自行车、公交车、出租车等方式构成。

第三节　小城镇与住区道路景观规划技术

小城镇道路是展现小城镇外部空间景观最集中、最重要的载体，小城镇道路景观是小城镇外部空间景观的重要组成部分。小城镇道路景观直接形成小城镇的风貌、道路空间性格、居民的生存交往空间，是小城镇整体形象的代表，也是小城镇历史和文化的延续。

基于小城镇道路景观研究的景观性道路规划对提升小城镇整体环境品质起着重要作用。

一、小城镇景观性道路规划技术

1. 路网布局模式

小城镇道路网对小城镇景观构成起着重要作用。道路网不仅把小城镇用地划分成若干街区，而且把若干街区的景观元素有机联系在一起，形成小城镇的整体美。小城镇道路网规划在满足道路交通运输等功能的同时，还要满足小城镇景观的要求。

小城镇道路网的艺术布局模式应突出小城镇自身形象特征，充分反映小城镇不同地理位置、地形地貌特征和丰富多彩的自然、历史、人文环境景观特点。

2. 道路线形规划设计

道路线形对体现道路美十分重要。小城镇道路线形规划设计着重以下方面：

（1）道路形式注意直线与曲线并举

一般来说，直线段道路具有明确的方向性和连续性，给人们以整洁的感受，而曲线段道路给人以道路两侧景观清晰的感觉，并使人们有可能在道路前方封闭视线，形成优美的街景，加深对道路及道路环境的印象。大自然主要呈现曲线形态，与自然和谐的道路美和道路交通的需要，以及良好的道路形式往往是直线与曲线并举。

小城镇道路线形应考虑随地形自然起伏，并选择适当的变化角度，以山峰、主体建筑、古树名木、小城镇雕塑等作为对景，弯曲变化，以给人生活气息和美的享受。

（2）道路线形与自然环境相协调

小城镇道路线形规划应尊重自然地形，有效减少对周边环境的影响，与自然景观环境融为一体。

小城镇滨山道路的线形应主要考虑与地形景观的协调，无需强调以直线或曲线为主。采用吻合地形的匀顺曲线和低缓的纵坡组合三向协调的立体线形，对减少地形的剧烈切割，以及融合自然环境具有一定的优越性。

小城镇滨水道路的线路确定应根据地形、地质、水文等条件决定。沿岸应具有适宜的台地，无滑坍、碎落和冲击锥等地质不良情况。道路线形应沿着自然岸线走向布置，以形成与自然景观协调统一的优美线形。

（3）道路走向与小城镇环境

1）道路走向宜有利小城镇通风与日照　道路走向应考虑小城镇通风和临街建筑的日照，当不能完全满足时，宜选取一适宜方位兼顾日照通风和临街建筑的布置。

2）道路走向与镇区风貌　道路走向在不影响道路主要功能的前提下，应贯穿和交融小城镇的自然景观和人文景观，将小城镇的广场、道路、建筑、绿化各类景点形成一个整体景观系统。

3）道路走向与小城镇建设　道路走向对小城镇建筑群体的空间组合起着重要作用。直线形的道路视野宽广，两侧建筑有规律的布置，会给人以强烈的节奏感，形成一种雄伟或严谨的气氛，但外形较为简单。曲线形的道路则富有变化，在曲线地段，要充分利用曲线线形的特点，在建筑平面布置及建筑空间变换上与线形相协调，使道路两侧的建筑随着人们视点的延伸，成为不断变化的底景，以形成优美的道路景观。

3. 道路横断面规划设计

小城镇主干路的路幅宽度由车行道、人行道、分隔带等的宽度和道路两侧建筑高度以及街景、绿化等要素组成，结合小城镇自然景观与人文景观，进行道路横断面要素组合设计，对镇区道路的交通和美学起决定性作用。

4. 沿线建筑规划

道路两侧建筑物是道路空间中的最重要的围合元素。它的性质、体量、形式、轮廓线以及外表材料与颜色，直接影响道路空间的形象和气氛。将道路两侧建筑物鳞次栉比地连接起来，对提高道路空间景观质量十分重要。同时道路两侧建筑规划设计还应注意其间的相互关联性、考虑整体的统一。建筑立面应线条生动、表现丰富，建筑风格、式样特色应反映时代特色。

道路横断面宽度与建筑高度之比的选择应结合地形和使用功能，满足运输、人行、绿化、管线敷设、通风、采光等要求，并与沿街建筑的高度、自然条件、其他要求综合考虑，以达到断面宽度与建筑高度相协调的道路景观。

5. 道路绿化系统规划设计

小城镇道路绿化宜以种植绿化林木为主、花卉为辅，同时吸收园林建设的喷池、雕塑等，形成较完整的道路绿化景观。

小城镇道路不同，其绿化要求也不同。从道路绿化作用考虑，进镇道路两侧宜种植乔木以形成绿化景观林带；滨山景观路段宜植观花景观林带，以形成远山葱郁、路旁鲜花怒放的景观效果；滨水区道路植水杉、落雨杉等水生植物，丰富水体景观，滨山、滨水道路绿化应特别强调与周围自然环境的协调；工业区道路宜采用抗污染树种形成一定宽度的绿化屏障。

道路绿化还应考虑艺术性，讲究道路绿化美的效果。道路绿化应整齐规划，和谐一致，注意与街景协调，绿化色彩与层次配合恰当。

小城镇道路绿化应考虑的要求有：①结合小城镇规划全面安排；②加强道路连续性和视线诱导，以及方向性和距离感；③与其他街景元素相协调；④保持路侧树木枝下大于3m高度，保证车行道有足够的空间；⑤分隔带绿化高度应适当控制，分隔带的灌丛高以0.4～0.6m为宜。

6. 路面铺装规划设计

路面铺装不仅对街区景观环境至关重要，而且在小城镇外部空间景观环境中也越来越重要。

路面铺装首先应根据交通功能的需求，对路面材料、结构、形式等加以选择，提供有一定强度、耐磨、防滑的路面，满足路面最基本的使用功能。还可以通过特殊的色彩、质感和构形加强路面的可辨识性，划分不同性质的交通区间，对交通进行诱导和各种揭示，有效地限制车速，加强人车之间的拦阻，给人以方向感和方位感等，从而进一步提高城市道路交通的安全性能。

同时，铺装丰富的色彩、各具特色的质感、形式多样的构形，所表现出的韵律、动感，以及一些带有象征意义的细部设计等都会赋予路面生命力与个性，它们本身构成了一种景观，可称之为铺装景观。铺装景观在街路环境景观中占有极其重要的地位和作用，它是改善街路空间环境最直接、最有效的手段。铺装景观强烈的视觉效果让人们产生独特的激情感受，给人们留下深刻的印象，满足人们对美感的深层次心理需求，它可以营造温馨宜人的气氛，使街路空间更具有人情味与情趣，吸引人们驻足，进行各种公共活动，使街路空间成为人们喜爱的城市高质量生活空间。

在规划设计中，应注意将铺装的景观功能与实用功能统一处理，使得铺装既是经济实用的，同时又符合人们的审美心理、审美情趣和美学的基本原则，这样才能获得好的效果。

7. 主色调与环境色彩规划设计

小城镇的基本风貌对反映自身的文化素质和性格魅力至关重要，而良好的环境色彩规划设计正是为了改善小城镇风貌，塑造小城镇个性魅力，并通过确定小城镇主色调，避免“色彩污染”，使小城镇呈现和谐统一的风貌。

构成小城镇色彩环境的要素除蓝天、白云、青山、绿水等自然要素外，主要是建筑色彩、路面铺装色彩、各种绿化色彩及街头小品色彩等。设计时应主要考虑几个方面：①建筑色彩首先要与周围自然环境和谐统一，同时要考虑建筑自身适合的形式与色彩，二者应综合考虑；②路面铺装主色调应与周围建筑环境和自然环境相协调，通过细部丰富的色彩设计来活跃空间气氛；③绿化树种选择要与环境色彩整体和谐；④街头小品色彩应视具体的空间环境而定，既可以保持与周围环境一致，也可以采用与周围主色调反差较大的色彩，起点缀作用，活跃气氛，成为空间环境中的一道引人注目的风景线。

8. 道路照明规划设计

道路照明设施沿线路布设，为道路提供必要的照度，为用路者提供或补充道路信息，对行车视线诱导有一定作用，同时也是道路带状环境的组成部分，其设计应注意以下问题：①灯柱造型和灯具的形状要与街道性质、建筑环境相配合，主干路宜轻盈优雅，中心区、步行街则应有一定的装饰性，以符合美化街景，适应环境的要求；②照明设施可加强道路的诱

导性，照明设计应力求达到好的视觉诱导效果；③道路照明器悬挑道路上空一般宜为2～4m，注意绿化树种选择，适当加大灯杆与树木间距，避免树木遮挡阳光；④道路照明系统采用不同的光源颜色是把人们注意力引向某一地点的有效方法，宜用光色差别表示特殊场合气氛，对不同道路采用不同光色增加道路夜景的特征。

9. 街头小品规划设计

现代建筑简洁明快需要丰富的街头小品柔化和点缀小城镇景观环境。街头小品主要包括休息设施、服务设施、绿化设施、栏阻与诱导设施，以及装饰设施。

街头小品规划设计应符合下列要求：

（1）与所在空间的性质相符合。

（2）服从整体，使整个造型与图案中存在着一种共有的起统一作用的东西。

（3）各部分平衡布置，以方便使用。

（4）具有层次性，应以一种结构元素为主导，连同有关的从属元素组成秩序。

具体的规划原则如下：

1）取其特色　设计构思应首先对需要体现的内容本质进行了解，提取其能反映本质特色的形象和符号，通过设计手段予以具体化。

2）顺其自然　即因时、因地制宜，讲究自然，不要牵强。

3）立其意境　以一种表而不露的感染力，把需要表现的东西通过一定的造型、图案和空间组合巧妙地表现出来。

4）比例适度　要与所在的空间环境尺度配合，注意各部分之间的尺度关系，使它们的大小、疏密、虚实在比较中显得适度。

5）注重点缀　要善于取舍，不可随意拼凑堆砌。各种小品设施应作为艺术欣赏品，在空间中起点缀作用。

6）寻求对比　除其用途对比外，可在行驶、图案、风格、色彩、题材和质感等多方面进行对比，使其相互依赖，又相互烘托出各自的特性，以求得统一多变。

7）巧于因借　重视绿化造景，巧于因借周围自然风光，构成和沟通与景点的联系，扩大视野范围。

8）强调动态　小品的效果随人的运动、视线、时间、道路和地形的变化而变化。因此，研究小品的感知效应时应考虑距离、动线等。

9）强调色彩综合　应尽可能地体现时代特点、民族风格、社会的哲学和伦理观念，并与地域、气候等自然条件相协调。而人们的审美思想、文化素养与心理气质等，皆应在色彩艺术创作中得到充分的体现。

二、小城镇住区道路的人文、环境景观复合设计技术

1. 交通·人文·景观——住区道路功能的复合化理念

小城镇住区道路作为一种通道系统，不仅是住区结构的主脉，维持并保证住区的能量、信息、物质、社会生活等的正常运转，它同时还是住区形象和景观的展现带。创造具有良好自然景观、人文景观和交通景观的街道空间，增加空间情趣并活化生活氛围，从而实现绿色交通、生态交通，形成健康、良好的居住生态环境，正逐渐成为小城镇住区规划的重要目标之一。

实际上，我国的城镇街道文化自古以来就非常发达，有着很好的利用街道进行邻里交往的传统，“大街小巷”上的生活气息非常浓厚。随着现代家庭结构的日益小型化和人口的日趋老龄化，人们对在家庭之外方便地参与社会活动的要求相应提高；同时由于居民工作情况的变化（如工作效率提高、工作负担减轻、工作时间缩短、办公家庭化等），居民休闲时间日益增加，更加有条件进行户外活动。

作为这些活动的空间载体，在小城镇住区中除了公共绿地和数量较少的广场空间以外，就是人们日常通行的那些街道及其绿化空间了。人们企望人性复归，向往遭受汽车破坏前的城镇文化回归，因此使交通环境人性化，使街道空间具有可驻留性日益成为营造良好住区环境不可或缺的内容。当步行尤其是汽车交通以慢速行进时，在不影响居民安全的情况下，没有理由要求将停留、玩耍的区域和交通区域绝对分隔开来。大多数情况下，出入家门口的交通也是小城镇住区所有活动中最广泛的活动，所以有必要将尽可能多的其他活动与交通综合起来。对于走动的人群、游戏的儿童以及住宅附近进行其他活动的人来说，交通综合的政策将会使不同的活动相互启迪，相得益彰。

2. 住区交通体系的人性化规划设计

信息化时代的到来使得居住和工作功能可以在住区中得以集成。人们生产效率的提高、工作时间的减少及家庭办公的日益增多，使得人们在住区中驻留的时间更长，人与人、人与社区之间的交流将更加频繁，对人居环境要求越来越高，对于闲暇生活的需求将越来越成为生活中不可缺少的重要组成部分，如个体单独休闲（读书、散步、美容等）、私人社交活动（聚会、沙龙、体育、交谈等）、社会公益活动（志愿者、NGO、社区服务等）等。这些活动对小城镇住区公共活动空间和步行交通的需求在质和量上都会逐渐加大。可以预见在未来的一段时间内，住区步行交通将会有一定程度地增长，同时步行的质量也不容忽视，正如著名的布恰南（Buchanan）报告中所强调的“应该尽量使人们在步行时感到舒适和安全”，这是普通常识，正像人人都知道健康对自己有什么好处一样。步行也跟许多其他行动联系在一起，不可分割，如步行时看看两旁商店橱窗，欣赏景色，跟人聊天。总之，一个人能否自由自在，“东张西望地”悠然地走路，这对衡量一个小城镇及其住区的文明质量是非常有用的。

小城镇住区交通组织和道路系统规划，除考虑机动车的流动之外，更要考虑人的流动，注意生活环境的人性化。对残疾人、儿童、老年人要格外关怀，体现为步行者优先的原则。在人车共存的情况下，对车辆进行一定的限制（如速度限制、通行区域限制、通行时间限制、通行方向限制、路线线型限制等），从而保障步行者的优先权；在某些地段禁止小汽车的通行，从而限制住区内的通行量。有如下具体措施：

（1）充分考虑到行人的无障碍设计，在住宅单元入口、中心绿地、公共活动场所等凡是有高差的地方设置残疾人坡道，且在人行道中设置盲道。

（2）将道路的平面线性设计成蛇形或锯齿形，迫使进入的车辆降低车速，也使外来车辆因线路曲折不愿进入从而达到控制车流的目的。

（3）在道路的边缘或中间左右交错种植树木，产生不愿进入的氛围，以减少不必要车辆的驶入。

（4）将道路交叉处的路面部分抬高或降低，使车辆驶过时产生震动感，给驾驶者以警示。

（5）在住区入口或道路交叉口设置形象的交通标志传达限速、禁转等交通信息。

（6）注意住区交通与镇际公共交通、较大规模小城镇镇区公共交通的衔接。

以上措施在实际运用中往往可同时使用，其根本目标就在于抑制机动车交通，改善步行环境，以达到鼓励行人和自行车活动的目的。

美国城市设计师彼得·卡斯罗普（Peter Cathorpe）首先提出了“步行社区”（PedestrianPocket）的概念。他在 Laguna West 新城的住区规划中摒弃了车行和人行相分离的做法，将街道当做公共开放空间中的一种基本的线形要素，直接联系住户、公园和住区中心。所有的街道都同时为行人和汽车而设计，其中人行道有树荫遮蔽，并和车行道划分开；绿地不时点缀着道路，车库则隐蔽于屋后，以宜人的步行环境吸引着人们离开汽车步行到住区中心。

这种步行系统提供了一系列多样化的室外空间：家庭私人庭院、一组住宅的半公共空间、所有人都可使用的中心公园，而办公区的室外空间和商业街道空间，不仅为住区内，也为住区外的人们提供了公共空间。

他所构想的规划模式在住区川流不息的过往交通中找到了一种转化方式，这种方式将步行和高速的车行成功地整合在一起，从而在汽车主宰的地方开辟出一片可以自由步行和骑车的“飞地”，这样既改变了住区原有的熙来攘往的交通模式，也减少了交通阻塞。

3. 住区交通体系的可持续性规划设计

在 21 世纪，安全健康的居住生活环境将越来越受到公众的关注。基于可持续发展理论下的小城镇住区交通可理解为：在推进住区交通体系建设的同时，重视对住区生态环境的保护和资源的合理开发利用，注意对交通需求的管理和对交通行为的修正，使在满足近期需求的同时，又能符合住区社会经济生态复合系统长期持续发展的整体需要。

可持续发展理念在小城镇住区交通体系中的具体应用就是强调交通规划在一开始就要对规划区域进行环境评估，识别环境区域的敏感性，了解进行基础设施建设可能产生的后果，综合协调住区土地使用、交通运输、生态环境与社会文化等因素，减少对空气、水源的污染，限制非再生资源的消费，有效保护小城镇独特的地形地貌与景观资源，强化人的行为方式与生态准则的相融性。

住区交通体系的可持续发展同时也离不开住区及其所在城镇的可持续发展。住区交通规划应与城镇紧凑的土地规划布局相适应，力求以最安全、经济的方式保障居民出行的机动性，同时利用土地可达性的改变使居住、文化、商业等活动重新分布组合，以适应城市与住区经济、社会长远的可持续发展要求。

4. 住区道路环境景观规划设计

小城镇环境景观特色是一个小城镇区别于其他小城镇的个性特征。小城镇住区环境景观特色是小城镇整体特色的延续，它受到小城镇文脉和地域的制约。因此，保护和发扬已有的文化传统，综合考虑现代生活因素是小城镇住区道路环境景观设计的前提。

（1）住区道路环境景观规划设计原则

1）道路空间形态必须以人为本，注意生活环境的人性化，符合居民生活习俗、行为轨迹和管理模式，体现方便性、地域性和艺术性。

2）为居民交往、休闲和游乐提供更多方便，更好环境。

3）高效利用土地，完善生态建设，改善住区空间环境。

4）立足于区域差异，体现自己的地域特色与文化传统。

5）注重自然景观、人文景观和交通景观的融合。

（2）住区道路环境景观的需求多样化

随着小城镇住区建设的规模化和综合化，住区已成为一个镇区的“浓缩体”，其内部居住着层次各异的居民，而每一层次的居民对景观的需求都不尽相同，从而导致了居住景观需求的多样性。同时，居住环境景观设计是为了给居民创造休闲、活动的空间，即使是同一层次的居民，当其活动方式和活动强度不同时，对景观的要求也不同。如在车行交通中人们关注的景观主要集中于道路的街景和两旁的建筑，而在步行交通和休闲中，人们关注的景观更集中于庭院绿地、小品设施等。所有这些都要求住区景观设计能够满足区内多元化的欣赏和使用需求。

（3）住区道路环境景观规划设计优化

1）道路线形设计与自然景观环境融为一体　道路线形体现道路美。小城镇住区道路线形应与自然环境相协调，与地形、地貌相配合，宜与自然景观环境融为一体。有时为了街景变化，可设微小转角，以给人留下多种不同的印象。在道路走向上，可采用微小的偏移分割成不同场所，把要突出的景观引入视线范围。

小城镇滨山住区道路的线形应主要考虑与地形景观的协调，采用吻合地形的匀顺曲线和低缓的纵坡组合成三向协调的立体线形，对减少地形的剧烈切割，以及融合自然环境具有一定的优越性。

小城镇滨水住区道路的线形应根据地形、地质、水文等条件确定。沿岸应具有适宜的台地，无滑坍、碎落和冲击锥等地质不良情况。道路线形应沿着自然岸线走向布置，形成与自然景观协调统一的优美线形。

住区道路S型曲线可以便于人们最大限度地观察周围环境，同时也是一种通过道路设计，把行车速度控制在满足规范要求极限内的方法。

2）生态与艺术相结合的道路绿化设计，应满足以下要求：

① 遵循道路绿化的生态和艺术性相结合的原则。生态是物种与物种之间的协调关系，它要求植物的多层次配置，通过乔灌花、乔灌草的结合，分隔竖向的空间，创造植物群落的整体美。同时应根据本地区气候、栽植地的小气候和地下环境条件选择适于在该地生长的树木，以利于树木的正常生长发育，抗御自然灾害，保持较稳定的绿化成果。因此，小城镇住区道路绿化规划设计既要满足植物与环境在生态习性上的统一，又要通过艺术的构图原理体现植物个体及群体的形式美，即符合统一、调和、均衡和韵律艺术原则。

② 突出住区街道个性。植物的季节变化与临路住宅建筑产生动与静的统一，它既丰富了建筑物的轮廓线，又遮挡了有碍观瞻的景象。在小城镇住区道路绿化设计中，应将植物材料通过变化和统一、平衡和协调、韵律和节奏等变化进行搭配种植后，产生良好的生态景观环境。如果能和周围的环境相结合，选择富有特色的树种来布置，则可尽显住区街道的个性。

③ 突出住区道路视觉线形设计。小城镇住区道路绿化主要功能是庇荫、滤尘、减弱噪声、改善住区道路沿线的环境质量和美化环境。道路空间是提供人们生活、工作、休息、相互往来与货物流通的通道。各种不同出行目的人群，在动态的过程中观赏道路两旁的景观，产生不同行为规律下的不同视觉特点。在规划设计道路绿化时，应充分考虑行车的速度和行人的视觉特点，坚持以人为本的原则，将路线作为视觉线形设计的对象，不断提高视觉

质量。

④ 突出住区停车空间与绿化空间有机结合。利用绿化吸附粉尘和废气，隔离吸收噪声，减少停车空间因车辆集中而造成的对周围环境污染的扩散；自然优美的园林绿化可改变停车场（库）单调、呆板、枯燥、缺乏自然气息的不良视觉感受，美化停车库的视觉环境；环境绿化具有明显的遮阳降温、改善小气候的效果。如对面积较小的露天停车场，可沿周边种植树冠较大的乔木以及常青绿篱，形成围合感并具有遮阳效果；对面积较大的停车场，可利用停车位之间的间隔带，种植高大乔木，植株行距及间距类似于车库柱网布局，以便于车辆进出和停放；在停车位之间或停车场周边设种植池。露天停车场与园林绿化的有机结合，可形成“花园式停车场”。

3）良好建筑环境设计　道路旁的建筑物是住区道路空间中最重要的围合元素，它的性质、体量、形式、轮廓线以及外表材料与色彩，直接影响住区道路空间的形象和气质。历史文化名镇的具有传统地方特色的道路，其美学价值很大程度上取决于其富有地方特色和民族文化的建筑群，包括住宅建筑群。

良好的住区道路建筑环境应具有以下方面：①良好的尺度和比例；②建筑空间富于变化，造型、立面形式多样，并具有因地制宜的灵活性和个性；③色彩丰富，搭配和谐有序，构图富有创意和特色，与环境和谐；④体现地方建筑风格和传统民居特色。

4）空间变化设计　道路根据各路段交通量不同，或地形条件限制，可能出现宽度的变化，在区别空间变化波动时，宽度变化是一个很重要的内容。它可提供错车空间，在特殊情况下，亦可提供停车空间，有时也为行人提供休息逗留的场所。

5）领域分隔设计　作为住区内的生活性道路，应为居民提高生活空间的领域感。此效果可以通过分离手法来实现。这种分隔多见为过街楼、拱门等。在我国古城中，牌坊是分隔街道空间最佳“道具”。

6）道路设施设计　住区道路通常有步行者在活动，此种活动常有随意性和观赏性。故要求道路上多设置公用设施等，如座椅、花坛、候车亭及路灯、交通标志、信号设备等，选择宜人的色彩和尺度，增强美感和愉悦感。

第六章 小城镇基础设施工程规划及优化技术

PLANNING AND DESIGN OF TOWN

第一节　小城镇基础设施的现状分析

一、小城镇基础设施的现状调研与总体评价

小城镇基础设施的现状调查与分析评价是确定小城镇规划基础设施合理水平和定量化指标的基础。

我国对小城镇基础设施建设的研究基础比较薄弱，有关资料统计和积累不多，建制镇特别是乡镇相关技术管理很薄弱或很不健全，某些方面的调研资料收集难度很大。

为了解清楚我国小城镇基础设施的现状水平，宜按经济发展的三种不同地区（经济发达地区、经济发展一般地区和经济欠发达地区）各选择一些典型的、有代表性的不同层次规模小城镇现状调查和其前一轮规划与建设的对比调研。国家“九五”、“十五”小城镇课题相关调研中，东部地区主要选择调研广东、福建、浙江、上海、江苏、山东、天津等省、市经济发达地区和经济发展一般地区小城镇，并侧重于前者调研；中西部地区主要选择调研河南、湖北、四川、重庆、云南、内蒙古等省、市、自治区小城镇，侧重经济发展一般和经济欠发达地区的小城镇，也选择调研其大城市周边地区经济发达小城镇。

上述东部、中西部都选择经济发展一般地区小城镇进行调研，主要考虑有利全国三种不同经济发展地区小城镇基础设施的综合分析比较和基础设施规划标准研究地区分类的衔接。

为了弥补调研面的不足，并从宏观、微观结合分析研究的角度考虑，在上述调研的同时，着重收集、分析各省市小城镇及其基础设施发展建设的综合资料和部、省、市试点小城镇的规划、建设资料。

小城镇基础设施是小城镇生存和发展所必须具备的工程基础设施和社会基础设施的总称，通常指工程基础设施。工程基础设施是指能源供应、给水、排水、交通运输、邮电通信、环境保护、防灾安全等工程设施。小城镇基础设施规划标准研究专题对小城镇基础设施的现状分析，着重于小城镇供水、排水、供电、通信、防洪、环境卫生等6项基础设施的现状分析。

改革开放以来，尤其是进入20世纪90年代以后，小城镇基础设施建设，随着小城镇的蓬勃发展，有了很大提高（相关统计数据略）。

但是，我国小城镇基础设施建设发展很不平衡，不同地区小城镇基础设施差别很大。东部沿海经济发达地区一批小城镇基础设施建设颇具规模，有的甚至接近邻近城市水平，如广东中山小揽、深圳龙岗、浙江台州路桥、温州龙港等镇；而对照城镇化要求，我国小城镇基础设施规划建设现状整体水平普遍不高，道路缺乏铺装，给水普及率和排水管线覆盖率低，基础设施建设普遍滞后、“欠账”严重，建设不配套，环境质量下降；基础设施工程规划一是缺乏城镇基础设施统筹规划，各镇为政，自我一统，水厂等设施重复建设严重，未能建立起区域性（城镇群）大配套的有效供给体系；二是县（市）域城镇体系起步晚，县（市）域基础设施规划水平低，不能充分发挥其对县（市）域小城镇基础设施建设的指导作用。

二、小城镇基础设施单项现状剖析

(1) 给水工程设施

全国小城镇给水工程设施发展较快，有一定基础，但发展不平衡，集镇供水设施普及率较低，小城镇给水工程设施整体现状水平不高。

1）县镇供水企业发展很不平衡，规模较大的主要集中在东部经济发达地区，据相关统计数据上海9县有6个日综合生产能力在10万t以上（全国1165个县镇供水企业仅17个企业在10万t以上），浙江、广东、北京160个县镇供水企业日综合能力超过3万t的有80%，西部及其他经济欠发达地区县镇供水企业日综合生产能力普遍很低，基本上都在几千t或1万t左右，经济发展一般地区供水企业日综合生产能力在几万吨居多。

2）部分建制镇，主要是中西部经济欠发达地区和缺水地区一些建制镇以及全国近半数的集镇，尚未建有供水工程设施，或者供水设施不足。

3）缺乏较集中分布小城镇给水工程的区域统筹协调规划，多数小城镇各自建设水厂，规模小、运行成本高、水源保护困难。

以重庆市上述相关调查为例，重庆624个建制镇共有水厂659个、日供水能力63万t，平均每个水厂日供水能力不到1000t。

4）多数小城镇供水管网为树枝状，供水可靠性不高；供水管道特别是配水管道材质差、敷设简陋、不符合规范，不加更新改造，难以确保用水点水质满足饮用水健康要求。

5）不同地区小城镇水源保护和供水水质达标情况差别很大。

生态环境条件良好的山区小城镇山泉等水源不经处理或简单处理即符合饮用水水质要求，对福建南平10多个山区小城镇分散和集中供水水质抽样调查均属上述情况；但有不少地区小城镇供水水质达不到要求，一些地区水污染造成的水资源短缺成为城镇发展的突出问题。由于乡镇企业规模小、技术含量低、污染点多面广、治理困难，东部沿海平原如浙江沿海平原水网密布，水流无定向，无法进行上、下游之分，一些地区城镇下游水厂几乎成了上游城镇的污水处理厂。

（2）排水工程设施

目前，小城镇排水和污水处理设施处于相当落后的水平，排水设施投资普遍很小，也从一个侧面反映小城镇基础设施的整体水平普遍不高，排水工程设施应是加强小城镇基础设施建设、改变小城镇落后面貌的一个突出重点。

1）根据对四川、重庆、湖北、福建、浙江、广东、山东、河南、天津等9省、市小城镇有关调查，小城镇现状排水管网面积普及率约为40%～60%，东部沿海地区尚有不少建制镇无系统排污管渠，绝大多数小城镇没有集中污水处理厂，只有东部经济基础和发展条件优越地区的少数小城镇开始建设小型污水处理厂，中西部经济发展一般地区和欠发达地区许多小城镇尚只有明渠或简单排水渠道，更没有系统排污管渠。小城镇基本上没有污水处理厂，不少小城镇污水未经处理就近排入环境水体，污染严重。如据重庆市有关调查，由此造成一些地区次级河流污染还相当严重，以致下游地区人畜饮水都成问题。

2）根据9省、市小城镇现状排水体制调查，多数为合流制，少数为分流制。

由于合流制，特别是直排式合流制，污水不经处理，直接就近排入水体，对水体污染严重，一般不宜采用；选择截流式合流制，雨天仍有部分混合污水，经溢流井溢出，直接排入水体，对水体污染仍然较严重；而分流制适应小城镇建设发展，环境保护和卫生条件好，应是小城镇排水体制的发展方向。

我国多数小城镇排水设施尚处建设阶段，为便于排水体制过渡，避免今后改造困难，应结合小城镇实际和近期、远期结合，经分析比较，改变目前不适宜排水体制，因时因地而宜选定各时期适宜排水体制。如经济发展一般地区小城镇可先采用不完全分流制，某些条件适宜或特殊地区（如雨水稀少、废水全部处理的地区）小城镇可采用截流式合流制。

3）我国小城镇污水排放量逐年增加，大量污水未经处理或未经有效处理排放，一方面污染水环境，另一方面加剧水资源短缺。

我国雨水资源丰富，年降水量达 $61900\times108\mathrm{m}^3$，然而由于没有很好利用，雨水资源浪费，许多缺水城镇一是暴雨洪涝，二是旱季严重缺水。

当今，许多国家把雨水资源化作为城镇生态系统的一部分，在德国的一些地区利用雨水可节约饮用水达50%，在公共场所用水和工业用水中节约更多，并且雨水利用还有更多的经济、生态意义。而我国小城镇雨水资源、污水处理的综合利用，尚只处于试点起步阶段，并较多用于农业。但发展前景看好。如以干旱的新疆为例，充分利用光热资源丰富的有利条件，全区大多数县初步形成污水处理稳定塘体系，经过处理的污水，夏季多用于农田灌溉，而非灌溉期的污水利用，采用秋天整地，冬天稳定塘出水，处理水取代清水压盐碱地取得很好的效益。

（3）供电工程设施

我国电力工业发展较快，随着国家电网和地方电网、农村电网不断扩大，我国小城镇用电除极少数外都已解决，供电工程设施大多有一定基础，但也存在较多问题。

1）平原、丘陵地区小城镇以大电网和地方小电网供电为主，有丰富水资源的山区等地区小城镇以小水电供电为主。

小城镇电网最高一级电压县城和中心镇较多为110kV，一般镇多为35kV，小城镇电网多数属农村电网。

2）小城镇农村电网小容量火电机组效率低，污染严重；小水电规模小，受河流季节性和气候的影响，保证出力低。

3）多数小城镇电网电源点单一，形不成环网供电，一旦线路事故检修，容易造成较大范围停电。

4）地方小电网和农村电网网络结构不健全，供电可靠性得不到保证。

5）大多数小城镇变配电设备落后、陈旧，输配电线路老化，供电半径大，线损高，事故隐患多。

6）由于历史原因，多数地区小城镇供电工程缺乏统一规划和管理，电网重复建设，结构不合理，交叉供电现象突出；农村电网电价高。

小城镇供电工程规划建设必须把加快农村电网改造放在重要位置，同时必须加强区域统筹规划。

（4）通信工程设施

改革开放以来，我国通信事业发展很快，我国小城镇通信工程设施，已建有一定基础，特别是县驻地镇通信能力有很大提高；传输落后、带宽不足已成为制约小城镇通信发展的主要瓶颈；小城镇广播电视网络已初步建成。

1）除少数经济欠发达地区外，本地网县城 C4 汇接局市话和长话基本上都已实现程控交换，县以上传输电路基本上都已数字化；一般镇建有程控模块局或农话自动端局，乡镇全部开通自动电话农话交换点，实现自动交换。

2）据对东部沿海省、市以及京津唐地区和海南等省、市有关调查，经济发达地区和经济发展一般地区光纤网络和接入网发展较快，已实现光缆到镇，但大多数尚属起步阶段，而中西部经济发展一般地区和经济欠发达地区的许多小城镇，早期建设的传输网采用准同步数字传输体制（PDH），部分地区甚至还是铜缆传输，同时，小城镇用户接入仍以模拟铜线为主要接入方式，传输体制落后，带宽不足已成为制约小城镇通信发展的主要瓶颈。

小城镇通信工程设施应着眼于通信网络的可持续发展，加速小城镇传输网改造，并以网络带动业务发展，这应是小城镇近中期通信规划、建设的一个突出重点。

据对四川、重庆、海南等省、市的有关重点调查，许多地区小城镇都已开始传输网的改造升级。以四川仁寿县为例，改造后的传输网包括一个 8 个站点的 2.5G bit/s 主环和 4 个 622M bit/s、8 个 155M bit/s 的子环，形成分层网络结构，不同网层配套不同速率的传输设备，主干层搭建宽带业务平台，有利网络可持续发展，配线层便于业务发展在线升级，有力促进小城镇通信发展。

3）大多数小城镇电话普及率尚较低，同时经济发达地区和经济欠发达地区的小城镇电话普及率差别很大。

4）经济发达地区移动通信网已覆盖至大多数小城镇，经济发展一般地区和经济欠发达地区移动通信一般已覆盖到县城和部分重点小城镇。

（5）防洪工程设施

我国经历了 1995 年以来几次洪灾，特别是 1998 年的特大洪灾以后，防洪工程设施得到普遍重视和加强，许多小城镇防洪工程设施有了一定基础，但对照防洪标准要求还有一定距离，特大洪灾也暴露了小城镇防洪和建设中，一些地区小城镇选址、建设不当，防洪设施薄弱，水利设施老化，环境生态破坏严重，江河湖泊淤积，排洪能力减弱，以及水库管理技术水平低，泄洪调度失误等较多问题。

1）据对四川、重庆、湖北、福建等省、市山区、长江流域、三峡库区防洪的有关调查，小城镇洪灾与当地环境生态严重破坏有密切关系，如重庆山区小城镇多属老少边穷地区，由于一是多年来毁林开荒、广种薄收、山高陡峭、耕作粗放，森林资源遭到破坏，水土流失严重，水土流失面积占土地面积的 60% 以上；二是山区小城镇建设不结合当地地形地貌及地质条件，追求规模，采用削山填沟，高边坡深开挖方式建设，不但破坏自然生态组合，造成隐患，而且形成大量的弃渣、弃土，破坏植被，引起水土流失，加上山区小城镇防洪工程设施较薄弱，造成山洪、暴雨崩塌、滑坡和泥石流等灾害。

上述地区小城镇防洪应在加强防洪设施建设同时，封山植树，退耕还林，保护环境生态，库区小城镇移民迁建、选址布局规划与建设，应重视防洪和环境生态及考虑必要的异地移民。

2）沿江滨湖洪水重灾区一般小城镇由于多年来河道、湖泊、沙滩不断被不合理围垦和利用，加上河道上游水土流失日趋严重，导致江河湖泊淤积，排洪能力减弱，且水利设施老化，而长年受洪水困苦、损失惨重。

如江西省鄱阳湖地区及赣、抚、信、饶、修等河流尾闾地区，由于上述原因造成对鄱阳湖调蓄洪水及河道行洪的严重影响，鄱阳湖由建国初期高水湖面面积约 5100km^2 减为现在 3900km^2，蓄洪容积 $370\times10^8m^3$ 减为现在 $298\times10^8m^3$，赣、抚、信、饶、修五大河流及其支流也普遍出现同流量下水位升高的现象，而该地区对一万亩以上五万亩以下圩堤按相应湖水位 21.68m 设防，绝大多数的圩堤现状防洪能力约 3 ~ 30 年一遇不等，中小圩堤的现状防

洪能力一般在3～15年一遇，1995～1999年五年中有四年洪灾，且最高水位超过21.8m，洪水溃垸时有发生，特别是1998年特大洪水使江西省溃决千亩以上，十万亩以下圩堤240座，仅此淹没农田就有109万亩。

沿江滨湖洪水重灾区一般小城镇防洪应按“平垸行洪、退田还湖、移民建镇”的国家重大防洪举措和洪水灾后小城镇重建规划，改变原来就地防洪、避洪为易地主动防洪，通过碍洪圩堤的平退、扩大江河行洪断面面积，增加湖区蓄洪容积以及移民建镇，新镇科学合理规划选址、布局与建设，为分蓄洪区防洪水利设施安全建设和沿江滨湖洪水重灾区小城镇根除水患创造条件。

（6）环境卫生工程设施

我国大多数小城镇环境卫生工程设施基础十分薄弱，与小城镇排水、污水处理设施一样，整体现状水平相当落后。小城镇环境卫生工程设施是加强小城镇基础设施建设，改变小城镇“脏、乱、差”面貌的另一个突出重点。

1）据对四川、重庆、福建等省、市小城镇的环境卫生工程设施现状的重点调查，小城镇生活垃圾的收集、运输设施数量少、不配套，多数小城镇生活垃圾主要采用露天堆放等简易处理方式，而且一些小城镇固体垃圾和建筑垃圾无序随意堆放，侵占溪流、池塘、水洼，对小城镇水体和周围生态环境造成严重破坏，如同污水未经处理任意排放，对环境的不负责任，可能获得短期利益，但必将造成难以治理，终究付出更大代价。

2）根据对四川、重庆、福建等省、市小城镇有关调查资料的综合分析，小城镇现状固体垃圾有效收集率约在15%～50%，现状垃圾无害化处理率约在5%～35%，现状资源回收利用率约在5%～25%，而大多数小城镇现状固体垃圾有效收集率、垃圾无害化处理率和资源回收利用率都处在上述中的较低水平。

3）许多小城镇镇容镇貌脏、乱、差现象突出，以路为市，以街为市，车辆、人流混杂，污水、垃圾不能得到有效收集与处理，严重影响小城镇环境质量。

4）许多小城镇公厕少，且大多是旱厕，卫生面貌差。为改变小城镇环境卫生落后面貌必须统筹规划、因地制宜，搞好垃圾收运、处理、综合利用和环境卫生公共设施的规划建设，加强管理队伍建设，提高规划建设与管理水平。

尚应指出，建设资金缺乏是各地调查反映的基础设施建设中普遍存在的问题。同时，目前许多小城镇规模偏小、布局过于分散也是影响小城镇基础设施建设与效益的问题之一，宜在小城镇研究中深入探讨。

第二节　小城镇工程规划需求预测技术

预测是人们根据历史资料和现状，通过定性和定量的科学分析与计算方法，推测、判断事物未来的发展趋势和规律的一种过程。简单地说，预测是试图预见（预言）事物未来的变化。

国外，把预测分为推测（predicition）和预测（Forecast）。前者是指对未曾观察到的所有事件（包括同一时期内的事件）的推测；后者是指对未来事件的预测。

预测是规划不可缺少的前期工作，也是规划的一个重要准备阶段。预测提供的信息和数据是正确规划和决策的科学依据，规划的好坏在很大程度上取决于预测工作的好坏，小城镇规划要规划好小城镇的未来（近期、中期、远期）的建设与发展，一个重要的前提是通过预测，准确预见小城镇未来的变化，包括规划的基本要素；小城镇人口、资源、环境的未来变化和社会、经济的发展变化，以及基础设施需求的变化。就人口、资源、环境的预测来说，由于当代可持续发展问题，已转变为明显地以人口、资源与生态环境之间的紧密关系为基础，预测直接关系到社会与经济的可持续发展规划；而对基础设施需求预测而言，预测数量不足，将不能满足社会、经济发展对基础设施的需求，同时给人们生活会带来很大不便；而需求预测过多，则以其为依据的规划和建设会造成严重的资源滥用和不必要的资源浪费。

一、多方法多方案预测

小城镇规划是涉及多学科、多门类的综合复杂的系统工程。特别是在市场经济条件下，小城镇中、远期规划还经常有许多不定因素，一个好的规划往往要做多个方案的比较和经过多次反复。预测作为小城镇总体规划或配套工程规划的前期工作更无例外。同时，大多数预测方法都是有一定的假设条件，而实际情况与假设条件总有或大或小的差距，预测方法本身存在的缺陷，只能通过预测方法的选择和多种方法预测的比较，加以弥补和修正；而预测过程中，各种原因造成的误差，譬如收集的时间序列数据可能会有抄写的错误，行政决定、随机变化、历史原因等异常情况产生的无法按规律解释的数据，由此造成的误差，除采用数据分析、残差分析等方法减小预测误差外，多种方法的预测比较也是不可缺少的。

目前，小城镇规划特别是工程规划预测中普遍存在的一些问题，是值得研讨和引人思考的。前述的预测论及研究城市人口、资源、环境的未来变化，无疑会涉及现在尚很少进行的人口密度和工业布局的适度水平、用地极限及环境容量等的动态预测，随着近些年来，对城镇可持续发展和对城镇生态环境规划的普遍重视，开展上述预测的多种预测方法，特别是适合规划和城镇生态环境规划的实用、动态预测方法的探讨和研究将是必然的。预测存在更多的问题是在一些城镇工程规划的预测中，较多只采用一种方法、一种方案的预测，缺乏预测的比较与修正的重要环节，预测准确度较低。有的甚至预测方法又粗浅又缺少预测检验，很容易造成预测失误，也就有可能因此而造成规划的失误。

二、不同规划阶段的不同方法预测

小城镇不同规划阶段有不同的规划侧重，相应规划背景等也不同。譬如总体规划是侧重宏观规划，而详细规划相对是侧重微观规划；对应预测方法前者多为宏观预测方法，后者相对为微观预测方法。小城镇规划标准对工程基础设施需求预测提出了不同规划阶段可选择的不同种预测方法。若选用不适用于本规划阶段的预测方法，往往会造成很大的预测偏差，而在此情况下，又仅采用一种方法预测，则会给工程预测与工程规划带来失误。

三、工程规划预测问题的实例分析

例一：某县城镇总体规划的电力负荷预测问题分析。

原选用综合用电指标法一种方法预测：

2010 年规划县城镇镇区人口 16 万人，选用市政生活综合用电指标为 350W/人，工业项目用电按上述指标的 100% 考虑，即也为 350W/人，预测 2010 年镇区总负荷为：

$$16 \times 700 \div 1000 = 11.2 \text{（万 kW）}$$

而采用多种预测方法和高、低方案预测，比较修正后取定的预测结果为16.5万~18.2万kW，预测负荷前者比后者减少负荷32.1%~38.5%。前者预测结果偏差太大，难以置信的主要原因在于：

1）预测方法简单化，且缺乏理论基础，工业负荷与工业产值相关，而与生活用电负荷并不相关，不能用可能是某一特殊情况下的两者静态比值（譬如本例的100%），预测不相关的另一变量的动态未来变化。

2）预测方法单一，没有预测校验、比较与修正，难以衡量预测的准确性，而预测方法单一，又难以适应规划因未定因素等的可能变化的情况。

一般来说，小城镇总体规划工业用电负荷的预测，要根据历史资料收集和工业发展规划等的不同情况，选用时序预测方法、相关回归分析预测方法、弹性系数法、单位耗电指标法预测比较科学；而采用用地面积（或建筑面积）测算的不同分类用电指标预测，则更能适应城镇用地规划的各种不同变化。本例后者预测结果就是在弹性系数法、分类用电指标法、用电密度法等多种方法预测比较和考虑相关规划因素的高、低方案预测的综合比较下取定的，这样更能适应总体规划的可能变化，也为专项规划的设施规模和用地预留提供科学依据。

例二：某市城市总体规划市话需求预测方法选用分析。

市话发展历史数据见表6-1。

表6-1　某市话发展历史数据

年份	市话/万线		话机普及率/（部/人）
	容量	实占	
1978	1.966	1.411	1.25
1979	2.308	1.428	1.18
1980	2.368	1.478	1.35
1981	2.584	1.618	1.54
1982	2.784	1.797	1.72
1983	3.130	2.017	2.20
1984	3.310	2.357	2.28
1985	5.370	3.413	3.09
1986	5.960	4.328	3.88
1987	10.032	5.575	5.17

1）采用时间序列回归预测，当时预测结果见表6-2。

表6-2　时间序列回归预测结果

时间段/年	预测数学模型	1995年预测值/万线	预测检验相关系数
1978~1987	$y=0.962\times1.168^t$	$t=17$　$y=13.387$	$r=0.949$
1983~1987	$y=1.494\times1.302^t$	$t=12$　$y=35.558$	$r=0.995$

2）平均增长率法预测　经相关分析（略），取定近期平均增长率$P=22.45\%$，基年（1988年9月）实装用户数为7.1436万线，1995年预测值为：

$$y=7.1436\times(1+0.2245)^{7.35}=31.65\text{（万线）}$$

3）分类预测　分别按国家机关、人民团体、工矿企业、文教、科研、卫生、商业服务等类业务电话和住宅电话，以及公用电话的增长分类预测（详略），可得1995年预测结果为34.55万线。

经几种预测方法、方案的预测结果分析比较，取定某市1995年市话实装为31万~33万线，交换机容量为41万~44万门，话机普及率为11%~22.3%。

对上述预测方法及其结果分析可知，本例若仅采用时间序列1978~1987年时间段回归预测，得出的预测结果相差甚大。主要原因在于改革开放以前，我国大多城市市话滞后国民经济发展，不能符合市话一般发展规律，难以用统计数学方法预测，并在预测过程和预测检验中很难找到原因；采用改革开放以后的1983~1987年时间段预测，得出结果与其他几种预测方法预测结果相近。可见多种方法、多种方案预测，对于防止预测偏差，甚至失误是很重要的。

第三节　小城镇基础设施及其规划的特点

小城镇的分散性和不同地区、不同类别小城镇在区域地理位置、人口规模、自然条件、建设基础、经济发展诸方面的很大差异性，决定与上述诸因素直接相关的小城镇基础设施的分散性、区域差异性，以及小城镇基础设施的规划布局及其单项设施系统工程规划的特殊性。

1. 小城镇基础设施的分散性

由于我国小城镇分布面很广，也很分散，特别是一些分布在山区、偏远地区的小城镇，依托区域和城市基础设施的可能性很小，小城镇基础设施的分散性是小城镇基础设施规划复杂性及区别于城市基础设施规划不同的主要因素之一。

小城镇基础设施的分散性给小城镇基础设施的规划布局、基础设施的合理规模和经济运行，以及建设资金的集中、有效投资等都带来许多困难。针对小城镇基础设施分散性，以及分散独立型小城镇规划，以县（市）域城镇体系规划为基础，强化县（市）域基础设施规划对小城镇基础设施的指导作用显得尤为重要。

2. 小城镇基础设施的明显区域差异性

小城镇基础设施的明显区域差异性主要包括小城镇基础设施现状和建设基础的差异，相关资源和需求的差异，设施布局和系统规划差异以及规模大小和经济运行的差异。

小城镇基础设施的区域差异性也是小城镇基础设施规划复杂性及与城市基础设施规划较大不同的主要因素之一。

小城镇基础设施的上述差异性要求小城镇基础设施规划，应按不同地区、不同类别、不同规模、不同发展时期的不同合理水平和定量化指标，结合小城镇实际选择和确定不同的规划标准。同时，还要求小城镇基础设施建设应因地制宜选择和确定相应的经济适用技术。

3. 小城镇基础设施的规划布局及其系统工程规划的特殊性

我国小城镇基础设施的规划布局及其单项设施的系统工程规划，就规划整体与方法而言，与城市基础设施的规划布局及其系统工程规划有较大不同。前者因不同分布、形态小城镇，有多种不同的规划布局与方法，若采用单一的规划布局和单一、单独的规划方法，则小城镇基础设施配置不但投资、运行很不经济，而且资源也会造成很大浪费。前者的一些单项设施系统也因其小城镇的不同分布、形态而异。小城镇单项基础设施工程不一定是一个完整

的系统，对于较集中分布的小城镇，一个小城镇单项基础设施往往是一个较大区域单项基础设施系统的组成部分，而不是一个完整的单项设施系统。如上述一个小城镇的给水设施，需要配置往往只是配水厂以下系统设施，而配水厂以上的给水设施则是在一个相邻区域范围统筹规划布局的共享设施。与前者不同，后者单项基础设施系统多为一个完整的组成系统，除区域大型电厂等重大基础设施在区域统筹规划布局外，主要系统设施多在城市规划区范围布局、配置。

4. 小城镇基础设施的规划建设超前性

城镇建设，基础设施先行。小城镇基础设施作为小城镇生存与发展必须具备的基本要素，无可置疑，在小城镇经济、社会发展中起着至关重要的作用。小城镇基础设施建设是小城镇社会经济发展的前提和基础。作为前提和基础，小城镇基础设施建设必须超前其社会经济的发展。

小城镇基础设施规划应结合小城镇实际并且考虑基础设施的超前发展，在需求预测上选择合理的超前系统数，在规划建设上选择合理的水平，同时积极采用新技术、新工艺、新方法。

对于超常规发展的小城镇，更应重视小城镇基础设施更高的超前要求；对于目前基础设施建设和经济建设十分落后的小城镇，小城镇基础设施规划应充分考虑小城镇中、远期规划其经济社会发展变化与规划建设目标对基础设施超常发展的要求。

第四节　小城镇基础设施规划的优化配置与资源共享

一、区域统筹规划与基础设施优化配置资源共享

小城镇发展及其基础设施优化配置、资源共享都应考虑区域统筹规划。通过区域统筹规划优化基础设施布局与配置，协调和达到基础设施资源共享，更好发挥基础设施对小城镇发展的促进作用。

上述结合区域、区位研究，可从以下三方面探讨：

1. 基础设施优化配置应考虑最佳的区域共享范围

由于小城镇及基础设施都离不开区域的概念，反映在小城镇区域空间结构上的区域交通等基础设施及其相关的区位、地理和历史条件在小城镇经济发展中起重要作用；而每一小城镇都拥有各自的腹地和经济辐射面，小城镇发展的集聚和扩散活动不但与其镇域范围有关，而且也与临近城镇一个更大的区域范围密切相关，县城镇与县市域范围小城镇，中心镇与以其为中心的一定区域范围小城镇均密切相关。这就要求为其服务和促进其发展的基础设施要有最佳的区域共享范围，并结合最佳的区域共享范围考虑优化配置。

2. 城镇区域基础设施网络本身要求区域统筹规划合理布局

交通、通信、供水、供电等区域基础设施的合理布局和建设，形成城镇发展联系的经济与基础设施的轴线、走廊与网络。正是因为世界上城镇间的集聚和扩散活动总是通过其间的交通、通信、供水、供电等联系的基础设施网络进行，依据城市间的交通、通信、供水、供电等联系勾画出城市间的网络线，按其重要程度划分节点和连线，分析城市间通过网络的集聚与扩散作用的网络法是城市地理的经典研究方法之一。而上述城镇间的区域基础设施网络，本身要求在相关城镇的大区域范围统筹规划、合理布局。

3. 统筹规划、优化配置、联合建设、资源共享是小城镇基础设施规划建设的一条重要原则

国家小城镇重点研究课题《小城镇规划标准研究》提出，小城镇基础设施区域统筹规划及其优化配置与联建共享是小城镇规划建设重要原则。

大量调查研究和实践证明，这是克服目前小城镇基础设施滞后，不配套，规模小，运行成本高，效益低，资源浪费，重复建设等弊病，有利经营管理、资源共享、降低运行成本和生态环境保护的一条重要规划原则。

以小城镇给水、排水主要工程设施为例，浙江省湖州市23个建制镇原来有20多个镇级自来水厂规模都较小，其中最小仅0.2万m^3/d，运行成本高、效益低，而水源也难以保护。而在市域范围城镇体系基础设施区域统筹规划优化基础上，只需建7个区域水厂，其余水厂均改成配水厂；排水工程规划各小城镇单独考虑污水处理，需建污水处理厂27个，且每个规模小，最小仅0.3万m^3/d，而统筹规划的区域污水处理厂仅需7个。由于小城镇区域基础设施规划科学、布局合理，不但做到优化配置，资源共享，投资和经营效益高，而且便于采用先进技术，提高基础设施水平，有利于经营管理，有利于与城市基础设施并网、接轨，同时避免重复建设，减小资源、资金浪费，有利于生态环境保护和可持续发展。

以电源电厂规划建设为例，改革开放后20世纪80年代末、90年代初，珠江三角洲城镇密集区经济发展很快，乡镇企业蓬勃发展，电力供应紧张，由于缺乏区域统筹规划，不但每个城市都规划建设大电厂，而且每个镇、很多乡镇企业也都自建、自备小型电厂，包括许多柴油发电机自备电源。结果不但资源浪费，成本高，效益、效率低，而且更严重的是带来整个地区大气污染，造成这一地区酸雨十分严重。20世纪90年代中期广东加强区域基础设施统筹规划和区域整治、协调，电源建设严格审批、优化布局、合理配置、集中建设、区域共享，开始步入有序规划建设轨道，城镇环境污染得到有效控制，不但经济效益、社会效益、环境效益明显提高，而且确保基础设施和城镇建设的可持续发展。

二、统筹规划的相关区域范围

小城镇基础设施统筹规划的区域规划范围与小城镇的空间分布、空间形态密切相关；也和为城市与小城镇，小城镇与小城镇，小城镇与集镇、村庄之间经济集聚、扩散、辐射服务的区域基础设施系统与网络密切相关；同时也与基础设施不同专项的特点和要求有关。

1. “近郊紧临型”小城镇基础设施统筹规划的区域范围

紧临大中城市中心城，位于大中城市规划区范围内的城市近郊小城镇，其发展依托城市基础设施，依托的城市基础设施条件较好，且小城镇基础设施本身是城市基础设施的组成部分，并在城市总体规划中一并考虑。其统筹规划区域范围即城市规划区范围。但其以下规划区内的工程基础设施应依据相关区域规划和城市总体规划，在相关区域规划范围中协调和统筹规划。

1）涉及的城市对外交通，机场、铁路、高速公路与其他过境交通。

2）涉及的大区电力系统的大型电站、500kV变电站、220kV变电站。

3）涉及的城市间长途通信干线，包括光缆与微波通信干线。

4）涉及的流域水资源城市规划区外供水水源及输水干管。

5）涉及的西气东输等天然气长输高压管道。

6）涉及的相关流域防洪设施。

2. “远郊、密集分布型”小城镇基础设施统筹规划的区域范围

这类小城镇基础设施统筹规划的区域范围讨论，包括空间分布形态划分的“密集型”和“线轴型”两类小城镇。

这类小城镇多处在距中心城相对较近，沿主要交通干线等较集中分布的城镇密集群之中，区域基础设施现状与规划联建共享条件较好，并在区域城镇群经济社会发展中起着重要作用。因为是较大区域和地区的经济发达、较发达城镇密集区、核心区，其区域基础设施规模较大、技术较先进，发展要求较高，因此，城镇基础设施区域统筹规划更有必要。其统筹规划的区域范围应按以下原则考虑：

（1）涉及以下较大规模共享基础设施统筹规划的区域范围为相关城镇群所属大中城市的行政区市域范围，并在市域城镇体系基础设施规划中统筹规划。

1）涉及市域城镇体系规划主要道路交通的小城镇对外交通，包括公路、铁路、水路、机场、港口。

2）涉及市域城镇体系规划基础设施规划的220kV以上变电站、电源电站（水、火电厂等）、220kV以上高压电力线路走廊。

3）涉及市域城镇体系规划基础设施规划的城镇间长途通信干线，包括光缆与微波通信干线。

4）涉及市域城镇体系规划基础设施规划的水源保护地、较大规模自来水厂。

5）涉及市域城镇体系基础设施规划较大规模污水处理厂、垃圾卫生填埋场或其他垃圾处理站。

6）涉及西气东输等的区域天然气长输高压管道。

7）涉及市域城镇体系规划的防洪设施。

上述基础设施当涉及跨行政区域的相关城镇群时，其统筹规划范围应为划定跨行政区域的相关城镇群规划区范围。

（2）涉及以下较小规模共享基础设施统筹规划的区域范围为相关城镇群所在中小城市行政区域或划定其中的相关区域范围，并在上述的区域城镇体系规划或在区域规划中统筹规划。

1）上一层次相关规划指导下的镇际道路交通。

2）上一层次相关规划指导下的110kV变电站、35kV变电站、35～110kV高压电力线路。

3）10万m^3/d供水规模以下的水厂及输水管道。

4）10万m^3/d处理水量以下规模的污水处理厂。

5）较小规模热电厂。

6）相关城镇群防洪设施及其他防灾设施。

7）较小规模垃圾卫生填埋场。

3. “独立、分散型”小城镇基础设施统筹规划的区域范围

这类小城镇因距大中城市中心城距离较远，又无连片发展可能，一般多为不在密集城镇群中的县（市）域城镇体系的小城镇，部分为偏远、边远小城镇。其基础设施统筹规划的区域范围应按以下原则考虑：

（1）涉及以下共享基础设施的统筹规划区域范围为县（市）行政区域规划范围，并在县（市）域城镇体系规划中统筹规划。

1）镇际道路交通，包括公路、水路。

2）涉及电力系统供电的35～110kV变电站，经技术经济方案比较和项目可行性论证并

审批的电源电站、35～110kV 高压电力线路走廊。

3）镇际通信线路。

4）10 万 m^3/d 供水规模以下的水厂及输水管道。

5）10 万 m^3/d 处理水量以下规模的污水处理厂。

6）相关防洪设施、消防设施。

7）较小规模的垃圾卫生填埋场。

（2）涉及以下较大区域相关的基础设施统筹规划区域范围，宜为上一级所属行政地区或跨行政地区城镇体系规划划定范围。

1）过境道路交通，包括铁路、高速公路、省道。

2）电力系统 220kV 变电站及其高压电力线路、大中型水电站。

3）过境城镇长途通信干线，包括光缆与微波干线。

4）涉及外供水源保护地。

5）涉及西气东输等的天然气长输高压管道。

6）涉及的流域防洪设施。

三、统筹规划的适宜共享范围

小城镇基础设施统筹规划的适宜共享范围有与其统筹规划区域范围相同的范围，而就空间不同分布形态小城镇基础设施共享而言，应主要考虑基础设施的不同专项特点和要求，共享的具体范围按规划范围的专项需求，在专项统筹规划设施布局与服务范围优化的基础上，根据基础设施项目技术要求，经技术经济论证确定。此外，从基础设施的配备经济和经营运作合理的角度分析，小城镇基础设施配备与共享本身也有一个合适规模的要求。

表 6-3 为小城镇与涉及小城镇的基础设施统筹规划资源共享范围。

表 6-3　小城镇与涉及小城镇的基础设施统筹规划资源共享范围

<table>
<tr><th colspan="2">基础设施</th><th colspan="3">统筹规划的可共享范围</th></tr>
<tr><th>分类</th><th>专项</th><th>近郊紧临型小城镇</th><th>远郊、密集分布型（密集型、线轴型）小城镇</th><th>独立、分散型小城镇</th></tr>
<tr><td rowspan="2">道路交通系统工程</td><td>区域交通干线、综合交通走廊</td><td>以中心城区为核心的城镇核心区域、密集区域</td><td>含小城镇的城镇密集区域、核心区域</td><td></td></tr>
<tr><td>县城镇际交通</td><td></td><td></td><td>县（市）域</td></tr>
<tr><td rowspan="3">电力系统工程</td><td>区域电力系统、区域大型电厂、500kV 变电站</td><td>以中心城区为核心的城镇核心区域、密集区域、大中城市市域</td><td>含小城镇的城镇密集区域、核心区域、大中城市市域</td><td>区域电力系统供电范围的县（市）域</td></tr>
<tr><td>25 万 kW 以下中、小型电厂、220kV 变电站</td><td>城市规划区</td><td>城镇群的相邻镇、较大负荷的县城镇、中心镇、大型一般镇</td><td>县（市）域中的一定区域范围、较大负荷的县城镇、中心镇和大型一般镇</td></tr>
<tr><td>35～110kV 变电站、小型水电站</td><td></td><td></td><td>镇域</td></tr>
<tr><td rowspan="2">通信系统工程</td><td>城市间骨干传输网（含光缆、微波等骨干传输网）</td><td>以中心城区为核心的城镇核心区域、密集区域</td><td>含小城镇的城镇密集区域、核心区域、大中城市市域</td><td>大、中城市本地网的县（市）域</td></tr>
<tr><td>本地网</td><td>大、中城市规划区及其行政区域</td><td>大、中城市行政区域</td><td>大、中城市本地网的县（市）域</td></tr>
</table>

（续）

基础设施		统筹规划的可共享范围		
给水系统工程	大、中型水厂及其输水工程	城市规划区	城镇密集区域、核心区域中的水厂供水区范围	
	10 万 m^3/d 供水规模以下的小型水厂		城镇密集区域中供水规模较小的相邻镇间	独立、分散型小城镇及其镇郊
排水系统工程	大、中型污水处理厂及排水工程	城市规划区	城镇密集区域、核心区域中的污水处理厂及污水处理范围	
	10 万 m^3/d 处理水量以下规模污水处理厂及排水工程		城镇密集区域中污水处理量较小的相邻镇间	独立、分散型小城镇及其镇郊
供热系统工程	大中型热电厂及供热管网	城市规划区	距热电厂 10km 以内城镇密集区域、核心区域	
	小型热电厂及供热管网			独立、分散型小城镇及其镇郊
燃气系统工程	西气东输等的天然气长输高压管道、门站、储气站等设施	城市规划区	城镇密集区域、核心区域	天然气长输高压管道沿途县城镇、中心镇
防灾工程	流域防洪设施	流域防洪相关的城市规划区	流域防洪相关城镇密集区域、核心区域	流域防洪相关小城镇
	消防指挥中心	城市规划区	大中城市同一行政区域的城镇密集区域	同一地级行政地区的县（市）域
环境卫生工程	大中型垃圾卫生填埋场	城市规划区	工程项目相关城镇密集区域、核心区域	

四、区域统筹协调与资源共享实例分析

下面以湖州城镇群给水、排水设施统筹与共享规划为例。

湖州市城镇群包括 1 个中心城和 22 个建制镇中心城，2020 年规划人口 55 万人、用地 63.15km^2，22 个建制镇 2020 年各镇规划人口在 0.6 ~ 10.3 万人不等，用地在 0.6 ~ 10.8km^2 不等。

1. 城镇群独立、分散供水与统筹、集中供水比较

（1）供水两种规划建设方案

1）方案 1　独立、分散供水。沿用现有供水形式、各镇自成独立供水系统、每镇建水厂供水。

2）方案 2　统筹集中供水。在规划城镇群范围内选择水源等条件较好的厂址，规划建设大、中型水厂分片城镇群统一供水。

（2）方案比较

1）方案 1 的优点与缺点

① 优点：可以充分利用现状供水设施；新建、扩建供水设施的时间、规模由各城镇根据本镇情况自行决定，不存在不同行政区之间的协调；每个水厂的供水范围较小，可避免长距离的净水输送；近远期之间易于衔接。

② 缺点：水厂规模普遍偏小，单位水量投资和制水成本较高，现已存在的净水工艺落后、出水水质无保证的状况难以改变；需设 20 余个生活饮用水水源保护区，保护的点多面广难度很大。

工程总投资受水源条件的影响，如果各城镇可供水量能满足需求，取水口水质符合常规

净化对原水水质的要求，则水厂分散建设较为经济。如果上述条件不具备，则已经建成的水厂将不得不在如下两种措施中选择其一：

① 取水口外移，最终导致原输水管的投资与水厂集中建设方案的净水输水管的投资相近甚至更大，总投资较集中建设方案大。

② 在水厂内增加预处理设施或深度处理设施，根据国内已经建成投运的此类水厂工程投资和运行费资料，工程投资将比常规净化大 40% ~60%，运行费是常规净化的 3 ~5 倍，其工程投资和运行费用在湖州市区比取水口外移更不经济。

2）方案 2 的优点与缺点

① 优点：水厂规模大，单位水量工程投资较小，有条件引进先进技术设备和管理方法，保证出水水质；可根据市区水资源条件，优选水源，未来因水源污染影响正常供水的风险小；生活饮用水水源保护区数量少，易于保护。

② 缺点是：几个城镇统一供水，供水设施建设过程中资金的筹措、分摊和建成投运后输配水需多个城镇共同协调，近期实施难度大；一些城镇净水需进行长距离输送，增加输水管道投资。

经方案技术经济比较，远期规划方案 2 为好。并按此考虑相关各项设施的总体布局，以便控制好用地，保护好水源。

（3）供水设施布局规划

1）水厂布局

① 中心城区主要建设城西、城北、西塞 3 座水厂，供中心城区及周围的白雀、塘甸、环渚、八里店、道场、龙溪、杨家埠等乡镇，规划期末供水能力 58 万 t/d。原规划的小梅口水厂因水源条件差，拟由城北水厂供水，其2020 年的供水能力相应由 20 万 t 提高到23 万 t，用地按 5ha 控制。

② 东部城镇初步确定划分为 4 个供水分区，集中建设 4 座水厂。

第一供水分区：水厂在原织里水厂的基础上扩建。供织里、旧馆、轧村、漾西 4 镇及太湖、戴山乡，2020 年用水量为 7. 38 万 t，水厂供水能力按 7. 5 万 t 建设，用地 3. 5 ~3. 8ha，水源继续取自南横塘，若水质有大的变化，还可以从太湖引水。

第二供水分区：水厂新建于南浔西部东迁至马腰公路的西侧（暂称南浔第二水厂）。供南浔、东迁、马腰 3 镇及横街、三长乡，2020 年用水量为 10. 83 万 t，水厂供水能力按 11 万 t 建设，用地 4. 0 ~4. 5ha，水源就近取自白米塘。

第三供水分区：水厂新建于莫蓉乡南部（暂称莫蓉水厂）。供石淙、善琏、含山、重兆、镇西、双林、练市 7 镇及莫蓉、洪塘、花林乡，2020 年用水量为 12. 54 万 t，水厂供水能力按 13 万 t 建设，用地 4. 5 ~5. 0ha，水源取自附近河道。

第四供水分区：水厂新建于下昂镇西南部（暂塘称下昂第二水厂）。供埭溪、东林、锦山、菱湖、千金、下昂、和孚、长超 8 个镇及云巢、青山、新溪乡，2020 年用水量为 11. 45 万 t，水厂供水能力按 11. 5 万 t 建设，用地 4. 0 ~4. 5ha，水源取自东苕溪。

2）输配水工程

① 中心城区的城西水厂、城北水厂、西塞水厂直接向中心城配水，小梅口旅游度假区原水厂不再扩大净水能力，配水能力由现状的 1500t 逐步扩大到 3 万 t。

② 东部平原织里镇和下昂镇分别由织里水厂和下昂第二水厂直接配水，其余各镇原水

厂尽可能作配水厂利用。

③ 相应建设各供水分区的输水管道。为便于施工，输水管道原则上沿公路一侧布置。市区共建设输水管道为114.70km，其中城北水厂至小梅口配水厂为5.94km，东部城镇第一供水分区为16.84km，第二供水分区为9.82km，第三供水分区为33.98km，第四供水分区为48.12km。

2. 城镇群独立、分散污水处理与统筹、集中污水处理比较

（1）污水处理两种规划建设方案

1）方案1　独立分散污水处理。各镇自成独立污水分区，每镇设污水处理厂。

按方案1，规划区共需建设污水处理厂27座，其中城区5座，其余22个建制镇各1座，污水处理厂规模最大为15万t，最小为0.3万t。

2）方案2　统筹集中污水处理。综合考虑规划区城镇布局、水环境条件，以及给水工程水源地选择等因素，统筹规划污水分区与污水处理厂设置。

按方案2，规划区共需规划建设污水处理厂7座，2020年污水处理能力为74.3万t/d。

中心城区原规划的5座污水处理厂合并为2座，即小梅口污水处理厂按原规划设计规模为2万t不变，用地3ha；其余4座污水处理厂合并为1座，集中在中心城区东北部建设，其设计规模因近期中心区改造拟将原有的合流制排水系统改为分流制排水系统，由45.5万t降为39.5万t（即减去初期雨水6万t），用地20.05ha。

其余城镇分为5个污水分区，各区集中建污水处理厂1座，即：

① 第一污水分区（织里片），包括织里、旧馆、轧村、漾西4镇。2020年平均日污水量为3.87万t，加上附近的戴山、太湖乡共约4万t。污水处理量按3.8万t考虑，即处理率达到95%。污水处理厂布置在织里镇东北部，用地4.5ha。

② 第二污水分区（南浔片），包括南浔、马腰、东迁3镇。2020年平均日污水量为7.55万t（含南浔镇初期雨水），加上附近的横街乡共约7.8万t。污水处理量按7.5万t考虑，即处理率达到96%。污水处理厂布置在南浔镇东南部，用地7.5ha。

③ 第三污水分区（双林片），包括双林、镇西、重兆3镇。2020年平均日污水量为3.71万t。污水处理量按3.5万t考虑，即处理率为94%。污水处理厂布置在双林镇东部，用地4.4ha。

④ 第四污水分区（练市片），包括石淙、千金、善琏、含山、练市5镇。2020年平均日污水量为4.14万t，加上附近洪塘等乡共约4.3万t。污水处理量按4.0万t考虑，即处理率达到93%。污水处理厂布置在练市镇东部，用地4.6ha。

⑤ 第五污水分区（菱湖片），包括下昂、埭溪、东林、锦山、菱湖、和孚、长超7镇。2020年平均日污水量为8.01万t（含菱湖镇初期雨水），加上附近的新溪乡等，共约8.2万t，污水处理量按8万t考虑，即处理率达到97%。污水处理厂布置在菱湖镇北部，用地7.7ha。

污水输送有自流管道输送、明渠输送、压力管道输送3种形式。由于湖州市区具有地势低平、河湖水面纵横交错、地下水位高、淤泥层厚等不利条件，采用自流管道输送需设数十座中途提升泵站，投资和运行管理困难；明渠输送存在影响周围环境、跨越河流水面困难，汛期高水位时容易污染其他水体、渠道淤积等问题，建议主要采用压力输送方式。

市区共设污水泵站25座，其中织里片3座，南浔片2座，双林片2座，练市片5座，

菱湖片9座，中心城区4座。区域性污水管道总长125.4km。

（2）方案比较

1）工程投资和用地　分散布置工程投资为145900万元（不包括任何方案都需建设的城镇内部污水收集系统，下同），用地77.02ha。集中布置工程投资为126500万元（其中污水处理厂112600万元，管道10330万元，泵站3570万元），用地53.09ha（其中污水处理厂51.84ha，泵站1.25ha，不含管道用地）。集中布置比分散布置可节省工程投资19400万元，约节省工程投资10%；节省用地23.93ha，约节省用地30%～40%。

2）运行管理　分散布置需建27座污水处理厂，其中有16座日处理能力在1万t以下，只有2座日处理能力在10万t以上，规模普遍较小，不利于运行管理。如果管理不严，一些小型污水处理厂污染物去除率很可能达不到设计要求。此外，从目前国内一些城市污水处理厂运行情况看，许多小型污水处理厂因运行成本高而经常不正常运行，使已经建成的污水处理厂未发挥应有的作用。

集中布置方案在市区只建设7座污水处理厂，设计规模最小为2万t，最大为39.5万t，便于集中管理，并有条件引进先进技术设备和管理经验，开展综合利用，降低运行成本。

3）实施难易　分散布置方案不存在不同行政区之间的协调，在建设时间、资金筹措等方面较为灵活，便于实施。而集中布置在22个镇的5座污水系统中，每一系统都涉及多个行政区，存在大量的协调工作。

综上分析方案2在节约用地、工程投资、运行管理和采用先进技术方面具有明显的综合效益优势，同时有利于实施资源共享和污水处理的综合利用。

第五节　小城镇基础设施规划的合理水平和技术指标选用技术

一、选用小城镇基础设施规划合理水平和技术指标的相关因素

小城镇基础设施规划合理水平与定量化指标的相关因素有共同相关因素和非共同相关因素。

对小城镇水、电、通信设施来说，共同相关因素主要是小城镇性质、类型、地理区域位置、经济与社会发展、城镇建设水平、人口规模，还有小城镇居民的经济收入、生活水平。其中水、电设施的共同相关因素还有气候条件。

小城镇基础设施规划合理水平与定量化指标也与各项设施的非共同相关因素相关。对小城镇水、电、通信设施而言，非共同相关因素是指：

1）给水设施供水规模与水资源状况、居民生活习惯相关。

2）排水和污水处理系统的合理水平与环境保护要求、当地自然条件和水体条件、污水量及水质情况相关。

3）电力设施电力负荷水平与能源消费构成、节能措施等相关。

4）电信设施电话普及率与居民收入增长规律、第三产业和新部门增长发展规律相关。

5）防洪设施防洪标准除主要与洪灾类型、所处江河流域、邻近防护对象相关外，还与受灾后造成的影响、经济损失、抢险难易以及投资的可能性相关。

6）环卫设施相关生活垃圾量与当地燃料结构、消费习惯、消费结构及其变化、季节以

及地域情况相关。

由此，选择和确定小城镇基础设施合理水平和技术指标，应根据不同设施的不同特点，结合小城镇实际情况，分析共同和非共同的相关因素。

二、小城镇基础设施的规划合理水平和技术指标相关小城镇分级

笔者在负责的国家小城镇规划标准及基础设施合理水平和定量化指标研究中提出，便于小城镇基础设施规划能在一个较合适的幅度范围内结合实际条件分析对比选取定量化指标，小城镇基础设施的合理水平和定量化指标，宜分为三种经济发展不同地区、三个规模等级层次、二个规划发展阶段（规划期限）。

1）三种经济发展不同地区㊀为：经济发达地区、经济发展一般地区、经济欠发达地区。

2）三个规模等级层次分别为：一级镇、二级镇与三级镇。

① 一级镇。县驻地镇、经济发达地区3万人以上镇区人口的中心镇、经济发展一般地区2.5万人以上镇区人口的中心镇。

② 二级镇。经济发达地区一级镇外的中心镇和2.5万人以上镇区人口的一般镇、经济发展一般地区一级镇外的中心镇、2万人以上镇区人口的一般镇、经济欠发达地区1万人以上镇区人口县城镇外的其他镇。

③ 三级镇：二级镇以外的一般镇和在规划期将发展为建制镇的乡镇。

3）二个规划发展阶段（规划期限）为：近期规划发展阶段（规划年限一般为5年）；远期规划发展阶段。（规划年限一般为20年）。

我国小城镇规模普遍过小，镇区人口超过1万人的较少，多数在5000人以下。以经济发达的浙江省为例，全省建制镇中城镇人口规模在1万人以下的占80%，5000人以下的占50%。小城镇规模过小，集聚能力和辐射功能不强，基础设施也难发挥效益，严重影响小城镇健康发展，小城镇分级宜按有利于小城镇健康发展，适当迁并、调整和发展来考虑。

县驻地镇一般都有一定规模基础，又是县域经济、政治、文化中心，基础设施合理水平应以一级规模镇要求，经济发达地区和经济发展一般地区应重点抓好中心镇建设。通过调查研究和分析比较并考虑不同经济发展地区的差别，把经济发达地区镇区人口3万人以上的中心镇、经济发展一般地区镇区人口2.5万人以上的中心镇基础设施合理水平划为一级规模小城镇要求，有利于促进中心镇建设，有利于选择和扶持经济发达地区一些条件好的中心镇逐步向小城市过渡，同时也比较符合中心镇发展的实际情况。经济欠发达地区，小城镇建设基础薄弱的县抓中心镇建设实际上就是抓县城建设，因此这里一级镇不含县城镇外的中心镇。

上述小城镇分级也基于小城镇规划建设总体目标和基础设施配备经济、合理的小城镇合适规模的考虑。

㊀ 经济发达地区主要是东部沿海地区，京津唐地区，2000年现状农民人均年纯收入一般大于3300元左右，第三产业占总产值比例大于30%。

经济发展一般地区是经济发展介于经济发达地区、欠发达地区之间，主要是中、西部地区，2000年现状农民人均年纯收入一般在1800~3300元，第三产业占总产值比例约20%~30%。

经济欠发达地区主要是西部、边远地区，2000年现状农民人均年纯收入一般在1800元以下，第三产业占总产值比例小于20%。

三、基础设施配套经济合理的小城镇合适规模

国家小城镇重点研究课题《小城镇规划标准研究》与《小城镇规划标准体系》在对我国不同地区、不同类别大量有代表性、典型性小城镇相关调查研究基础上，综合分析国内外相关研究资料，提出基础设施配备经济、经营运作合理的小城镇合适规模宜在2.5~3万人以上人口规模。同时，提出小城镇基础设施选择、确定合理水平和定量化规划技术指标的适宜小城镇规模分级。

表6-4为京郊小城镇基础设施投资调查表。

表6-4　京郊小城镇基础设施投资调查表

项目 人口/人	供水			供暖			供电			供气		
	规模/（万t/年）	投资/万元	人均投资/元	规模/t	设备厂房投资/（万元）	设备厂房人均投资/（元/人）	规模/（kV·A）	投资/万元	人均投资/（元/人）	规模/m^3	投资/万元	人均投资/（元/人）
2000	19	130	650	6	170	850	24496	4574	22870	2500	660	3300
5000	47	130	260	12	270	540	34994	5717	11434	2500	800	1600
10000	95	130	130	18	410	410	43743	6352	6352	5000	960	960
20000	190	260	130	30	500	250	48604	7058	3529	5000	1410	705
30000	285	260	86.7	60	735	245	54004	7843	2614	7500	1760	587
40000	380	390	97.5	100	1400	350	60005	8560	2140	10000	2310	577
50000	475	3000	600	130	2010	402	74055	10700	2140	10000	2720	544
60000	5701	3000	500	160	2550	425	88975	12846	2141	10000	2720	453

资料来源：郑一淳，等．城郊小城镇发展研究［J］．小城镇建设：2001（4）．

分析表6-4供水、供暖、供电、供气四项公共设施调查数据，2000人时人均投资最大为27670元/人。4万人时，人均投资最少为3165元/人，3万人以后就大致在4000元左右。可见，较经济合理配备基础设施，小城镇一般应在3万人以上。总之，小城镇通过适当迁并，形成3万人及以上规模，对于小城镇基础设施经济合理配备和运行以及增强小城镇发展活力都十分必要。

第七章

小城镇公共设施及规划优化技术

PLANNING AND DESIGN OF TOWN

第一节　小城镇公共设施项目分级配置模式与规划布局优化技术

一、小城镇公共设施项目分级及配置方式

（1）小城镇公共设施分级

根据我国小城镇的特点，小城镇公共设施（含公共服务设施）一般可分为县镇级、居住小区级和住宅组群级三级。其中县镇级公共建筑主要为公共设施，居住小区级以下公共建筑主要为公共服务设施，居住小区级也有小部分公共设施。县级公共设施主要集中在县城镇，也有小部分公共设施在中心镇；县城镇、中心镇除上述县级公共设施外，还有镇级公共设施；一般镇主要是镇级公共设施。

（2）小城镇公共设施配置方式优化

小城镇公共设施、公共服务设施项目应按行政管理、教育科技、文化娱体、医疗卫生、商业金融、集市贸场、其他这七类分级配置。

小城镇公共设施、公共服务设施项目配置应结合小城镇性质、类型、规模，经济社会发展水平、居民经济收入和生活状况，风俗民情及周边条件等实际情况，按照表7-1规定，分析比较选定。

表7-1　小城镇公共设施公共服务设施配置方式

设施类别	项目名称	项目配置						配置方式与主要配置项的数量
		一级配置			二级配置		三级配置	
		县城镇	中心镇	一般镇	居住小区（Ⅰ）	居住小区（Ⅱ）	住宅组群	
1. 行政管理	县委、人大、政府、政协机关及其职能办事机构	·	·	·	—	—	—	除居委会、派出所在居住小区布置外，其余项目宜集中在行政中心布置
	县人武部、公、检、法及其派出机构	·	·	·	—	—	—	
	镇政府及其职能办事机构	·	·	·	—	—	—	
	城乡规划建设、土地行政主管部门及其派出机构	·	·	·	—	—	—	
	工商、税务管理机构	·	·	·	—	—	—	
	交通监理机构	·	○	○	—	—	—	
	*居委会	·	·	·	·	·	○	

（续）

设施类别	项目名称	项目配置						配置方式与主要配置项的数量
		一级配置			二级配置		三级配置	
		县城镇	中心镇	一般镇	居住小区（Ⅰ）	居住小区（Ⅱ）	住宅组群	
2. 教育科技	专科学校	·	○	○	—	—	—	集中与分散相结合布置 县城镇、中心镇：专科学校1～2个，高中1～3个，初中2～4个，职业中学1～2个，科技站1～2处；一般镇：高中0～1个，初中1～2个，科技站1处
	高级中学	·	·	○	—	—	—	
	初级中学	·	·	·	○	—	—	
	职业中学	·	·	○	—	—	—	
	*完全小学	·	·	·	·	○	—	
	*托儿所、幼儿园	·	·	·	·	·	○	
	科技站、信息馆（站）、培训中心、成人教育	·	○	○	○	—	—	
3. 文化娱体	电视台、转播台、差转台	·	○	—	—	—	—	集中与分散相结合布置 县城镇、中心镇：文化活动中心1处，影剧院1～2处，体育中心1个，展览馆、博物馆、广播站各1个，福利院1个，图书馆藏书15～20万册；一般镇：文化活动中心1处，影剧院1处，福利院1处，广播站1个
	广播站	·	·	·	—	—	—	
	展览馆、博物馆	·	·	○	—	—	—	
	影剧院	·	·	·	—	—	—	
	*文化活动中心	·	·	·	○	○	—	
	青少年宫	·	·	·	○	—	—	
	福利院	·	·	○	—	—	—	
	*老年活动站	·	·	·	·	·	○	
	体育场馆、体育中心	·	·	·	—	—	—	
	*儿童乐园	·	·	·	·	·	○	
4. 医疗卫生	综合医院	·	·	·	—	—	—	分散布置 县城镇、中心镇：综合医院1～2处，专科医院（诊所）1个，防疫站1个；一般镇：综合医院1个
	防疫站	·	○	○	—	—	—	
	专科医院（诊所）	·	·	○	—	—	—	
	卫生所	·	·	○	—	—	—	
	*保健站	·	·	○	○	○	—	
5. 商业金融	百货商场	·	·	·	—	—	—	
	购物中心	·	·	○	—	—	—	
	商城、商业街	·	·	·	—	—	—	
	银行、信用社	·	·	·	—	—	—	
	保险公司	·	·	○	—	—	—	
	证券公司	·	○	○	—	—	—	
	供销社	·	·	·	—	—	—	
	宾馆	·	·	○	—	—	—	

（续）

设施类别	项目名称	项目配置						配置方式与主要配置项的数量
		一级配置			二级配置		三级配置	
		县城镇	中心镇	一般镇	居住小区（Ⅰ）	居住小区（Ⅱ）	住宅组群	
5. 商业金融	招待所	·	·	·	—	—	—	除小区与住宅组群布置公共服务设施外，其他宜集中布置于中心区商业中心 县城镇、中心镇：百货商场1处，购物中心1处，供销总社1处（县城镇），银行、信用社3～4处； 一般镇：百货商场1处，供销社1处，银行、信用社1～2处
	*超市	·	·	○	○	○	—	
	*粮油副食店	·	·	·	○	○	○	
	*日杂用品店	·	·	·	○	○	—	
	*餐馆/茶馆	·	·	·	○	○	—	
	酒吧/咖啡座	·	○	○	—	—	—	
	*照相馆	·	·	·	○	○	—	
	*美发美容店	·	·	·	○	○	—	
	*浴室	·	·	·	○	○	—	
	*洗染店	○	○	○	○	○	—	
	*液化石油气站、煤场	·	·	○	○	○	—	
	*综合修理服务	·	·	·	○	○	—	
	*旧、废品收购站	·	·	·	○	○	—	
6. 集市贸易	小商品批发市场	·	·	·	—	—	—	集中与分散相结合布置
	产业批发市场	·	·	·	—	—	—	
	*禽、畜、水产市场	·	·	·	○	○	—	
	*蔬菜、副食市场	·	·	·	○	○	—	
	各种土特产市场	·	·	○	—	—	—	
7. 其他	汽车站、汽车保养	·	·	○	—	—	—	集中与分散相结合布置
	公交始末站	·	·	·	—	—	—	
	出租汽车站	·	·	○	—	—	—	
	公共停车场库	·	·	○	○	—	—	
	消防站	·	·	○	○	○	—	
	*市政公用设施	·	·	·	·	○	○	
	*公共厕所	·	·	·	·	·	·	
	殡仪馆/火葬场	·	○	—	—	—	—	

注：1. 表中“·”表示必需设置；“○”表示可能设置；“—”表示不设置；“*”表示该项可为小区和住宅组群的公共服务设施。

2. 表中居住小区Ⅰ级及Ⅱ级的划分按表7-2规定。

3. 表列7类公设项目视不同小城镇具体情况可予适当增减或变更。

4. 表中未列作为公共服务设施服务于住宅区并在其中配置的市政公用设施，包括10kV变电站、集中供热锅炉房、燃气调压站、垃圾转运站等。其中集中供热锅炉房是对供热区小城镇而言，镇级市政公用设施一般为市政基础设施。

5. 表7-1中可能设置项目可结合小城镇实际适当调整。

表 7-2　小城镇居住小区和住宅组群分级及规模

分级单位	居住规模	
	人口数/人	住户数/户
居住小区Ⅰ级	8000～12000	2000～3000
居住小区Ⅱ级	5000～7000	1250～1750
住宅组群Ⅰ级	1500～2000	375～500
住宅组群Ⅱ级	1000～1400	250～350

小城镇公共设施建设项目优化配置，应同时遵循以下原则和考虑以下因素：

1）依据远期总体规划统筹安排、合理布局、预留用地的原则。

2）依据实际需求配置，并与规划期经济社会发展水平相适应的原则。

3）按其服务人口配置的原则，县、镇级公共设施配置除依据县城区、镇区服务人口外，尚应根据不同公共设施的特点，考虑县、镇域及其邻区相关辐射范围的服务人口因素。

4）通勤人口和流动人口的公共设施需求量。

5）可共享或可部分共享的相邻城镇公共设施的类型、项目和规模。

二、小城镇公共设施规划布局优化技术

小城镇公共设施规划是小城镇总体规划及中心区规划的重要组成部分。公共设施建筑布局、类型往往是体现小城镇风貌特色和人文景观的一大亮点。

小城镇公共设施规划优化主要是布局优化，并通过公共设施项目即公共建筑及功能的定位、公共建筑的群体布局方式，以及公共建筑的形态三个方面来实现。

就定位与布局优化技术而言，主要考虑以下方面：

1）小城镇公共设施应根据小城镇总体规划的空间布局结构和公共设施不同项目的使用性质，采取相对集中与适当分散相结合的方式合理布局与安排。

2）较大规模县城镇、中心镇的行政管理、商业金融、教育科技、文化体育类公共设施，应结合新区规划和旧镇改造，按其功能划分，采取同类集中或相关的多类集中布置，形成不同特色的行政中心、商业中心、科教文体中心。

3）小城镇集贸市场设施应根据小城镇产业和交易产品的不同特点，综合考虑交通、环境、景观与用地等因素合理布置，并应符合下列规定：

① 小城镇集贸市场的布局与选址应有利于人流和商品的集散，并应符合卫生、安全防护的要求；

② 集贸市场不应以路为市，以街为市，应在建筑内布置；

③ 服务于辐射范围较大的定集的集贸市场应考虑大集时备用临时场地、非集时场地和设施的综合利用；

4）小城镇公共设施建筑群体布局、单体选址和规划建设应满足防灾、救灾的要求，有利人员疏散；

5）小城镇居住小区和住宅组群配建的公共服务设施应综合考虑相关小城镇住区布局结构及其人口分布、人口密度，并应满足不同设施服务半径的要求。

就公共建筑的空间形态考虑公共设施布局优化主要在以下方面：

1）小城镇公共设施建筑空间布局形态应突出时代性、特色性、显现性，并符合保护自

然之美、注重乡土特色与强调以人为本，以及坚持形成特色的原则要求。

2）小城镇公共设施建筑规划建设应结合城市设计与景观风貌规划，突出地标、节点、路径、区域、边界。

第二节　公共设施集中的小城镇中心区城市设计技术

一、小城镇中心区及其分类、实体建筑与开放空间

（1）小城镇中心区

小城镇中心区是小城镇中镇级主要公共设施集中，人群流动较多的公共活动地段，是指服务于小城镇及其辐射区域的综合功能聚集区，综合功能主要包括行政、商业、金融、文化，也包括教育、体育、医疗卫生。从布局形态上来说，小城镇中心区一般为以单核为主的核心型集中式布局，在形态特征上有十字型、一字型和枝状型。小城镇中心区是小城镇规划构图的核心。

因此，小城镇中心区一般既是行政中心，又是商业中心、文体中心和信息中心，而对于历史文化名镇，其中心区可能是以古镇区或历史街区为主的历史文化及旅游中心。

（2）中心区分类

1）按布局形态特征分类

① 十字型。以河道或道路交叉口为中心区展开，前者多见于江南水乡的传统小城镇，后者则在现代许多沿路发展起来的新建小城镇中时有表现，其基本特征都为依附交通而出现并发展，由贸易而成为中心区（图7-1）。

② 一字型。与十字型的产生及特征基本相同，当骨干道路交通量很少或无机动车辆时较为合适，同时要求规模较小，控制在一定的长度内。一字型还分为单侧和双侧两种，单侧发展受道路条件影响较小，而双侧则较大（图7-2）。

③ 枝状型。沿主干线由多枝分叉伸展，呈鱼骨状。空间丰富、多层次，一般在较大规模的小城镇中心区才采用（图7-3）。

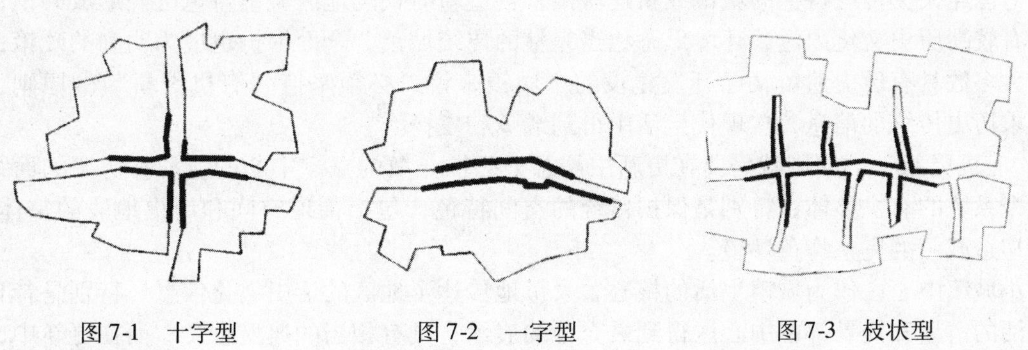

图7-1　十字型　　图7-2　一字型　　图7-3　枝状型

2）按功能分类

① 综合性中心区。以政府机关为主体形成的中心区，具有对称、严肃、气派的特征，一般适合于规模较大的建制镇。

② 文化性中心区。以文化建筑（如影剧院、文化中心区等）为主体形成的中心区，具

有一定的文化气息，有时附有市民广场。

③ 商业性中心区。以集中的商业、娱乐建筑为主体形成的中心区，具有热闹、自由的特征。

④ 交通性中心区。以汽车站、码头为主体形成的中心区，具有空间开敞、交通发达、来往人员多的特征。

⑤ 传统性中心区。以传统建筑（如老街、寺庙、园林等）或仿古建筑为主体形成的中心区，具有中国传统乡镇空间特征。

⑥ 旅游性中心区。在一些以旅游产业为主的小城镇，可能构成双中心区，其中在古镇区或风景名胜区是以旅游服务为主的旅游性中心区，以特色商品和特色服务为主。如昆山市周庄镇在全功路以北的新镇区有镇级综合中心区，古镇区内中市街、北市街、后港街等则构成了另一旅游性中心区。

（3）中心区实体建筑

小城镇中心区实体建筑应包括行政及经济管理中心，商业服务中心，文、体、教、卫公共设施，住宅、邮电、信息、对外交通枢纽、宗教建筑、商务建筑。

（4）中心区开放空间及空间环境要素

小城镇中心区的开放空间应包括步行道路、硬质广场、休闲绿地、水面和路灯、指示牌、广告牌等城市家具和相应的服务设施。

小城镇空间环境要素应包括自然地形、山形、树木、道路、建筑、小品及各项基础设施。

二、小城镇中心区城市设计理论与技术方法㊀

（1）中心区的历史文化传承及城市肌理

小城镇中心区拥有的宜人、方便的传统商业空间模式不仅为民喜闻乐见，而且也为现代小城镇中心区公共空间形态提供了极好蓝本，而一批历史文化名镇更以其完整保留的历史文化价值，堪称社会发展的历史活化石。

我国多数小城镇传统环境形态都受到不同程度破坏，就总体而言，除全面保护少数历史文化名镇外，多数小城镇面临保护与发展、继承与创新问题。

对已经失去传统特色的城镇或新建城镇，创造新时代的地区城镇特色已经形成共识；对于具有较高历史文化内涵、环境形态相当完整的传统城镇，全面保护也成为明确的政策；而对绝大多数具有历史遗留又已开发建设的小城镇来说，必须坚持“有机更新”的原则，努力寻求历史传统的信息，在现代生活中得到继承和发扬。

“有机更新”的原则就是要在更新中注意把已被分散的点、中断的线和不协调的面组织成一个系统的有机整体，特别是保护传统的空间特色，包括街道空间和历史地段的整体性，进而塑造城镇的完整特色环境。

小城镇中心区作为城镇生活的核心，大量地传达了地区的历史文化信息，特别是昔日街市生活的情趣和场景都在中心区得到最充分的展示，具有相当的典型意义。而在更新中，由于土地的高附加值和保护与生活的矛盾不如旧街坊内部改造那样突出，有机更新的实施较为实际可行。具体来看，有机更新包括以下各方面：

㊀ 选自小城镇相关技术标准研究的公共设施标准专题研究。

1）认知和“有机更新”　“有机更新”是建立在认知基础上的策略，通过对特定城镇中心区这一客体建立主观角度的认识，进而展开设计活动，认知综合了社会、经济和人文各个方面，是一种整体城镇意象。大至对地区文化的把握，小至对每一建筑物细部的理解，甚至一草一木、残砖断瓦，而获得的应是各部分形象和内容的整合，物质和精神的整合，由此展开的城市设计才能把握整体空间形态的持续意义。

认知是心理学所研究的重要概念，认知是信息加工过程和心理上的符号处理，认知是思维和相关活动下的问题解决，包括感觉、知觉、记忆、判断、思维、想象等。对传统城镇中心区的认知是一个分析加整合的过程，只有建立了充分的认识，有机更新才有了方向。因此，也可以说，认知是有机更新的基础组成部分。

2）保护和“有机更新”　对所有物质环境而言，更新是绝对的，除了文物以外，就是全面保护的小城镇也必然或早或晚面临更新的要求。小城镇中心区不可能保持特定历史时期空间形态的恒定，而只能在生活的延续中发展。但更新也离不开保护，保护是有机更新的重要组成部分。小城镇中心区的有机更新中的保护主要分为三个层次，在低层次上需保护历史建筑的单体和群落；在中间层次上保护传统空间特色和环境特色；在高层次上则要保护这种物质环境中所隐含的文化特质和生活情趣，使三个层次的保护构成一个整体而融入有机更新的原则之中，这样的有机更新才是完整的。

当然，保护和更新总是一对矛盾，除了在专业上的协调外，更需要社会政策和经济政策的支持和导向，使之获得广泛的认同，重新获得现实价值和研究价值兼具的目的，使永恒价值融入时代价值之中。

3）创新和“有机更新”　除了保护以外，大量的小城镇中心区面临的主要工作是改造和发展，而有机更新原则指导下的创新应针对不同小城镇中心区的现状区别实施，总体表现为在吸收传统空间布局手法、自然环境认识、社会文化影响等方面的基础上，注重现代技术材料的运用和现代生活要求的适合，使小城镇中心区出现适度的变异、有机的更新。

创新离不开特色的保持，因而特定地区的城镇中心区的主要构成要素应当在创作中继承得到强化，而对传统继承的程度则可通过对对象城镇中心区的认知而得到度量，从而赋予各城镇中心区不同的新时代风貌。

城市和建筑都从属于“开放性”文化，通过吸收而得到进步。因此，小城镇中心区的有机更新应当在创新中更加重视与开放的工业社会的联系，更加重视与自然环境和人工环境的和谐，更加重视技术的进步和新经济价值观，在尊重地区文化演进的基础上，发掘创新，不断追求。

创新具有很高的要求，在无法反复论证的时候和敏感的场所，更新慎言创新。

“有机更新”不但针对传统小城镇中心区，也通过“有机更新”而适合于新建小城镇中心区，这是每个小城镇中心区地域文化坐标系中找到正确定位的理想道路。审慎的“有机更新”是建立新的“有机秩序”的保证。

（2）小城镇中心区建筑形态及组合

1）小城镇中心区建筑形态　建筑作为城镇中的最小的单元构成，对于城镇机体量变累积过程和最终的质变都起着重要的作用，应用“城市中的建筑”观点来提升对建筑的理解，从而完成对整个建筑概念的转换。小城镇空间环境中的建筑形态与气候、日照、风向、地形地貌、开放空间都有着密切关系，具有支持小城镇运转的功能，具有表达特定环境和历史文化特点的美学含义，与人们的社会和生活活动行为相关，与环境一样，具有文化的延续性和空间关系的相对稳定性。

2）小城镇中心区建筑形态及其组合对城市设计提出的要求　小城镇中各种建筑物的体量、尺度、比例、空间、功能、造型、用色、材质等对城镇具有极其重要的影响。建筑师极富创造力的建筑设计可以成为城镇空间环境中的一个亮点，给人一种耳目一新的感受，带来视觉冲击。但是，种种独特的建筑物集中在一起的时候，难免会带来一种杂乱无章、毫无特色的无所适从感。如同在一个乐队中，任何一个乐器演奏者都是很出色的表演家，可是将所有表演家融合在同一环境中的时候，就需要有一个指挥家来进行总的协调，这个过程中也许忽略了很多单独乐器的亮点，但乐队整体表演出来效果将远远大于单独乐器表演效果的叠加。

同样的，城市设计在控制小城镇建筑空间环境中也是起到了一个乐队指挥家的作用，它考虑的是建筑形态和组合的整体性，对建筑设计提供了一定客观控制，具体内容包括建筑体量、高度、外观、色彩、风格、物质、容积率、沿街后退等，城市设计可以明确鼓励建筑怎么设计，不怎么设计以及反对什么。通过整合设计，不仅具有单体建筑形态的科学性，同时也形成建筑组合体宏观整体效果，从而更好地构建城镇风貌，整体性能更好地延续下去，组成一种有机生长的小城镇。

3）小城镇中心区建筑形态及组合　落实在小城镇建设中，中心区建筑形态及其组合更具有现实性和明确性，考虑到小城镇的特色，建筑形态设计应该把握以下原则：

① 保护自然之美。小城镇不同于大中城市。小城镇建筑形态是否具有特色，就看是否在城市设计上充分利用了自然之美。自然之美是每一个小城镇都可以找到的。

小城镇建筑形态之间借助和发扬自然之美，就是不要一味堆砌水泥，不要盲目建设人造景点，而要多利用本镇周围已经拥有的自然风光、自然景点，与周围的乡村大环境相协调。对大自然的一草一木要爱护、保留、培植。其实，自然风光要比人造景观宝贵和优美得多。

② 注重乡土特色。小城镇毕竟不同于大中城市，其建筑形态应保留乡土气息。这就是扬长避短，展美藏拙。要注意营造小城镇周围乡村大环境的自然之美，注意对独有的点景、构筑物的保留：对建筑物内部改造也是要把握好突出特色的要求，做好特色风貌与时代发展的融合。

③ 强调“以人为本”。“以人为本”应放在重要位置。设计任何一个小城镇，都应把人的需要放在第一位，避免本末倒置。这里的“人”，主要指本镇居民，包括本镇的常住人口和流动人口，当然也包括外来打工者。本镇居民是城镇的主人，优美的小城镇空间环境可以让本镇居民实实在在享受到。

④ 坚持形成特色。小城镇单体或整体的建筑形态，都可以采用比较灵活的形式，逐步形成。小城镇的建筑形态，有其自身的价值。我们应该认识到，小城镇的建筑形态改造，可以在总体城市设计的指导下，逐步实施，城市设计可以引导城市建设科学地、合理地展开。

（3）小城镇中心区路网设计与交通流线

小城镇中心区在交通组织上，比城市的复杂交通问题要简单得多，但仍需着力贯彻以人为本的基本思想和为公共空间组织创造有利条件这一原则。

小城镇中心区的交通组织，主要通过交通现状调查以确定交通组织的基本形式，并密切配合中心区的功能区划和使用。

1）交通调查　交通现状调查一般在总的设计调查中已进行，专项交通调查主要针对中心区的交通量和居民出行等状况作进一步的了解，侧重于道路设施质量、使用强度及居民往返中心区的交通手段等。从现状调查中分析现状矛盾，提出具体解决方案和手段，包括改造或改变道路性质的可能性，为中心区城市设计的总体构思提供交通可行性的保证。同时，调查现状还需要和交通量预测及交通发展方向相结合，从而最终确定中心区的交通组织形式。

2）设计与组织　小城镇中心区的交通现状普遍采用混合式，特别是发展历史不长的小城镇更是沿过境公路来发展中心区的。当然，也有许多江南古镇由于历史形成的中心区街尺度小，无法提供机动车运行，而保持了分离式的特点。因此，对大多数小城镇中心区的交通组织来说，首先要绝对避免过境交通和主干道交通的干扰，但又要兼顾联系方便，一般这一工作已由总体规划完成，城市设计所注重的主要是中心区内部交通的模式，包括人行、机动车客运和货运的相互关系。其次从已有经验来看，步行是中心区商业区的首选交通方式，采用平面分离使车、人完全分开，有利于购物环境的舒适性和方便性的结合，而对中心区的其他内容构成需结合实际进行设计，对用于行政、商务、文体的建筑则都需保证有一面与机动车道直接连接，这样更为合理，可提高使用效率。小城镇中心区的规模容量决定了步行交通系统可成为中心区的主要交通，而步行系统的空间组织也正是城市设计所注意的重要方面，城市设计通过步行系统的定位、必要的辅助道路、接近的停车场地及相应的休息服务设施和绿色环境来整体创造中心区宜人的特色活动空间环境。

中心区的交通组织也应当与中心区各构成内容的布局形态相配合，针对小城镇人口规模在将来的普遍提升，布局上形成街区需要一定的进深度，可通过有计划的、外围向纵深发展的次序，适应各阶段的需要，同时又保证交通模式的完整性及空间分区分期的完整性。如图7-4所示为分离式交通系统组织的理想模式。

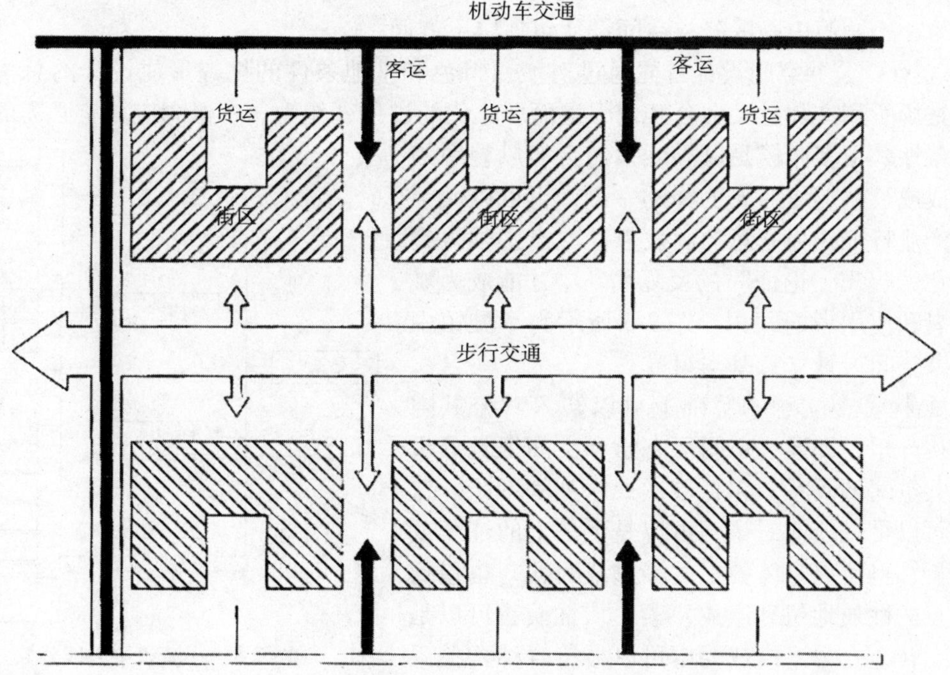

图7-4　分离式交通系统组织的理想模式

小城镇中心区交通设计的核心是步行系统的综合设计，城市设计需要深入到整个公共空间和界面、铺装、绿地、设施等多种要素的设计。步行系统本身尚需满足消防和无障碍设计的要求。

3）中心区开放空间设计　小城镇中心区的开放空间主要由步行道路、硬质广场、休闲绿地、路灯、指路牌、广告牌等城市家具和相应的服务设施所组成。开放空间也是组织建筑群的结构核心，中心区人流的集散地。这类空间以步行作为交通方式，界面清晰，与生态景观相联系，满足人们的行为要求，集中了中心区的特色，是中心区的核心活动空间。

人们在中心区活动的一次性延续时间，一般在一两个小时，有的可长达三小时以上，因而在公共中心区设置较完善的服务性设施和可休息的空间是非常必要的。

小城镇中心区的基本服务设施包括停车场地、存物处、公共电话、公共厕所和资讯设备。

① 停车场地。在规划设计自行车停车场地时要适当留出场地作备用的机动车停车场，尤其在经济发达地区，今后用作城乡间交通工具的摩托车、私人小汽车数量将会有较大的增长，近期这些备用发展地可安排广场绿地。

② 存物处。供携带物品后，活动不方便的人存放。

③ 公共电话。便于人们相互交流信息、及时联系。

④ 公共厕所。小城镇中心区，应有较高标准的公厕，做到清洁、卫生，提高城镇中心区环境的卫生水平。

⑤ 资讯设备。资讯设备包括各种指路牌、地图等，要求位置合适，表达清晰。

4）中心区公共空间设计　小城镇中心区公共空间从其形态看主要有线状和点状两种，从设计类型看主要包括街、景观带（如河道、绿带等）、广场类及桥、河埠等特色空间以及组织关系。小城镇中心区公共空间设计包括以下方面：

① 立意。公共空间设计首先通过对城镇特色和基地条件的把握形成设计的总构思。这一概念是场所和文脉意义融合其他因素而形象化的过程，作为一个概念应具有必需的特色性和可形象性。很多时候是以小城镇的自然风貌中的主要构成或长期形成的人工物的一种，也可以城镇性质或产业特征作为立意的出发点。立意必须得到验证，在“提出—论证”的反复循环中才能成为城市设计者和使用者的共识。图 7-5 所示为小城镇中心区公共空间设计立意基本组成。

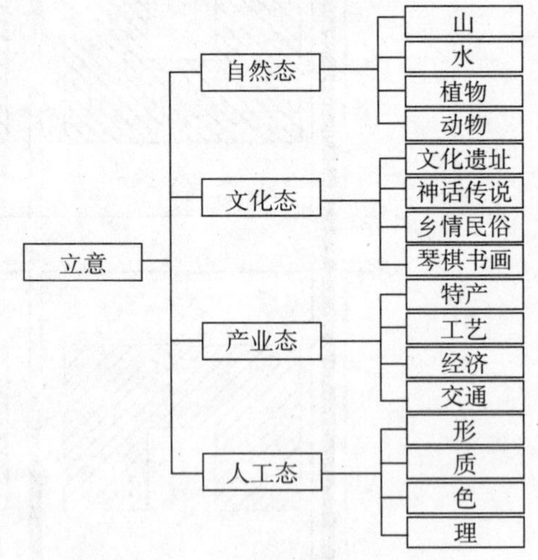

图 7-5　小城镇中心区公共空间设计立意基本组成

② 结构。在立意的基础上可以转入对公共空间的结构分析，即通过空间形态学和空间视觉分析建立公共空间的关系，包括层次、序列和网络。这种关系可以是轴线或对景，可以是手法上的连续或断裂转折，也可以是体验上的渐进或对比，也包括每个节点的性质地位和组成要素。从性质看可以是起、承、转、合等。组成要素可以最符合结构关系原则的一切自然或人工景观来确定。结构界定了使用对公共空间的体验，可以是街、路，更重要的是

视觉或其他感官体验的过程线，成了公共空间的基准线，这是空间与行为的主要联系关系。结构的确定过去是一种设计者个人的经验体验，而现在则通过使用者感受而具有更多的实证性，也通过动画和虚拟现实而具有更多的真实性。

图7-6所示为小城镇中心区公共空间组织的结构模式。

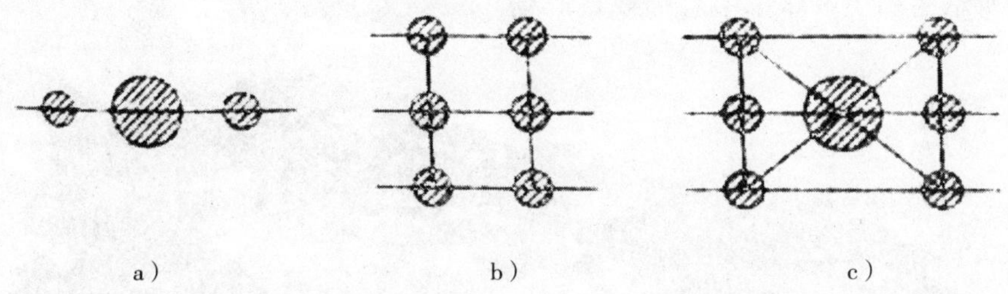

图7-6　小城镇中心区公共空间组织的结构模式

a）串联　b）并联　c）网络

③ 类型。在结构形成的过程中，每个节点或线都凸现出来，围绕着构思和结构中的位置被确定各自的形态、尺度和主题。特色同样是每个节点空间必备的性质，其中高潮性的主题节点空间更应完整地表现构思概念。在中国传统小城镇中心区的空间形态中，街市和封闭形态较为发达，而大型节点如广场类则相对稀少，节点主要集中在桥头、码头、水埠等少量类型上，而随着小城镇中心区综合功能的加强，主要用于公共交往的大型节点成为必然的需要，广场成为中心区公共空间的组成部分已成事实。但是，当城市的广场风吹到小城镇时，必须掌握适度的原则。每个广场空间都有与中心区规模和使用人群匹配的问题，当然也与广场的使用性质和功能设置乃至边界尺度相关。作为小城镇中心区的广场设计首先要考虑到使用容量，动辄数公顷至十几公顷的城市广场在小城镇中心区可能会成为一块敞地而非广场，特别是没有相应的广场界面时更失去了向心性和聚集性。据国外经验数据，广场的大小每$30m^2$有一个人，才能维护最低限度获得生气感，另一组调查则提出环境感觉从自由、不干扰、干扰到约束感的统计分别为每个人$50m^2$到每个人$2.2m^2$。因此，可以通过小城镇中心区的人流量来确定广场的基本尺度，当然，在界面要求与人流量要求出现矛盾时，广场空间可以通过再划分形成的二次空间来与人流相适应，广场与界面的关系则一般可通过视距三角形得到，一般采用$D/H=1\sim3$，对小城镇而言，H值一般在2~4层，由此可得到相应的D值。

图7-7所示为空间与界面的围合关系。

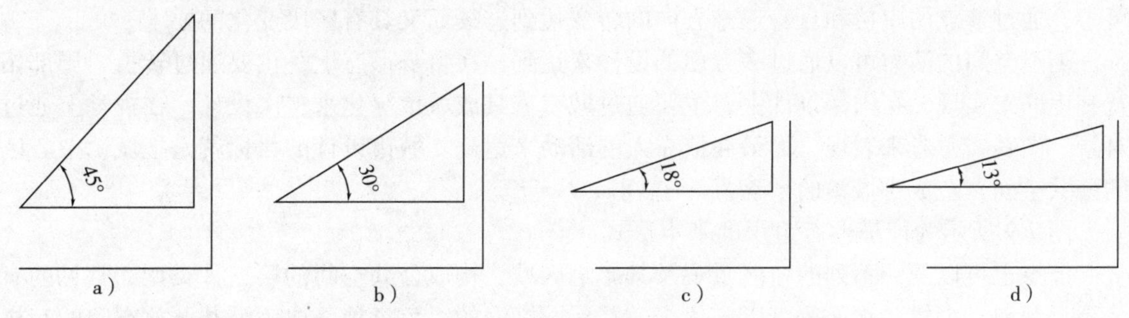

图7-7　空间与界面的围合关系

a）全封闭　b）封闭　c）最小封闭　d）不封闭

桥头、河埠作为传统的节点空间是由于交通、贸易和生活而自发形成的，也是重要的交往空间，表现了很强的地区特色，并且是动静交融的，充满了生活的情趣，是水乡城镇的重要中心区景观。在现代小城镇中心区的城市设计中，仍需着力发掘这类空间的意义，保持城镇中心区生活的连续性。

图 7-8 所示为四川罗城镇中心的戏台广场。

图 7-8　四川罗城镇中心的戏台广场

街是中心区公共空间的另一大类型，也是中国古代最重要的城市和城镇公共空间。街道设计更多的时候被赋予观念的象征意义，或者是秩序感，或者是情趣性，总是体现着社会和自然的哲学思想。而现代小城镇中心区的街道应当首先是人的使用空间，满足人的心理和生活需要。从这点来看，传统小城镇中心区街道空间的比例、尺度虽具有极强的亲切感和生气感，在小城镇这一特定环境中仍能符合部分的要求，但 6m 以下的尺度在小城镇中心区的发展中与容量产生了一定的矛盾。所以，辅助性的或次一级街道可通过小尺度来营造这种气氛，但主要性的街道仍有加宽的趋势。小城镇中心区建筑一般不高，10～20m 的尺度是较为适宜的不拥挤又有亲密感的街道尺度。这样的街道同时也成为一种带型广场，可行、可坐、可游，通过节点的串接和自身形态方向的转变达到连续而又具有区段变化的要求。

街道空间的活力可以通过多方面的设计来达到，在自身形态上，主要通过转折、局部拓宽和串联来实现，在内部设计上，主要通过城市家具或城市绿化来二次设计，在视觉上通过对景、图案、色彩来表现，而最终依靠人的活动来达到。城市设计的目标就是把城镇中心区的公共空间营造成小城镇的“客厅”空间。

图 7-9 所示为街道形态组织的基本形式。

节点也可以是一系列的自然景观及其影响区域，构成公共空间的第三种类型，常见的有公园、绿地、大树、水面等。以其优美、舒展、娴静的绿色意象而成为公共开放空间的有机组成部分，以其丰富生动和鲜明特色参与城镇中心区的特色意象构成，让中心区融入山、水、绿色的自然中。

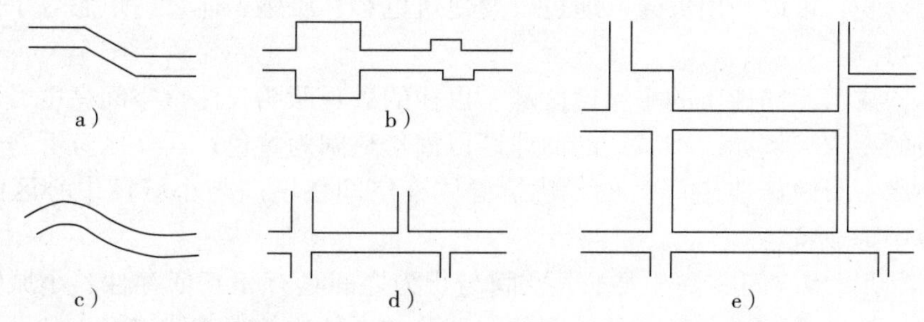

图 7-9 街道形态组织的基本形式

a）转折 b）穿套 c）弯曲 d）枝状 e）网状

（4）小城镇中心区夜景设计

城镇夜景观是小城镇景观的重要组成部分，它是由小城镇自然及人文诸元素共同构成的夜间综合景象，即可视化形式的信息综合。随着生活水平的提高，人们对生活环境质量的要求也越来越高，不仅需要昼间环境适宜，而且对夜间环境也愈加关注。当前在许多小城镇蓬勃推进的小城镇形象工程都把“亮起来工程”或“灯光工程”等列为比选项目，并取得实效，获得了市民百姓的认同与赞誉。

1）小城镇夜景观的使用背景 小城镇夜景观的形成一般是建立在已形成小城镇景观基础上的，是小城镇景观第二生命的体现。小城镇夜景观因涉及小城镇的现状，所以它是一种对不同时间、空间使用及对所需活动的重新调整，它或者增强现有小城镇景观特性，或者减弱它。

小城镇自然形体的利用对于小城镇景观而言常常是小城镇特色所在，在夜晚更成为活跃小城镇夜间景观气氛的要素之一，是表现力极强的夜间标志点，最能增强小城镇夜间的可识别性。但是在对小城镇自然形体进行夜景观利用的同时，还要综合考虑到生态保护，要避免光污染的发生。另外，由于小城镇自然环境中生存着许多动植物，过度的夜景观建设会影响它们的生存。如加拿大温哥华毗邻原始森林，当地政府从生态保护角度出发，仅对森林边缘的街道进行了夜景建设，越接近森林，景观意味越淡化。有许多野生动物甚至可以大胆地在街道上漫步，而街道的另一侧则是灯火通明、繁华热闹的小城镇中心区，这一独特的夜景成为当地的一大特色，成为市民的骄傲。

2）建筑形态及其组合的再塑造 建筑是小城镇空间最主要的决定因素，即使到了夜晚也是如此。建筑及其群体在夜晚小城镇空间中的组合方式的质量优劣直接影响着人们对小城镇夜环境的评价，尤其就视觉这一基本感知途径而言。夜景观规划设计主要通过光对小城镇空间进行二次设计，要考虑到建筑的文脉，从弹性驾驭小城镇夜空间的管理法规和艺术要求入手，其具体内容包括建筑体量、高度、外观、色彩、风格、材料质感及沿街后退等二次表现。夜景观规划设计为建筑物在夜间专门的表现和所有其他被光授形的物质要素的表达提供了“存在的理由”。

小城镇夜景观规划与以往的小城镇景观照明相比，在处理夜间建筑物形态及其组合方式的根本差别在于前者更注重物质形态背后隐含着的深层文化底蕴。不同的设计手法、不同的建造年代形成了多彩的小城镇建筑形态及空间，古典与现代、丰富与简洁并存，有处理成功的典范，但也不可避免地存在败笔之作。由于日光具有不可选择性，因此许多小城镇空间难以协调，而在夜晚，可以利用灯光，通过改变建筑色彩、质感、体量、形态等手段，使建筑组合更精彩、协调。

建筑群体构成了不同性质的小城镇区域。以往的景观照明只注重空间亮度，而忽略了小城镇空间性质的要求，例如：小城镇的商业区以繁华热闹为特色；居住区宜舒适安静；文化区则应高雅纯净；行政区要庄严肃穆。建筑群体夜空间环境应与小城镇中心区的性质相适宜，在小城镇中形成特色。

3）行为活动对夜空间的特殊要求　空间与行为之间具有相互依存性。小城镇夜生活有公共性和私密性两大类，前者是一种社会的、公共的、外向的街道或广场生活；后者则是内向的、个体的、自我取向的生活，它要求宁静、私密和有隐蔽感。这两者对小城镇空间有不同的要求。但是，由于夜晚人的群聚意识、自我保护意识、安全意识增强，所以要求夜晚的私密空间又带有公共的色彩。在夜间，安全性的私密空间不宜设于小城镇偏僻、隐蔽感强的地方，而公共活动场所相对安静处是人们夜晚私密生活的最理想地点，空间组织应对此作出相应的支持。

4）开放空间夜景设计　开放空间意指小城镇的公共外部空间，包括自然风景、硬质景观、公园、娱乐空间以及室内化的小城镇公共空间等。由于小城镇居民消闲、娱乐时间逐渐向夜间推移，因此开放空间在夜晚比白天显示出更多的使用性、功能性、标志性。抛开时间因素的影响，开放空间作为小城镇设计客体要素有以下五个基本特征，它们在夜晚的表现与作用各不相同，缺一不可。

① 边缘。出现在水面和土地交接或建筑物开发与开放空间的接壤处。

② 连接。可以是一个广场和其他组合开放空间体系与要素的焦点，河道和主干道也可成为主要的起连接功能的开放空间。

③ 绿楔。提供自然景观要素与人工环境之间的一种均衡。

④ 焦点。可以是广场、纪念碑或重要建筑物前的开放空间。

⑤ 连续性。自然河道、一组公园道路或相连接的广场空间序列都可形成连续性。

上述五个特征中，连接与焦点往往是小城镇夜空间的主要渲染对象，而边缘、连续性却常常被忽视。其实，由于小城镇在夜间失去了太阳这个参照点，人的方向感、尺度感相对降低，模糊的小城镇开放空间易引起人的恐慌，从而会引起人们在空间中的滞留时间及其实用性的降低。因此，增强特征的表现力，使开放空间在人们的视觉中更加明晰，是组织好小城镇夜晚开放空间的关键。在这五个特征中，边缘与焦点是特征中的重点，人们往往在夜间以两者为坐标原点，记忆小城镇并强调自己所在的方位。

另外，步行街（区）、交通与停车、标志是开放空间夜景设计的重点。

① 步行街（区）。步行街（区）是小城镇开放空间的一个分支，它在小城镇夜环境中有着越来越重要的地位。步行街（区）的繁荣是现代人对日渐稀少的生机勃勃的街道生活现象怀旧情结的体现，人们对步行购物条件的关注已经转到了对交往条件的关注。

步行街（区）不只是丰富夜景观规划的构成要素，而且是支持小城镇夜间商业活动和有机活力的重要构成，它甚至还影响到整个小城镇的生活形态。

② 交通与停车。交通与停车是决定人们夜间活动走向的前提条件，有活力的、最易形成小城镇夜间景观的区域必定与交通、停车便捷分不开。今天的小城镇交通问题多由小城镇结构性失调引起，解决问题的最好方式也是从整体小城镇结构入手，与小城镇规划密切配

合，这也是进行小城镇夜景观规划设计的意义所在。

③ 标志。标志有公益性和广告性两种。

公益性标志一般比较有规律性、有公性，包括路标、方向性、停车场标志、人性穿越标志、某些特殊场所标志（公厕、广场等）、区域地图以及公益性质的广告等。这种性质的标志指向性较强，简洁明晰，是市民在夜间活动的重要参照点，一般集中设置在道路交叉口。令人遗憾的是，这一类性质的标志并未引起人们的足够重视，只能依靠路灯或广告的光线勉强标识出它们存在而已。要解决这一问题，只需在规划设计时多为市民的活动考虑，把它们设置在明亮、显而易见之处，或对它们进行单独的照明设计。

与公益性标志相比，带有广告性质色彩的标志无论是白天或晚上都精彩、抢眼得多。由于这一类性质的标志极大地影响到小城镇空间在白天的景观效果，因此已经引起了人们的关注，但同样也只是局限于它们在白天的形态，对于其在夜晚所反映的照度、色彩、方式、密度对于行人的视觉影响没有做必要的引导。当然，过于统一、有序的标志符号也会导致小城镇夜空间环境的单调与乏味，但目前多数小城镇面临的问题是过于杂乱，广告性质、形式与场所性质、气氛不符。所以有必要对夜间标志的形态在小城镇设计导则中作出详细规定，使之规范化、秩序化，减少视觉负效应。

（5）小城镇中心区公共建筑设施的城市设计成果

城市设计工作主要在三方面展开：城市设计体系、城市设计准则和城市设计图则。

1）城市设计体系　城市设计体系是把小城镇中心区的研究报告中所确定的城市设计目标转化为解决的结果。城市设计体系通过一定的构思，把目标在土地使用、交通体系、公共空间、景观系统、中心区建筑控制这样的完整体系中表述出来，制定各分项的总体把握尺度和明确的设计战略定位，并且有理有据地提供这种决策的依据，把目标结构化并成为构思，同时，这一过程也是一个不断修正、参与决策的过程。

2）城市设计准则　准则的编制是把城市设计体系变成具体操作的控制原则和规定的过程，也是可以法制化据以执行的纲要。城市设计准则包括总体准则和分地块设计准则，并应制定相应的图则以形象化。城市设计准则以文字语言和具体数字表述，文字语言设计到控制程度、一般共识或必须加以规范化的说明。如“规定”、“必须”、“不得”属刚性规定，工程设计时需完全遵守，业主无自主权；“容许”、“允许”、“可以”属柔性规定，业主和设计者有一定的自主权，政府规划主管部门对业主有一定的约束性；“建议”属弹性规定，给业主提供参考，业主和设计者有自主权。具体数字表述则属刚性规定，不许变更，其中容积率、建筑密度、层数均为上限，绿地率、停车位为下限控制。

① 总体准则。一般按内容分别说明，每一部分均提出设计目标和设计准则。在小城镇中心区的城市设计中，总体准则要求控制的方面包括：地块划分、使用性质、开发强度、建筑退线控制、道路交通控制、景观控制、开放空间、建筑设计、城市小品、城市家具、市政设施、管理条例等。

地块划分主要明确划分准则与目标的关系，同时说明划分的一系列标准。如对道路、河流之类的计算方式，对建设的次序和地块的再划分或合并建设也需制定明确的实施细则，尽可能给开发建设提供灵活性。

土地使用要求明确土地使用性质和开发强度指标，指标的确定必须考虑到多方面的社会、经济因素和城市公共空间的完整性，并在分地块准则中强化控制。

建筑退线控制的目标是协调建筑与城市空间的密切关系，创造小城镇中心区的整体城镇景观。退线包括退线值要求和压线规定，退线值要求有退线范围内的设计，而压线，分全部压线、部分压线和不可逾越三种情况。根据城镇公共空间界面的需要性来制定，其中部分压线必须明确压线率以确保必要的连续界面。

道路交通控制是小城镇中心区环境质量的重要影响因素。在可能的条件下，尽量保证机动车出行方便，尽量减少对中心区交通系统的干扰，并且在定点、地块出入口就货运模式、停车车位等方面分别加以控制，确保交通的顺畅和安全。对步行系统更需要周密考虑到安全便利性，从人体工程学出发制定步行尺度等数据，考虑无障碍设计和适宜的休息区。步行区域作为城市公共空间的重要组成部分是小城镇中心区城市设计的重点之一，可以通过对色彩、材质、布置、经营的统一设计而获得最佳效果。

景观控制可以通过对绿地、水体等自然景观的合理配置或强化，获得小城镇中心区在生态上的目标，同时也成为景观的重要特色。绿地的树种、间距、方式布置和水体及其边界的设计是景观效果获得的手段。

开放空间是小城镇中心区的核心公共空间，它的结构、形态、尺度、肌理等直接影响到小城镇特色空间的形成和空间的质量，开放空间的形态研究和意义是城市设计的重中之重。开放空间同时还包括活动的设计，包括空间群落的关系设计，和城市设计准则中的所有其他部分都有密切的关联性，需要在明确的目标下采用适宜的手段来表达。

建筑设计准则主要在界面上提出对建筑设计的要求，如形式上的骑楼或过街楼，材质的选用，色彩的定义以及基本的形式定位和组合方式，同时也通过限高等一系列数据加以量化，一般要提出意向性的形态设计和立面形式设计图则加以形象化。

城市小品用以控制入口、转折、核心等一系列城镇中心区公共空间中的选用标准，提出每个城市小品的意义和形式，明确位置和尺度，以期进一步设计时能纳入城市设计的统一构思中。

城市家具是对广告、指示牌、电话亭、垃圾箱等资讯及服务设施在形式、位置和布置方式上的限定，为了完整性，最好在城市设计中直接定位和确定选用形式。

市政设施控制是对小城镇中心区范围内涉及的变配电所、公厕、公交站点等设施的定位和设计要求。

管理条例的限定主要是通过建立奖惩制度促进小城镇中心区的建设，使其在执行中具有一定的弹性，又能保证中心区公共空间的完整性。管理条例也包括对各种变更涉及的决策机构的等级和处理时间、程序等作出明确的建议性政策，提供给管理部门决策。管理条例作为城市设计的一部分，反映了城市设计作为公共政策的一个方面，它的制定有赖于各方面的协调和磋商，应充分反映各层次、各利益集团的利益。

城市设计的总体准则必须配合总体图则一起完成，其中准则是刚性的，而图则的部分内容是拟议的，可供单项设计参考并最终由单项设计完成。

② 分地块准则。这是在总体准则的指导下按地块拟定的细则，就每个地块的内容，按总体准则设定的各方面要求，进行规范和说明，分地块准则必须严格按总体准则的要求编制，在三维各向作出刚性或弹性的制约标准，并提供拟议的体量和形式参考图则。分地块准则可与图则分别表示，也可合并后分地块一起说明，提供更强的直观效果，是各地块实施建设中批租土地、立项、单项设计的城市设计指导意见书，具有法规性意义。

3）城市设计图则　小城镇中心区城市设计的成果在很大部分上依赖于清晰完整的图则来表达，图则部分相应地由分析图则、总体图则和分地块图则三部分组成。从性质上分为控制性和拟议性两种，控制性图则是城市设计准则的形象化表达，而拟议性图则是在准则控制下的可能设计之一，或属于建议性设计。

① 分析图则。主要是对现状资源和问题的图示式描述，需要从中找到一定的结构逻辑关系，为决策设计提供依据。分析图则应根据项目城镇中心区的不同情况决定编制类别数量，主要从中心区本身的各个条件和中心区与全镇及镇域的关系两个方面来考察。分析图则是城市设计的重要组成部分，但不一定全部作为设计的最后结果，更多的作用在于讨论和设计决策时作依据。

② 总体图则。对应于总体准则进行编制，内容包括了总体准则涉及的各个方面，并在开放空间控制等方面强化设计表达，达到修建性详细规划的深度，而在总体三维意向设计中提出建议性体量控制设计，可通过模型、重要视点效果图等直观表现方式，还可以通过动画、虚拟现实等更多真实的手段来描述模型建成效果。总体图则的编制应贯穿城市设计（是设计城市而不是设计建筑）这一主线，把设计和控制设计有机地结合在一起，达到设计与建设可能的一致性。

③ 分地块图则。既可以独立成图也可以与分地块设计准则结合成图。详尽的分地块图则不仅是建筑设计的依据，也是建筑可行性研究的重要资料，是使每一地块有机地纳入中心区整体空间的保障。分地块图则不但要提供每个地块的基本规划参数，还要在建筑界面上进行限定，即二维和三维的多重控制，提供意向性的平面和三维形态，有尽可能详细的城镇对建筑的要求，对分期实施则提出建设的先后次序和各阶段的使用保障，体现过程设计的特征。

最后，城市设计成果的最终表达仍是一个阶段性的成果，仅仅是提出了战略和部分的战术原则，需要在不断的修正中得到完善。

（6）小城镇中心区公共建筑设施的评价和实证

一个小城镇中心区城市设计的完成是在实施中最终得到的，对设计评价和管理是城市设计成败的重要方面，通过评价进行调整和修改，通过管理贯彻意图和完善设计。

1）城市设计评价　城市设计评价一直没有公认的标准，而城市设计的过程性使评价时间的选择至关重要，其结果当然也相去甚远。从基本点上来说，城市设计的评价标准应当是优化、是适住的空间环境质量，但具体来看，寻求一套共同的标准是不现实的，也是不可取的，无法适合城市设计的综合性和复杂性。因此，应因地制宜地进行城市设计的评价。

城市设计评价的方法有以下几种：

① 判别法。判别法是主要基于主观感觉的评价方法，用来粗略评价项目可能产生影响的范围和这些影响的一般性质，可以说，判别法是在进一步的定量评价之前进行的定性判别。利用判别法可以在进行细致的研究评选之前进行初评，确定是否有必要继续评价过程，排除掉明显不利的方案，减少无意义的消耗。

② 叠置法。叠置法常将项目地段内功能的、美学的、社会的、经济的、生态的等各类特征进行叠置，得出该地段的环境组合特征，然后标明地段内环境受影响的情况，得到表示影响类型、影响范围及其相对地理位置的图形。

叠置法的优点是综合了社会、经济、环境等因素的考虑，把总的社会价值和社会损失显示出来，尽管这种方法不够精确，但是可以保证操作的可能性。

③ 列表法。列表法就是列出影响评价过程中需要考虑的潜在影响面，并对各种影响进行逐个评价。由于这种方法能保证列出的范围都在评价过程中予以考虑，因而被许多公共机构所采用。列表法实际上是判别法的一个变形，它也是从潜在影响开始，接着用有利或有害，短期或长期，没有影响或有显著影响等术语来表示影响的性质。

④ 矩阵法。矩阵法基本上是同时列出各种计划行动和可能受影响的环境条件或特征，用矩阵的形式表示出特定的活动与其影响之间的因果关系，矩阵的元素可以是这些因果关系的定性估计值，也可以是它们的定量计算值，后者在多数情况下是与加权相结合而得到的总的“影响尺度”。

2）实证分析

例：某城镇中心区中山中路城市设计

① 项目概况。中山中路恰好位于某城镇中心区老城区的中心地段，纵贯自萧甬铁路北侧的子陵路起穿越铁路后跨越三条江，东侧有凤山、蛇山，并与三条城市干道相交，全长约3.4km。中心区的设计范围为中山中路两侧100～200m范围，局部地段扩展至400～500m，面积为142.6ha。

中山中路的城市设计可作为小城镇中心区公共建筑设施、空间形态与城市设计研究的代表性实证。

图7-10所示为中山中路城市设计中心区区位图

图7-10　中山中路城市设计中心区区位图

② 设计定位。中山中路位于某城镇中心区地段，中山中路向北延伸（中山北路）至姚北工业区，东侧为城东新区，西侧为工业区、工业产品商贸区，向南延伸至远东工业城等。按总体规划的功能和用地布局，中山中路应以居住为主，兼有商贸、文化娱乐等休闲功能。设计依据任务书提出的要求，定位为某区内体现当地文化和历史，富有生活情趣的集休闲、文化、娱乐、旅游、居住、商贸于一体的综合性中心区街区。

其核心区块凤山地区应为整个市区的向心聚合点，远景规划中向西有轴线与龙泉山打通，向北有轴线与龟山遥相呼应，东南与乌龟山，南与蛇山有实轴相通。意图拉开山水城市的框架，构筑中心区七大组团之间的空间有机联系。

图 7-11 所示为中心区视觉通廊。

图 7-11　中心区视觉通廊

③ 设计理念

a. 多样性是城市的天性。现代城市规划理论将田园城市运动与柯布西埃倡导的功能主义学说杂糅在一起，在推崇区划的同时，贬低了高密度、小尺度街坊和开放空间的混合使用，从而破坏了城市的多样性。功能纯化的地区实际往往是机能不良的城市地区。而一个生动的城镇景象主要来自于小元素的丰富多彩，这对小城镇更需要。环境差异和时间积累形成了城镇环境与空间的特征，而大规模城市建设抹杀了丰富多彩的客观世界形成的本源，使城市成为兵营式的、千篇一律的、缺乏自身特点的死去的躯壳。其最终结果不能不花很大的代价炸掉重新建设以恢复原来的多样性面貌。因此，城市必须保持其多样性，才能显现小城镇强有力的生命力。

b. 城市肌理。城镇中心区经过历史沿革变迁现留存的商业、居住等空间肌理大致为半围合、围合和条式三种，其中围合、半围合的空间肌理，其建筑大多以二三层为主，条形空间肌理的建筑为多层，以五六层为主。城市设计以原有的空间肌理为基础，结合路两侧各地块的用地性质，对传统街市的休闲中心区采取围合和半围合的空间肌理特点，进行较自由的组合，并与步行街、小广场，构成一个宜人和颇具活力的街区；居住小区基本上采用条式并少量采用围合、半围合点缀的空间肌理，具有空间生动、使用方便，且容易扩展的优点。

图 7-12 所示为空间肌理设计。

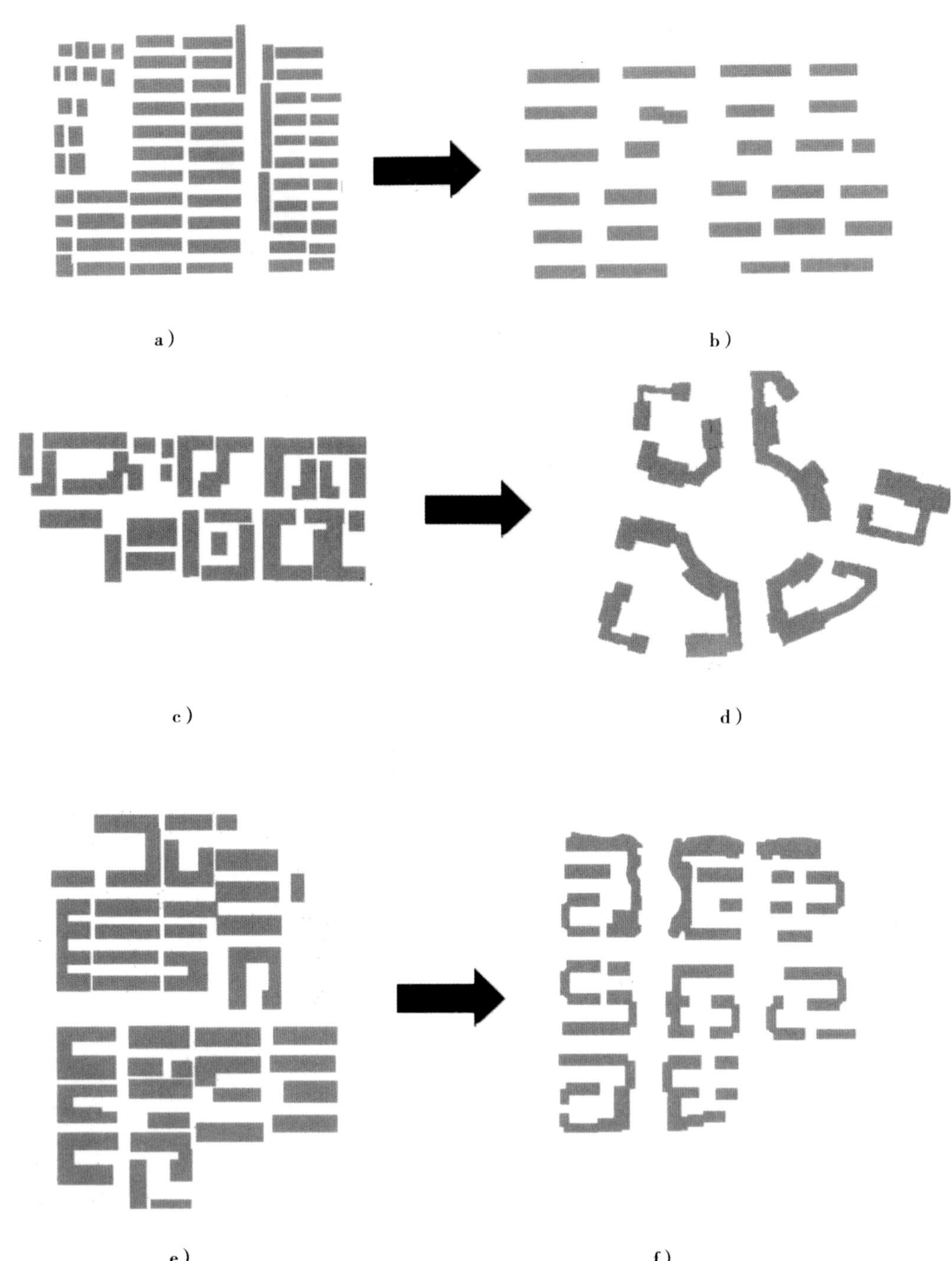

图 7-12　空间股理设计

a）现状行列肌理　b）设计行列肌理　c）现状围合肌理

d）设计围合肌理　e）现状半围合肌理　f）设计半围合肌理

c. 水是城市的灵魂。三条江河横跨中山中路，同时还保留着部分湿地的宝贵资源。目前市区内水系存在着砌石扩堤衬底、河道截弯取直、盲目填埋湿地等不利于创造优美水环境的问题，应予以重视并研究妥善解决。主要对策为：应采取自然河流和软质扩堤，恢复水生和湿生种植台，为水际植物群种创造生存环境；市区外围规划建设有效的行洪、泄洪水利系统工程，改变市区河道行洪功能为景观功能；对现存的湿地应予以保护，停止蚕食行为；使城市河道和湿地尽显自然形态之美，为人们提供富有诗情画意的感知与体验空间。

图 7-13 所示为水环境现状，图 7-14 所示为水环境设计。

图 7-13　水环境现状

d. 山是城市的韵律。城镇山体的形态玲珑剔透，中心区四山合抱，奠定了其特定的中心区空间方位，构成了“天人合一”的山水文化。但是，现状山体受到严重破坏，损害了城镇的风貌特色。设计着力恢复山体原貌，巧妙整治，为景观环境增添新的风采。

图 7-15 所示为山体破坏现状，图 7-16 所示为山体整治设计。

④ 设计指导思想

a. 在中心区充分展示城镇独有的山水特色，使山水城市特有的自然要素和城市空间要素有机融合。

b. 在中心区充分认识城市多样性与传统空间混合使用之间相互支持的必要，城市肌理上以差异性为原则，城镇空间上以整合为原则，通过分区控制、尺度控制等设计手法达到城市多样性与城市特色性的完美结合。

c. 既是空间序列的组合，也是时间序列的嵌套，试图对“人与自然协调发展”、“城市可持续发展”观念在整个街区的应用作出人性化的诠释。

图 7-14　水环境设计

图 7-15　山体破坏现状

图 7-16　山体整治设计

归纳起来设计指导思想有："山水、和谐、人性"。

如图 7-17 所示为"山水、和谐、人性"的设计指导思想示意。

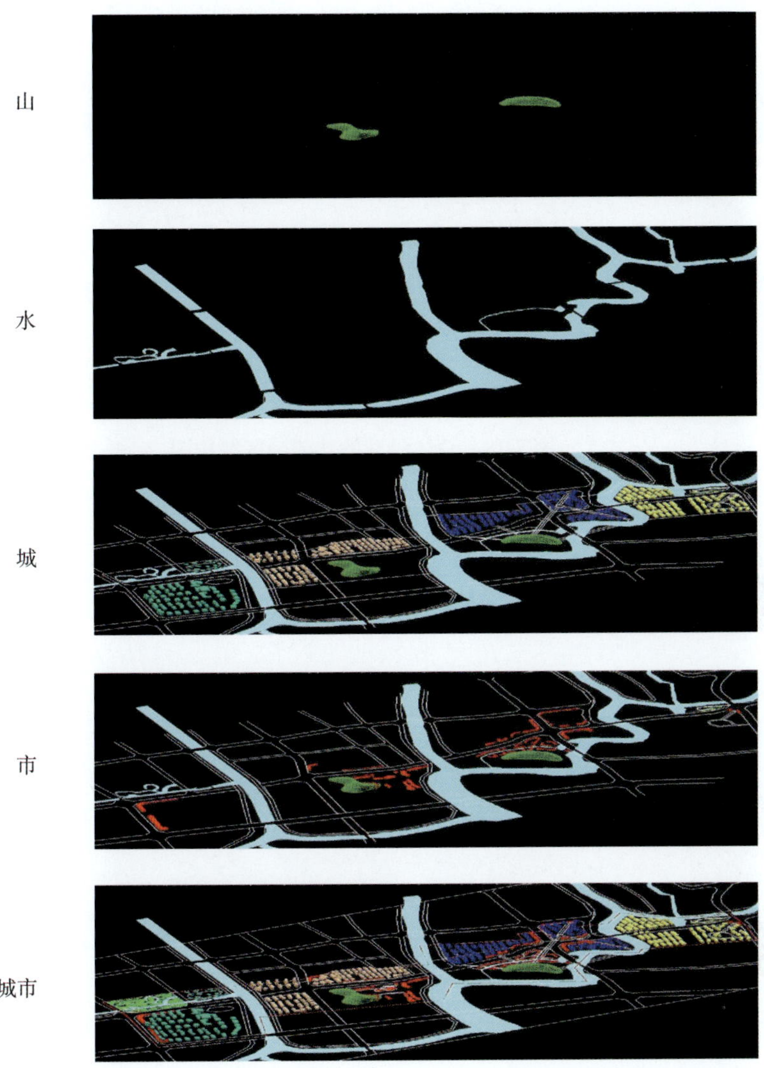

图 7-17 "山水、和谐、人性"的设计指导思想示意

⑤ 总体设计。设计形成"一核一轴三带四片"的功能分区结构和富有节奏韵律的空间形态。以中山中路为主轴线，三条江河的自然生态绿带将整个路段分成一核四个片区：核心文化商业区，北部仓储、居住过渡区，中部休闲居住区和南部生态居住区。

图 7-18 所示为总体设计的功能分区结构图。

a. 核心文化商业区。以凤山为中心的东侧地块，规划建设低层、高密度建筑，缩小街坊尺度，人工建造河道形成小桥流水人家的江南水乡风格的传统节场式文化商业区。设计凤山西侧和蛇山北侧建设传统街市和文化娱乐休闲中心区，以传承城镇特色风貌，形成既有文化内涵，又富时代特色的现代小城镇中心区。

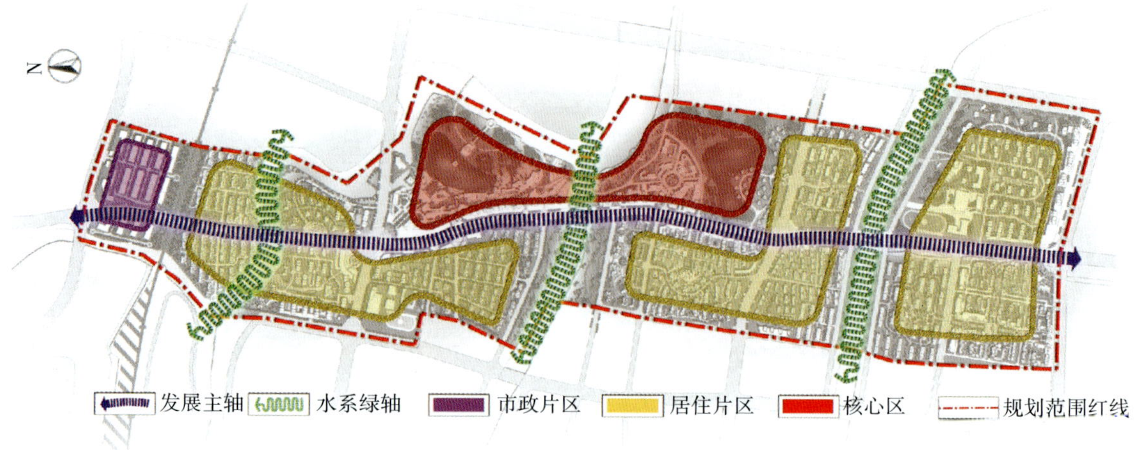

图 7-18　总体设计的功能分区结构图

图 7-19 所示为核心文化商业区设计示意。

图 7-19　核心文化商业区设计示意

b. 北部仓储、居住过渡区。候青江两侧地块，铁路北规划为仓储用地，铁路南保留现状居住小区，成为中山中路衔接中山北路工业及其商贸区的过渡地段。

图 7-20 所示为北部仓储、居住过渡区设计示意。

c. 中部休闲居住区。中山中路西侧的中部地块，规划为休闲居住区。除保留并改造现状居住小区外，其余均拆除旧房新建居住小区。小区住宅建筑以多层（五六层）为主，适当安排少量小高层（12 层）住宅，沿阳明东路街面为商住楼；凤山传统街市和蛇山休闲中心区西侧地块的现状小区近期沿街拆除 40 ~ 50m 住房建筑，改造建设部分商住楼、小区出入口，中期和远期对地块内部的住宅建筑拆除改建和包装改建，增加绿化面积，完善道路系统，营造小区景观。

图 7-20 北部仓储、居住过渡区设计示意

图 7-21 所示为中部休闲居住区设计示意。

图 7-21 中部休闲居住区设计示意

d）南部生态居住区。中山中路南端地块规划新建居住小区和生态湿地公园。其中路东侧白云小区二期已规划，设计略加以调整，小区内增加一条河道；在交叉口西北转角处保留现有湿地，并建成生态湿地公园；南部地块规划建设生态型居住小区。

图 7-22 所示为南部生态居住区设计示意。

图 7-22　南部生态居住区设计示意

⑥ 道路与交通系统

a. 根据城镇交通系统规划，中山中路既是生活性干道，又是城镇中心区的主干道，当地政府决定在凤、蛇、龟山地块建设文化休闲中心区，因此该路段功能要做好生活休闲道路的功能需求，以保证文化休闲区足够的开敞空间，并有利营造景观。

图 7-23 所示为中心区道路结构图。

图 7-23　中心区道路结构图

b. 车行与步行系统。该中心区要做好步行与步行系统的设计，道路间距较小，非常适合人们 5 ~ 15min 步行距离（400 ~ 800m），因此中山中路的人行道加上凤山传统街市步行街、蛇山休闲中心区步行街，以及各居住小区的步行路径和三江滨江道路构成了较完整的步行网络系统。

图 7-24 所示为步行系统图。

图 7-24 步行系统图

c. 停车设施和公交车站。规划设置两个集中的社会停车场，为去街市的车辆停放服务，停车形式可采取地面、地下停车方式，停车后人们可步行至街市和休闲中心区。近期设三个公交车站，远期建成最良江桥后将公交延伸至南面。

图 7-25 所示为停车设施和公交车站布局。

图 7-25 停车设施和公交车站布局

⑦ 水系绿化规划

a. 水系规划和塑造。中山中路有最大的三条江自东向西流过，其中有一块水网密布的湿地，并有河道与之相通。这些水体是本区块十分宝贵的景观资源，应倍加保护并充分利用加以塑造，以体现山水城镇的特色。

规划水系应进一步强化截污措施，河岸除已建的砌石等硬质扩岸工程外，采取正常水位以下建硬质扩岸，水位以上采取建软质扩岸方式以保持自然状态；四明东路北面的湿地最近大部分被平整填埋，应立即停止破坏行为；对现存的湿地经整理后建设生态湿地公园；在被平整填埋的地块上，恢复部分河道；恢复中山中路西侧沿路原有河道，并加以美化。

规划在凤山西侧传统街市地块结合步行街，人工开挖一条宽 8 ~ 10m 河道自北向南再折向东回流入候青江，以形成小桥流水人家的江南水乡特色，河流与步行街走向一致，岸边采取软质材料与步行街硬质铺地形成对比，为传统街市增色。

b. 绿化系统。充分利用中山中路现有的三江二山的资源优势，营造点、线、面相结合、丰满、多彩的绿化景观系统。精心打造一座较大型的出水生态休闲公园，成为余姚市区重要公园和景点之一。

规划中山中路两侧的人行道和建筑后退地块，种植行道树、灌木、花景和花坛，在横穿中山中路的三条江两侧分别建造 30 ~ 50m 不等的绿带，共同组成四条绿色走廊，以形成中心区的绿化景观带。

图 7-26 所示为中心区水系绿化景观带。

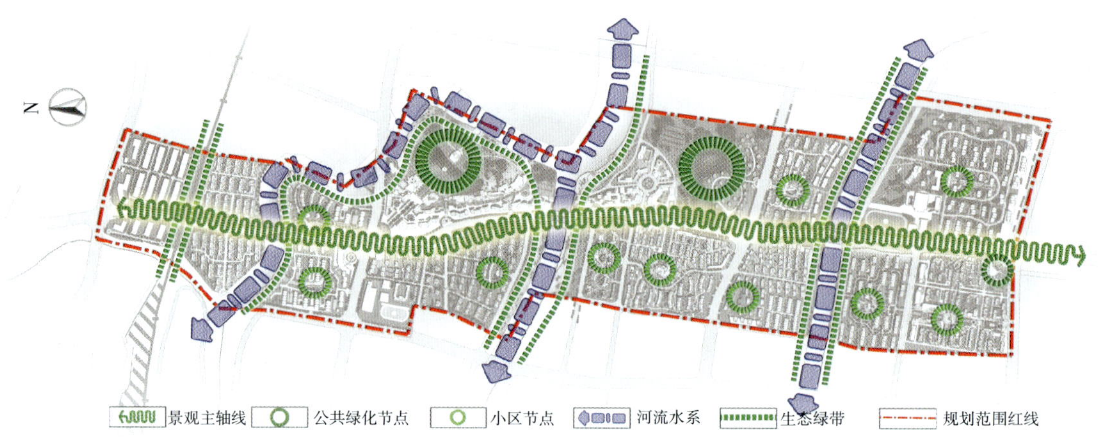

图 7-26　中心区水系绿化景观带

⑧ 空间形态设计。中山中路区块空间形态设计以二山三水为核心，山水绿化系统为主基调，以中山中路为轴线，并串联主要空间节点，精心构筑山、水、城、市、绿色相协调的中心区城镇空间。整个区块以中山中路为景观主轴，以江河、道路、铁路等自然界线，由北向南划分成入口过渡区，文化、娱乐、商业、休闲核心区，生态居住区。其中传统街市、休闲中心区、生态湿地公园及道路入口节点、三江自然生态轴等主要景观节点，构筑成整体的中心区空间景观结构。

图 7-27 所示为中心区空间景观结构图。

⑨ 城市设计导则。中山中路城市设计为中心区描绘了一幅山水城市的美景，对城镇形象和空间环境要素进行了重新安排，旨在转化为政府对中心地块开发控制的管理依据，同时又是建筑师、景观设计师、工程师们创作时应予遵循的设计原则。

a. 沿街商铺。设计规定商铺地坪标高比人行道至少高 30cm，其门前为建筑后退和人行道组成的空间，店面至人行道侧面的距离至少在 16m 以上，除种植行道树、点块、花坛、花镜以外，其余全部为硬质铺地，铺地呈坡状，坡度为 20‰，商店至铺地至少设一级 15cm 高台阶。

图 7-27　中心区空间景观结构图

b. 传统街市商铺与铺地、河道。内街商铺门前均为硬质铺地，存在较宽的空间，除适当设置地块花坛外，全部硬质铺地，并设 20‰坡度以利排水，商铺地坪标高与铺地间设一级 15cm 台阶；临河道商铺应适当提高地坪标高，与铺地间设两步 15cm 高台阶，防止雨水倒灌；临中山中路商铺地坪标高比门前铺地及人行道高 30cm，商店与铺地间设一级高 15cm 台阶，铺地与人行道以 20‰坡度向外排水。

图 7-28 所示为传统街市与商住楼剖面。

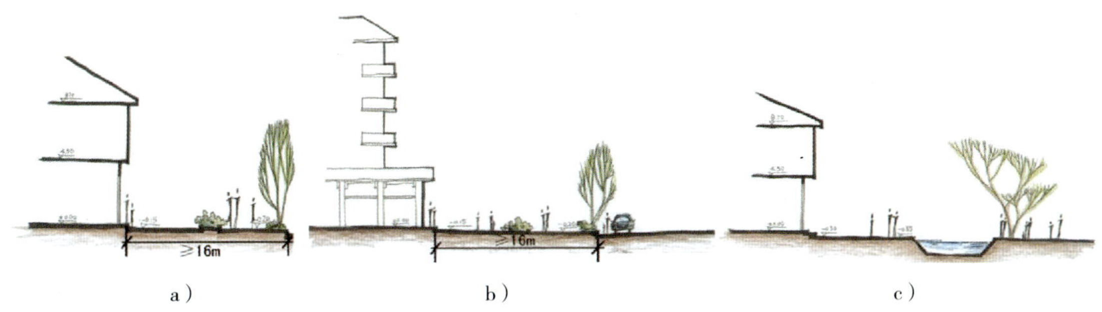

图 7-28　传统街市与商住楼剖面

a）沿中山中路传统街市剖面　b）沿中山中路商住楼剖面　c）临河传统街市剖面

⑩ 建筑设计导则。中山中路中心区城市设计对建筑实行控制。控制内容包括建筑后退红线、建筑密度和层数、建筑屋面形式和建筑材料、照明等引导。

a. 建筑后退线和街墙控制。沿街建筑尤其是建筑高度 16m 以下的墙面是街道公共活动空间的界限，术语称街墙。要求街墙整齐、界面基本一致。设计规定建筑必须严格按照建筑后退红线建设；在居住小区的沿街面，围墙应通透，住宅的山墙距围墙不小于 3m，居住小区主入口应比住宅后退适当距离。传统街市和休闲中心区沿中山中路的建筑必须严格按照后退红线建设，在店铺外设置太阳伞、休憩桌椅的建筑，应在建筑红线位置再后退适当距离，以留足空间供人们休憩之用。

b. 建筑高度和层数控制。中山中路区块的建筑要求以低层、多层为主，可建设少量小高层。规划凤山至蛇山路段东侧的传统街市和休闲中心区建筑最高不超过3层，高度控制在12m以内，其他地块居住小区均为多层住宅建筑，高度控制在20m以内；商场（主要指阳明路和四明路交叉口）可建造25m以内，其余公共建筑包括居住小区的会馆等均控制在20m以内；蛇山南麓规划为2～3层联立式别墅，高度控制在10m以内。

c. 建筑屋顶形式。中山中路区块的建筑主要采用坡屋顶形式；商场、会馆等公共建筑可考虑平屋顶或平坡结合。

图7-29所示为建筑屋顶形式。

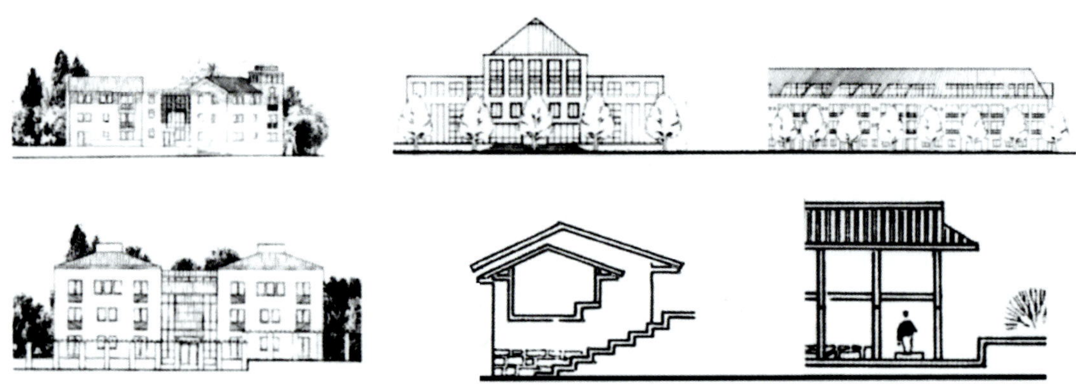

图7-29 建筑屋顶形式

d. 裙房与出墙的控制处理。由于中山中路系南北向道路，两侧建筑大部分是出墙朝路，有碍景观，设计要求根据商业需要尽量设置临街商铺，临街的住宅出墙必须后退红线5m，并建筑通透围墙，围墙内种植较高耸的树种。

e. 色彩。城镇建筑色彩明快清新，基调朴素，又不失局部的活泼鲜亮。中山中路的建筑色彩宜延续这种风格。整体色彩以低饱和度柔和的色调为主，不要大面积地使用亮色。尤其是与人体尺度相接近的部分更应避免使用亮色。核心区内街以突出传统风貌为宗旨，色彩以明、爽的白色、冷色调为主：墙面以浅灰色、白色为主，屋顶以黑色为主。过渡区仓储建筑以冷色调的蓝色系为主。休闲居住区与生态居住区以明快活泼的暖色调为主。

图7-30所示为中山中路建筑色彩设计。

⑪ 城市夜景规划导则。城市夜景概念是对城镇景观概念的补充，它使城镇景观的范畴更加合理，含义更加明确。

a. 街道轮廓线。夜景街道轮廓线包括两个层次：第一轮廓线与第二轮廓线。第一轮廓线内由屋顶轮廓构成；第二轮廓线即附加在建筑实体上虚而不定的物体轮廓线，如：霓虹灯、招牌、灯

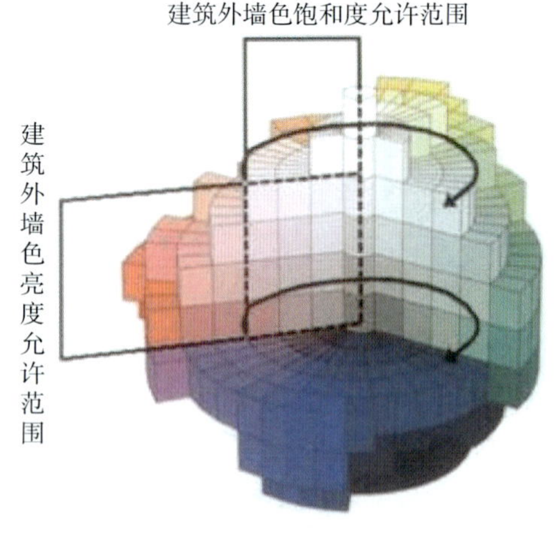

图7-30 中山中路建筑色彩设计

具等。第一轮廓线表现宜结构化、秩序化，清晰成图；第二轮廓线宜无序，非结构化，应将第二轮廓线尽可能组合到第一轮廓线中。

b. 沿街建筑立面。夜景照明条件、街道空间受到压缩，呈现出低平向远处延伸的空间感。在这种环境下夜景照明应针对建筑沿街立面的不同部分作不同的处理：重点突出表现建筑底部（地面到地面以上 10m 左右的部分）。对作为街道衬景的建筑中断进行适当照明，以增加在街道宽度大大超过低层建筑高度的不利背景下的空间舒适度；通过泛光灯照明精心勾勒出生动、丰富的轮廓线。

c. 商业街区外部环境中的灯具主要有：一般街道照明灯具、局部重点照明灯具、小品灯、聚光灯。为保持环境柔和、宜人的气氛，防止产生眩光，一般不宜设置高亮度照明，步行街沿街建筑立面照明面积较大，其反射光具有散射特点，照明效果较好，街道的一般照明多用庭园灯，尺度宜人，光线柔和，不同于城市道路照明。局部空间，如室外楼梯选用照度大、造型突出、高度较大的灯具，休息空间则采用照度小、尺度亲切的灯具。

图 7-31 所示为中心区夜景设计示意。

图 7-31　中心区夜景设计示意

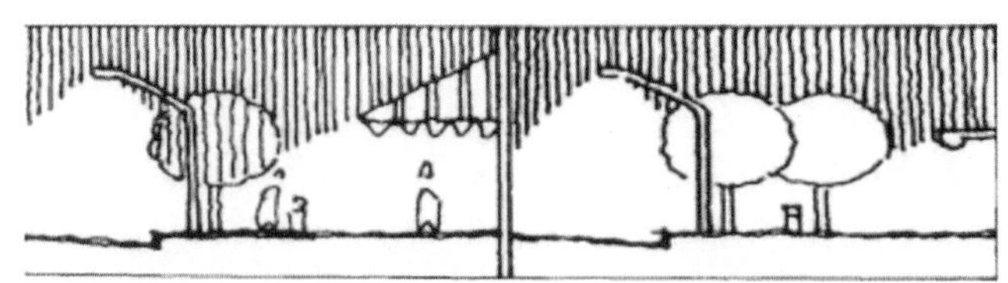

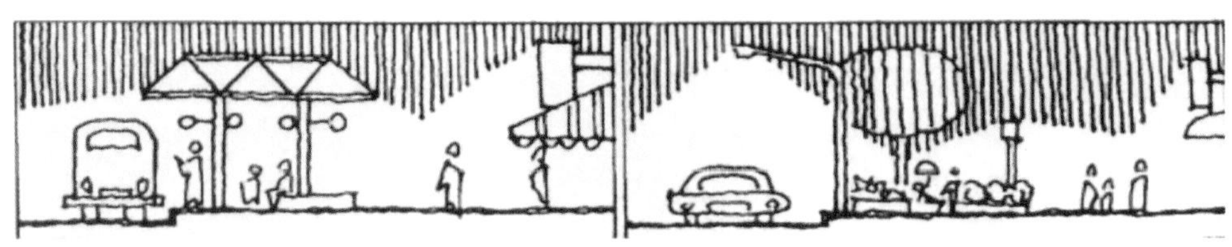

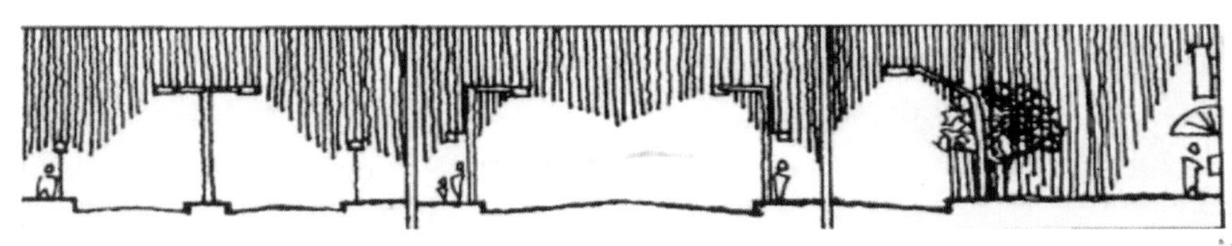

图 7-31　中心区夜景设计示意（续）

三、小城镇中心区城市设计及评价技术指标体系

1. 小城镇中心区城市设计指标体系

小城镇中心区城市设计工作包括城市设计体系的构思、城市设计准则和城市设计图则的编制。

城市设计体系包括用地布局、道路系统、景观系统、公共空间、中心区建筑控制构成的完整体系；城市设计准则包括总体准则和分地块准则；城市设计图则含分析图则、总体图则和分地块图则。

小城镇中心区城市设计技术指标体系包括以下几方面。

（1）总体准则技术指标体系

总体准则技术指标体系包括的控制标准与指标有：地块划分（划分标准定量控制）；使用性质（定性控制）；开发强度（容积率、建筑密度定量控制）；建筑退线控制（建筑后退道路红线距离和部分压线的压线率定量控制）；道路交通控制（交通出入口、停车泊位等定量控制）；景观控制（绿地、水体配置、绿化覆盖率定性、定量控制）；开放空间（结构、形态、尺度、肌理定性、定量控制）；建筑设计（形态立面的形式定位和组合方式、材质、色彩、建筑限高等引导性指标的定性、定量控制）；城市小品（入口、转折、核心等公共空间控制标准和形式、位置尺度等量化指标）；城市家具（形式和位置的定性、定量控制）；市政设施（形式和位置的定性、定量控制）。

（2）分地块准则技术指标体系

分地块准则技术指标体系是上述总体准则技术指标体系在分地块城市设计三维各向作出的具体刚性或弹性控制标准和指标。

（3）总体图则技术指标体系

对应于总体准则技术指标体系，总体图则技术指标体系是总体三维意向设计中的体量具体控制指标。

（4）分地块图则技术指标体系

对应于分地块准则技术指标体系，分地块图则技术指标体系除提供每个地块基本规划技术指标外，尚包括建筑界面的二维、三维多重控制技术指标。

（5）重点地段城市设计技术指标体系

小城镇中心区重点地段城市设计以小城镇中心区城市设计为指导，其技术指标体系与上述中心区城市设计指标体系相对应，主要为重点地段或重要节点的环境空间形态技术指标体系，包括：建筑体量（定量控制），建筑高度（定量控制），建筑界面（定性、定量控制）；容积率（定量控制），公共开敞空间（定性、定量控制），建筑风格和建筑色彩（定性、定量控制），绿化配置（定性、定量控制）等。

（6）中心区城市设计评价技术指标体系

小城镇中心区城市设计评价是指城市设计目的在评价的不同时间段对设计成果作出的优劣判断。城市设计的评价没有公认的标准，城市设计的过程性决定评价时间段划分的重要性，评价时间段一般可分为三个段落，即方案完成后——方案实施前；方案实施过程中；实施完成或阶段目标实现。

小城镇中心区城市设计不同时间段的评价共性指标与指标体系主要是：

1）方案完成后——方案实施前

① 适合性：主要是目标和手段的合理性。

② 舒适性：容量、流线、尺度、设施等指标与标准，在采用定量指标评价的同时，更多采用定性标准评价。

③ 特色性：既可体现在空间结构和量化尺度上，也可表现在环境和形式中。

2）实施中

① 深度：反映对小城镇发展的预见性和平衡度。

② 灵活性：合理前提下灵活。

3）基本实施或阶段目标完成时　技术取向的评价，把城市设计视为功能和效率。效率的评价包括经济效益的比较，可以使用城市设计指标作为评价的基础。艺术和社会公正、平等的设计标准评价，多强调定性的评价指标。

2. 小城镇中心区城市设计评价技术指标体系

（1）定性评价技术指标

1）特色性　特色性是指具有独特个性的场所，维护和强化地方在开发方式、自然景观、文化传统方面的独特性。既可体现在空间结构和量化尺度上，也可表现在环境和形式中的景观风貌特色。

2）连贯性和围合性　连贯性和围合性是指对公共和私密空间的明确界定。

成功的城镇空间（包括街道空间）由建筑物、空间结构及景观所界定和围合，譬如生活空间形态组织、动态、静态公共空间和私密空间的联系。

3）吸引性　吸引性是指富有吸引力的环境是规划设计成功的重要标志。

4）可达性　可达性是指易于到达和穿越的方便程度，给人们提供方便、安全、舒适。

5）可辨识性　可辨识性是指好的规划设计应当使空间具有可辨识性，同时也使居民具有领域感、场所感和安全感。清晰的形式、地区特色、标准性、趣味性，可提高辨识性。

6）适应性　适应性是指可持续变化环境的适应性能。

7）功能多样性　空间隔离战略已证明是不成功的，城市设计应努力消除空间冷漠，维护空间活力，多功能使用适合于各种尺度，如小城镇及其社区街道，甚至其特殊建筑。多样性受人们的接受能力和兴趣影响。

8）环境个性与文脉延续　每一个地方应当有明显的感性特征，便于识别，易于记忆，生动而引人注意。与其他地方不一样，这种感性特征对某一地方的人来说，将有助于加强他的乡土情感，而且这也是反映各地风俗习惯的标志。如果人们能够做到使环境适应他们的目标与要求，并且允许这种适应性随着时间逐步积累，那么地方特性就更为明显。

9）格局清晰性　格局清晰性是指环境内的元素布置的逻辑性，便于人们理解环境在空间与时间中所形成的格式。

布局在时间上的清晰性同空间上的清晰性同样重要。景观可启发人们回顾过去，了解今天，甚至可预示将来。空间的确定性是格局清晰的保证，它涉及建筑空间与开放空间的分界面。这些空间是获得“外部空间形状和形式、清晰和愉悦感”的城镇结构要素。

10）尺度宜人　尺度宜人是指以适合人的尺度（Human-scaled）的城镇环境要求，组织各种关系，包括尺度、体量、建筑组合等。尺度是否宜人主要与“悦人的景观”价值以及人在城镇环境中的方位感相关，街道布局和建筑物布置及其群体组合效果是决定视觉美学特征的关键因素。

11）协调性　协调性是指为和谐美学评价，涉及地形特征、转换、互补尺度，并和建筑形式组合有关。

12）方便性　方便性是指环境为人们参加活动提供的方便程度。好的城市设计充分考虑人们实际活动的多样性，包括人们行动必须考虑的时间因素和空间位置，满足行动自如不致混乱并且安全，同时考虑人的感觉要求，便于社交和个人安宁不受干扰以及减少环境管理问题。

13）适合性　适合性主要是指目标和手段的合理性。

14）舒适性　舒适性是指为使用者提供的舒适程度，包括容量、流线、尺度、设施等指标与标准。小城镇中心区城市设计应充分考虑人的各种生理需求，包括街道小品、绿地、路面设计、环境尺度、材质、色彩选择。

15）趣味性　趣味性是指城镇环境中建筑特点，以及环境本身提供的视觉愉悦，为美学质量评价之一。

16）含义丰富　含义是指景观拥有的意义内涵和象征作用。

17）开发与感知　环境影响人们的智力、情感和体力发展，城市设计应使人们对周围环境有好的感知。诸如爱国主义教育基地具有使人历历在目、难以忘怀的环境教育意义。

18）深度　反映对小城镇发展的预见性和平衡度。

19）灵活性　合理前提下的灵活，大多在合理性方面，并主要体现在前述的适应性和功能多样性方面。

（2）定量控制评价技术指标包括：①用地面积，②容积率，③建筑密度，④建筑体量，⑤建筑高度，⑥街道宽度，⑦建筑后退线距离，⑧交通出入口方位，⑨停车泊位，⑩绿化覆盖率。

四、小城镇中心区城市设计相关的规划设计要求

（1）中心区规划规模

小城镇中心区规划规模的确定应考虑小城镇区位条件，小城镇性质、规模、类型，社会经济发展水平、交通状况，中心区功能，布局形态，习俗等相关因素。

（2）中心区用地指标

小城镇中心区用地指标宜结合小城镇实际，按表7-3指标选取。

表7-3　小城镇中心区用地指标

（单位：m^2/人）

用地类别	用地指标
公共建筑	5～8
集中绿地	1～2
道路广场	5～8

来源：黄杰，等．集镇规划［M］．武汉：湖北科学技术出版社。

（3）中心区交通组织

小城镇中心区交通组织应“以人为本”，有利公共空间的组织，交通组织形式应满足中心区用地功能区划和使用要求。街道宽度以10～20m为宜。

（4）中心区公共空间设计

小城镇中心区公共空间设计，应在选择公共交往的大型节点的同时，注意发掘公园、绿地、大树、水面、桥头、码头、水埠等自然景观和人工景观的特色节点。

（5）中心区界面设计

小城镇中心区界面设计宜通过从属的实体可能性确定侧界面，限定空间尺度，由空间尺度要求界面尺度；底界面尺度宜主要由侧界面间接确定，并与人的尺度、活动相适应。

（6）中心区建筑设计

小城镇中心区城市设计应提出标志性建筑的功能性质、位置形态和造型特征，并选择范例；标志性建筑应与公共空间或天际轮廓完美组合，应有足够的体量感和极少的数量。

小城镇中心区城市设计的建筑设计宜通过意向设计表达界面和空间关系要求，并提供图解式的准则（图7-32）。

（7）中心区景观设计

小城镇中心区景观设计主要应以绿色为主的软质景观设计，中心公园宜自然布置，建筑量应控制在3%～5%范围。

（8）中心区城市家具设计

小城镇中心区城市家具设计应从使用和形象两方面入手，涉及城市家具的主要有候车棚、坐椅、栏杆、路灯、垃圾筒、广告牌、指示牌、停车棚、电话亭、售货亭、报亭、公厕。

图7-32　江门市鹤山中心区鸟瞰

五、小城镇人文景观规划与评价技术指标体系

小城镇人文景观规划与建筑风貌、历史街区、城市设计有密切联系。小城镇人文景观规划与中心区城市设计二者技术指标体系有许多共同之处，特别是评价二者的自然景观，文化传统等景观风貌的特色指标。

在诸多相同技术指标、准则的同时，小城镇人文景观规划较小城镇中心区城市设计，涉及更多比重的历史文化景观、民族特色和地方风情，技术指标中定性指标比重更大一些。小城镇人文景观规划及其评价的技术指标宜以定性指标为主、定量指标为辅。

（1）小城镇人文景观规划定性技术指标

定性技术指标主要包括：①传统文脉和地方特色的结合性；②人文景观与自然景观的交融性；③特色景观节点的实用性、观赏性、地方性与艺术性；④历史街区、风貌区保护的协调性；⑤环境和风貌控制的可持续性；⑥风貌特色的层次性、差异性、自然性、人文性、延续性、情趣性、形象性及技术性。

（2）小城镇人文景观规划定量技术指标

定量技术指标主要包括：①特色景观节点、多样视点、景观轴、景观核心和对景选择；②景观元素小品的近人尺度；③街道宽度；④建筑入口、高度；⑤建筑、体量、体形、色彩及高低错落风格的量化指标；⑥绿化覆盖率。

（3）小城镇人文景观规划评价定性指标

小城镇人文景观规划及其评价的主要定性技术指标应包括：①传统文脉和地方特色的结合性；②人文景观与自然景观的交融性；③特色景观节点的实用性、观赏性、地方性与艺术性；④历史街区、风貌区保护的协调性；⑤环境和风貌控制的可持续；⑥风貌特色的层次性、差异性、自然性、人文性、延续性、情趣性、形象性及技术性。

图 7-33　始兴县太平镇碉楼景观

图 7-33 所示为始兴县太平镇碉楼景观。

（4）小城镇人文景观规划评价定量指标

小城镇人文景观规划及其评价的主要定量指标应包括：①特色景观节点、多样视点、景观轴、景观核心和对景选择；②景观元素小品的近人尺度；③街道宽度；④建筑入口、高度及其他尺度；⑤建筑、体量、体形、色彩及高低错落风格的量化指标；⑥绿化覆盖率。

六、小城镇中心区城市设计与人文景观规划的环境塑造与实施

（1）特色环境塑造

以小城镇总体规划和中心区详细规划为指导，在总体规划和详细规划的基础上，侧重补充中心区、景观风貌区的环境行为和景观风貌调查。

遵循“以自然为本”，“以人为本”，人与自然和谐共处，以及传统文脉延续和可持续发展原则。

规划设计突出特色环境塑造，主要包括：

1）特色的层次性　首先是具有中国小城镇特色，适合中国国情自然经济条件，其次具

有地区性小城镇特色，反映地域特征。

2）特色的差异性　包括自然、规模、经济、民族、宗教、文化、历史的差异。

3）特色的自然性　包括小城镇风貌、形态、产业、观念、景观的自然性。

4）特色的人文性　包括“天人合一”礼制型制、风水相术、象征意境等，受传统文化因素支配的城镇布局特色。

5）特色的形象性　包括空间形态、类型、尺度、色彩、建筑等方面的特色形象。

6）特色的技术性　指材料技术形成的小城镇个性和特点。

（2）实施原则、公众参与和动态管理

1）小城镇中心区城市设计和人文景观规划实施应体现合理合法、高效率和公开公正原则。

2）建设开放性的小城镇中心区城市设计和人文景观规划决策与管理机制，实施专家评审、政府决策与社会监督、公众参与相结合制度，在政府引导、控制、协调下，充分发挥公民、法人和社会团体作用。

3）小城镇中心区城市设计应包括实施过程的设计。

4）小城镇中心区城市设计的框架应由法律保障、一定机构组织管理、意向性形体规划成果、弹性的设计准则、实施过程的政策设计、动态跟踪和维护程序组成。

5）加强包括小城镇中心区城市设计在内的城市设计的法律地位，建立城市设计法规体系。

6）小城镇中心区城市设计、人文景观规划宜与小城镇总体规划、控制性详细规划同步编制、同步实施，以便将小城镇中心区城市设计和人文景观规划内容纳入到小城镇规划的文本和图则之中作为小城镇总体规划和详细规划的组成部分，使其成果具有法律效应，同时使城市设计侧重的形体环境设计和空间艺术处理更好结合，渗透到景观规划侧重的土地利用和空间组织中去，使二者密切配合，规划设计和实施具有更好的整体性和连续性。

7）通过规划管理的“一书两证”，强化小城镇中心区城市设计和人文景观的实施机制，把小城镇中心区城市设计和人文景观规划的内容通过相关建设项目的规划设计条件，在“一书两证”中一并提出，与小城镇规划实施融为一体。

8）加强小城镇中心区城市设计、人文景观规划和小城镇规划建设的法律、法规动态监管，适应经济社会和人们需求的动态发展，对市场信息的监测反馈作出适宜的调整。

第三节　小城镇公共设施用地控制及技术指标

一、小城镇公共设施用地相关调查分析及其占建设用地比例控制

根据中国城市规划设计研究院、中国建筑设计研究院 1999～2001 年完成的小城镇规划标准研究课题对四川、重庆、湖北、浙江、福建、广东、山东、河南、河北、天津、江苏、辽宁 12 个省、直辖市不同地区、不同规模有代表性的 42 个小城镇镇区用地现状和规划的调查统计与分析，镇区公共设施用地占建设用地的现状和规划比例及人均公建用地见表 7-4。

表 7-4　42 个小城镇公共设施用地相关调查分析

	①公建用地占建设用地比例（%）	②人均公建用地/（m²/人）	备　注
现状	3.3～8.7	3.02～10	部分镇，其中①最小为山东文登葛家镇，②最小为福建南平太平镇
	11.96～19.6	10.34～20.1	较多数镇
	21.4～24.1	25.5～31.6	部分镇，其中①最大为河南禹州方家镇，②最大为山东威海初林镇
规划	3.1～8.0	5.08～7.6	部分镇，其中①最小为山东文登葛家镇，②最小为福建南平太平镇
	11.4～22.9	11.55～23.3	多数镇

对照《村镇规划标准》（GB 90188—2007）中心镇、一般镇公共建筑用地占建设用地比例分别为12%～20%和10%～18%的规定，目前尚有调查中的一些小城镇现状和规划的上述比值都明显偏低，分析主要是经济发展一般地区和经济欠发达地区的一些镇区 1 万人口规模以下小城镇，公共设施基础薄弱，规划建设滞后；而调查中的较多数镇区 2 万人口规模以上或接近 2 万人口小城镇现状与规划的上述比值大多符合标准要求，也有部分小城镇现状与规划的上述比值都已超过标准

上述超过标准的原因，一是由于现《村镇规划标准》适用范围不包括县城镇，对县城镇而言，小城镇（县）镇级公建多含了县级公建部分，且小城镇县级教育科技类、商业金融类公共设施规模尚应适当考虑辐射服务范围的人口因素；二是反映了经济发达地区和经济发展一般地区近年小城镇公共设施的实际需求与发展。

值得指出，小城镇规模过小，其集聚能力弱，辐射功能不强，公共设施不能高效利用。上述 42 个小城镇选择考虑小城镇规模合理发展趋向，也从远期规划要求考虑，较多选择现状镇区人口 2 万以上或接近 2 万规模小城镇，但由于目前我国小城镇规模普遍过小，镇区人口超过 1 万人小城镇比例较小，多数在 1 万人以下，所以目前公建用地占建设用地比例偏低，公共设施配套基础薄弱的小城镇区尚有较大比例。

为有利小城镇健康发展，小城镇应通过适当迁并调整，增加人口规模。小城镇公共设施用地控制指标，应按迁并调整与远期规划的人口规模考虑，既考虑现在情况，也考虑小城镇人口规模增加，公共设施建筑利用率提高的因素，以及不同性质、不同规模小城镇公共设施需求的差别，对照现行《村镇规划标准》和上述调查分析，提出小城镇公共设施用地占建设用地比例控制的适宜范围如表 7-5 所示。

表 7-5　小城镇公共设施用地占建设用地的比例控制

	县城镇	中心镇	一般镇
公共设施用地占建设用地的比例（%）	15～24	12～20	10～18

二、小城镇公共设施用地控制方法及其用地面积控制技术指标分析

1. 小城镇公共设施用地控制的主要方法

小城镇规划及相关技术标准研究在 120 多个有代表性小城镇及规划调研分析基础上，提

出采用小城镇公共设施用地占建设用地比例和公共设施分类用地面积控制指标互配互补，宏观控制、中观调控的控制小城镇公共设施用地方法。前者通过控制建设用地及公共设施用地占建设用地比例控制公共设施用地总量；后者通过公共设施用地千人用地面积控制指标，控制分类公共设施用地。

同时，提出通过小城镇公共设施建筑项目的合理选址与布局，及其分类和同类项目中观、微观层面的优化组合，达到小城镇公共设施的合理配置、高效利用和控制用地、节约用地的目的。

根据不同地区、不同等级、不同规模、不同类别小城镇对分类公共设施需求的差别，在确保小城镇公共设施用地总量控制的前提下，小城镇可侧重不同分类公共设施用地需求选择，并容许相关指标适当调整。

2. 小城镇分类公共设施用地面积控制指标的相关因素分析

小城镇分类公共设施用地指标取决于小城镇分类公共设施建筑配建项目及其配建项目的基本用地面积要求。由于不同小城镇对上述配建项目规模要求有较大差别，因此，分类公共设施用地指标应有一定幅度。并且小城镇分类公共设施用地指标首先要基于上述的综合研究分析，同时在相关综合分析中，应考虑以下因素影响：

1）小城镇性质、类型因素。

2）小城镇经济社会发展水平因素。

3）通勤人口、流动人口和辐射范围服务人口的因素。

4）我国东中西部小城镇人口密度、地理条件及其社会经济发展水平等差异造成的公共设施需求差别。

5）同一县城镇、中心镇、一般镇的小城镇等级，不同规模、不同功能分类小城镇对公共设施需求的差异。

6）教育科技类、文化娱体类有无较大规模学校、体育运动场所、文化娱乐设施的较大差别。

7）小城镇民俗风情与周边共享设施条件的因素。

8）潜在需求和因素。

3. 小城镇分类公共设施用地面积指标的制定及分析

（1）小城镇分类公共设施用地面积参考技术指标

小城镇规划及相关技术标准研究课题在相关调研分析和综合高层专家意见的基础上，认为鉴于我国小城镇特点和实际情况，很难制定一个统一人均用地指标适用全国小城镇，提出以省、直辖市、自治区相关标准作为规划主要依据更能适合各地小城镇实际，同时各省、直辖市、自治区制订相关标准，除依据国家有关政策法规外，还必须有一个技术性的指导依据，因此课题在小城镇用地分类和规划用地标准中提出考虑全国层面的小城镇规划可参照的人均用地指标，也即上述的指导依据。

与上述对应，小城镇分类公共设施用地面积控制指标也应以省、直辖市、自治区相关标准为主，并在课题相关调研分析基础上提出考虑全国层面的小城镇公共设施规划可参考的分类公共设施用地面积指标（见表7-6），同时作为制定地方标准的技术性的指导依据。

表 7-6 小城镇公共设施用地面积控制指标

公共设施用地类别	用地面积指标（m^2/1000 人）		
	县城镇	中心镇	一般镇
1 行政管理类用地	2100～3360	1440～2400	1200～2160
2 教育科技类用地	3000～4800	1920～3200	1600～2560
3 文化娱体类用地	2400～3840	1800～3000	1500～2700
4 医疗卫生类用地	750～1200	480～800	400～720
5 商业金融类用地	5100～8160	4320～7200	3600～6480
6 集市贸易类用地	按集市贸易的经营、交易品类、销售和交易额大小、赶集人数，以及相关潜在需求和地方有关规定确定		
7 其他类用地	按其他类公建的实际需要确定		

必须说明，表 7-6 指标系基于适用小城镇远期规划人口：县城镇 4～10（15）万，中心镇 3～8（10）万，一般镇 1～4（6）万的基本考虑。其中非括号值是指标适用基本段人口，括号值为指标适当考虑的上限人口规模。上述选用指标按人口因素的考虑：一般人口规模低值应对应于指标高值，人口规模高值应对应于指标低值；小城镇规模在上述主要适用远期规划人口非括号上、下限值之外的情况，小城镇表中指标宜结合小城镇实际适当调整。

（2）小城镇分类公共设施用地面积参考技术指标分析

1）行政管理类用地　小城镇行政管理机构主要是镇政府（包括镇党委、人大）及其办事机构，其中城乡规划和土地管理部门、工商、税务、交通监理机构可能在政府大楼中，也可能分开设置，县城镇还有县一级的行政管理机构含县委、人大、政府、政协机关及其职能办事机构，县人武部、公检法及其派出机构，后者县一级机构多为分开设置。

小城镇行政管理机构设置在每个相对应一级小城镇是基本相同的。其用地面积控制指标按与适用人口规模对应的有代表性的小城镇政府等用地面积调查分析得出的县城镇、中心镇、一般镇行政管理类用地及其不同规模上述用地的差别的综合分析，推算出对应千人用地指标的幅度范围。

根据行政管理类职能等特点，其公共设施用地千人指标尚可以每机关工作人员的平均建筑面积指标为考虑基点，结合各地有代表性实际用地调查综合分析推算出千人用地指标。根据调查，小城镇行政机关工作人员，规模较大的镇一般在 80～100 人，规模较小的镇在 40～60人，同时综合各地实际情况适当考虑编外人数。

2）教育科技类　不同地区、不同规模等级小城镇的教育科技类公建现状差别较大，但是有一个共同点是需求正在较大增长。这主要基于以下方面：

①农村中学教育普及、贫困地区希望工程实施。

②知识经济时代到来，县城镇、中心镇对规划设立各类高、中级专科院校，成人学校和少部分条件较好县城镇民办大学有较迫切要求。

③科技致富、知识扶贫，使小城镇科技站、信息馆（站）、培训中心等应运而生，并在小城镇经济发展中起到了积极作用。

根据相关调查分析，远期规划县城镇、中心镇一般设置专科学校 1～2 个、高中 1～3

个、初中2~4个、职业中学1~2个、科技站1~2处；一般镇按高中0~1个、初中1~2个、科技站1处设置。按照上述规划配置项目及每一项对应用地预留面积调查分析，同时考虑对应镇人口规模范围即可推算出对应不同规模、等级小城镇的教育科技类公共设施用地千人控制指标幅度范围。

值得指出，不同镇教育科技类公共设施用地因诸如有无较大影响力和较大规模的较高一级学校等不同情况会有较大差别，指标制定除考虑这一因素外，尚应允许在应用中结合实际情况的指标适当调整。

3）文化娱体类　小城镇文化娱体公共设施与小城镇精神文明建设直接相关，文化娱体公共设施的完善是社会进步的象征。

近些年来，随着小城镇经济、社会发展和居民生活水平提高，小城镇对文化、文艺、体育、娱乐等方面的需求也在明显增加。不仅是中央组织的“三下乡”活动很受欢迎，小城镇自身文化、艺术、体育、娱乐活动也正处在普及和较大发展当中，并各具特色。

此外，近年小城镇文物、古迹以及文化旅游资源的挖掘也普遍开始重视，据浙江、福建、四川、重庆等省、直辖市小城镇有关调查，文化古迹保护和文化旅游资源的挖掘是生态旅游型小城镇相关规划的重要内涵。在小城镇总体规划中，加强这方面的用地统筹规划更为重要，同时在文化娱体类用地指标的幅值确定中，应适当考虑潜在需求的发展余地。

根据相关调查分析，远期文化娱体类项目配置一般按县城镇、中心镇文化活动中心1处，影剧院1~2处，体育中心1个，展览馆、博物馆、广播站各1个，福利院1个，藏书15~20万册图书馆1个；一般镇文化活动中心1处，影剧院1处，福利院1处，广播站1个考虑，推算其用地控制指标方法基本同前。

4）医疗卫生类　医疗卫生类布局的特点是分散布置。医疗卫生设施规模直接与其服务人口、当地经济社会发展水平、周边有无共享设施等有关。

随着农民医疗保险制度的逐渐建立，小城镇医疗卫生类公共设施迫切需要改善。

小城镇医疗卫生类用地控制指标基于远期基本相关项目配置：县城镇、中心镇综合医院1~2处，专科医院（诊所）1个，防疫站1个；一般镇综合医院1个，并依据不同小城镇上述配建项目的用地综合分析，推算对应镇医疗卫生类用地控制千人指标的幅度范围。

5）商业金融类　小城镇商业金融类公共设施公共服务设施建筑涉及项目很多，除小区与住宅组群布置的公共服务设施外，其他宜集中布置于镇商业中心。随着小城镇居民生活水平提高和第三产业发展，这方面需求增长也很快，且有较大的潜在需求。

小城镇商业金融类用地控制指标，不仅与其需求预测分析有关，而且与其合理选址和布局，及其性质相近、服务同类的项目采取综合楼和商城等个体、群体建筑的增大建筑体量、合理配置、高效利用相关，也与位于不同街区地段，采用不同的适宜容积率有关。

根据调查分析，小城镇远期规划商业金融类主要项目配置按以下考虑：县城镇、中心镇百货商场1处、购物中心1处、供销总社1处（县城镇）、银行（信用社）3~4处；一般镇百货商场1处、供销社1处、银行（信用社）1~2处。商业金融类公共设施用地指标，基于上述配置及其不同小城镇配建项目用地综合分析，推算对应镇商业金融类用地控制千人指标的幅度范围。

6）集市贸易类　小城镇集市贸易在促进我国广大农村地区商品流动、城镇经济繁荣中起到了桥梁和纽带作用。

近些年来随着改革开放和小城镇发展，集市贸易需求普遍增长，尤其是商贸、工贸、边贸一类小城镇集市贸易更呈较大增长趋势。

小城镇产业产品类或资源产品（如木材）集市贸易主要相关因素不在于镇区人口，而在于小城镇类型、区位、交通、经商基础等的优势，因此集市贸易类用地宜按其经营、交易的品类、销售和交易额大小、赶集人数以及相关潜在需求和地方有关规定确定。上述集市贸易用地不同类别小城镇有较大差别。而小城镇农副产品集贸市场与镇区、小区人口有关。

三、小城镇公共设施建筑面积控制指标

小城镇公共设施建筑面积控制指标和用地控制指标一样，是具有多种影响因素的综合性指标，对小城镇分类公共设施建筑用地及其建筑面积有较高总体控制作用。

小城镇公共设施的建筑面积控制指标可在其用地面积控制指标确定的基础上，按不同类别公共设施的建筑容积率要求，结合小城镇实际确定。

小城镇公共设施建筑容积率可参照表 7-7 要求。

表 7-7　小城镇公共设施的参照建筑容积率

公共设施类别	建筑容积率
行政管理	0.4～0.8
教育科技	0.4～0.7
文化体育	0.5～0.6
医疗卫生	0.7～0.8
商业金融	1.1～1.5
集市贸易	0.3～0.7
其他	—

上述建筑容积率根据相关调查综合分析提出。以行政管理类为例，行政管理类用地多为公益性机构用地，配套一般比较齐全，政府大院环境条件较好，调查容积率较低，多为 0.4～0.7，其他政府外设置的行政管理机构多为 0.6～0.8。调查中也有少数镇容积率过低，只有 0.009～0.176，占用面积过大，如山东威海温泉镇、荣成邱家镇等；也有面积偏小的，但主要指建筑面积。在该类用地面积和建筑面积需求中，国土规划、建设管理机构和工商税务管理机构需要加强，以适应小城镇建设和市场经济的快速发展。

四、小城镇公共服务设施用地控制

小城镇公共服务设施主要指居住小区级和住宅组群级公共服务设施，其单独设置的建筑用地面积和建筑面积控制可结合小城镇公共服务设施配置项目，参考《城市居住区规划设计规范》（GB 50180—1993）和地方有关规定相关要求确定。

表 7-8 为小城镇住区公共服务设施项目配置表。

表 7-8　小城镇住区公共服务设施项目配置表

公共服务设施类别	公共服务设施项目名称	公共服务设施项目配置		
		二级配置		三级配置
		居住小区（Ⅰ）	居住小区（Ⅱ）	住宅组群
1. 行政管理	*居委会	•	•	○
2. 教育科技	初级中学	○	—	—
	*完全小学	•	○	—
	*托儿所、幼儿园	•	•	○
	科技站、信息馆（站）培训中心、成人教育	○	—	—
3. 文化娱体	*文化活动中心	○	○	—
	青少年宫	○	—	—
	*老年活动站	•	•	○
	*儿童乐园	•	•	○
4. 医疗卫生	*保健站	○	○	—
5. 商业金融	*超市	○	○	—
	*粮油副食店	○	○	○
	*日杂用品店	○	○	—
	*餐馆/茶馆	○	○	—
	*照相馆	○	○	—
	*美发美容店	○	○	—
	*浴室	○	○	—
	*洗染店	○	○	—
	*液化石油气站、煤场	○	—	—
	*综合修理服务	○	○	—
	*旧、废品收购站	○	○	—
6. 集市贸易	*禽、畜、水产市场	○	○	—
	*蔬菜、副食市场	○	○	—
7. 其他	公交始末站	○	—	—
	公共行车场库	—	○	—
	*市政公用设施	•	•	—
	*公共厕所	•	•	•

注：1. 表中“•”表示必需设置；“○”表示可能设置；“—”表示不设置；“*”表示该项可为小区和住宅组群的公共服务设施。

2. 表中镇小区Ⅰ级及Ⅱ级的划分按表 7-2 中的规定。

3. 表中未列作为公共服务设施的市政公用设施，包括 10kV 变电站、集中供热锅炉房、燃气调压站、垃圾转运站等，主要指服务于住宅区并在其中配置的市政公用设施。其中集中供热锅炉房和燃气调压站针对供热、供气小城镇而言；镇级市政公用设施一般作为市政设施或基础设施。

4. 可能设置项目可结合小城镇实际适当调整。

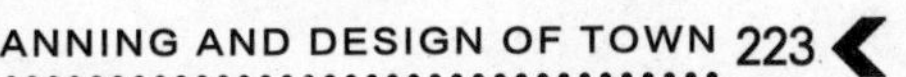

第八章

小城镇生态环境规划相关技术

PLANNING AND DESIGN OF TOWN

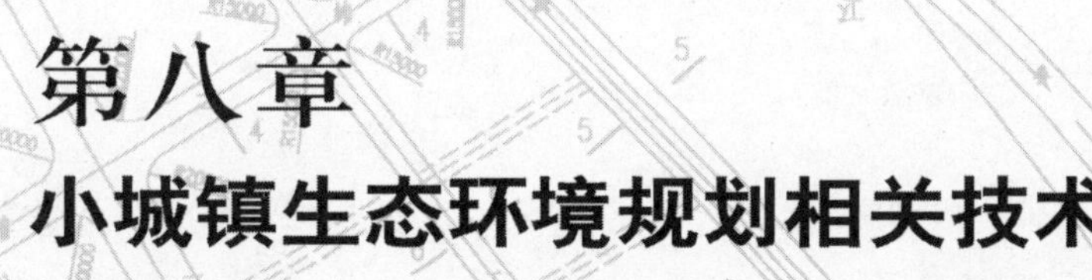

第一节 小城镇生态规划编制基本要求

一、小城镇规划中的生态规划

1. 规划任务与内容

小城镇生态规划的任务是根据生态环境要素、生态环境敏感性与生态服务功能空间划分生态功能区，指导小城镇生态保护和规范小城镇生态建设，避免无度使用生态系统。

不同学科的生态规划有不同的规划内容和规划侧重点。小城镇规划中的生态规划内容包括以下方面：

1）规划区生态环境分析。

2）规划区生态环境评价。

3）规划区远期生态质量预测。

4）规划区生态功能区划分。

5）生态安全格局与生态保护。

6）生态建设。

2. 规划基本原则

1）与小城镇总体规划相协调的原则　小城镇生态环境与小城镇规划建设相互影响。小城镇总体规划中的空间管制，规划区哪些范围适宜建设、可以建设，哪些范围不宜建设、不可建设与用地生态适宜性评价直接相关，生态规划应与总体规划相协调，总体规划要强调和贯穿生态规划的思想与理念。

2）整体优化原则　生态规划以区域生态环境、社会、经济的整体最佳效益为目标。生态规划的思想与理念应该贯穿和体现在小城镇规划的各项规划中，各项规划都要考虑生态环境影响和综合效益，强调生态规划的整体性和综合性是从生态系统原理考虑的基本规划原则。

3）生态平衡原则　生态规划应遵循生态平衡原则，重视人口、资源、环境等各要素的综合平衡，优化产业结构与布局，合理进行生态功能区划，构建可持续发展的区域性生态系统。

4）保护多样性原则　生物多样性保护是生态规划的基本原则之一。生态系统中的物种、群落、生境和人类文化的多样性影响区域的结构、功能及可持续发展。生态规划应避免一切可以避免的对自然系统的破坏，特别是对自然保护区和特殊生态环境条件（如干、湿以及贫营养等生态环境）的保护，同时还应保护人类文化的多样性，保存历史文脉的延续性。

5）区域分异原则　区域分异也是生态规划的基本原则之一。在充分研究区域和小城镇生态要素的功能现状、问题及发展趋势的基础上，综合考虑区域规划、小城镇总体规划的要求以及小城镇规划区现状，充分利用环境容量，划分生态功能分区，实现社会、经济、生态效益的高度统一。

6）以环境容量、自然资源承载力和生态适宜性以及生态安全度和生态可持续性为规划依据，充分发挥生态系统潜力的原则。

① 城镇生态环境容量。城镇生态环境容量可定义为在不损害生态系统条件下，城镇地域单位面积上所能承受的资源最大消耗率和废物最大排放量。城镇生态环境容量涉及土地、大气空间、水域和各种资源、能源等诸多因素。

② 城镇环境容量。城镇环境容量可定义为在不损害生态系统条件下，城镇地域单位面积上所能承受的污染物排放量。

③ 城镇资源承载力。城镇资源承载力是城镇地区的土地、水等各种资源所能承载人类活动作用的阈值，也即承载人类活动作用的负荷能力。

④ 城镇环境承载力。城镇环境承载力是城镇一定时空条件下环境所能承受人类活动作用的阈值大小。

⑤ 城镇土地利用的生态适宜性。城镇土地利用的生态适宜性指城镇规划用地的生态适宜性，也即从保护和加强生态环境系统对土地使用进行评价的用地适宜性。

⑥ 城镇土地利用的生态合理性。它是指从减少土地开发利用与生态系统冲突考虑和分析和城镇土地利用的合理性。城镇土地利用的生态合理性可基于城镇土地利用的生态适宜性评价，对城镇的土地利用现状和规划布局进行冲突分析确定城镇的土地利用现状和规划布局是否具有生态合理性。

⑦ 城镇生态安全度。城镇生态安全度是人类在生产、生活和健康等方面不受城镇生态结构破坏或功能损害，以及环境污染等影响的保障程度。

⑧ 城镇生态可持续性。它是指保护和加强城镇环境系统的生产和更新能力。

城镇生态可持续性强调城镇自然资源及其开发利用程序间的平衡以及不超载环境系统更新能力的发展。

以环境容量、自然资源承载力、生态适宜性、生态安全度和生态可持续性为依据，有利生态功能合理分区、改善城镇生态环境质量，寻求最佳的城镇生态位，不断开拓和占领空余生态位，充分发挥生态系统的潜力，促进城镇生态建设和生态系统的良性循环，保持人与自然、人与环境关系的可持续发展和协调共生。

7）以人为本、生态优先、可持续发展原则　以人为本、生态优先、可持续发展原则是小城镇生态规划的基本原则之一。这一原则也即要求按生态学、社会学和经济学原理，确立优化生态环境的可持续发展的资源观念，改变粗放的经济发展模式，并按与生态协同的小城镇发展目标和发展途径，建设生态化小城镇。

二、生态规划编制方法

1. 规划编制基本程序

小城镇生态规划编制一般按以下步骤进行：

1）提出和明确任务要求　政府规划行政主管部门作为规划编制组织单位委托具有相应资质的单位编制小城镇生态环境规划，并提出规划的具体要求，包括规划范围、期限重点；规划编制承担单位明确任务要求，并按下述2）～6）步骤进行规划编制。

2）调研与资料收集　除收集和调查分析小城镇总体规划所需资料外，着重收集生态相关的自然状况资料和农、林、水等行业发展规划有关资料。重点调查相关的自然保护区、环境污染和生态破坏严重地区、生态敏感地区。

3）编制规划纲要或方案。

4）规划纲要专家论政或方案论证（由规划编制组织单位组织，相关部门与专家参与）。

5）在纲要或方案论证基础上补充调研和规划方案优化编制。

6）成果编制与完善　包括中间成果与最后成果的编制与完善，其间也包括成果论证和补充调研等中间环节。

7）规划行政主管部门验收规划编制单位上报成果（包括文本、说明书、图纸）并按城乡规划编制的相关法规，组织规划审批及实施。

2. 规划编制基本方法

（1）生态调查与生态环境分析

1）生态调查　小城镇生态系统现状调查和资料收集包括小城镇生态相关区域和小城镇规划区域的相关地形图、自然条件、气象、水文、地貌、地质、自然灾害、生态环境、资源条件、产业结构及乡镇企业状况、历史沿革、城镇性质、人口和用地规模、社会经济发展状况及计划。基础设施、风景名胜、文物古迹、自然保护区和生态敏感区、土地开发利用现状与用地布局、环境污染与治理、相关区域规划。

上述相关内容多数在小城镇总体规划编制现状调查和资料收集中一并进行。

小城镇生态规划专项调查包括生态系统、生态结构与功能、社会经济生态、区域特殊保护目标的调查。

① 生态系统调查。生态系统调查主要包括动植物种，特别是珍稀、濒灭物种相关调查和生态类型调查（包括类型的特点、结构）。

小城镇生态规划主要涉及城镇生态系统和农业生态系统，尚可能涉及草原生态系统等非主要相关生态系统。

a. 城镇生态系统。城镇生态系统是自然—社会—经济的人工复合生态系统。组成要素除生物与非生物环境要素外，还包括人类、社会和经济要素，通过人类的生产、消费过程，实现系统中能量与物质的流动和转化，从而形成一个内在联系的统一整体。

相关调查包括：人口密度、经济密度、能耗密度、物耗密度、土地条件、建筑密度、交通强度、地表植被水资源、气象条件、环境质量状况、社会文明程度。

b. 农业生态系统。农业生态系统是自然生态系统基础上发展起来的一种人工生态系统，是人类按照一定的要求对自然生态系统积极改造形成的生态系统。

小城镇镇域多为农村，小城镇生态规划除研究城镇生态系统外，农业生态系统也是主要研究和考虑的内容。其相关调查可包括主要农、蓄、水、林产品和种类、数量、结构、化肥、农药、能源等的用量、农业劳力状况等，

② 生态结构与功能调查

a. 形态结构调查。形态结构调查包括小城镇规划区内的土地利用结构调查、绿化系统结构调查和所在区域生物群落结构及变化趋势调查（如重要林区、草地、生态保护区等调查）。

b. 营养结构特征及变化趋势调查分析。其主要是以生产者、消费者、还原者为中心的生态系统三大功能类群相关调查分析。

c. 生态流与生态系统功能调查。生态流主要是物质流、能量流与信息流；生态系统功能是物质流与能量流在生物与非生物环境之间不断运行，两个流动过程结合在一起所形成，并表现为生产功能、生活功能、调节功能和还原功能。

③ 社会经济生态调查。小城镇社会经济生态调查主要是调查小城镇人口、科技、环境意识与环境道德。

其中产业结构分析包括一、二、三产业结构比例，环保产业和高新产业分别在 GDP 中的比重，产业结构、乡镇企业污染型比例；能源结构分析包括各种能源比例关系，不可更新与可更新能源比例关系，排放污染物能源与清洁能源比例关系；投资结构分析包括各类开发建设的投资比例，环境保护投资占同期 GDP 的百分比以及新产品开发投资占同期 GDP 的百分比。

④ 所在区域特殊保护目标调查。生态规划重点关注的区域特殊生态保护目标有以下方面：

a. 敏感生态目标。如自然景观风景名胜、水源地、湿地、温泉、火山口、地质遗迹等。

b. 脆弱生态系统。如岛屿、荒漠、高寒带生态系统。

c. 生态安全区。如江河源头区和对城镇人口经济集中区有重要生态安全防护作用的地区。

d. 重要生境。重要生境系生物物种丰富或珍稀濒危野生生物生存的生境，如热带森林、原始森林、红树林等。

2）生态环境分析

① 生态系统分析。分析确定生态系统类型，分析小城镇生态系统结构的整体性和生态系统的物质与能量流动以及生态功能。

此外，还有生态系统相关性、生态约束条件和生态特殊性分析。生态系统相关性分析是分析复杂生态关系，确定相关性特别强的系统或因子，以便采取有效生态保护措施。生态约束条件分析主要是水分、土地与土壤、气候条件、地质地貌条件、生物条件和社会经济条件等约束的系统分析。生态特殊性分析主要是对生态系统特殊性、主导性生态因子、敏感生态环境保护目标进行分析。

②生态环境现状分析。主要分析规划区土地资源开发利用中可能面临的水土流失、土地荒漠化、盐渍化等问题；分析小城镇绿地被挤占和绿化系统存在的缺陷造成的生态功能下降、景观生态不良变化等小城镇生态环境现状存在问题。

③ 生态破坏效应分析。分析因森林破坏、绿地被挤占、水土流失、土地荒漠化、生物群落结构破坏，给人群生活和健康的影响和损害；同时分析因生态破坏造成的直接和间接经济损失。

④ 生态环境变化趋势分析。生态环境变化趋势分析主要包括小城镇人口压力对生态环境的影响和小城镇建设与经济增长对生态环境的影响分析。

（2）生态系统分析、评估与预测

生态系统分析与评估，以及生态预测是小城镇生态规划中的重要内容，也是小城镇生态规划的基础。

生态系统分析与评估主要是分析小城镇生态系统结构、功能状况，辨识生态位势，评估小城镇生态系统的健康度、可持续度等，提出小城镇自然—社会—经济发展的优势、劣势和制约因素。

在小城镇生态系统分析与评估基础上，进行小城镇规划期生态预测。

小城镇生态预测可参照以下相关内容。

1）生态风险评估　伴随着小城镇的迅速发展，人类在生产、生活需求不断增长的压力下，大规模进行自然资源开发和工业生产活动。这些活动在给人类带来利益的同时也引起了严重的生态环境问题，尤其突出的是对生态系统结构和功能的破坏。

盲目的小城镇建设和发展计划，特别是大规模地发展工业和交通项目，往往造成小城镇地区环境质量低下，导致了许多健康问题，进而影响到小城镇的可持续发展。为了解决小城镇建设过程中产生的各种生态环境和健康问题，促进小城镇的可持续、健康发展，必须对小城镇生态规划进行引导和生态风险检验、监测和评估，其主要环节有：

① 政策风险检验。主要检查小城镇生态规划在大的方向上是否符合小城镇可持续发展的目标，必须使生态规划贯彻反映最佳实践并有利于提高小城镇居民生活质量和小城镇环境保护的政策。

② 环境风险模拟监测。通过以往建立的环境数据库和相应的小城镇发展模型，就小城镇生态规划的主要变量，逐项检验是否符合小城镇可持续发展的正确方向。

③ 系统评估。从整体水平上提出有利于小城镇可持续发展生态规划修改的建议。

2）环境代价审计　一是根据环境代价的监测，对实施小城镇生态规划可能出现的问题进行经济学计量，包括有意识地邀请代表广大民众意愿的当地政府来进行操作，统计大气污染、野生生物栖息地的丧失和人居环境建设等造成的环境代价。二是进行政策影响的环境代价评估和计价。小城镇生态规划的目标，就是要最大限度减少上述两个方面的环境代价。可见，小城镇生态规划应该建立在对一个小城镇能够接纳增加的人口或人类活动的环境容量进行经济学计量的基础之上。

3）生态资本效益评估　实施小城镇生态规划，其主流是带来生态增值，这也是一种财富，是小城镇可持续发展能力的计量。

4）小城镇生态质量预测　小城镇建成区的环境综合整治的主体思路是实现，“基础设施现代化，小城镇环境生态化，产业结构合理化，生活质量文明化”。小城镇生态质量预测是指根据小城镇经济社会短期和长期计划，以小城镇生态环境质量为目标，讨论其将对生态环境各要素的影响，通过分析、比较、推论和综合，对小城镇生态环境质量做出预测评价。此项工作的重点在于应对小城镇经济开发过程中可能产生的各种环境影响做出科学预测。根据小城镇环境质量要求，分析小城镇环境质量发展趋势，提出小城镇生态环境的主要问题及原因，以便对症下药，落实控制小城镇生态环境污染的措施和对策，为小城镇人口、产业等发展规模与环境质量的平衡和协调提供充分的依据。

小城镇生态质量预测要切实做到以下几方面：

① 实行环境保护目标责任制，加强县、乡党委和政府的环境保护政绩考核。

② 加强县、乡环境保护机构和环保队伍建设，进一步加强小城镇环境管理。

③ 全面开展城镇环境保护规划。根据小城镇发展速度和发展要求，由城镇环境功能确定其环境容量，实施区域污染物总量控制

④ 合理引导小城镇建设。有计划地控制小城镇人口，加强生活污水集中处理设施、生活垃圾资源化处理设施和集中供热、供气工程等环境基础设施建设，完善小城镇功能。

（3）生态功能区划分与生态区划分

生态功能区划是小城镇规划的重要组成部分。

小城镇生态功能区划分基于小城镇规划区自然环境和社会环境的现状调查，规划区生态

环境分析及生态环境评价，小城镇生态功能区划在生态功能区划分的同时，指出小城镇各分区的生态环境功能要求和发展方向。

图 8-1 为小城镇生态功能区划分的一般程序。

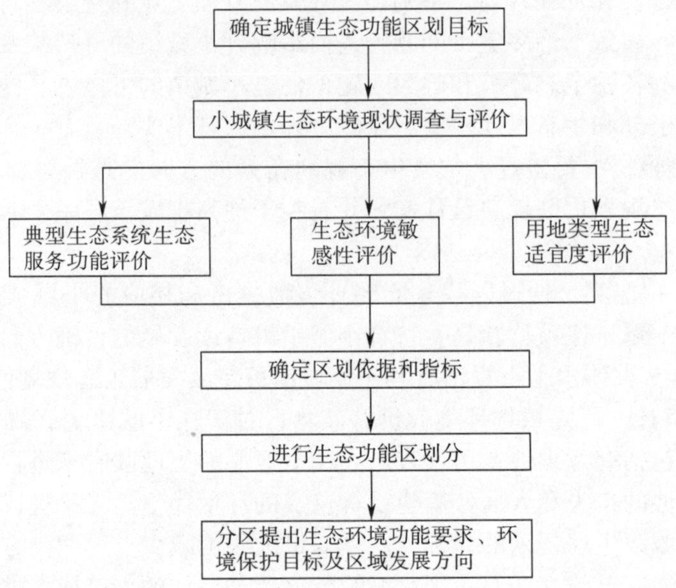

图 8-1　小城镇生态功能区划分的一般程序

小城镇生态规划可在小城镇生态功能区划的同时，酌情考虑小城镇生态区划。小城镇生态功能区划和生态区划可参照本章“第三节小城镇生态功能区与生态区划分技术”中的相关内容

（4） 生态建设

1） 生态城市与生态小城镇规划建设

① 生态城市。不同学科对生态城市有不尽相同的解释。

生态学科认为，人和自然和谐是生态城市取向所在，生态城市实质上是实现人—自然和谐的城市。

生态经济学科认为，生态城市是采用既有利于保护自然价值，又利于创造社会文化价值的生态技术和集约内涵式经济增长方式的城市。

生态社会学科认为，生态城市是教育、科技、文化、道德、法律、制度都生态化的城市。

城市生态学科认为，生态城市是社会—经济—自然复合生态系统达到结构合理、功能稳定、动态平衡的城市。

系统学科认为生态城市是一个与城市郊区及相关区域紧密联系的开放系统，不仅涉及自然生态系统，也涉及人工环境系统、经络系统、社会系统，是一个以人的行为为主导、自然环境为依托、资源流动为命脉、社会体制为经络的社会—经济—自然复合系统的城市。

综上论述，可以认为生态城市是社会—经济—自然生态系统复合生态化的城镇，是实现城市社会—经济—自然复合生态系统整体协调，稳定有序演进，可持续发展的城市。

生态城市的主要特征是其和谐性、高效性、多样性、持续性、整体性和区域性。

2002年第五届国际生态城市会议通过了《生态城市建设的深圳宣言》，其中阐述了建设生态城市的以下内容。

a. 生态安全。生态安全即向所有居民提供洁净的空气、安全可靠的水、食物、住房和就业机会以及市政服务设施和减灾防灾措施的保障。

b. 生态卫生。生态卫生即通过高效率低成本的生态工程手段，对粪便、污水和垃圾进行处理和再生利用。

c. 生态产业。生态产业即促进产业的生态转型，强化资源的再利用、产品的生命周期设计、可更新能源的开发、生态高效的运输，在保护资源和环境的同时，满足居民的生活需求。

d. 生态景观。生态景观即通过对人工环境、开放空间（如公园、广场）、街道桥梁等连接点和自然要素（水路和城镇轮廓线）的整合，在节约能源、资源，减少交通事故和空气污染的前提下，为所有居民提供便利的城市交通。同时，防止水环境恶化，减少热岛效应和对全球环境恶化的影响。

e. 生态文明。生态文明指帮助人们认识其在与自然关系中所处的位置和应负的环境责任，引导人们的消费行为，改变传统的消费方式，增强自我调节的能力，以维持城市生态系统的高质量运行。

上述的宣言呼吁城市规划应以人为本，确定生态敏感地区和区域生命支持系统的承载能力，并明确应开展生态恢复的自然和农业地区；在城镇设计中大力倡导节能、使用可更新能源、提高资源利用效率和物质的循环再生；将城市建成具有高效、便捷和低成本的公共交通体系的生态城市；为企业参与生态城市建设和旧城的生态改造项目提供强有力的经济激励手段；鼓励社区群众积极参与生态城镇设计、管理和生态恢复工作。

② 生态小城镇规划建设。我国小城镇的生态环境形势不容乐观，存在主要问题有：

a. 小城镇人均建设用地普遍偏高，一些小城镇求大求全占用土地面积过大，土地资源破坏和浪费严重。

b. 生态环境意识淡薄，产业结构和布局不合理，乡镇企业大多以原料开采、冶炼及简单加工制造业为主，环境污染、生态恶化相当严重，部分乡镇企业甚至对生态环境造成了毁灭性破坏，一些地区还继续将污染工业向小城镇和农村转移，小城镇的上述生态环境问题已成为我国生态环境的突出问题之一。

c. 小城镇基础设施和公共设施滞后，配套很不完善，特别是缺乏污水处理、垃圾处理和集中供热设施，使小城镇环境卫生、环境污染已成为严重问题。

d. 生态建设的非自然化倾向十分突出，普遍存在填垫水面、砍伐树木、破坏植被、人工护砌河道等非自然化倾向，有的地方甚至造成对当地自然物种的浩劫，加剧小城镇生态恶化。

e. 防灾减灾能力薄弱和对自然、文化遗产保护及生态环境监管不力，造成自然生态和文化生态的破坏。

进入21世纪以来，生态小城镇规划建设已受到人们的普遍关注。小城镇生态环境以建设生态小城镇为目标，以循环经济和生态产业为依托，应用景观生态学原理和方法进行规划建设。小城镇生态环境建设是应用生态学和系统工程学的方法，对小城镇社会—经济—自然复合生态系统进行多因素、多层次、多目标设计和调控，以及结构和功能的系统优化。

小城镇生态建设应重视的方面有：以建设生态小城镇为建设目标；发展循环经济和生态农业；以生态产业为发展方向，逐步调整传统产业结构，建立可持续发展的生态产业体系，以合理的产业结构、布局和生态产业链为基础，提高生态经济（绿色 GDP）在国民经济中的比例；加强基础设施建设，特别是道路、能源、排水、环卫设施；建设山、水、城、林相依的宜居型生态小城镇。

2）生态工业与工业型小城镇生态建设

① 生态工业。联合国工业与发展组织定义生态工业是“在不破坏基本生态进程的前提下，促进工业在长期内给社会和经济利益做出贡献的工业化模式。”

国内外一些学者相关论述指出：生态工业是“仿照自然界生态过程物质循环的方式来规划工业生产系统的一种工业模式。在生态工业系统中，各生产过程不是孤立的，而是通过物料流、能量流和信息流互相关联，一个过程的废物可以作为另一过程的原料而加以利用。生态工业追求的是系统内各生产过程从原料、中间产物、废物到产品的物质循环、达到资源、能源、投资的最优利用”。“生态工业是指合理地、充分地、节约地利用资源，工业产品在生产和消费过程中对生态环境和人体健康的损害最小以及废弃物多层次综合再生利用的工业模式”。

生态工业建设的目标可认为是尽量减少废物，将工业园区内一个工业项目或工厂企业产生的副产品作为另一个工业项目或工厂企业的投入或原材料，通过废物交换、循环利用、清洁生产等手段，最终实现工业园区的污染“零排放”，工业园区相邻工业企业形成一个互依互存，类似于自然生态食物链过程的“工业生态系统”，通常用“工业共生”、“横向耦合”、“纵向闭合”、“区域耦合”及工业生态链等概念表征工业生态系统中工业企业之间的关系。

国内学者选择性吸收国外生态农业的科学内涵，结合我国特点提出具有创造性的生态农业概念：生态农业是指遵循自然规律和经济规律，以生态学、生态经济学原理为指导，以生态效益、经济效益、社会效益的协调统一为目标，运用系统工程方法和现代科学技术建立的具有生态与经济良性循环持续发展战略思想的多层次、多结构、多功能的综合农业生产体系。

② 农业型小城镇生态建设。农业型小城镇是指以农业为小城镇经济发展主导产业，同时多种经营的小城镇。其特征是产业结构以第一产业为基础，多数是我国商品粮、经济作物、禽畜等生产基地，并有为其服务的产前、产中、产后的社会服务体系。

农业型小城镇，一般来说生态环境条件较好，但也存在一些带有共性的问题，主要有以下几点：

a. 水土流失问题严重。我国是世界上水土流失最严重的国家之一。水蚀、风蚀、冻融侵蚀广泛分布，还有滑坡泥石流等重力侵蚀，加之随着城镇化和工矿业的发展、地表扰动，植被破坏，进一步加剧水土流失。

水土流失是我国生态环境恶化，也是农业型小城镇生态环境恶化的主要特征。

一些地区小城镇滥伐森林、陡坡开荒、草原垦殖、超载放牧等活动不断发生，土地资源遭到破坏，水土流失加剧。一些小城镇开矿、采石造成山体和植被破坏，也造成大量水土流失。

b. 水资源不合理的开发利用。特别是西北地区人与自然争水现象严重，生态用水减少，天然绿洲萎缩，原本十分脆弱的生态环境进一步恶化。

③ 工业型小城镇生态建设。工业型小城镇是以工业为小城镇经济发展主导产业的小城镇。其特征是产业结构以工业为主，在农村社会总产值中，工业产值占的比重大，从事工业生产的劳动力占劳动力总数比重大，工农、镇乡关系密切，工厂设备、仓储库房、交通设施较完善，乡镇工业有较大规模。

工业型小城镇生态环境问题尤为突出，主要表现在以下方面：

a. 土地资源严重浪费。一些乡镇企业产业雷同、布局分散、重复建设、重复占地，土地资源浪费十分严重。

b. 生态环境资源无效利用。许多地区乡镇企业乱挖滥采，甚至偷挖矿产资源，技术设备简陋，资源综合利用率低，造成严重资源浪费。

c. 环境污染严重且难治理。一些小城镇乡镇企业遍地开花，加之工艺落后、设备陈旧、技术低下造成环境污染点多面广、难以治理的十分被动局面。

工业型小城镇生态建设应以生态工业建设为主要目标和重点。工业型小城镇的生态建设重点应是在产业结构调整和工业布局规划及工业项目开发建设中，将清洁生产、循环经济和工业生态学的理念纳入其中，并贯穿整个过程，建设以生态工业园为主要特征的生态工业型小城镇。

3）生态农业与农业型小城镇生态建设

① 生态农业。国外生态农业可释义为“生态上能自我维持、低输入，经济上有生命力，在环境、伦理和审美方面可接受的小型农业。”

② 土地退化和荒漠化现象明显。不合理的土地利用方式如森林植被破坏、草场的过度放牧、耕地的过分开发、山地植被的破坏等导致土地退化、荒漠化。

近 50 年，我国因水土流失毁掉耕地达 4000 多万亩，平均每年将近 100 万亩，造成退化、沙化、碱化草场约 $100\times10^4\text{km}^2$，占我国草原总面积的 50%。

农业型小城镇生态建设应以生态农业建设为主要目标和重点。农业型小城镇应针对上述水土流失、土地退化和荒漠化等生态环境主要存在问题，加强生态建设。应以物质能量的循环和多层次利用，尽量减少资源消耗，获得好的投入产业效益，传农业生产实现能量与养分的良性循环、农业环境的不断改善，生产供给与人类需求保持基本协调。

4）生态旅游与旅游型小城镇的生态建设

生态旅游尚无统一定义。作为研究，生态旅游可认为是在不破坏生态环境的前提下，以自然生态环境为主要活动舞台的可持续生态、文化旅游。

旅游服务型小城镇是以旅游业为小城镇经济发展主导产业的小城镇。其主要特征是具有名胜古迹或自然风景资源，城镇发展以名胜区为依托，通过旅游资源的开发及其配套设施的建设和为旅游提供第三产业服务，形成的旅游服务型小城镇。

历史文化小城镇通常是指历史古镇和文化名镇。其主要特征是历史悠久，有些从 12 世纪的宋朝或 14 世纪的明朝开始就已经聚居了上千人口，具有一些代表性的、典型民族风格或鲜明地域特点的建筑群，有历史价值、艺术价值和科学价值的文物，“文、古”特色显著。

旅游小城镇在以旅游业为主导产业推动经济发展的同时，也带来了生态环境污染和破坏的负面效应，特别是传统、大众化的旅游引发了一系列问题，如大气、垃圾、水体、视觉噪声等污染，环境退化，疾病传播，土壤侵蚀等，使生态同样遭到破坏。而只有生态旅游才能带动旅游产业向自然、社会、经济协调发展地推动环境保护的可持续型模式转化，使大众化旅游诸多负面影响向正面效应转化。

同样，生态旅游也包括文化生态旅游，生态旅游的正面效应促进历史文化小城镇民族传统文化的发展与保护。提供一条采用生态建设理念保护历史古镇和文化名镇，保护民族传统文化的有效途径。

因此生态旅游和生态学理念是旅游型小城镇和历史文化小城镇生态建设的主要建设目标和重点。

第二节　小城镇生态（环境）评价技术

一、小城镇生态（环境）评价内容

1. 生态评价概念

小城镇生态评价也叫生态环境评价，包括生态环境质量评价和生态环境影响评价。

（1）生态环境质量评价

生态环境质量评价是根据选定的指标体系，运用综合评价的方法评定某区域生态环境的优劣，作为环境现状评价和环境影响评价的参考标准，或为环境规划和环境建设提供基本依据。

（2）生态环境影响评价

生态环境影响评价是对人类开发建设活动可能导致的生态环境影响进行分析与预测，并提出减少影响或改善生态环境的策略和措施。

小城镇生态评价与小城镇环境质量评价的关系非常密切、但它们的侧重点又有所不同。在我国，小城镇环境质量评价的一般做法是：首先在待评价的小城镇中筛选出主要污染源和污染物；第二步是进行单项评价与综合评价；第三步是根据环境质量指数与流行病调查资料，进行环境污染与健康的相关性研究，并在监测的基础上建立数学模型以指导区域环境规划和预测。在评价中常常采用理化方法分别对大气污染、水环境污染、固体废弃物污染、噪声污染以及土壤污染等进行分析，有时也对生物进行分析，但多是把它们作为环境质量的指标，很少对生命系统本身进行评价。小城镇的生态评价虽然也要应用小城镇环境质量评价的方法和结果，但它的重点是要对小城镇生态系统中的各个组成成分的结构、功能以及相互关系的协调性进行综合评价，也就是说，小城镇生态评价是根据生态系统的观点，运用生态学、环境科学的理论与方法，对小城镇生态系统的结构、功能和协调度进行综合分析评价，以确定该系统的发展水平、发展潜力和制约因素。小城镇生态评价是小城镇生态规划、生态建设和生态管理的基础及依据。

2. 生态评价的理论基础以及程序与方法

（1）生态评价的理论基础

小城镇生态评价的主要目的在于运用复合生态系统及景观生态学的理论方法，对小城镇及其周围的资源与环境的性能、生态过程以及生态敏感性与稳定性进行综合分析，才能认识小城镇环境资源的生态潜力和制约因素。小城镇生态调查与城镇生态调查类似，其主要目标是调查收集小城镇区域内的自然、社会、人口与经济的资料和数据，充分了解区域内的生态过程、生态潜力与制约因素。小城镇生态调查的主要内容包括历史资料的收集、实地调查、社会调查与遥感技术的应用等。

对一个地区，具体到小城镇，对其自然系统的认知有赖于对生态因素的全面分析和整体考察，也就是不仅必须分析地域的非生物因素，包括气候、地质、地形、土壤、水文等各相关因素；还必须分析地域的生物因素，包括动植物和微生物及其相互关系，以及人类对自然的干扰。如何利用土地，如何最大限度地保证生态系统的稳定性，如何使规划地域达到不损害环境的生态合理的空间布局等，这些都是小城镇生态评价中需要详细、深入地了解的内容。因而，必须充分理解小城镇规划地域的资源与环境敏感程度、环境特性的空间差异性，以及对人为土地使用的利用潜力和发展限制，从而能够站在系统的高度上，整体地考虑人类行为与环境体系之间的复杂关系，积极地作出资源与环境的最有效分配与利用，减少环境的负面效应。这是小城镇建设进行生态评价的理论基础。

1）生态系统影响要素　小城镇生态关系是指小城镇居民与自然环境、社会环境之间的关系，由于小城镇生态系统的复杂性和各种要素的关联性，对小城镇生态关系的研究实质上考察的是小城镇生态系统中各子系统之间的输入输出关系，也就是子系统之间和系统与外界之间的物质流、能量流、信息流、人口流和资金流。这些流作为系统之间以及系统与外界联系的链条，当它维持正常的交换关系时，也就是说当交换处于小城镇系统与外界环境都允许的范围内时，认为城镇系统生态稳定，反之，则认为小城镇系统存在生态不稳定因素。因此，反映小城镇系统交换关系的这些链条是评价小城镇系统生态化的重要指标。例如，自然环境最大承载能力反映了环境所能承受的对污染物消化吸收且维持系统相对稳定的能力，环境最高承受能力可以采用最大容纳污染物的数量表述。这种交换可以反映为乡镇企业“三废”排放达标率和生活垃圾无害化处理率这两项指标。

小城镇生态系统的影响要素可以理解为系统内合理的物质、能量、信息、资金、人口流，它们所体现的生态内涵为环境的局限性、社会公平性以及经济发展的协调性等。

2）生态过程分析　小城镇生态过程的特征是由小城镇生态系统以及小城镇景观的结构和功能所规定的。其自然生态过程实质上是生态系统与景观生态功能的宏观表现，如自然资源及能流特征、景观生态格局及动态，都是以组成小城镇景观的生态系统功能为基础的。同时，由于小城镇中的工农业、交通、商务等经济活动的影响，小城镇的生态过程又被赋予了人工特征。显然，在小城镇规划中，受极其密集的人类活动影响的生态过程及其与自然生态系统过程的关系是应当关注的重点。在可持续小城镇的生态规划中，往往要对能流、物流平衡、水平衡、土地承载力及景观空间格局与小城镇发展和环境保护密切相关的生态过程进行综合分析。

小城镇复合生态系统的能量平衡与物质循环是小城镇生态系统及景观生态能量平衡的宏观表现。由于受人的密集的经济活动的影响，小城镇能流过程带有强烈的人为特征：一是小城镇生态系统的营养结构简化，自然能流的结构和通量被改变，而且生产者、消费者与分解还原者分离，难以完成物质的循环再生和能量的有效利用。二是小城镇生态系统及景观生态格局改变。许多小城镇单元、社区“镶嵌体”及交通“廊道”的增加，成为小城镇物流的控制器，使物流过程人工化。三是辅助物质与能量投入大量增加以及人与外部交换更加开放。以自然过程为基础的郊区农业更加依赖于化学肥料的投入，工业则完全依赖于小城镇外的原料的输入。四是小城镇地面的固化以及人为活动的不断加强，使自然物流过程失去平衡，导致地表径流进入污水系统以及土地退化加剧，况且人工物流过程也不完全，导致有害废弃物的大量产生和不断积累，大气污染、水体污染等小城镇生态环境问题日益加剧。通过对小城镇物流与能流的分析，可以深入认识小城镇环境与可持续发展的关系。

在小城镇内部、各分区之间，存在着功能分工，通过资源与商品等的交换和交通等纽带，把小城镇各功能实体连成一个整体。通过分析小城镇内物质交换的特点，可以进一步了解小城镇的功能分工及经济特点。小城镇物质流分析，还包括小城镇与其他相邻区域的物质交换分析，以便了解小城镇的经济与资源地位，以及小城镇的经济对外界的依赖性。

3）生态潜力分析　小城镇生态潜力是指在小城镇内部单位面积土地上可能达到的第一性生产水平。它是综合反映小城镇生态系统光、温、水、土资源配合效果的一个定量指标。在特定的小城镇区域，光照、温度、土壤在相当长的时间内是相对稳定的，这些资源组合所允许的最大生产力通常是这个小城镇绿色生态系统的生产力的上限。

根据这四种自然资源的稳定性和可调控性，资源生产可以分为4个层次，包括光合生产潜力、光温生产潜力、气候生产潜力及土地承载能力。小城镇生态系统光合、光温及气候生产潜力分析主要针对小城镇所处区域的自然生态系统的生态潜力与生态效率特征，它反映了该小城镇所处区域气候资源的潜力。小城镇的土地承载能力不仅是小城镇生态系统可持续性的反映，而且还是该小城镇所处区域农业土地资源及区域农业生产的综合体现。

通过分析和比较小城镇及所处区域的生态潜力与现状、土地能力，可以找出制约城镇可持续发展的主要生态环境因素。

4）生态格局分析　小城镇密集是人类活动长期改造的结果，给城镇景观结构与功能赋予了明显的人工特征。在小城镇内部，密集的居住区和繁华的商业区往往成为控制小城镇功能的镶嵌体。公路、铁路及街区人工绿化带（网）与区域交错的天然及人工河道、水体与残存的自然镶嵌体，共同构成小城镇的景观格局。这种以自然生态系统为基础，由人类活动产生的小城镇景观，我们称之为小城镇人类景观生态格局，是小城镇复合生态系统的空间结构。

从区域上来说，小城镇通常是农村区域的镶嵌体，也是农村区域的社会经济中心，并通过发达的交通和信息网络等廊道与农村和其他小城镇进行物质、能量和信息的交换，残存的自然生态系统斑块对维护小城镇生态系统的活力、保存物种及生物多样性具有重要的价值。

无论是残存的自然生态系统斑块，还是人工化的小城镇景观要素及其动态，均反映在该城镇所处区域的土地利用格局上。在这种意义上，小城镇生态规划就是运用小城镇生态学原理及人工与自然的关系，对小城镇土地利用格局进行调控。因此，小城镇复合生态系统的景观结构与功能分析对小城镇生态规划有重要的实际意义。

小城镇自然和人工景观的空间分布方式及特征，与小城镇生产、生活活动密切相关，是人与小城镇自然环境长期作用的结果。因此，小城镇复合生态系统的景观分布与特征，如景观优势度、景观多样性、景观均匀度、景观破碎化程度、网络连接度等，在不同方面反映了小城镇人为活动强度和方式及其与小城镇自然环境的关系。

5）生态敏感分析　在小城镇复合生态系统中，不同生态系统或景观斑块对人类活动干扰的反应是不同的。有的生态系统或景观斑块对干扰具有较强的抵抗力；有的则恢复能力强，即尽管受到干扰后，在结构或功能方面产生偏离，但很快就会恢复系统的结构和功能；然而，有的系统却很脆弱，既容易受到损害或破坏，也很难恢复。小城镇生态敏感性分析的目的就是分析、评价小城镇内部各系统对小城镇密集的人类活动的反应。值得指出的是，在小城镇开发中，人类有可能损害及破坏小城镇内的任何生态系统。根据小城镇建设与发展可能对小城镇生态系统的影响，生态敏感性分析通常包括小城镇地下水资源评价、敏感集水区和下沉区的确定、具有特殊价值的生态系统和人文景观以及自然灾害的风险评价等。

6）生态标志　城镇生态的主要标志是：生态环境良好并不断趋向更高水平的平衡，环境污染基本消除，自然资源得到有效保护和合理利用；稳定可靠的生态安全保障体系基本形成；以循环经济为特色的社会经济加速发展；人与自然和谐共处，生态文化长足发展；城镇环境整洁优美，人民生活水平全面提高（全国城镇规划执业制度管理委员会，2000；吴峙山，1991）。

首先，生态不仅反映城镇环境优良程度，还包含小城镇功能布局的合理性，居住条件的特色内容，公共服务设施的人性化等诸多方面。其次，小城镇生态标志是小城镇通过运用生态学、社会工程等科学和技术手段进行一系列建设和改造，使小城镇成为布局合理、功能健全、环境良好的最优化居住形式。再次，小城镇生态化过程中，需要解决不断出现的社会、经济、自然问题，而原有城镇建设理论已不能完全解决这些问题，需要引入新学科、新领域的技术手段。最后，小城镇是一个社会系统、经济系统和自然系统组成的复合系统，小城镇各个方面的生态化过程也就是系统各个指标的最优化过程；需要引入系统工程的原理。

如何对城镇进行生态评价，就需要融合经济学、社会学、生态学以及小城镇规划建设理论等多学科来对小城镇生态建设标准进行进一步研究，以制定一套实用的标准体系，科学地评价小城镇生态的建设状况。

7）生态化与生态化程度　小城镇生态化简单地说就是实现城镇社会—经济—自然复合生态系统的整体协调，从而达到一种稳定有序状态的演进过程（夏晶，陆根法，王玮，安艳玲，2003）。

这里“生态化”已不再是单纯生物学的含义，而是综合整体的概念，蕴含着社会、经济、自然复合生态的内容，小城镇生态化强调社会、经济、自然协调发展和整体生态化，即表现人与自然共同演进、和谐发展、共生共荣，它是可持续发展模式。

小城镇生态化程度就是衡量小城镇生态化进度的指标（宋永昌，戚仁海，由文辉，王祥荣，祝龙彪，1999）。

社会生态化表现为人们有自觉的生态意识和环境价值观，生活质量、人口素质及健康水平与社会进步、经济发展相适应，有一个保障人人平等、自由、教育、人权和免受暴力的社会环境。经济生态化表现为采用可持续的生产、消费、交通和居住区发展模式，实现清洁生产和文明消费。对经济增长，不仅重视增长数量，更追求质量的提高，提高资源的再生和综合利用水平。

环境生态化表现为：①发展以保护自然为基础；②与环境的承载能力相协调；③自然环境及其演进过程得到最大限度的保护；④合理利用一切自然资源和保护生命支持系统；⑤开发建设活动始终保持在环境承载能力之内。

（2）生态评价程序

小城镇生态评价的程序主要可包括以下几个步骤：①资料收集和实地调查；②小城镇生态系统组成因子的分析；③评价指标筛选与指标体系设计；④专家咨询；⑤确定指标标准，选择评价方法；⑥进行单项和综合评价，向专家咨询和民意测验；⑦修改评价；⑧论证与验证；⑨提出评价报告。

（3）生态评价方法

1）资料收集与调查　收集小城镇的有关自然环境与现状发展的基本资料及地理图，例如：气候、地质、地形、水文、土壤、植物与土地使用等，建立地理信息系统，以作为后续工作的基础。

2）生态条件评价　在对生态环境条件充分理解的基础上，进行生态环境潜能与生态环境敏感性的分析，参照小城镇的实际情况，可确定对坡地稳定度的分析，土壤侵蚀程度的分析，地下水补注区位的分析，尤其是后者的分析是至关重要的。根据水土流失的状况，地下水补注区位的状况，土壤的工程承载能力，作出小城镇建设用地适宜性分析的空间架构，农业用地生态条件适宜性分析与建筑用地适宜性分析及其相关的生态建设是小城镇建设的客观依据。

自然环境因素的评价与分析的工作主要在于：分析土地使用与自然环境间的关联，从而确立评估各自然环境因素对土地使用适宜性程度，分析小城镇区域内的相关的环境潜能与环境敏感性等资源特性的空间分布。

3）土地利用生态适宜性分析　根据上一步对各自然环境因素的单项分析结果，进行综合分析，分析每一种土地利用的发展潜力与发展限制，再组合为生态适宜性。土地使用生态适宜性分析可以分为城建用地生态适宜性分析和农业用地生态适宜性分析两个方面。城建用地生态适宜性分析是根据坡地的稳定、坡度的大小、土壤的厚度、建设的工程条件、地下水的补注区位等作综合的分析，对小城镇的城建用地生态适宜性状况分级。农业用地生态适宜性分析是从土地的自然生产潜力出发，对影响植物生长的基本因素，主要是光、热、水和营养元素等生命活动不可缺少的能量和物质状况进行分析。因为不同性质的土地，其光、热、水和营养元素的含量及组合不同，构成了不同的土地农业生产的自然生态条件，不同的利用潜力与限制，和不同的生态适应性。

4）综合分析，确定方案　分析各种用地类型间的兼容程度，确定出规划方案。在此工作的基础上，后来的规划设计人员在许多方面进行了深入的研究。在研究的尺度上，既有大范围的整体考察，又有对小范围的土地进行的精心安排。在研究的内容上，除了注重生态环境因素、资源的空间分布、发展与限制研究之外，还有对其在小城镇范围内的功能循环的动态关系作深入的研究。在研究手段上，充分利用现代信息技术，如遥感（Remote Sensing，RS）与地理信息系统（Geographical Information System，GIS）技术，进行规划研究信息采集、存储、评价与分析方案的形成和规划结果的图表表达。

3. 小城镇生态评价的内容

实施生态保护与生态建设的主要目的是恢复与重建受损与退化的生态系统，恢复生态系统的服务功能。小城镇建设的目标是在一定的社会经济条件下，为人们提供安全、清洁的工作场所和健康、舒适的生活环境，把小城镇建设成为一个结构合理、功能高效和关系协调的生态小城镇。

小城镇生态评价一般从小城镇生态系统的结构、功能和协调度三个方面着手进行。

小城镇生态系统的结构是指小城镇系统内各组成成分的数量、质量及其空间格局。它包括小城镇人群、无机的物理环境（包括小城镇人工构筑物）以及有机的生物环境等。一个生态化的小城镇要有适度的人口密度、合理的土地利用、良好的环境质量、完善的绿地系统、完备的基础设施和有效的生物多样性保护。

从生态学角度看，小城镇有三大主要功能，即生活功能、生产功能和还原功能。小城镇作为人类的一种栖境，首先要为它的居民提供基本的生活条件和人性发展的外部环境，它决定着小城镇吸引力的大小并体现着小城镇发展水平；其次，小城镇作为一种生态系统，必然和其他生态系统一样，具有生产、消费和还原功能。小城镇人群不仅参与小城镇的初级生产和次级生产过程的管理和调节，同时，通过他们的劳动才能增加产品并提高产品的价值，因此人也是生产者。小城镇生态系统和自然生态系统的最大差别即在于此，这是小城镇存在的基础和发展的关键。至于小城镇的还原功能需从两方面来理解：一方面是指小城镇中复杂的有机物在自然和人为作用下的分解过程，如垃圾的腐烂和焚烧；另一方面也是指小城镇环境在一定范围内自动调节恢复原状的功能，如环境的自净能力等。正因为如此才保证了小城镇活动的正常运转。在这三种功能之间贯穿着能量、物质和信息的流动，由此维持并推动着小城镇生态系统的存在和发展。小城镇生态系统的功能高效表现在小城镇的物流通畅，物质的分层多级利用，能源高效，产品的体现能升高，信息有序，且传递迅速及时，人流合理，人们能够充分发挥其聪明才智。

小城镇的物流包括自然物质、工农业产品以及废弃物等的输入、转移、变化和输出。物流的通畅是保持小城镇活力的关键。在小城镇生活和生产过程中不断有废弃物产生，但从自然界的物质循环观点来看，并无绝对的废弃物，因为在食物链中，上一个环节的废物可能就是下一个环节的资源。根据这一原理，在小城镇生产和生活过程中产生的废弃物最好的处理方法是模拟自然生态系统，实行物质分层多级利用，变上一个生产过程的废物为下一个生产过程的原料，大力开展水循环利用和固体废弃物的无害化处理和回收利用，以促进小城镇生态系统的良性循环。

在物质生产过程中同时进行着能量流动，流动的总方向是太阳—风雨、潮汐水流—养分＋燃料—货物服务—信息等，每前进一步虽然保留下来能量的数量（焦耳数）减少了，但能量的质量增加了。能量的最大限度利用就是这些不同质的能量相互作用而使它们互相增益。小城镇也是信息最集中最丰富的地点，由于信息的产生、传递和加工才组织起小城镇中一切生活和生产活动，并保证小城镇各种功能的正常运转。当今世界已进入了信息时代，信息高速公路的建设将大大促进全世界信息化的过程，小城镇中信息处理的有序和高效也是生态小城镇的重要标志。

小城镇中的关系协调包括人类活动和周围环境间相互关系的协调，资源利用和资源承载力的相互匹配，环境胁迫和环境容量的相互匹配，城乡关系协调以及正反馈与负反馈相协调等等。

人和自然的统一是生态学的核心和追求的目的，它既承认人为万物之灵和人的无限创造力，但同时又认为人并不能凌驾于万物之上，不遵守自然规律而为所欲为。小城镇生态的关系协调首先要树立天、地、人统一的思想。人们既要注意发挥主观能动性改造自然，同时又要尊重客观的自然规律而不破坏自然，建立起人与自然和谐发展的关系。对于可更新资源的利用要与它的再生能力相适应，对于不可更新资源的消耗要和它的供给相匹配。三废的产生不能超过三废处置和自净能力，而要和环境容量相适应。同时还要注意小城镇与其周围的乡村和腹地协调与同步发展。小城镇作为一个生态系统，其中任何一个组分都不能不顾一切地无限增长，而要建立起相互配合的协调机制。由于系统间的关系是多种多样的，极其复杂的，小城镇管理者的任务就是要处理好这许多关系，使得小城镇能够持续发展。

对小城镇进行实地考察和研究，讨论制订并向有关部门提出小城镇生态评价报告与对策，对于缓解和解决小城镇的主要生态环境问题，保证小城镇生态与社会经济的可持续发展，具有重要的理论意义和应用价值。

（1）生态功能现状评价

在小城镇生态环境调查的基础上，针对小城镇的生态环境特点，分析小城镇生态系统类型空间分异规律，评价主要生态环境问题的现状与趋势、成因及历史变迁。

（2）生态环境敏感性评价

根据主要生态环境问题的形成机制，分析可能发生的主要生态环境问题类型与可能性大小，及其生态环境敏感性的区域分异规律，明确主要生态环境问题，如土壤侵蚀、沙漠化、盐渍化、石漠化、生境退化、酸雨等可能发生的地区范围与可能程度，以及生态环境脆弱区。

（3）生态服务功能重要性评价

评价不同生态系统类型的生态服务功能，如生物多样性保护、水源涵养和水文调蓄、土壤保持、沙漠化控制、营养物质保持等，分析生态服务功能的区域分异规律，及其对社会经济发展的作用，明确生态系统服务功能的重要区域。

小城镇生态评价是为了从小城镇的范畴进行城镇可持续发展的示范建设，它从多方面要求小城镇的发展必须符合可持续发展的原则，并实现小城镇的生态、经济与社会协调发展。

首先，在充分进行全区域经济、社会和生态环境调查与分析的基础上，找出进行生态小城镇建设的优势条件和不利因素；其次，详细分析小城镇现有的生态环境、经济和资源基础，按小城镇建设总体规划确定的目标与任务，分步推进各项规划任务。如在经济体制改革和深层次调整的过程中，要逐步地建立起自己的生态或绿色产业，不断地建立和完善与本地资源与生态环境相适应的产业体系，小城镇的生态与经济的协调发展，以实现生态建设规划所规定的城镇体系的可持续发展。

二、小城镇生态评价指标体系

“十五”国家科技攻关计划小城镇规划及相关技术标准研究，在大量有代表性相关小城镇调研分析基础上提出如表 8-1 所示小城镇生态环境质量评价量化指标和如表 8-2 所示小城镇生态评价社会经济发展调控指标。经专家论证，与同类指标比较，上述两个指标系列更简化、更切合小城镇实际，因而也更具代表性和可操作性。

表 8-1　小城镇生态环境质量评价量化指标

类　型	指　标		单　位	备　注
绿地	人均公共绿地面积		m^2/人	▲
	绿化覆盖率		%	▲
	绿地率		%	▲
林木植被	乔木	地下水位	m	△
		盐分含量	%	△
	灌木	地下水位	m	△
		覆盖度	%	△

（续）

类　型	指　标		单　位	备　注
镇郊（域）草场植被	草场等级	载畜量	头羊/ha	△
		产青草量	kg/ha	△
	草场退化	植被覆盖度	%	△
河湖生态	水体矿化度		mg/L	▲
	富营养化指数	（无量纲）		▲
水环境	pH 值	（无量纲）		▲
	高锰酸盐指数	COD_{Mn}	mg/L	▲
	溶解氧	DO	mg/L	▲
	化学需氧量	COD		▲
	五日生化需氧量	BOD_5		▲
	氨氮	NH_3-N	mg/L	▲
	总磷	以 P 计	mg/L	▲
	六价铬	Cr^{6+}	mg/L	△
	挥发酚	Φ－OH	mg/L	△
地下水	超采率		%	△
大气环境	二氧化硫	SO_2	mg/m^3	▲
	氮氧化物	NO_x	mg/m^3	▲
	总悬浮颗粒物	TSP	mg/m^3	▲
	漂尘	漂尘	mg/m^3	▲
土地环境（含镇域）	土地肥力	有机质含量	%	△
		全氮含量	%	△
	盐化程度（0～30cm）	总盐含量	%	△
		缺苗率	%	△
	碱化程度	钠碱化度	%	△
		PH（1:2.5）		△
	土地沙化	沙化面积扩大率	%	△
	水土流失	水土流失模数	t/（km^2·a）	

注：表中▲为必选指标，△为选择指标。

表 8-2　小城镇生态评价社会经济发展调控指标

分　类	指　标		单　位	备　注
人口发展	现状	人口总数	人	▲
		人口密度	人/km^2	▲
	趋势	人口增长率	%	▲
经济发展	现状	人均 GDP	万元/人	▲
	趋势	GDP 增长率	%	▲
	一、二、三类工业比例		%	▲
	一、二、三产业比例		%	▲
	绿色产业比重		%	▲
	高新技术产业比重		%	△

（续）

分　类	指　标		单　位	备　注
社会发展	居民人均可支配收入		元	▲
	恩格尔系数		%	△
	人均期望寿命		岁	△
	饮用水卫生合格率		%	▲
	清洁能源使用率		%	▲
	人均资源占有量	人均耕地面积	ha/人	△
		人均水资源量	t/人	▲
	资源利用量	耕地面积	ha	△
		水资源利用量	t	▲
科技进步	中水回用			△
	工业用水重复利用率		%	▲
	单位 GDP 能耗		kW·H 万元	▲
	单位 GDP 水耗		m^3/万元	▲

注：表中▲为必选指标，△为选择指标。

第三节　小城镇生态功能区与生态区划分技术

一、生态功能区划

1. 基本概念

引入生态功能区划概念之前，先引入两个相关概念。

（1）生态系统服务功能

指生态系统与生态过程所形成和维持的人类赖以生存的自然环境条件与效用，它不仅为人类提供食品、医药及其他生产生活原料，而且创造并维持地球生命支持系统，形成人类生存所必需的环境条件。

（2）生态功能区

①生态功能区是生态系统服务功能的载体，也是由自然生态系统、社会经济系统构成，分层次、分功能，具有复杂结构、复杂生态过程的生态综合体。

重要生态服务功能区域在保持流域、区域生态平衡，减轻自然灾害和生态安全方面起至关重要作用。

②生态功能区划是生态服务功能的合理区域划分。它通过运用生态学理论、方法，基于资源、环境特征的空间分异规律及区位优势，寻求资源现状与经济发展的匹配关系，确定与自然和谐、与资源潜力相适应的资源开发方式和社会经济发展途径，有利生态系统维护和可持续发展。

生态功能区划是生态规划的基础，是依据生态系统结构及其服务功能划分的不同类型单元。

③ 小城镇生态功能区划的目标是明确小城镇主要生态系统类型的结构与过程及其空间分布特征，评价不同生态系统类型的生态服务功能及其对小城镇社会经济发展的作用，明确小城镇生态环境敏感性及其分布特点，结合区域的社会、经济现状及发展趋势，提出生态功能区划及其综合发展潜力，资源利用的优劣势和科学合理的开发利用方向，以及生态建设方向和途径。

2. 生态功能区划的基本原则

生态功能区划着重于区分生态系统或区域为人类社会的服务功能，以满足人类需求的有效性为区划标志。生态功能区划遵循以下原则：

（1）可持续发展原则

生态功能区划应考虑城镇远期发展与生态潜在功能的开发，统筹兼顾、综合部署，增强社会经济发展的生态环境支撑力，促进地区可持续发展。

（2）以人为本、与自然和谐的原则

生态功能区划应把人居环境和自然生态保护放在首要位置，坚持以人为本、与自然和谐的原则。

（3）突出主导功能与兼顾其他功能结合的原则

自然资源的多样性和自然环境的复杂性，使不同区域具有不同功能，甚至同一区域具有几种不同的生态服务功能，突出主导功能与兼顾其他功能相结合是生态功能区划的基本原则之一。

（4）功能合理组合与功能类型划分相结合的原则

在将功能合理地段组合成为完整区域的同时，结合考虑生态服务功能类型，既照顾不同地段的差异性，又兼顾各地段间的连接性和相对一致性。

（5）生态功能相似性和环境容量的原则

生态功能区划应考虑生态功能相似性原则，同时也应考虑环境容量的原则。

3. 生态功能区评价因子

（1）生态系统服务功能因子

1）生物多样性维持功能评价因子　对小城镇典型生态系统的生物多样性维持功能评价主要从景观生态分析入手，对区域生态系统多样性和物种多样性保护的重要性做出评价。植被指数是植物生长状况及植被空间分布密度的最佳指示因子，与植物分布密度呈正相关，植被指数越高，区域的生物多样性越好。

2）水源涵养功能重要性评价因子　区域生态系统水源涵养的生态重要性，在于整个区域对评价地区水资源的依赖程度及洪水调节作用。

3）社会服务功能重要性评价因子　好的生态系统可提供好的生态服务功能，如调节气候、净化空气等。

（2）生态环境敏感性因子

生态环境敏感性因子包括土壤侵蚀敏感性因子、土壤盐渍化敏感性因子、生境敏感性因子。

（3）地形地貌因子

地形地貌因子是各种自然景观存在的自然基础，决定了人类对土地利用的方式和生态系统的地理过程，同时决定了不同生态系统的分布，影响到小城镇区域生态功能分异的巨大作用。

（4）社会经济因子

生态功能区划要求在满足生态系统稳定发展的基本条件下，最大限度地促进社会经济发展。

（5）土地利用现状因子

土地利用现状是自然生态系统和人类活动相互作用的最直接的体现，因而也是生态功能区评价的重要因子。

4. 生态功能区划方法

（1）定性、定量区划方法

生态功能区划方法是指用作生态系统服务功能重要性分析、生态环境敏感性分析及生态适宜度评价的方法，主要是以下几种方法。

1）定性区划方法

①地图重叠法。在地理信息系统 GIS 支撑下，将各种不同专题地图的内容叠加生成新的数据平面，完成生态功能的定性区划。

②专家咨询方法。首先准备各类工作底图，包括人口密度图、土地利用现状图、资源消耗分配图、环境质量评价图等；其次请以管理、科研和规划部门为主的专家进行初步划分，再将初步结果进行图形叠加确认基本相同部分，对差异部分进行讨论；最后进行再一轮划分，直至结果基本一致。

③ 生态因子组合法。生态因子组合法分为层次和非层次组合法。前者先用一组组合因子判断土地适宜度等级；然后，将这组因子作为一个单独的新因子与其他因子组合判断土地适宜度；最后将所有因子组合判断土地的适宜度等级。

生态因子组合法的关键在于建立一套较完整的组合因子判断准则。

2）定量区划方法

① 多目标数模系统分析法。小城镇生态功能区划涉及指标体系繁多，采取一组环境质量约束条件下，多目标函数优化求得一组区划变量的满意解，同时通过计算机数字模型，对相对独立、不同主导层次、众多指标构成的复杂系统进行分析，作出评价和区划。

② 多元统计分析法。在定性分区的基础上，采用多元统计分析中的主成分分析、聚类分析和多元逐步判别分析求解。

③ 灰色系统分析法。采用灰色控制系统分析法对某一区域进行分析，将随机数据处理为有序的生成数据，然后通过建立灰色模型，并将运算结果还原得到预测值。

（2）生态服务功能评价

生态服务功能评价根据评价区生态系统服务功能的重要性，分析生态服务功能的区域分异规律，明确生态系统服务功能的区域分异规律和重要区域。生态服务功能按重要性程度分级，评价内容主要包括生态系统生物多样性保护服务功能、生态系统水源涵养和水文调蓄功能、生态系统土壤保持功能、生态系统土壤沙化控制服务功能、生态系统营养物质保持服务功能等。

（3）生态环境敏感性评价

生态环境敏感性评价概括主要生态环境问题的形成机制，分析生态环境敏感性的区域分

异规律，明确特定生态环境问题可能发生的地区范围与可能程度。敏感性评价首先对特定问题评价，然后对多种问题综合分析，并提出生态环境敏感性的分布特征。

生态环境敏感性可按实际需要和敏感程度确定合适的敏感等级划分。

小城镇生态环境敏感性评价主要针对土壤侵蚀、土壤沙化、土壤盐渍化、生物生境等敏感性内容进行评价，并可按全国生态功能区划暂行规程相关方法（中国科学院生态中心）评价。

（4）生态适宜度评价

生态适宜性评价一般是在敏感性评价的基础上，结合人为活动的强度和对生态环境造成的压力．以及城镇发展需求进行的综合性分析过程。主要评价生态环境因素制约下的产业类型、土地利用的适宜程度，并以建设用地适宜性评价为重点。

（5）生态功能分区

根据不同地区的自然条件，主要的生态系统类型，按相应的指标体系进行城镇生态系统的不同服务功能分区及敏感性分区，将区域划分为不同的功能系统或功能区，如生物多样性保护区、水源涵养区、农业生产区、城镇建设功能区等。并针对不同功能下的生态环境敏感性以及不同的工农业生产需求、土地利用规划，结合不同区域环境污染、行政管辖范围等社会经济及环境条件，将各功能大区再酌情细分为不同的生态适宜区。

二、生态区划分

1. 基本概念

生态区划是在对生态系统客观认识和充分研究的基础上，应用生态学原理和方法，揭示各自然区域的相似性和差异性规律，从而进行整合和分异，划分生态环境的区域单元。生态区划着眼生态系统的区域特征，是以生物或生态系统为区划的主要标志。

2. 生态区划基本原则

生态区划应遵循以下原则：

（1）区域分异原则

区域分异原则是生态区划的理论基础，也是生态区划的最基本原则。

在对各生态系统的形成、结构、功能及其气候等因素全面调查了解的基础上，揭示其区域分异规律，依次确定区划的等级单位系统，进而拟定划分这些单位的依据和指标，各级生态区就是区域分异的结果。

（2）结构相似性与差异性原则

区域内结构相似性与差异性是划分生态区域的重要原则之一。自然地理环境是生态系统形成和分异的物质基础，在某一区域内其总体的生态环境趋于一致，但因其他一些自然因素的差别（如地形、土壤等）使得区域内各生态系统的结构也存在着一定的相似性和差异性，并为人们识别这些自然体单元提供依据。

（3）主导因素与综合分析相结合的原则

生态系统的形成、结构与功能是各相关因素综合作用的结果，在按生态区分异主要因素区划时，必须结合其他相关因素综合分析。

（4）发展与生态环境保护的统一性原则

发展与生态环境保护统一，使自然资源得以充分合理的开发利用和保护，整个生态环境处于良性循环之中，保证资源的永续利用和经济的可持续发展。

（5）人和自然和谐的原则

人类与生态环境是不可分割的，生态环境是人类赖以生存和发展的物质基础，而人类作为社会主体，其一切经济活动都对生态环境产生一定影响，生态区划必须考虑人和自然和谐。

3. 生态区划的主要特点

（1）综合性

前述生态系统的形成、结构与功能是各相关因素综合作用的结果，因此生态区划本身有综合性的特点。

（2）功能整体性

各生态单元通过内部各要素间相互作用和联系表现出统一性和整体性，使系统具有内在的规律性和有序性，成为完整的功能区。

（3）生态区单元的多级性

生态区划的多级性是由生态系统的多级性和区域环境的复杂性决定的，并因区域环境的不同以及自然历史演变的各异，构成不同的生态系统。即使在同一生态区域内，水、热条件的分配也因地形、地势等多种因素影响而有很大差异，由此生态系统的差异，决定其不同等级的划分。

（4）生态单元空间的不重复性

各级生态单元具有特定地理空间的生态系统有规律的组合，各单元都与某特定的空间相联系。

（5）经济结构的差异性

不同的区域，经济结构不同，尤其是与小城镇相关的农、林、牧、副、渔业的生产结构差异更大。经济结构的差异性，决定了区域经济发展方向以及对自然资源的依赖程度不同，从而也导致区域资源的开发利用和保护的不同。

4. 生态区划的要素区划方法

生态区划是特征区划和功能区划的集合。不仅是对各自然因素的综合分析和区分，而且也是考虑人类活动影响及各生态系统和生态区功能的分析与区分。必将对自然生态环境各要素深入研究，了解自然生态环境的基本特征、人类活动对生态环境的影响、生态系统的承载力、生态胁迫过程与生态脆弱性和敏感性等要素，进而在各生态要素区划的基础上，才能提出生态区划方案和生态环境整治对策。因此，生态区划的要素区划是生态区划的重要基础，也是生态区划的必要途径和主要方法。

（1）自然生态区划

自然界各自然要素（水、热、土、植被和生态系统等）都是按一定规律分布的。自然生态区划是综合生态环境区划的客观基础。

自然生态区划在揭示各要素分布规律的基础上，综合分析各要素的空间分异特征、结构组合和区域分布，同时自然生态区划建立在各单项区划的基础之上。

（2）生态资产区划

在自然资源中，生态资源是与矿产资源相区别而言的。生态资源虽然可以更新，但如以掠夺性的方式利用，必将导致生态环境的破坏、生物物种的濒危和灭绝，进而生态资源枯

竭。生态资源的破坏是人类引起的全球环境退化最主要的特征。因此，全面了解生态资源的分布及利用状况，进而对生态资产，即生态资源实物量化的货币表现形式进行正确评估是生态区划的重要基础，也是人们了解生态系统和评价生态环境状况的必要途径。

（3）生态承载力区划

不同的生态区域，由于资源与生产潜力不同，其生态承载能力存在很大的差异。生态承载力是衡量一个地区发展潜力的重要指标。

生态区划中，只有对各区域的生态承载力、环境容量的值，农、林、畜牧和渔业的生产能力正确评估，进而预测生态承载力的基础上，才能正确预测区域经济发展潜力。因此，生态承载力区划也是生态区划的重要基础。

（4）生态脆弱性和敏感性区划

生态系统脆弱性和敏感性是由生态系统的结构和人类对生态环境的胁迫过程所决定的。

生态脆弱性和敏感性区划研究不同地区人类活动对生态环境的胁迫过程、压力和强度，以及区域生态环境对人类活动的敏感程度，对于生态区划也是十分重要的。

第四节　小城镇生态安全与生态安全格局规划理念

一、生态安全格局理论

自然生态系统的稳态机制及自然与人居的分室发展策略为生态安全格局的形成奠定了理论基础。为维持生态安全机制，生态安全格局应保留区域中的一定地段和景观要素作为生态稳定性的空间，这构成人居环境生态安全的基础。生态研究的目标之一就是要指明人居环境的建设地域，以保证不妨碍地域的自然演进过程及不破坏系统的安全机制。不同地区的独特性决定其不同的生态安全格局，可以通过客观的分析来形成之。林文棋（2000 年）等人认为，生态分析的内容有两个方面，即生态系统空间结构的分析与生态过程的分析，并进行了系统的总结。

（1）格局的结构要素

生态学的理论研究把地球表面的生态系统（景观要素）按其在区域中的地位与形状分成点、线、面三种类型，形成了区域景观单元的结构要素。任何地域都是通过这三种类型在空间的组合与镶嵌而形成一个整体。通过对研究地域中的这几个结构要素的分析，可以勾勒出区域的自然要素结构关系及其物质能量的流动关系，即生态系统之间、景观单元之间的生态关联。

点—斑块（patch）：是在外貌上与周围环境明显不同的非线性地表区域。斑块的大小、形状、类型、异质性、边缘等要性状有很大差别。在空间表现上，斑块与其周围地区有不同的物种结构和成分，构成了物种的集聚地、生物群落或人类聚居地。随着人类对地球表面的开发与影响程度的加剧，人为斑块逐渐增多，而自然斑块日趋减少。斑块间的连通性也常因廊道的被切断而失去联系。

线—廊道（Corridor）：是不同于两侧基质的狭长地带。它可能是一条孤立的带，也可能与某种类型的斑块相连。可能是人为营造的，也可能是天然的。

廊道有双重性质，一方面它将地域中的不同部分隔离开，另一方面又将景观中的另外某些不同部分连接起来。即既有隔离作用，构成阻碍，又有连接作用，形成移动的通路。随着自然地带的逐渐被分解孤立，廊道作为连接作用的功能被逐渐重视，并认为有可能通过廊道的连接，利用较少的空间组合而成为空间的网络体系，以达成与大面积生态空间相似的生态功能。

面—基质（matrix）：是区域中的背景地域，很大程度上决定了景观的性质，对动态起着决定作用。在地域中，基质所占面积最大，连接度最强。如人类垦殖区中的农田，城镇建成区中的混凝土地段等。

随着人类利用程度的增大，基质与斑块之间可以互相转换，如一个地区的乡村景观逐渐演变为城镇景观的过程：起初，在广阔的农田景观（基质）中零散分布着住宅斑块，这类斑块逐步发展、聚集并扩散，扩大成为城镇。每一个城镇的继续膨胀，逐步吞没了周围的农田，连成一片成为特大城镇或城镇群，城镇景观便出现。至此，城镇成为基质，而城镇中残留的一些农田，则成为城镇景观中的斑块了。

（2）作用机理

在区域生态系统内部，各生态系统的组成要素、空间元素之间，有着不间断的物质与能量交换与流动。生态学的研究认为，通过空间元素间的流有能量流（包括热能和生物能），养分流（包括无机物质、有机物质和水），以及物种流（包括各种类型的动植物以及遗传基因）。当这些“流”在空间元素间的流动规模超过空间元素的承载能力时，就会成为一种干扰因素，导致空间元素或景观中的生态系统或者生物群落的结构发生变化，并进而影响其功能的正常运行。如上游地区的洪水导致下游地区的泛滥，影响并破坏下游地区的生态系统结构；城镇向外围排放废水，超过了环境的承载能力，成为污染，破坏了局部地区的水生生态系统和土壤生态系统等。

研究还表明，空间元素或景观元素之间相互作用机制通常通过 4 种方式来完成：一是风，它携带水分、灰尘、种子、小昆虫以及热量等，从一个生态系统类型移向另一生态系统类型，形成空气及其携带物的空间迁移；二是水，包括雨、冰、地表径流、地下水、河流、洪水等，能携带矿物养分、种子、昆虫、垃圾、肥料和有毒物质，在空间元素之间进行迁移；三是动物，包括飞行动物与地面动物，如鸟、蜜蜂、狐等，它们的翅膀或脚趾可以携带种子、孢子、昆虫等，而且它们吃下果子后，肠胃也能带种子，并通过粪便传播；四是人，不仅人体本身可以携带各种物质，而且会利用容器、车船等工具将物质带到目的地。此外，果实自身炸裂，散落种子，土壤的下滑移动等也可能导致景观元素间的相互作用。

景观元素之间物质、能量、养分与物种的空间迁移被现代生态学认为具有维护区域多样性、区域生态活力及生物多样性的重要作用，在规划中应通过对地区实际景观元素的认识与划分，维持而不是破坏空间元素之间的相互作用机制。如地区的微地貌特征，决定了局部地区的空气流动、水分湿度及其物质能量的空间流向，如果“一刀切”地将之推平，就会破坏其原有的生态循环体系及原有的相互作用机制，一方面破坏了建设地段的生态系统，另一方面在排水、气流、温差等诸方面影响了周围生态系统与周围环境，这是不考虑生态过程与自然框架的恶果。

人类主要通过影响空间元素的类型构成、空间格局等来影响整个区域内的生态过程。如城镇建设需要清除地表植被，进行地面铺装，形成不透水下垫面，引进了城镇这一全新的空间元素及其相关的城镇活动，这对原有地区的植物、动物、水、风等生态过程都产生影响。这种影响的性质与程度与力度，能否为区域原有的生态过程所接受，并形成新的良性循环体系，取决于对整个地区生态过程及其运行机制的干扰程度，取决于能否达成与自然运行机制相适应的空间结构模式。

生态学的研究还认为，影响能量流、养分流与物种流在空间上的运动方向与距离的驱动力有扩散、压力与动力等。

扩散力，主要指物质从高浓度向低浓度的分子运动，如大气污染物在空间中扩散与蔓延；也指动物从高密度区向低密度区的地盘扩展，形成以一定浓度为中心的向周围淡化的趋势。扩散力往往在小尺度的生态过程与物种流动中很重要。

物质流，由压力与重力形成的，是物质沿能量梯度的运动。风是一种重要的物质流，是由于大气中的压力差异而产生的空气分子从高压区向低压区的运动。风作为一种传输介质，使轻的物质如昆虫、种子、树叶、大气污染物带到附近的景观中，进行长距离或短距离的输送，如风由城镇郊区吹到城区，在带来新鲜空气的同时，也可能携带进城郊农业区昆虫、种子等，并影响到城区的生态状况。此外，风还能传输热能，城区的热空气向上空流动，而由城郊吹向城区的风降低了城镇的温度，形成了环流。水是在重力作用下形成的另外一种物质流，它们携带着营养物质、种子、水体污染物等运动，甚至冲走土壤颗粒造成水土流失和泥石流。风和水构成了区域生态系统最活跃的传输媒介，并形成生态功能环。但风和水会因地形条件与空间元素的不同组合及空间格局的不同而有不同的功能表现形式。

移动力，是物体消耗本身能量从一个地方运动到另一个地方。如采蜜的蜜蜂，行驶的汽车等，推动这些物质运动的力与物质流相同，其能量来自自身或消耗从有机质中产生的化学能。移动力的最重要生态特征是造成物质在空间元素中的高度聚集，如蜂窝中的蜂蜜，城镇中的各类物质等，那些散布在各空间元素中的物质被集中在某一个元素中。另外一种移动力造成的格局是扩散，如城镇中的产品向周围地区的扩散等。

通过对作用机理的分析，可以比较明确地认识到能量流、养分流与物种流在空间的迁移指向，并力图在规划中通过空间位置的选择、空间形态的设计、空间结构的布置、街道的朝向等各方面来保护与维持原有的生态过程，形成与地段相协调的规划设计。

（3）生态过程与规划

1）生态过程　生态安全格局中的生态过程主要指风、水、动植物的空间迁移。这种空间迁移不断塑造着区域的地表外貌，及其上的动植物。

① 地形的影响。一个地区的空间元素之间的相互作用及其生态过程，除与地理纬度、离海远近、季节变化以及大气环流等大的背景条件有关外，其地形地貌条件起着决定性的作用。

地形的起伏，地貌的特征，形成了不同的坡向坡度，决定了太阳辐射、降水、热量等在时空上的重新分配，改变了风水等介质的运行路径、方式及时空格局。对中小尺度的空间元素的相互作用产生巨大影响。

② 水过程。水循环过程在区域生态系统中具有重要的地位。它的循环保证了地球表面能以较小数量的淡水资源来供给生态系统的需求。地表河流不仅在上游地区构成了对地表的侵蚀，在中下游堆积，而且形成了水生生物的生存环境，也是流域内的生态系统通道，对区域内的物质能量养分与物种的空间运移起着重要作用。

起伏地形对降水分配的影响，主要是通过它对风向、风速的影响来实现的。对于孤立山冈，各坡地的水平面上降水量分布在小雨或下雪时，与风速的分布正好相反。在风速较大的山冈和迎风的两侧，小雨滴被吹走，不易下降，只在风速较小的地方，雨滴才在重力作用下下降。所以在风速大的部分，水平面的降水少；风速小的地段，水平面降水多。而在中雨或大雨时，由于风向风速的影响，情况要复杂得多，但总的说来，迎风坡的降水量要比背风坡大。

③ 动植物的空间扩散。影响空间相互作用的机制还有动物和人的运动。而动物大都沿着自然地带、半自然地带，如蓝色廊道（Blue Corridor，水系）、绿色廊道（Green Corridor）、河流、林地等移动。人类活动则主要局限于人为的道路系统中，如乡间小路、公路、铁路、水路等。随着人类活动的加剧及空间扩张，自然地带越来越成为人类用地中的孤岛，生物多样性急剧丧失，通过规划来加强空间的生态连接性是保证区域生态安全的基本手段。加强区域内的生态连通性、维护生态安全机制是生态安全格局的重要目标。

2）安全格局的构建　小城镇发展应保证其区域要素（人居类型）的完整性。使区域有较为齐全的、多样的生态环境类型。生态学的研究表明，维持区域内景观的多样性与异质性是维持区域生态系统稳定性的基本前提之一。城镇的向外扩展、人类的土地利用，或多或少的存在着单类型、简单化的趋向。为此，需要空间组合的生态研究，尽量保护利用已有的自然空间，形成自然空间网络体系，并与人为空间形成镶嵌性的空间组合结构，提高区域范围内的类型多样性，增加区域生态系统的稳定性，形成人居建设的区域生态安全格局。

而在城镇区范围内，其自然环境内部规定了城镇的发展空间，反过来区域与城镇的发展模式与空间模式对外围及内部的自然生态环境有重要的影响。自然演进过程及其形成的演进框架为城镇的发展提供了潜力与限制，需要通过建设的生态适宜性分析来加以揭示，并把城镇对周围地区的有利影响纳入地区的生态运行过程中。

二、小城镇规划的生态安全理念

小城镇生态安全与生态安全格局是小城镇规划建设和可持续发展首先要考虑的重要问题，也是生态规划的重要内容。

2008 年 5 月 12 日下午发生在我国汶川的 8.0 级地震是新中国成立以来破坏最强、造成损害和波及范围最大的地震，震动了整个中国，也牵动了全世界人民的心。汶川大地震也是一场生态大灾难，在灾后重建规划建设中凸显生态安全理念的重要性已成为人们的共识。城乡规划特别是灾后重建规划用地选择首先要考虑生态适宜性，在用地综合地质条件、生态环境容量、环境承载力等分析评价基础上，明确哪些范围不可建设、不宜建设，哪些范围适宜建设、可以建设。同时，规划应该更深入地研究那些强调生态环境保护的生态濒危地区、生态敏感区。

三、小城镇空间组合生态分析与生态安全格局

小城镇生态环境研究和生态规划编制的一个重要目的就是要选择规划建设用地，指明人居环境的建设地域，以保证不妨碍地域的自然演进过程及不破坏系统的安全机制。不同地区的独特性决定其不同的生态安全格局，应通过客观分析提出生态安全格局。同时，为

维持生态安全机制，生态安全格局应保留区域中的一定地段和景观要素作为生态稳定性的空间。

小城镇生态安全的构建要求小城镇发展应保证其区域要素（人居类型）的完整性，使区域有较为齐全的、多样的生态环境类型。生态学的研究表明，维持区域内景观的多样性与异质性是维持区域生态系统稳定性的基本前提之一。城镇的向外扩展、人类的土地利用，或多或少存在着单类型、简单化的趋向。为此，需要空间组合的生态研究，尽量保护已有的自然空间，形成自然空间网格体系，并为人为空间形成镶嵌型的空间组合结构，提高区域范围内的类型多样性，增加区域生态系统的稳定性，形成人居建设的区域生态安全格局。

而在城镇区范围内，其自然环境内部规定了城镇发展的空间，反过来区域与城镇的发展模式与空间模式对外围及内部的自然生态环境有重要的影响。自然演进过程及其形成的演进框架为城镇的发展提供了潜力与限制，需要通过建设的生态适宜性分析加以揭示，并把城镇对周围地区的有利影响纳入地区的生态运行过程中。

四、尊重自然演进与规划未来小城镇空间

区域和城镇规划的基本目标是促进区域要素的合理配置与功能的正常发挥，形成生态环境良好的居住空间，达成自然与人工环境的协调，并保证自然环境的正常功能与运行体系，维持自然演进框架。同时，保证自然环境的能力必须理解并尊重区域的生态过程。现有的自然演进框架是几万年、几十万年、甚至几百万年自然演进过程塑造的结果。生态过程的运行一方面受制于现有的自然空间框架，另一方面又对自然空间框架进行改造，并形成未来的空间框架。在规划中应充分认识区域范围内生态过程的重要性，并与空间框架的分析相结合，形成对区域内自然演化的认识，为规划方案的形成提供科学的基础。

在小城镇规划中，对于区域范围生态过程及其自然演化的认识同样是十分重要的。如全国重点小城镇四川会东县城镇是典型的山水宜居生态小城镇。一方面山环水绕，自然景观十分优美，另一方面，由于处在城中有山、山中有城的典型四川山地复杂地形中，其用地布局、综合防灾，基础设施等规划都有相当的难度。该镇试点应用规划项目中，把生态规划的思想理念很好地贯穿到县城总体规划、详细规划、景观风貌规划及城市景观设计中去。以县城老鹰山片区规划为例，老鹰山下的蜀锦路两侧是连接贯穿县城南北鲹鱼河滨水景观带和河东鲹鱼河—白塔山步行休闲景观轴的县城中心区重要景观轴带。在相关规划中，结合景观规划、防洪规划、排水规划，规划保留和整治老鹰山片区山上山下溪流、河湖、池塘等自然水系；蜀锦路东北侧主要以鲹鱼河引水渠和规划老鹰山南北明渠为主；蜀锦路西北侧以整治10m宽的鹅村河与原有溪流及胜利公园原池塘基础上新辟的1ha的人工湖面为主，汇合鲹鱼河形成蜀锦路景观轴两侧与周边的新景观水系。从而一方面实现了上述规划的完美结合；另一方面，尊重自然演进框架规划未来的空间框架，为县城防灾、生态安全及生态系统稳定提供了有力保障。

图8-2老鹰山片区用地布局规划图。

图8-3老鹰山片区排水工程规划图。

图8-4河东片区景观带效果图。

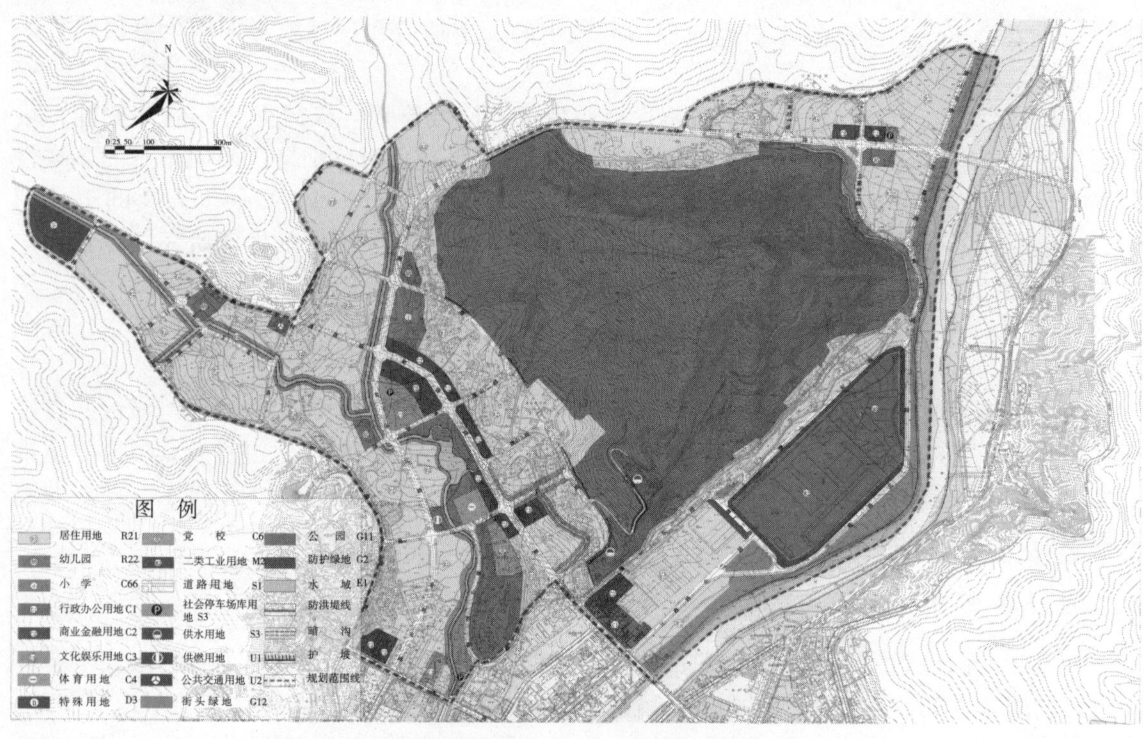

图 8-2　老鹰山片区用地布局规划图

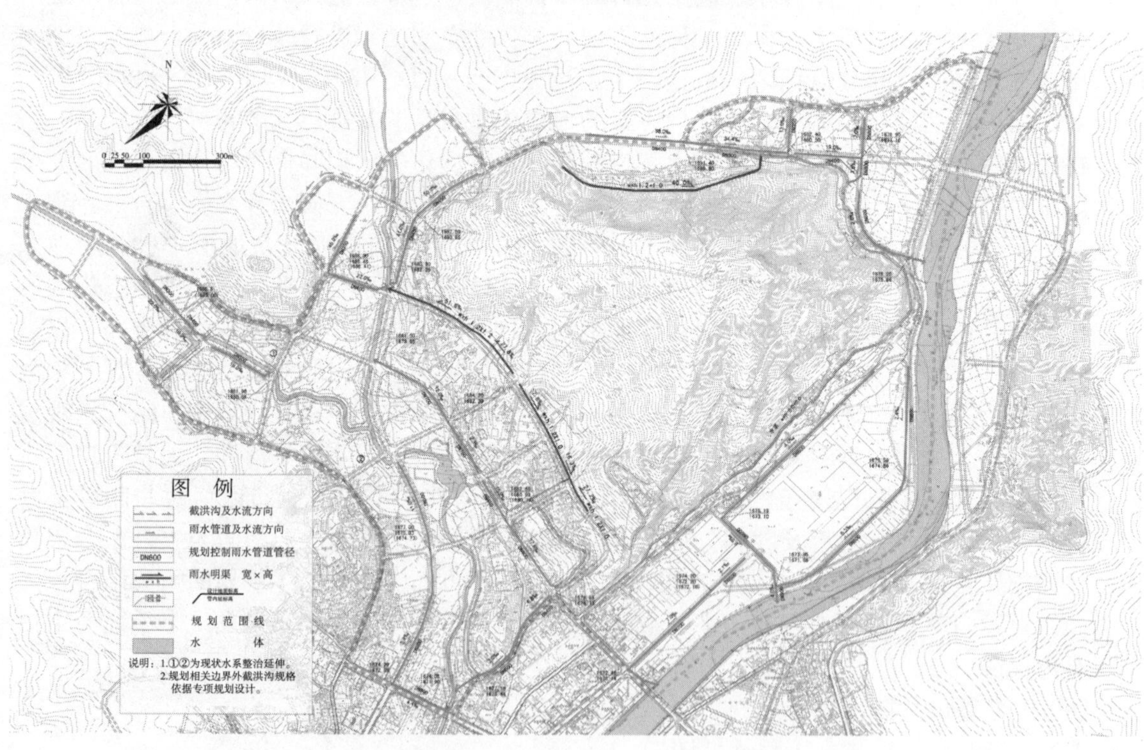

图 8-3　老鹰山片区排水工程规划图

图 8-4　河东片区景观带效果图

五、小城镇环境容量与环境承载力应用分析

（1）环境容量理论应用

以往在城镇规划中，规划师们忽略了一个非常重要的问题，这就是环境容量的概念。之所以在小城镇发展过程中出现如前所述的许多环境问题，就是因为我们不了解人类赖以生存的环境所能承受的外部影响能力到底有多大，亦即该地区的环境容量。因此，只有了解一个小城镇的地域范围内的环境容量，选择对自然资源适度的开发方式，才能保持小城镇生态平衡，从而保持环境自身的净化能力和再生能力得到适度的使用。要达到这一目标，在小城镇规划中必须引入环境容量的内容和方法，并使二者有机地结合起来。

运用环境容量法可在城镇规划之初，根据相关的环境因子确定总体小城镇环境容量。考虑环境因子本身的稀释、扩散、降解、生物转化等动态因素的作用以及可能减少污染危害限度，确定污染物最大允许排放量级和最佳排放位置。将环境容量应用到小城镇规划中，能合理实现社会、经济和环境三个效益的统一。

由于环境对外部影响有一定的缓冲能力，因而在一定限度内，环境不会受到外部影响的破坏。环境的这种忍受或消除外部影响的能力，称作环境承载力。环境容量随时间、地点和利用方式的不同而呈现差异。因此，如何有效地、合理地利用环境容量标准是环境规划中的一个重要内容。

环境规划是协调区域经济发展与环境保护之间关系的一种活动。它是以“人类—环境”系统为研究对象，应用自然科学和社会科学的研究成果，对环境系统进行优化设计的一种科学理论。环境规划是实现环境系统最佳管理、控制环境污染、改善和提高人类生活质量，促进经济发展，即实现经济效益、环境效益和社会效益三者统一的一个重要手段。

（2）环境容量与承载力分析

小城镇生态规划内容同时要强调环境容量和环境承载力分析。科学定性与定量地确定环境容量和环境承载力是小城镇生态环境规划的重要依据。与生态安全、生态安全格局一样也是小城镇总体规划城镇空间布局、城镇发展方向等规划建设决策首先要考虑的重要依据。以环境容量、环境承载力、自然资源承载力、生态适宜性以及生态安全度和可持续性为规划依据，是充分发挥生态系统潜力的基本原则。

小城镇环境容量是指在不损害生态系统的条件下，小城镇地区单位面积上所能承受的资源最大消耗率和废物最大排放量。

小城镇环境承载力是指小城镇在一定时空条件下，环境所能承受人类活动作用的阈值大小。

小城镇资源承载力是指小城镇地区的土地、水等各种自然资源所能承载人类活动作用的阈值，也即承载人类活动作用的负荷能力。

小城镇土地利用的生态适宜性是指小城镇规划用地的生态适宜性，也即从保护和加强生态环境系统对土地使用进行评价的用地适宜性。

城镇土地利用的生态合理性是指减少土地开发利用和生态系统冲突，考虑和分析城镇土地利用的合理性。城镇土地利用的生态合理性可基于城镇土地利用的生态适宜性评价，对城镇的土地利用现状和规划分布进行冲突分析，确定城镇的土地利用现状和规划布局是否具有生态合理性。

城镇生态安全度是人类在生产、生活和健康等方面不受城镇生态结构破坏或功能损害，以及环境污染等影响的保障程度。

城镇生态可持续性是指保护和加强城镇环境系统的生产和更新能力。

城镇生态可持续性强调城镇自然资源汲取开发利用程序间的平衡以及不超越环境系统更新能力的发展。

以环境容量、自然资源承载力、生态适宜性、生态安全度和生态可持续性为依据，有利生态功能合理分区、改善城镇生态环境质量，寻求最佳的城镇生态位，不断开拓和占领空余的生态位，充分发挥生态系统的潜力，从而促进城镇生态建设和生态系统的良性循环，保持人与自然、人与环境的可持续发展和协调共生。

第五节　小城镇环境规划编制及与生态规划比较

一、环境规划编制主要内容与基本原则

（1）规划主要内容

小城镇环境规划主要内容包括以下几方面：

1）环境现状分析与环境评价　环境评价主要是环境污染源评价与环境质量评价。

2）环境预测与规划目标。

3）环境功能区划。

4）大气环境综合规划。

5）水环境综合规划。

6）噪声环境综合治理规划。

7）固体废物污染综合治理规划。

（2）规划基本原则

1）以生态环境理论和经济规律为依据，正确处理经济建设与环境保护之间的辩证关系的原则。

2）以经济社会发展战略思想为指导，从小城镇区域环境实际状况和经济技术水平出发，确定合适目标要求，合理开发利用资源，正确处理经济发展同人口、资源、环境的关系，合理确定产业结构和发展规模的原则。

3）坚持污染防治与生态环境保护并重、生态环境保护与生态环境建设并举。预防为主、保护优先，统一规划、同步实施，努力实现城乡环境保护一体化的原则。

4）加强环境保护意识和考虑区域、流域及地区的环境保护，杜绝源头污染的原则。

5）坚持将城镇传统风貌与城镇现代化建设相结合，自然景观与历史文化名胜古迹保护相结合，科学地进行生态环境保护与建设的原则。

二、环境规划与生态规划比较

小城镇环境规划以小城镇规划区的大气、水、噪声、固体废物的环境质量分析、评价、控制整治等自然环境保护为主要规划内容；小城镇生态规划不仅包括小城镇自然环境资源的利用和消耗对人类生存的影响，而且包括小城镇功能、结构等内在机理的变化和发展对生态变化的影响；以小城镇经济—社会—环境复合生态系统的调控与建设为主要规划内容。

小城镇环境规划与生态规划比较见表8-3。

表8-3　小城镇环境规划与生态规划比较

比较分项	小城镇环境规划	小城镇生态规划
规划理论基础	环境科学、城乡规划学	生态学、城乡规划学
主要规划研究内容	自然环境保护、控制环境对人类的负效应	经济—社会—环境复合生态系统的调控与建设
规划要素	以大气、水、土壤、噪声、固体废物等自然基质环境为主	除自然环境要素外，还包括经济、社会要素（经济的高效循环、社会关系的和谐稳定）
规划目标	为小城镇发展提供良好的环境支持	实现经济社会、生态效益的统一，人与自然和谐、共生
规划载体	规划小城镇载体作为与自然环境相互作用和影响的物质个体	规划小城镇载体为经济、社会、环境构成的人工一自然复合生态系统
规划环境	主要是自然环境	包括自然环境和社会环境

第六节　小城镇环境预测与功能区划分技术

一、环境预测

（1）预测及基本原则

小城镇环境预测是依据小城镇过去和现在的环境资料分析，推断小城镇未来环境状况，预估其环境质量变化和发展趋势。

小城镇环境预测不仅是小城镇环境决策的依据，也是小城镇综合环境保护规划及污染综合防治规划的基础。

小城镇环境预测应遵循以下基本原则：

1）系统性原则　小城镇环境预测以小城镇环境系统为对象，应注意环境系统内外本质联系，寻找系统的环境发展规律与趋势。

2）协同性原则　小城镇环境系统内部的各子系统之间存在着内在比例节奏关系，围绕整个环境系统的发展而协同动作，体现整体功能。

3）概率性原则　小城镇环境发展变化总有随机因素作用，预测应考虑可能误差和必要结果修正。

4）时空性原则　小城镇环境预测应注意时空不可分割性，必须考虑时空实际差异带来的预测结果的可能变化。

5）持续性原则　事物不是静止，而是不断发展变化的，小城镇环境预测要考虑社会发展和自然界演化的连续性，在不断变化中寻找规律性。

（2）预测主要内容

小城镇环境预测主要内容包括以下几个方面：

1）经济社会发展带来的环境问题预测以及污染与人口分布、人口密度、生产力布局和生产力发展水平之间的关系预测。

2）污染物产生量和环境容量及相关资源预测　污染物产生量预测包括废气、废水的排放总量，各种污染物的产生量及时空分布，水域的纳污量及时空分布，废渣产生总量、类别、占地面积、综合利用，噪声、农药和化肥施加量，农药在土壤、作物中的残留量预测；相关资源预测包括资源开采量、储备量、开发利用效果预测及资源破坏预测。

3）环境污染预测　分别预测各类污染物在大气、水体、土壤等环境要素中的总量、浓度分布的变化；预测可能出现的新污染物种类和数量及环境质量变化可能造成的各种社会经济损失。

4）环境治理及投资预测　环境治理及投资预测方法可参阅生态环境规划相关资料。

二、环境功能区划分

环境功能区划是根据自然环境特点和经济社会发展状况，从环境系统整体考虑，把规划区划分为不同功能的环境单元，以便研究各环境单元的环境承载力及环境质量的现状与发展变化趋势，提出不同功能环境单元的环境目标和环境管理对策。

（1）环境功能区划原则与依据

城镇环境功能区划应遵循以下原则：

1）功能区划与自然环境一致性原则　自然环境是环境演变与控制的基础，保持自然环境的一致性是环境功能区划的基本原则，而水环境、大气环境、地域环境在区域分布上的质量和数量差异，是环境功能区划的基本指标之一。

2）功能区划与环境影响的相似性原则　在相似的自然环境基础上，社会经济活动（主要是经济活动）的方式和强度在区域上表现出来的环境影响差异性是环境功能区划的另一基本指标。社会环境影响的相似性是环境功能区划的另一重要原则。

3）功能区划与环境对策的同一性原则　相似的人类环境功能区域具有相同的环境影响

条件和相同的环境问题，也就形成了保护和改善环境的对策同一性。考虑环境对策的同一性也是环境功能区划的一项重要原则，而对策措施在类型和尺度上的差异性也是环境功能区划的环境指标之一。

4）合理利用资源与环境容量原则

5）区域与功能区类型结合原则　把区域与类型结合起来，既考虑不同地段环境差异性，又考虑各地段社会经济活动的联系性和相对一致性。表现在环境区划类型图上既有完整的环境区域又有不连续的环境功能类型。

城镇环境功能区划主要依据以下方面：

1）依据区域规划与城镇总体规划的功能区划分。

2）依据自然条件划分功能区，如自然保护区、风景旅游区、水源保护区等。

3）依据小城镇总体规划和社会经济现状、特点，以及未来发展趋势划分，如工业区、居民生活区、商贸区、科技文化教育区、行政区、混合区。

4）依据环境保护的重点和特点划分，一般可分重点环境保护区、一般环境保护区、污染控制区和重点污染源治理区。

（2）综合环境功能区划

小城镇综合环境功能区划主要依据上述的环境保护重点和特点划分，并重点突出以人为本，有利人类生活和经济社会活动的考虑原则和要求。

小城镇综合环境功能区划一般可分为重点保护区、一般保护区、污染控制区和重点污染治理区。

（3）大气环境功能区划

小城镇大气环境功能区划主要依据《制定地方大气污染物排放标准的技术方法》（GB/T 13201—1991）相关规定，划分一、二、三类区，并与《环境空气质量标准》（GB 3095—1996）标准中的三类大气质量区相对应。

大气环境功能分区不宜过细，可在不同的区域间设置过渡区。

（4）水环境功能区划

小城镇水环境功能区划依据国家相关标准，可将水环境功能区分为地表水、地下水和近海海域水体保护区。

1）地表水环境功能区划按水体功能可划分为以下6种类型：

① 源头水源保护区和国家自然保护区。它包括未受任何污染的源头水源及国家自然保护区。

② 集中式生活饮用水源地。按照不同的水质标准，地表水集中式生活饮用水源地又可分为一级保护区、二级保护区，并可酌情增加三级保护区或准保护区。

③ 渔业保护水区。渔业保护区水体又可分为珍贵鱼类保护区、鱼虾产卵场及一般鱼类保护区。

④ 风景旅游水区。风景旅游水区分与人体直接接触的游泳区及非直接接触娱乐用水区。

⑤ 工业用水区。工业用水区分高级工业用水区和一般工业用水区。前者如食品工业用水区，后者如一般工艺用水、冷却用水等用水区。

⑥ 农业用水区。农业用水区包括粮食、蔬菜、果园等农作物的取水区。

按照地表水环境质量标准要求和相关保护特点，地表水环境功能区可分为5类，其与污染控制污水综合排放分级要求关系如表8-4所示。

表8-4　地表水域功能分类及对应关系

按地表水环境质量标准地表水域功能分类		对应水污染防治要求	对应污水综合排放标准分级要求
类别	水域范围		
Ⅰ类	源头水源保护区和国家及自然保护区	特别控制区	禁止排放污水
Ⅱ类	集中式生活饮用水水源的一级保护区、珍贵鱼类保护区、鱼虾产卵场等		
Ⅲ类	集中式生活饮用水水源的二级保护区、一般鱼类保护区及旅游区	重点控制区	污水排放执行一级标准
Ⅳ类	一般工业用水区及人体非直接接触的娱乐用水区	一般控制区	污水排放执行二级或三级标准
Ⅴ类	集中农业用水区及一般景观要求水域		

2）近海海域水体保护区按照海水用途和相关海水水质要求可分为如下3类：

① Ⅰ类。包括海洋生物资源保护区和盐场、食品加工、海水淡化、渔业、海水养殖等海水用水区。

② Ⅱ类。包括海水浴场与海洋风景游览区。

③ Ⅲ类。包括一般工艺用海水区、海港口水域和海洋开发作业区等。

上述海水水域对应的水质标准按《海水水质标准》（GB 3097—1997）的有关规定。

（5）噪声环境功能区划

小城镇噪声环境功能区可参照《城市区域环境噪声标准》（GB 3096—1993）的要求划分5类区域：

1）0类区：包括疗养区、高级别墅区、高级宾馆区等特别需要安静的区域。

2）Ⅰ类区：包括居住、文教机关为主的区域。

3）Ⅱ类区：居住、商业、工业混杂区。

4）Ⅲ类区：工业区。

5）Ⅳ类区：道路交通干线道路两侧区域以及穿越镇区的内河航道两侧区域。

第七节　小城镇环境综合规划基本要求

一、大气环境综合规划

（1）规划内容与规划步骤

小城镇大气环境综合规划包括小城镇大气环境综合分析与控制及大气环境综合整治。通过大气环境功能区划，合理利用大气环境容量；通过分析预测大气污染物排放总量，提出小城镇大气环境宏观目标，确定大气环境综合整治目标与对策。

（2）大气环境综合分析

1）自然环境现状分析　重点分析影响小城镇大气污染物扩散的主要气象要素，分析各类污染源、污染物产生、排放、治理现状及大气环境发展趋势。

2）污染源解析　一般小城镇大气烟尘污染源（TSP）可以分为工业煤烟尘、民用煤烟

尘、扬尘、钢铁工业尘、建材工业尘、燃油飞灰、汽车尘、风沙尘、生物尘等，在沿海小城镇可增加海盐尘。

建立受体模型是TSP源解析主要方法，其主要类型有化学质量平衡模型、主成分分析、因子分析以及多元线性回归分析，其中化学质量平衡法应用最多，其基本原理是建立各化学元素受体及源的质量平衡方法，并可用下式表示：

$$C_i = \sum m_j x_{ij} \alpha_{ij} \tag{8-1}$$

式中，i是元素个数；j是源个数；m_j是j类源排放的TSP质量浓度；x_{ij}是j类TSP源排放的TSP中第i种元素的相对浓度；α_{ij}是j类源和受体间元素i的调节参数。

对绝大多数元素，$\alpha_{ij}=1$；但在大气中产生一定反应的元素，α_{ij}可能大于1或小于1。当元素个数大于源个数时，方程组可以求出最小偏差解。

3）环境质量目标和污染总量控制目标的确定　小城镇大气环境规划目标主要依据功能区划，确定最终环境质量目标和污染总量控制目标，并根据环境污染现状，发展趋势，社会经济承受能力及规划方案，确定各功能区分期目标。最后，根据TSP源解析结果，将规划目标按类分解。

（3）规划方案确定与评价

经过优化分析的规划方案应根据环境目标和经济承受能力等因素，采用综合协调方法进行方案的评价分析。最终使规划决策方法成为可实施方案。

（4）大气环境综合治理措施

1）产业结构

① 调整产业结构和能源结构，减少三类工业占工业的比例，逐步淘汰高能耗污染型工业。

② 逐步淘汰对大气环境严重污染的落后工艺和设备。

2）用地布局

① 合理规划工业布局，污染性工业宜在小城镇下风向或大气环境容量较大区域布置。

② 结合环境功能区划，将环境效益较高的综合治理项目尽量安排在环境要求严格的功能区及小城镇上风向区域。

③ 对小城镇建设因素、区域功能因素以及人口和经济因素进行加权处理、相互协调，合理定位规划建设项目。

3）能源消耗

① 逐步改变以煤为主的能源消耗结构，推广普及燃气和其他清洁燃料，淘汰燃煤炉灶。

② 采取区域集中供热，取代一家一户分散供热，减少大气污染物的排放量。

4）任务分解　大气环境整治按轻、重、缓、急进行时间分解和项目分解，逐一落实到各执行部门和污染源单位，使决策方案成为可实施方案。首先安排投资少、见效快、有明显经济效益的项目，以经济效益带动环境效益，同时应将综合整治有关措施按项目和部门所属关系分解到位，将综合整治规划项目分解变成有关部门的工作计划。

5）其他

1）加大力度整治交通车辆产生的尾气烟尘污染和道路扬尘污染。主要有以下3项措施：

① 推广使用排放量小、轻型化和环保型能源的新车种。

② 建立合理的小城镇交通系统结构，以公共交通系统为主，合理使用其他交通工具。

③ 建设生态交通。

2）加强小城镇绿化，特别是工业区生态防护隔离带和道路两侧绿化带，如高等级公路与小城镇之间的防护林带等，充分发挥植物对大气的净化作用，营造小城镇优雅生态环境和美丽景观。

二、水环境综合规划

（1）规划主要内容

小城镇水环境综合规划主要内容应包括水环境现状分析，水源涵养、保护，水源合理开发、水质保护，污水处理和雨、污水综合利用，以及水环境整治措施。

（2）水资源与水环境分析

我国水资源紧张，多年平均水资源总量为 $28124\times10^8m^3$。全国600多个城镇有约一半城镇缺水，近百个城镇严重缺水。水资源成了制约城镇发展的主要因素。小城镇也不例外。我国大部分小城镇面临水源短缺和水环境污染的严重问题。

我国七大水系有机污染普遍，主要湖泊富营养化问题突出；东北、华北和西北地区地下水位总体呈下降趋势，大多数地下水受到一定程度点状或面状污染，局部地区地下水部分水质指标超标。不少地区小城镇供水水质达不到要求，一些地区水污染造成的水资源短缺成为城镇发展的突出问题。小城镇由于乡镇企业规模小、布局分散、技术含量低，所以污染点多面广。以工业废水排放为例，乡镇企业工业废水排放已占全国工业废水排放量的50%，污染治理相当困难。东部沿海平原，如浙江沿海平原水网密布，水流无定向，无法进行上、下游之分，一些地区城镇下游水厂几乎成了上游城镇的污水处理厂。据课题调查，小城镇基本上没有污水处理厂，不少小城镇污水未经处理就近排入环境水体，使小城镇水环境污染更为严重。如据重庆市有关调查，由此造成一些地区次级河流污染还相当严重，以致下游地区人畜饮水都成问题。其次据对四川、重庆、福建等省市小城镇环境卫生工程设施现状的重点调查，一些小城镇生活垃圾和建筑垃圾随意堆放，侵占溪流、池塘、水洼，造成小城镇水环境严重污染和水体严重破坏。还有小城镇面源污染也十分严重，面源污染通过降雨产生的径流携带土壤中的化肥、农药成分一起进入河流，并通过洪水期将地面垃圾、人畜粪便带入河流造成污染。

我国小城镇污水排放量逐年增加，大量污水未经处理或未经有效处理排放，一方面污染水环境，另一方面加剧水资源短缺。

我国雨水资源丰富，年降水量达 $61900\times10^8m^3$，然而由于没有很好利用，雨水资源浪费严重。许多缺水城镇一是暴雨洪涝；二是旱季严重缺水。

当今，许多国家把雨水资源化作为城镇生态系统的一部分，在德国的一些地区利用雨水可节约饮用水达50%，在公共场所用水和工业用水中节约更多，并且雨水利用还有更大的经济、生态意义。

我国小城镇雨水资源和污水处理的综合利用，尚只处于试点起步阶段，并且较多仅用于农业，但发展前景看好。以干旱的新疆为例，充分利用其光热资源丰富的有利条件，1994年除城镇外，全区69个县城已有40个县城因地制宜立项建设稳定塘污水处理工程，初步形成污水处理稳定塘体系，经过处理的污水，夏季多用于农田灌溉，而非灌溉期的污水利用，

采取秋天整地，冬天稳定塘出水，处理水取代清水压盐碱地取得很好的效益。

（3）水环境保护与综合整治

1）水源保护、利用及污染防治

① 对于以地表水为水源的小城镇应在水源范围划定一定水域或陆域作为水源保护区，严格执行有关保护法规和相关标准规定；区域和流域水资源保护必须从区域和流域考虑，对水资源进行统一规划、管理和调配以及协调保护。

② 对于城镇地下水源保护应划定地下水源保护范围，防止病原菌和其他污染物对水源的污染；同时划定并保护地下水补给区，保证地下水源的补给水量和水质，避免地下水超采引起地面沉降和水质恶化。

③ 缺水地区水资源可持续开发利用战略应综合分析各种水资源（包括本地水源、外调水源、潜在水源、低质和优质水源），实行资源合理调度与库存、保护开发和节约利用。

a. 清污分流，充分利用有限径流，减少河流污染造成水源损失。

b. 实现水资源多级管理做到优质优用。小城镇和农业用水可分五级管理，即第一级饮用水，第二级工业及一般用水，第三级淡水及海水养殖和菜田用水，第四级粮食作物用水，第五级园林绿化、林业及恢复湿地用水。第一级按Ⅱ类、Ⅲ类水质标准，第二级按Ⅳ类标准，第三级按Ⅴ类及渔业水质标准。第四级按Ⅴ类及农田灌溉水质标准，第五级按农田灌溉水质标准。

上述水质5级原则中，养鱼用水、菜田用水水质应高于生化二级处理出水，特别要严格控制卫生学指标、重金属和难降解有机物指标。

c. 对农业灌溉用水应按污水性质分类，对于生活污水与食品、酿造工业的废水等以可降解有机物及营养盐类为主的污水，经处理符合标准后，可按水质分级要求，用于相应作物的灌溉。

d. 根据水文地质条件，实行改良污水回用分区，防止地下水污染。在山前冲积扇，沙质土壤分布区和无良好黏土隔水层的区域，以及水源保护区，不能污水灌溉。

④ 在政府协调下水资源一体化管理，实现水资源系统有管理和高效运行。

2）水环境保护及污染整治

① 划分水环境功能区，提出不同功能区对应保护要求和水质标准、污染控制、污水综合排放的分级要求。

② 与小城镇水环境保护、污染治理密切相关的小城镇排水体制、排水与污水处理规划合理水平可按表8-5要求选择。

表8-5要求在全国小城镇概况分析的同时，重点对四川、重庆、湖北的中心城镇周边小城镇、三峡库区小城镇、丘陵地区和山区小城镇、浙江的工业主导型小城镇、商贸流通型小城镇、福建的生态旅游型小城镇、工贸型小城镇等的社会、经济发展状况、建设水平、排水情况、污水处理状况、生态状况及环境卫生状况的分类综合调查和相关规划分析研究及部分推算的基础上得出来的，因而具有一定的代表性。

对不同地区、不同规模级别的小城镇，控不同规划期，提出因地因时而异的规划，增加可操作性，同时表中除应设要求外，还分宜设、可设要求，增加操作的灵活性。

3）立足长远、创造条件、建设自来水系统和中水系统两套独立供水系统。自来水系统供饮用水和食品、医药等直接用水和人体相关行业的生产工艺用水，着重提高水源水质，逐步达到直饮水标准，中水系统提供非饮用水，着重保持水质和水量的稳定性。

表 8-5　小城镇排水体制、排水与污水处理规划合理水平选择

小城镇分级		经济发达地区						经济发展一般地区						经济欠发达地区					
分项 \ 规划期		一		二		三		一		二		三		一		二		三	
		近期	远期	近期	远期	近期	远期	近期	远期	近期	远期	近期	远期	近期	远期	近期	远期	近期	远期
排水体制一般原则	1. 分流制或 2. 不完全分流制	△	●	△	●		●	△ 2	●	○ 2	●	○ 2	△	△ 2	●		△ 2		△ 2
	合流制															○		○ 部分	
排水管网面积普及率（%）		95	100	90	100	85	95～100	85	100	80	95～100	75	90～95	75	90～100	50～60	80～85	20～40	70～80
不同程度污水处理率（%）		80	100	75	100	65	90～95	65	100	60	90～100	50	80～85	50	80～90	20	65～75	10	50～60
统建、联建、单建污水处理厂		△	●	△	●		●		●		●		●		△		△		
简单污水处理						○		○		○		○		○		○		○低水平	△ 较高水平

注：1. 表中○—可设，△—宜设，●—应设。

2. 不同程度污水处理率指采用不同程度污水处理方法达到的污水处理率。

3. 统建、联建、单建污水处理厂指郊区小城镇、小城镇群应优先考虑统建、联建污水处理厂。

4. 简单污水处理指经济欠发达、不具备建设较现代化污水处理厂条件的小城镇，选择采用简单、低耗、高效的多种污水处理方式，如氧化塘、多级自然处理系统、管道处理系统，以及环保部门推荐的几种实用污水处理技术。

5. 排水体制的具体选择除按上表要求外，同时应根据总体规划和环境保护要求，综合考虑自然条件、水体条件、污水量、水质情况、原有排水设施情况，技术经济比较确定。

6. 小城镇分级详见第六章第五节“二、小城镇基础设施的规划合理水平和技术指标相关小城镇分级”。

4）统筹考虑污水处理厂规划建设、污水资源化、中水再生利用、水资源梯级利用，改善水资源短缺，提高水环境质量。

5）节约用水，循环用水，最大限度减少终端废水排放。凡是有害农业生态系统和污染水体的有毒物质，包括酸、碱、盐类，污染土壤、毒害作物或污染食物链的重金属及其他无机离子（B、Mo、Se……），人工合成的有毒有机物，以及致病微生物等均应在污染源进行有效治理。

6）生活污水和工业污水都必须先治理后回用。

7）滨海地区污水应经过处理后充分用于滨海区生态建设，保证滨海生态建设用水，控制削减滨海氮、磷等主要污染物含量。

三、噪声环境综合治理规划

（1）规划主要内容

小城镇噪声环境综合治理规划的主要内容包括小城镇噪声环境现状分析和噪声污染源分析，噪声环境区划，噪声环境综合治理目标和措施。

（2）噪声污染源分析

小城镇是地处城乡结合部的社会综合体。一般来说，小城镇没有城镇那样的喧哗，大部分小城镇区域噪声值都低于城镇噪声值，多数小城镇昼夜噪声分贝相差很大。

小城镇的噪声污染源主要是交通噪声污染，特别是沿交通干线发展和内河轮船码头发展的小城镇，交通噪声超标比较普遍。我国许多小城镇一开始往往依靠公路，并沿公路两边发展，常常是公路和镇区道路不分设，它既是小城镇的对外交通公路。又在小城镇镇区的主要道路两侧布置有大量的商业服务设施和住宅，行人密集，车辆过往频繁，相互干扰很大。由于过境交通穿越，分隔生活居住区既交通不安全，又造成交通噪声严重污染人居环境。

其次许多小城镇，特别是工业型小城镇乡镇企业工厂设备落后，生产噪声也很突出，还有建筑施工噪声也是噪声污染源之一。

此外，经济发达地区小城镇，随着第三产业蓬勃兴起，其产生的噪声也已成为小城镇主要噪声污染源，如其餐饮业、娱乐业和商业的噪声也都给居民的正常生活带来较大负面影响。

（3）噪声环境的综合治理

小城镇噪声环境综合治理规划应通过其噪声环境功能区划分，确定各噪声环境功能区的噪声环境综合治理目标，依据相关区域环境噪声标准，结合小城镇实际情况提出其噪声环境功能区的环境噪声控制要求和噪声环境综合治理措施。

小城镇噪声环境综合治理主要措施包括以下方面：

1）小城镇道路交通规划与小城镇环境保护规划同步实施，交通系统建设与外部系统协调共生。

交通噪声、振动严重危及人们的生理与心理健康，为减少小城镇交通噪声危害，必须从整体上对小城镇相关交通系统、空间布局环境保护全面考虑，实现交通系统与外部系统协调共生可持续发展的生态交通目标。

2）过境公路与小城镇道路分开，过境公路不得穿越镇区，对原穿越镇区的过境公路段应采取合理手段改变穿越段公路的性质与功能，在改变之前应按镇区道路的要求控制道路红线和两侧用地布局，并严格限制过境公路两侧发展建设。

3）小城镇用地布局应考虑工业向工业园区集聚，居住向居住小区集聚，加强规划管理，非工业园区和工业用地不得新建、扩建工厂和工业项目。结合旧镇改造逐步解决工业用地和居住用地混杂现象。

4）噪声严重的工厂选址除结合工业园区选址外，尚应考虑噪声影响小的边缘地区，酌情考虑噪声缓冲带，也可利用小城镇地形条件如山冈、土坡阻断、屏蔽噪声传播。

5）产生较高噪声的声源建筑和设施与小城镇居民点的防噪距离应按表8-6规定控制。

表8-6　不同噪声级声源与小城镇居民点之间防噪距离要求

声源点噪声级/dB	与居民点防噪距离/m
100～110	110～300
90～100	90～100
80～90	80～90
70～80	30～100
60～70	20～50

6）穿越居住区、文教区车辆，应采取限速、禁止鸣笛等措施降低噪声，高噪声车辆不得在镇区内行驶。

7）建筑施工作业时间应避开居民的正常休息时间，在居住密集区施工作业时，应尽可能采用低噪声施工机械和作业方式。

四、固体废物污染综合治理规划

（1）规划主要内容

小城镇固体废物污染综合治理规划的主要内容包括小城镇固体废物的分类、污染现状及发展趋势预测，固体废物环境影响评价，固定废物污染综合治理目标与措施。

（2）固体废物分类、污染现状及其发展趋势分析

1）固体废物分类　小城镇固体废物包括生活固体废物、工业固体废物和农业固体废物。其中生活固体废物包括居民生活垃圾、医院垃圾、商业垃圾。

2）污染现状调查及发展趋势分析

我国大多数小城镇环境卫生工程设施基础十分薄弱，许多小城镇固体废物污染相当严重，改变小城镇“脏、乱、差”面貌已成为当务之急。

据对四川、重庆、福建等省市小城镇的环境卫生工程设施现状的重点调查，小城镇生活垃圾的收集、运输设施数量少、不配套，多数小城镇生活垃圾主要采用露天堆放等简易处理方式，而且一些小城镇固体垃圾和建筑垃圾无序随意堆放，侵占溪流、池塘、水洼，对小城镇水体和周围环境造成严重破坏。

据上述省市小城镇有关调查资料的综合分析，小城镇现状固体垃圾有效收集率约在15%～50%，现状垃圾无害化处理率约在5%～35%，现状资源回收利用率约在5%～25%，而大多数小城镇现状固体垃圾有效收集率、垃圾无害化处理率和资源回收利用率都处在上述数值中的较低水平。

小城镇固体垃圾、固体废物对环境影响涉及大气、水体、土壤、植被以及人体。小城镇

固体废物现状调查应从原辅材料消耗，产生工业固体废物的工艺流程的物料平衡分析、工艺过程分析，固体废物的产生、运输、堆存、处理处置等主要环节入手，就各类小城镇固体废物的性质、数量以及对周围环境中大气、水体、土壤、植被以及人体危害方面进行全面、深入地分析调查，以筛选出主要污染源和主要污染物。

（3）固体废物的预测与环境影响评价

小城镇生活垃圾产生量预测主要采用人口预测法和回归分析法等方法，可参见《城市生活垃圾产量计算及预测方法》（CJ/T106—1999）。

据有关统计，我国城镇目前人均日生活垃圾产量为0.6～1.2kg/（人·d），由于小城镇的燃料结构、居民生活水平，消费习惯和消费结构，经济发展水平与城镇差异较大，小城镇的人均生活垃圾量比城镇要高，综合分析四川、重庆、云南、福建、浙江、广东等省市的小城镇实际和规划人均生活垃圾量及其增长的调查结果，分析比较发达国家生活垃圾的产生量情况和增长规律，提出小城镇生活垃圾的规划预测人均指标为0.9～1.4kg（人·d）。

小城镇生活垃圾量还可采用增长率法预测，并应采用按不同时间段选用不同增长率预测。增长率法预测可用下式计算：

$$W_t = W_o(1+i)^t \qquad (8\text{-}2)$$

式中，W_t 是预测段末年份小城镇生活垃圾量；W_o 是现状基年小城镇生活垃圾产量；i 是预测段小城镇生活垃圾年均增长率；t 是预测段预测年限。

年均增长率随小城镇人口增长、规模扩大、经济、社会发展、生活水平提高、燃料结构、消费水平与消费结构的变化而变化。分析国外发达国家城镇生活垃圾变化规律，其增长规律类似一般消费品近似 S 曲线增长规律，增长到一定阶段增长减慢直至饱和，1980～1990年欧美国家城镇生活垃圾产量增长率已基本在3%以下。我国城镇垃圾还处在直线增长阶段，自1979年以来平均为9%。

根据小城镇的相关调查分析和推算，小城镇近期生活垃圾产量的年均增长一般可按8%～10.5%，结合小城镇实际情况分析比较选取或适当调整。

工业固体废物预测主要根据经济发展和数理统计方法进行，如产品排污系数、工业产值排污系数、回归分析、时间序列分析和灰色预测分析。

小城镇固体废物环境影响评价可采用全过程评分法，评价对象包括各类污染物分别占总排放量80%以上的污染源评分准则，即性质标准分、数量标准分、处理处置标准分和污染事故标准分。各类标准分划分为若干等级，并给予不同的分值，在此基础上进行评分排序。

（4）固体废物的综合治理目标与措施

小城镇固体废物综合治理应根据污染总量控制原则，结合小城镇的类型以及经济承受能力，确定固体废物综合利用和处理、处置的数量与程度的总体目标。并在此基础上，根据规划期不同类固体废物的预测量与小城镇固体废物环境规划总目标，得出小城镇生活垃圾及工业固体废物在规划期的削减量。

1）一般工业固体废物的综合治理措施　对于一般工业固体废物来说，减量化是防治污染和综合治理的首要办法，实现减量化有以下3种途径：

① 选择清洁生产工艺，以最大限度地减少各类工业固体废物排放量。

② 实现企业内各工艺中产生的固体废物最大限度地回收和利用。

③ 通过合理的工业产业链，使一个企业的废渣成为另一个企业的原料，形成闭合循环，

减少固体废物的排放。

虽然工业固体废物（金属、非金属、无机、有机废物）经过一定的工艺处理，可成为工业原料或能源，较废水废气易实现再生资源化。但一般投资菲薄，小城镇经济实力不及。因此，小城镇固体废物综合整治重点在于综合利用和减少污染物排放量。不能综合利用，难处理的一般工业固体废物可在最近的无害化固体废物填埋中心填埋。

2）危险废物处理措施　危险废物中虽有一大部分可以综合利用，但最终还有一部分需要处置，危险废物在产生、收集、储存、运输、利用到处理、处置全部过程都可能对环境造成污染。

危险废物处置必须采取科学的方法，减少或消除危险废物对环境的污染，并避免因处置危险废物不当而造成的二次污染。

小城镇常见的特种有毒固体废物主要有废旧电池、废旧电器、化学废渣和废药品，应由市政部门专门设立的专门回收系统集中收集、运输，并由危险废物焚烧厂、处理工厂或安全填埋场统一集中科学处理。

图 8-5、图 8-6 为有毒有害危险废物焚烧厂和有毒有害危险废物安全填埋场。

图 8-5　有毒有害危险废物焚烧厂

图 8-6　有毒有害危险废物安全填埋场

（5）医疗废物处理处置措施

医疗废物是医疗卫生机构的医疗、预防、保健以及其他相关活动中产生的具有直接或间接感染性、毒性以及其他危害性的废物。医疗废物污染环境、传染疾病、威胁健康，危害很大，是《国家危险废物名录》47 类废物中的首要废物。

小城镇医疗废物必须由专门回收系统集中收集、科学处理处置。结合小城镇特点和实际情况，小城镇医疗废物无害化处理可采取焚烧与其他无害化处置相结合的形式，将必须进行焚烧处理的医疗废物，如病理性废物等送往就近的医疗废物焚烧炉处理站进行焚烧处理，其余医疗废物采取其他的无害化处理方式，如采用高温高压蒸汽消毒—粉碎—填埋的处置方式。

图 8-7 为医疗废物收集、运输、处理处置厂。

图 8-7 医疗废物收集、运输、处理处置厂

（6）生活垃圾处理措施

1）通过科学合理配置资源，利用资源最大限度减少垃圾的产生，并运用经济杠杆实现垃圾的源头减量。

2）推行垃圾的分类收集和回收利用，按回收利用系统及垃圾处理系统的不同要求，建立分类收集体系和建设分类收集配套设施。

小城镇垃圾宜主要采用垃圾收集容器和垃圾车收集的同时，采用袋装收集方式，并应符合日产日清的要求。垃圾收集方式应分非分类收集和分类收集，并且按表 8-7 结合小城镇相关条件和实际情况分析比较选定。

表 8-7 小城镇垃圾收集方式选择

		经济发达地区						经济发展一般地区						经济欠发达地区					
		小城镇规模分级																	
		一		二		三		一		二		三		一		二		三	
		近期	远期	近期	远期	近期	远期	近期	远期	近期	远期	近期	远期	近期	远期	近期	远期	近期	远期
垃圾收集方式	非分类收集									•		•		•		•		•	
	分类收集	•	•	•	•	▲	•	▲	•		•		▲		•		▲		▲

注：1. 表中：▲—宜设，•—应设。

2. 经济发达地区、发展一般地区、欠发达地区和小城镇规模分级详见表 8-5，后同。

3）小城镇固体废物处理应先考虑减量化、资源化（从固体废物中回收有用物质和能源）减少资源消耗和加速资源循环，后考虑加速物质循环，对最后残留物质最终无害化处理。

小城镇生活垃圾的处理是固体废物处理的重点，生活垃圾处理方法，我国目前填埋占70%，堆肥20%，焚烧及其他处理方法10%。表8-8为填埋、焚烧和堆肥三种处理方法的主要对比。

表8-8　三种垃圾处理方法主要比较

	填　埋	焚　烧	堆　肥
技术可造性	技术可靠	可靠	可靠，国内有一定经验
选址要求	要考虑地理条件，防止水体污染，一般远离城镇，运输距离大于20km	可靠近城镇建设，运输距离可小于10km	需避开住宅密集区，气味影响半径小于200m，运输距离2~10km
占　地	大	小	中　等
适用条件	适用范围广、对垃圾成分无严格要求；但无机物含量大于60%；征地容易，地区水文条件好，气候干旱、少雨的条件更为适用	要求垃圾热值大于4000 kJ/kg；土地资源紧张，经济条件好	垃圾中生物可降解有机物含量大于40%；堆肥产品有较大市场
投资运行费用	最低	最高	较高

根据上述主要比较、考虑小城镇特点和实际情况，小城镇生活垃圾处理，应主要采用卫生填埋方法处理，有条件的小城镇经可行性论证，也可采用堆肥方法处理。

城镇密集地区小城镇可在可行性论证基础上联建垃圾焚烧厂，焚烧产生的热量可用于发电或供热，在实现垃圾减量化的同时，实现资源化目标。

建堆肥厕所既可以产生肥料，又可减少粪便对水体的污染。我国城镇已开始应用，特别是东部经济发达地小城镇有可能首先获得应用。

图8-8为节水的新型城镇生态厕所。

图8-8　节水的新型城镇生态厕所

4）小城镇固体垃圾有效收集率、垃圾无害化处理率和资源回收利用率可按表8-9规定，结合小城镇实际确定规划目标和污染控制。

表 8-9　小城镇垃圾污染控制若干控制指标

	经济发达地区						经济发展一般地区						经济欠发达地区					
	小城镇规模分级																	
	一		二		三		一		二		三		一		二		三	
	近期	远期	近期	远期	近期	远期	近期	远期	近期	远期	近期	远期	近期	远期	近期	远期	近期	远期
固体垃圾有效收集率（%）	65～70	≥98	60～65	≥95	55～60	95	60	95	55～60	90	45～55	85	45～50	90	40～45	85	30～40	80
垃圾无害化处理率（%）	≥40	≥90	35～40	85～90	25～35	75～85	≥35	≥85	30～35	80～85	20～30	70～80	30	≥75	25～30	70～75	15～25	60～70
资源回收利用率（%）	30	50	25～30	45～50	20～25	35～45	25	45～50	20～25	40～45	15～20	30～40	20	40～45	15～20	35～40	10～15	25～35

注：资源回收利用包括工矿业固体废物的回收利用，结合污水处理和改善能源结构，粪便、垃圾生产沼气回收其中的有用物质等。

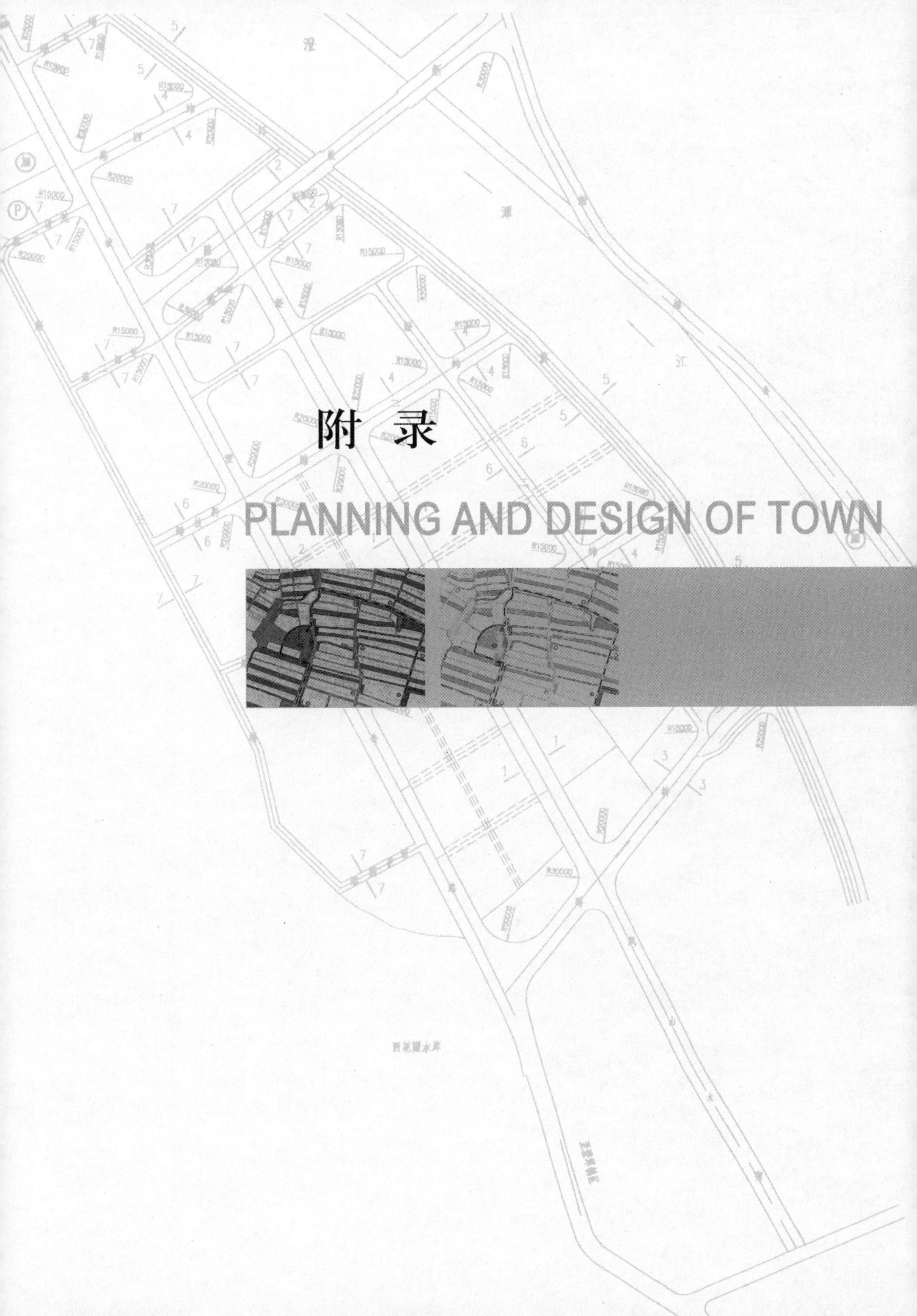

附 录

PLANNING AND DESIGN OF TOWN

附录 A　小城镇居住小区规划技术资料

一、小城镇居住小区规划技术指标体系

小城镇居住小区规划技术指标由下列组成:

（1）小城镇居住小区规模

1）小城镇居住小区分级规模。

2）居住户数、人数、户均人口。

（2）小城镇居住用地技术指标

1）小城镇居住小区规划总用地及其分类。

2）小城镇居住小区用地平衡控制指标。

3）小城镇居住小区人均建设用地指标。

（3）小城镇居住小区规划密度技术指标

1）住宅平均层数。

2）多层住宅比例。

3）低（少）层住宅比例。

4）人口毛密度。

5）人口净密度。

6）住宅建筑套密度（毛）。

7）住宅建筑套密度（净）。

8）住宅建筑面积毛密度。

9）住宅建筑面积净密度。

10）容积率。

11）住宅建筑净密度。

12）总建筑密度。

13）绿地率。

（4）小城镇居住小区公用配建设施公共绿地技术指标

1）小城镇居住小区公共服务设施配置。

2）小城镇居住小区公共绿地及休闲设施配置。

（5）小城镇居住小区道路技术指标

1）小城镇居住小区各级道路控制线间距离与路面宽度。

2）小城镇居住小区道路纵坡控制参数。

3）停车率。

（6）小城镇住宅建筑技术指标

1）小城镇住宅户均建筑面积指标。

2）小城镇住宅基本功能空间面积指标。

3）小城镇住宅附加功能空间面积指标。

4）小城镇居住小区住宅建筑密度、容积率。

5）小城镇住宅日照与间距。

二、小城镇居住小区规划技术指标体系参考标准

（1）小城镇居住区宜分为居住小区、住宅组群、住宅庭院三级，每级又分为2级，分级规模应符合表A-1规定。

表A-1　小城镇居住区分级及规模

居住区分级		居住规模		对应行政管理机构
		人口数/人	住户数/户	
居住小区	Ⅰ级	8000～12000	2000～3000	街道办事处
	Ⅱ级	5000～7000	1250～1750	
住宅组群	Ⅰ级	1500～2000	375～500	居（村）委会
	Ⅱ级	1000～1400	250～350	
住宅庭院	Ⅰ级	250～340	63～85	居（村）民小组
	Ⅱ级	180～240	45～60	

（2）小城镇居住小区规划总用地应包括居住小区用地和其他用地两类，后者不参与用地平衡。

（3）居住小区用地应包括住宅建筑用地、公共建筑用地、道路用地和公共绿地四类用地，居住小区用地平衡控制指标应符合表A-2规定。

表A-2　小城镇居住小区用地平衡控制指标　（单位：%）

	居住小区		住宅组群		住宅庭院	
	Ⅰ级	Ⅱ级	Ⅰ级	Ⅱ级	Ⅰ级	Ⅱ级
住宅建筑用地	54～62	58～66	72～82	75～85	76～86	78～88
公共建筑用地	16～22	12～18	4～8	3～6	2～5	2～117
道路用地	10～16	10～13	2～6	2～5	1～3	1～2
公共绿地	8～13	7～12	3～4	2～3	2～3	1.5～2.5
总用地	100	100	100	100	100	100

（4）小城镇人均居住小区用地控制指标宜符合表A-3规定。

表A-3　小城镇人均居住小区用地控制指标　（单位：m^2/人）

居住规模	层数	建筑气候区划		
		Ⅰ Ⅱ Ⅵ Ⅶ	Ⅲ Ⅴ	Ⅳ
居住小区	低（少）层	32～45	29～42	27～39
	低（少）层、多层	26～37	25～36	23～33
	多层	21～29	20～27	18～26
住宅组群	低（少）层	27～38	25～35	23～34
	低（少）层、多层	23～32	21～30	20～29
	多层	18～26	17～25	16～23
住宅庭院	低（少）层	24～35	22～32	20～31
	低（少）层、多层	20～30	18～27	16～25
	多层	15～24	14～22	12～20

(5) 小城镇居住小区规划密度技术指标

1) 住宅平均层数。住宅总建筑面积与住宅基底总面积的比值。

2) 多层住宅 (4~5层) 比例。多层住宅总建筑面积与住宅总建筑面积的比例 (%)。

3) 低 (少) 层住宅 (1~3层) 比例。低 (少) 层住宅总建筑面积与住宅总建筑面积的比例 (%)。

4) 人口毛密度。每公顷居住 (小) 区用地上容纳的规划人口数 (人/ha)。

5) 人口净密度。每公顷住宅用地上容纳的规划人口数量 (人/ha)。

6) 住宅建筑套密度 (毛)。每公顷居住 (小) 区用地上拥有的住宅建筑套数 (套/ha)。

7) 住宅建筑套密度 (净)。每公顷住宅用地上拥有的住宅建筑面积 (万 m^2/ha)。

8) 住宅建筑面积毛密度。每公顷居住小区用地上拥有的住宅建筑面积 (万 m^2/ha)。

9) 住宅建筑面积净密度。每公顷住宅用地上拥有的住宅建筑面积 (万 m^2/ha)。

10) 容积率 (建筑面积毛密度)。每公顷居住小区用地上拥有各类建筑的平均建筑面积或居住小区总建筑面积与居住区用地面积的比值。

11) 住宅建筑净密度。住宅建筑基底总面积与住宅用地面积的比率。

12) 总建筑密度。居住 (小) 区用地内，各类建筑的基底总面积与居住 (小) 区用地面积比率 (%)。

13) 绿地率。居住小区用地范围内各类绿地面积的总和占居住小区用地面积的比率 (%)。

(6) 小城镇住宅建筑净密度、住宅建筑面积净密度最大控制值不应超过表 A-4 和表A-5 的规定。

表 A-4 小城镇住宅建筑净密度最大控制值 (单位：%)

层数	建筑气候区划		
	Ⅰ、Ⅱ、Ⅵ、Ⅶ	Ⅲ、Ⅴ	Ⅳ
低层	35	40	43
多层	28	30	32

注：1. 混合层取两者指标值作为控制指标的上、下限值。

2. 参照引用《城市居住区规划设计规范》GB 50180—1993 (2002 年版)。

表 A-5 小城镇住宅建筑面积净密度最大控制值 (单位：10^4m^2/ha)

建筑	建筑气候区划		
	Ⅰ、Ⅱ、Ⅵ、Ⅶ	Ⅲ、Ⅴ	Ⅳ
低层	1.10	1.20	1.30
多层	1.40	1.50	1.60

注：参照《城市居住区规划设计规范》GB 50180—1993 (2002 年版) 分析计算得出。

其余同表 A-4 注。

(7) 小城镇居住小区规划的绿地率应不低于 30%。

(8) 小城镇居住小区公共服务设施配置方式应符合表 7-1 规定，居住小区级应在表的 1~7 类中选取部分项目，住宅组群级应在表的 1、2、3、4、7 类中选取部分项目。

(9) 小城镇居住小区公共绿地面积及休闲设施配置应符合表 A-6 规定。

表 A-6　小城镇居住小区公共绿地面积及休闲设施配置

居住单位名称		中心绿地名称		设施项目	最小面积/ha
居住小区	Ⅰ	小区游园	Ⅰ	草坪、花木、花坛、水面、儿童游乐设施、坐椅、台桌、铺装地面、雕塑或其他建筑小品	0.6～0.7
	Ⅱ		Ⅱ		0.4～0.5
住宅组群	Ⅰ	组群中心绿地	Ⅰ	草坪、花木、坐椅、台桌、简易儿童游乐设施	0.09～0.10
	Ⅱ		Ⅱ		0.07～0.08
住宅庭院	Ⅰ	庭院绿地	Ⅰ	草坪、花木、坐椅、台桌、铺装地面	0.04～0.06
	Ⅱ		Ⅱ		0.02～0.03

（10）小城镇居住小区道路分为居住小区级、住宅组群级、宅前路及其他人行路三级，其控制线之间距离和路面宽度应符合表 A-7 规定，各类道路纵坡的控制应符合表 A-8 规定。

表 A-7　小城镇居住小区道路控制线及路面宽度　（单位：m）

道路名称	建筑控制线之间的距离		路面宽度
	采暖区	非采暖区	
居住小区级道路	16～18	14～16	6～7
住宅组群级道路	12～13	10～11	3～5
宅前路及其他人行路	—	—	2～2.5
备　注	应满足各类工程管线埋设要求；严寒积雪地区的道路路面应考虑防滑措施并应考虑清扫道路积雪的面积，路面可适当放宽；地震区道路宜做柔性路面		

表 A-8　小城镇小区内道路纵坡控制参数

道路类别	最小纵坡（%）	最大纵坡（%）	多雪严寒地区最大纵坡（%）
机动车道	0.3	8.0　L≤200m	5.0　L≤600m
非机动车道	0.3	3.0　L≤50m	2.0　L≤100m
步行道	0.5	8.0	4

注：1. 表中“L”为道路的坡长。
2. 机动车与非机动车混行的道路，其纵坡宜按非机动车道要求，或分段按非机动车道要求控制。
3. 居住小区内道路坡度较大时，应设缓冲段与城市道路衔接。

（11）小城镇居住小区建筑面积可采用户均建筑面积指标、住宅基本功能和附加功能空间面积指标控制，并应分别符合表 A-9～A-11 规定。

表 A-9　小城镇住宅户均建筑面积

户结构	户均建筑面积/m^2	户均使用面积/m^2	说　明
两代	85～95	65～82	夫妇及一个孩子面积标准稍低些，两个孩子面积标准稍高些
三代	100～140	82～120	三代 6 人面积标准稍高些，5 人以下面积标准稍低些
四代	150～200	125～170	四代 8 人面积标准稍高些，7 人以下面积标准稍低些

表 A-10　小城镇住宅基本功能空间面积指标

<table>
<tr><td>功能空间名称</td><td>门　　厅</td><td>起　居　室</td><td>餐　　厅</td><td colspan="2">主卧室、老人卧室
基本储藏间</td></tr>
<tr><td>面积标准/m²</td><td>3 ~ 5</td><td>16 ~ 26</td><td>9 ~ 14</td><td colspan="2">14 ~ 18</td></tr>
<tr><td rowspan="2">功能空间名称</td><td rowspan="2">次卧室</td><td rowspan="2">厨房</td><td rowspan="2">卫生间</td><td colspan="2">基本储藏间</td></tr>
<tr><td>数量/间</td><td>面积/m²</td></tr>
<tr><td>面积标准/m²</td><td>8 ~ 12</td><td>6 ~ 9</td><td>4 ~ 7</td><td>3 ~ 6</td><td>4 ~ 10</td></tr>
</table>

注：储藏间数量应视不同家庭户结构、户规模及不同生活水平等实际情况确定。

表 A-11　小城镇住宅附加功能空间面积指标

<table>
<tr><td rowspan="2">功能空间名称</td><td colspan="6">生活性附加功能空间</td></tr>
<tr><td>客厅</td><td>书房</td><td>客卧</td><td>家务劳动室</td><td>健身游戏室</td><td>阳光室</td></tr>
<tr><td>面积标准/m²</td><td>18 ~ 30</td><td>12 ~ 16</td><td>8 ~ 12</td><td>12 ~ 14</td><td>14 ~ 20</td><td>7 ~ 12</td></tr>
<tr><td>备注</td><td colspan="6">生产性附加功能空间面积标准包括专用空间的种类、数量及面积大小，并根据住户从业的实际需要确定</td></tr>
</table>

（12）小城镇住宅的间距、庭院围合，应以满足日照要求为基础，综合考虑采光、通风、消防、防灾、管线埋设、视觉卫生等要求确定。

（13）住宅日照应按照《城市居住区规划设计规范》（GB 50180—1993）（2002 年版）中小城市的相关要求。

三、小城镇居住小区规划技术指标体系实施

1. 小城镇居住小区分级规模

（1）小城镇居住小区分级在小城镇控制性详细规划中结合小城镇实际，按表 A-1 确定。

（2）小城镇居住小区规划布局形式可采用居住小区—住宅组群—住宅庭院、居住小区—住宅组群、住宅组群—住宅庭院及独立住宅组群等多种类型。

（3）加快小城镇户籍管理制度改革，完善农民向小城镇流动的相关户籍政策和保障制度。

（4）停止小城镇分散住宅地基审批，引导住宅向居住小区集中。

2. 小城镇居住小区规划的技术经济指标

小城镇居住小区规划的技术经济指标应包括规划用地平衡指标、小区规划密度指标和公用设施指标。

3. 小城镇居住用地技术指标

（1）小城镇居住小区用地应采用建设用地构成比例和人均居住小区建设用地指标加以控制。

（2）表 A-2 用地平衡控制指标应结合小城镇实际情况，分析比较确定。居住小区用地平衡表的格式应符合表 A-12 要求。

表 A-12　小城镇居住小区用地平衡表

项　　目		面积/ha	所占比例（%）	人均面积/（m^2 人）
一、居住小区用地（R）		▲	100	▲
1	住宅用地（R01）	▲	▲	▲
2	公建用地（R02）	▲	▲	▲
3	道路用地（R03）	▲	▲	▲
4	公共绿地（R04）	▲	▲	▲
二、其他用地（E）		△	—	—
居住小区规划总用地		△	—	—

注：“▲”为参与居住小区用地平衡的项目；“△”为不参与居住小区用地平衡的项目。

（3）小城镇人均居住小区用地指标应同时依据所在省、市、自治区政府的有关规定，结合小城镇性质、类型、经济社会发展现状、居住用地水平、生活习惯、风俗民情等实际情况分析比较选定和适当调整。旧镇原地改建的居住小区，其人均建设用地指标可比新建指标下调5%。

4. 小城镇居住小区规划密度指标

（1）小城镇居住小区规划密度技术经济指标应符合小城镇国家相关标准、小区规划总体目标和地方有关规定。

（2）小城镇居住小区密度技术经济指标表的格式应符合表 A-13 要求。

表 A-13　小城镇居住小区密度技术经济指标

项　　目	计量单位	数　　量	所占比重
居住户（套）数	户（套）	▲	
居住人数	人	▲	
户均人口	人/户	△	
总建筑面积	$10^4 m^2$	▲	100
住宅建筑面积	$10^4 m^2$	▲	▲
公建建筑面积	$10^4 m^2$	▲	▲
住宅平均层数	层	▲	
多层住宅比例	%	▲	
低（少）层住宅比例	%	▲	
人口毛密度	人/ha	▲	
人口净密度	人/ha	△	
住宅建筑套密度（毛）	套/ha	△	▲
住宅建筑套密度（净）	套/ha	△	▲

（续）

项 目	计量单位	数 量	所占比重
住宅建筑面积毛密度	$10^4 m^2/ha$	▲	
住宅建筑面积净密度	%	▲	
容积率	$10^4 m^2/ha$	▲	
住宅建筑净密度	%	▲	
总建筑密度	%	▲	
绿地率	%	▲	

注：▲为必要指标，△为选用指标。

（3）小城镇居住小区规划主要采用控制住宅层数和住宅建筑净密度、住宅建筑面积净密度，控制选择住宅用地开发强度、利用率，确保适宜的空间环境。住宅建筑面积净密度的控制最大值，同时考虑了小城镇一般多层住宅建筑最高层数较城市少的因素。

5. 小城镇居住小区公共配建设施、公共绿地技术指标

（1）小城镇居住小区级公建项目的配置，应根据其人口规模和实际需要选取，居住小区公建的服务半径宜≤0.4km。

（2）小城镇居住小区人均公共绿地指标，住宅组群（含住宅庭院）不少于0.5m²/人，居住小区（含住宅组群）不少于1m²/人，公共绿地应结合居住小区规划组织结构及环境条件特点统筹安排，旧镇区改造的公共绿地指标允许适当降低，但不低于相应指标的5%。

（3）小城镇居住小区规划应注重特色塑造，融入地方山水自然景观和人文景观。

6. 小城镇居住小区道路技术指标

（1）小城镇居住小区道路规划应结合小区内外道路衔接、道路功能、小区安全、地形地貌、环境景观以及居民出行方式等情况考虑。

（2）居住小区应避免车辆穿行、道路通而不畅。

（3）居住小区与组群级道路应满足地震、火灾等灾害的救灾要求。

（4）居住小区内道路设置要求宜按《城市居住区规划设计规范》（GB50180—1993）（2002年版）规定。

（5）小城镇居住小区居民汽车停车率宜按当地经济社会发展水平和居民生活水平、汽车需求情况，依据地方相关规定确定。经济发达地区县城镇居民汽车停车率可考虑10%左右。

（6）居民小汽车和摩托车停车场库布置其服务半径不宜大于150m，用地应留有必要的发展余地。

7. 小城镇住宅建筑技术指标

（1）小城镇住宅建筑宜考虑多元多层次的套型系列，并宜由不同户型（种植户、养殖户、专业户、商业户、职业户及兼业户等）、不同户结构（2代、3代、4代）和不同户规模（一般为3~5人，多则6~8人）组成。

（2）小城镇居住小区住宅建筑应以多层（4~5层）为主，少层（1~3层）为辅。

（3）小城镇住宅户均建筑面积指标，应根据不同户结构，不同户规模按表A-9规定选取。

（4）小城镇住宅功能空间种类、数量及住栋类型选择宜按表A-14规定。

表 A-14　住宅功能空间种类、数量及住栋类型选择

户职业类型	户辈分结构	户人口规模	部分基本功能空间的数量选择				附加功能空间的种类及数量选择												套型系列	住栋类型
			卧室	浴室	厨房	储藏室	客厅	书房	客卧	健身游戏室	家务劳动室	日光室	手工作坊	商店	库房	车库	谷仓	禽畜舍		
种植户	两代	3 人	2~3	1	与划分的小户头数量相同	按分类就近原则配置，数量视具体情况确定	1	1	1	1	1	1	1	1	1	1	1	1	2~3 个卧室一户一套	水平、垂直或混合分户
		4 人	3	1~2			1	1	1	1	1	1	1	1	1	1	1	1		
养殖户	三代	4 人	3	1~2			1	1	1	1	1	1	1	1	1	1	1	1	3~5 个卧室一户两套，可分可合	宜垂直分户
		5 人	3~4	2			1	1	1	1	1	1	1	1	1	1	1	1		
		6 人	4~5	2~3			1~2	1~2	1	1	1~2	1	1	1	1	1	1	1		
兼业户	四代	5 人	5	2			1	1	1	1	1	1	1	1	1	1	1	1	5~7 个卧室一户两套或一户三套，可分可合	垂直分户
		6 人	5~6	2~3			1	1	1	1	1	1	1	1	1	1	1	1		
		7 人	6	2~3			1~2	1~2	1	1	1~2	1	1	1	1	1	1	1		
		8 人	6~7	3			1	1	1	1	1	1	1	1	1	1	1	1		
专业户	两代	3 人	2~3	1			1	1	1	1	1	1	1	1	1	1	1	1	2~3 个卧室一户一套	宜垂直分户
		4 人	3	1~2			1	1	1	1	1	1	1	1	1	1	1	1		
商业户	三代	4 人	3	1~2			1	1	1	1	1	1	1	1	1	1	1	1	3~5 个卧室一户两套，可分可合	垂直分户
		5 人	3~4	2			1	1	1	1	1	1	1	1	1	1	1	1		
		6 人	4~5	2~3			1~2	1~2	1	1	1~2	1	1	1	1	1	1	1		
职业户	两代	3 人	2~3	1			1	1	1	1	1	1	1	1	1	1	1	1	2~3 个卧室一户一套	水平分户
		4 人	3	1~2			1	1	1	1	1	1	1	1	1	1	1	1		
	三代	4 人	3	1~2			1	1	1	1	1	1	1	1	1	1	1	1	3~5 个卧室一户两套，可分可合	水平分户
		5 人	3~4	2			1	1	1	1	1	1	1	1	1	1	1	1		
		6 人	4~5	2~3			1~2	1~2	1	1	1~2	1	1	1	1	1	1	1		

注：1. 种植户、养殖户和兼业户多聚居于小城镇边缘的农业产业化小区，是乡村城市化过程中一种过渡的居住形态。所谓兼业户，是多以种植及养殖为主业的农业户兼营其他。

2. 基本功能空间是每个住户所必需的，但卧室、浴室、厨房及储藏间，则视户结构、户规模和生活水准的不同，其数量可作不同的选择。

3. 表中所说的水平垂直混合分户系指底层用作生产用房，楼层为生活用房，水平分户，合用楼梯。

4. 日光室外墙必须朝阳，采用全宽落地玻璃窗，亦可用玻璃窗全封闭式阳台代日光室。

5. 客卧不包括在套型系列卧室总数之内。

6. 表中列举了各类功能空间及数量，其种类选择及面积大小可根据实际需要确定。

附录B 小城镇工业园区规划技术指标体系

经济发展是城镇建设的重要基础，城镇建设水平在很大程度上取决于其经济发展水平。改革开放以来，我国的乡镇企业在促进小城镇建设发展中起了重要作用，但是由于缺乏规划指导，小城镇工业发展存在问题很多，突出的主要问题是以下几方面：

（1）乡镇企业“村村点火，处处冒烟”，由于村办企业多分布在各个村庄，私营企业多分布在业主生活居住地，镇办企业多点分布，造成小城镇工业布局十分分散，用地比重过大，功能分区混乱，土地利用综合效益很差。

（2）小城镇产业结构层次普遍较低，越来越多的高能耗、重污染、劳动密集型的“夕阳工业”转移到一些小城镇，污染严重。

（3）乡镇企业规模小又过于分散布局，造成基础设施很难布局，企业规模效益差，治污能力弱。

（4）许多小城镇缺乏或不注重形成特色产业。

加强小城镇工业园区规划，引导乡镇企业向小城镇工业园区集聚是解决上述问题的主要对策。

我国目前对小城镇工业园区规划的研究不多，小城镇工业园区规划缺乏相关标准及标准研究，因此对工业园区规划技术指标体系研究缺乏基础研究资料。

以下小城镇工业区规划技术指标基础资料主要基于编者负责完成的小城镇规划标准体系研究等课题相关研究，同时参考其他相关研究资料。

一、小城镇工业园区规划技术指标体系的构成

（1）工业园区用地分类及用地平衡指标。

（2）工业园区人口和用地规模及用地规模控制指标。

（3）工业园区用地其他主要规划控制指标。

（4）工业园区市政基础设施与公共服务设施配置。

（5）工业园区内外道路交通规划技术指标。

（6）工业园区绿化隔离带规划技术指标。

（7）工业园区环境保护规划技术指标。

二、小城镇工业园区规划技术指标体系相关标准

1. 小城镇工业园区规划总用地应包括工业园区用地和其他用地两类。

2. 小城镇工业园区用地构成中，各项用地面积和所占比例应符合下列规定：

（1）小城镇工业园区用地平衡表的格式应符合表B-1要求，参与工业园区用地平衡的用地应为构成工业园区用地的五项用地，其他用地不参与平衡。

表B-1 小城镇工业园区用地平衡表

项　目	面积/ha	所占比例（%）	人均面积/（m^2/人）
工业园区用地（M）	△	100	▲
1. 工业建筑用地	▲	▲	▲

（续）

项　目	面积/ha	所占比例（%）	人均面积/（m^2/人）
2. 工业仓储用地	▲	▲	▲
3. 基础设施与公共服务设施用地	▲	▲	▲
4. 道路用地	▲	▲	▲
5. 公共绿地	▲	▲	▲
其他用地（E）	△	—	—
工业园区规划总用地	△	—	—

注："▲"为参与工业园区用地平衡的项目；"△"为不参与工业园区用地平衡的项目。

（2）工业园区内各项用地所占比例的平衡控制指标，应符合表B-2的规定。

表B-2　小城镇工业园区用地平衡控制指标　（单位:%）

用地构成	工业建筑	工业仓储	基础设施与公共服务设施	道路用地	公共绿地	工业区用地
占工业园区用地比例（%）	50～55	5～8	15～22	10～15	8～20	100

3. 工业园区用地规模宜按照表B-3规定，结合小城镇实际需要确定。

表B-3　小城镇工业园区用地规模

小城镇类型、等级	综合型			工业型、工矿型
	县城镇	中心镇	一般镇	
用地规模/（km^2）	1～2.5	0.8～2	0.5～1.2	工业用地占镇规划建设用地比例可大于25%，但不宜超过35%
备注	1. 县城镇工业园区建设用地占规划建设用地比例宜按20%～25%考虑； 2. 工贸型小城镇应结合工业在产业中所占比重，比较工业型小城镇考虑； 3. 旅游型小城镇原则上不考虑工业园区用地			

注：当小城镇工业园区不只1个时，工业园区建设用地系全部工业（园）区、工矿区总建设用地面积。

4. 工业园区人口规模，应按工业园区不同规模、不同类型、不同性质的工业就业岗位比例确定。

5. 小城镇工业园区用地的其他若干主要技术指标

工业建筑净密度：工业建筑基底面积与工业建筑用地面积的比率。

建筑密度：工业园区用地内各类建筑的基底总面积与工业园区用地面积的比率（%）。

容积率：每公顷工业园区用地上拥有的各类建筑的建筑面积（10^4m^2/ha），或工业园区总建筑面积（10^4m^2）与工业园区用地（10^4m^2）的比值。

工业建筑面积毛密度：每公顷工业园区用地上拥有的工业建筑面积（10^4m^2/ha）。

工业建筑面积净密度：每公顷工业建筑用地上拥有的工业建筑面积（10^4m^2/ha）。

工业建筑平均层数：工业建筑总面积与工业建筑基底总面积的比例。

绿地率：工业园区用地范围内各类绿地面积的总和占工业小区用地面积的比率（%）。

6. 小城镇工业建筑间距，应以满足日照、货物运输、绿地环境要求为基础，结合考虑采光、通风、消防、防灾、管线埋设、视觉卫生等要求确定。

7. 工业建筑日照标准应符合工业设计有关标准的要求。

8. 小城镇工业园区标准厂房工业建筑净密度、工业建筑面积净密度最大控制值宜不超过表 B-4、表 B-5 的规定。

表 B-4 小城镇标准厂房类工业建筑净密度最大控制值 （单位：%）

	建筑气候区划		
	Ⅰ、Ⅱ、Ⅵ、Ⅶ、	Ⅲ、Ⅴ	Ⅳ
标准厂房	0.30	0.35	0.38

表 B-5 小城镇标准厂房类工业建筑面积净密度最大控制值 （单位：$10^4 m^2/ha$）

	建筑气候区划		
	Ⅰ、Ⅱ、Ⅵ、Ⅶ、	Ⅲ、Ⅴ	Ⅳ
标准厂房	0.9	1.05	1.15

9. 小城镇工业园区市政基础设施与公共服务设施的配建应符合表 B-6 要求。

表 B-6 小城镇工业园区市政基础设施与公共服务设施分级配建表

类别	项目	县城镇	中心镇	一般镇	工业型工矿型小城镇
市政基础设施	110kV 或 35kV 变电站	▲	▲	△	▲
	10kV 变电站	▲	▲	▲	▲
	路灯配电室	▲	▲	▲	▲
	热电厂或集中供热锅炉房	▲	△	△	△
	供热站	△	△	△	▲
	配水厂	△	△	△	▲
	污水处理厂	△	△	△	▲
	垃圾转运站	▲	▲	△	▲
	停车场库	▲	▲	△	▲
	消防站	△	△	—	△
教育文体	职工培训专科学校	△	△	—	△
	文化活动中心	▲	▲	△	▲
	图书馆	▲	▲	△	▲
	职工运动场馆	▲	▲	△	▲
医疗卫生	医院	△	△	—	△
	门诊所	▲	▲	▲	▲
商业服务	综合食品店	▲	▲	△	△
	综合百货店	▲	▲	△	△
	餐饮	▲	▲	△	▲
	中西药店	▲	▲	△	▲
	书店	▲	△	△	△
	其他	△	△	△	△
金融邮电	银行	△	△	—	△
	储蓄所	△	△	△	△
	邮电支局	△	—	—	△
	邮电所	▲	▲	△	△
行政管理	园区管委会	▲	▲	▲	▲
	市政管理机构	△	△	—	△
	其他	△	△	△	△

注：“▲”为应配建的项目；“△”为宜设置的项目。

10. 小城镇工业园区道路宜为区外道路和区内道路两类。

11. 工业园区区外道路可采用厂矿道路设计规范（GBJ22—1987）的三级、四级厂外道路标准，并应与小城镇规划道路以及公路网道路相衔接。

12. 工业园区区内道路等级宜划分为主干道、次干道、支道、厂房引道和人行道。

主干道为连接区内主要出入口的道路，或交通量大的全区性主要道路。

次干道为连接区内次要出入口的道路或园区内厂房、仓库之间交通运输较多的道路。

支道为区内车辆和行人较少的道路以及消防道路。

厂房引道为厂房、仓库等出入口与主次干道或支道相连接的道路。

人行道为行人通行的道路。

13. 小城镇工业园区区内道路路面宽度宜符合表 B-7 规定。

表 B-7 小城镇工业园区区内道路路面宽度 （单位：m）

	园区规模		
	大型	中型	小型
主干道	6.0~7.0（10~14）	6.0~7.0（10~11）	4.5~6.0
次干道	4.5~7.0（8.5~14）	4.5~6.0（8.5~10）	3.5~6.0
支 道	3.0~4.5		

注：1. 表中括号内数值为含（2~3.5m）人行道时路面宽度。

2. 园区用地 <1km^2，1~1.5km^2 为中型规模，>1.5km^2 为大型规模。

14. 小城镇工业园区区内道路最大纵坡应符合表 B-8 规定。

表 B-8 小城镇工业园区区内道路最大纵坡

区内道路类别	主干道	次干道	支道、厂房引道
最大纵坡（%）	6	8	9

注：1. 在寒冷冰冻、积雪地区，表中最大纵坡不应大于 8%。

2. 经常运输易燃、易爆危险品专用道路的最大纵坡不得大于 6%。

15. 小城镇工业园区的绿化隔离带宽度应根据工业园区的工业性质、布局、周边邻区的用地性质及其对邻区的工业防护要求，按相关标准确定。对产生有害气体等污染工业的防护林带应不少于 50m 宽。

16. 小城镇工业园区的大气环境保护规划目标应符合二级以上标准。有较严重污染独立布局的工业型、工矿型小城镇的工业区，可考虑执行三级标准。

17. 小城镇工业园区规划工业废水处理率及达标排放率应在 95% 以上，污水排放应符合表 B-9 城镇污水排放标准规定。

表 B-9 城镇污水排放标准

污染物类型	高允许排放浓度	
	一级处理	二级处理
BOD_5/（mg/L）	<150	<30
COD/（mg/L）	<250	<120
SS/（mg/L）	<120	<30
pH 值	6.5~8.5	6.5~8.5

18. 小城镇工业园区声环境保护规划目标应符合表 B-10 小城镇各类区域环境噪声标准值规定的工业集中区的指标要求。

表 B-10　小城镇工业园区各类功能区环境噪声标准值等效率级

［单位：Leq（dB）］

适 用 区 域	昼　间	夜　间
特殊居民区	45	35
居民、文教区	50	40
工业集中区	65	55
一类混合区	55	45
二类混合区、商业中心区	60	50
交通干线道路两侧	70	55

注：特殊居民区：需特别安静的住宅区；居民、文教区：纯居民区和文教、机关区；一类混合区：一般商业与居民混合区；二类混合区：工业、商业、少量交通与居民混合区；商业中心区：商业集中的繁华地区；交通干线道路两侧：车流量每小时100辆以上的道路两侧。

参照：《城市区域环境噪声标准》（GB 3096—2008）。

三、小城镇工业园区规划技术指标体系实施细则

1. 工业园区用地分类、用地规模及主要控制指标

（1）小城镇乡镇企业应向工业园区集中，工业园区应在选址、规模、环境建设等方面在论证基础上作出科学安排，在工业园区之外，原则上不得批准再建新企业。

（2）小城镇工业园区规模应根据小城镇的规模等级，不同类型，不同地区经济社会发展状况和资源条件，以及工业性质、规模效益和基础设施配置要求等综合分析比较，按表B-1规定确定。

（3）对于分散的乡镇工业布局应结合城市次区域发展战略研究和空间布局规划、县（市）域城镇体系规划和小城镇总体规划，通过对现有工业的整合、调整和撤弃，以及工业园区、开发区的空间布局的科学安排，形成合理规模和产业特色。

（4）对于城市次区域一类较集中分布的小城镇，工业布局与用地规模宜在区域范围统一规划与用地平衡；对于综合型、工业型和工矿型外的其他类型的小城镇工业用地占建设用地比例不作统一规定，宜结合小城镇产业发展方向和实际需要确定。

（5）小城镇工业园区一般宜集中1个，工业规模较大的小城镇，根据不同工业特点，工业园区也可考虑2～3个。

2. 工业园区基础设施与公共服务设施

（1）小城镇工业园区选址应考虑有利基础设施配套建设，其主要条件如下：

1）工程地质、地震地质、水文地质条件

a. 避开不良地质地段，有较高地基承载力。

b. 避开7级及以上的地震区。

c. 地下水位应低于厂房基础，并满足地下工程的要求，地下水质应不对基础产生腐蚀。

d. 避开洪水淹没区雨水积涝区或大型水库下游地区，用地标高一般应高出当地最高洪水位0.5m以上。

2）交通运输条件　近公路干线、铁路站场和通航河流等的具有相应运输条件地段。

3）水源、能源条件

a. 具有保证水质与水量满足工业生产要求的水源条件。

b. 具备可靠方便的能源供应条件。

（2）小城镇工业园区配建市政基础设施与公共服务设施应依据工业园区的规模、工业性质、专项需求预测所在的区域的地理位置、小城镇社会经济发展水平，工业园区周边市政基础设施与公共服务设施条件，按表 B-4 规定选择确定。

3. 工业园区其他用地主要控制指标

（1）小城镇工业园区规划主要采用工业建筑净密度、工业建筑平均层数、工业建筑面积净密度，控制选择工业建筑用地的开发强度、利用率，确保适宜的空间环境。

（2）小城镇工业园区的建筑密度与容积率的选取与工业性质、工业园区高科技含量、环境要求密切相关；对于采用标准厂房的一、二类工业宜按不超过表 B-4、表 B-5 的工业建筑净密度与工业建筑面积净密度的最大控制值来控制用地开发强度，确保适宜环境条件。

4. 工业园区环境保护规划指标

（1）小城镇工业应分类集中布置，以利污染治理，禁止有污染产生的企业分散布局，避免形成点多面广的污染源，增加环境治理困难。

（2）除社区手工作坊可布置在居住小区外，小城镇工业应集中在园内布置；有一定污染的二类工业不宜靠近居住小区布置，应在镇区下风向的边缘地区集中布置；三类工业应远离镇区，不会给小城镇造成污染的生态环境容许的地方独立布置。

（3）小城镇工业园区宜结合产业结构调整，发展特色产业和高科技产业，特别对于环境容量较小地区小城镇的工业园区应以一类工业为主，二类工业为辅，禁止污染工业准入，从源头上减少环境污染。

（4）加强环境保护意识，完善工业园区市政基础设施，加大环境污染治理力度。

附录 C　小城镇道路景观规划技术资料

一、小城镇道路景观组成及其要素

（1）小城镇道路景观组成

小城镇道路景观主要由以下方面组成：

1）道路　道路是形成道路空间、道路景观的个体性要素。道路线形的方向性、连续性及道路断面形式、路面材料色彩等景观元素构成了这一要素的基本内涵。

2）道路边界　道路边界是指一个空间得以界定、区别于另一空间的视觉形态要素，也可以理解为两个空间之间的形态连接。道路两侧的边界可以是水面（如河川、海岸线等）、山体、建筑、广场、公园、植物或以上若干要素的组合体。

3）道路的景观区域　道路景观区域主要是两向度的概念，由道路及两侧景观边界共同构成，具有空间场所的全部特征。在一条道路上，可以形成特征不同的若干景观边界性区域。如近景区域、中景区域、远景区域。这种特征可以由地形、建筑、路面特征、边界要素特征等形成并主要表现在色彩、质感、规模、建筑物风格、植物、边界轮廓线的连续性等具体方面。

4）道路节点　道路节点主要指道路的交叉口、交通路线上的变化点、空间特征的视觉焦点（如公园、广场、雕塑等），它构成了道路的特征性标志，同时也往往形成区域的分界点。

（2）道路景观的组成要素

小城镇道路景观与城市道路景观一样，由下列要素组成：

1）路网　小城镇道路网不仅将小城镇用地划分为行政区、商业区、工业区、居住区等各用地功能地块，而且作为艺术纽带，又将不同功能地块的景观元素有机地联系在一起，把整个小城镇的景观风貌反映出来，从而构成小城镇的整体美。小城镇路网和其划分的不同用地块组成小城镇的轮廓，小城镇道路网是展现小城镇景观的窗口。

2）线形　道路线形是道路中的重要组成部分，不同的线形给人以不同的感受。一般来说，直线形道路给人整齐、简洁的感受，但在视觉上比较单调、呆板；曲线形道路具有动感，有利于看清道路两侧景观，给人留下较深的印象。要形成优美的道路景观环境，良好的线形设计至关重要。通过路线的曲折起伏，可以使两侧的自然景观、建筑物、绿化、照明设施等进退、高低错落有致，让自然美与人工美相互衬托，从而获得较好的艺术效果，形成视角多变、丰富多彩的动态道路景观系统。

3）横断面　小城镇道路横断面规划设计除满足交通要求外，还要综合考虑环境景观、沿街建筑的使用，以及道路上下各种市政管线、杆柱设施的协调布置。因此，道路横断面对道路环境景观的影响也尤为显著。道路横断面与建筑高度的关系对街景环境气氛有重要影响，断面上由于交通组织的需要所采用的不同分隔方式对道路景观空间的完整性也会产生不同的影响效果，而横断面上的各要素沿道路中心线平行延伸，可以加强道路线形特征，这种特征也是形成良好的道路环境景观必不可少的，它可使人们对道路环境产生强烈的印象。

4）建筑　道路两侧的建筑是小城镇道路空间最重要的围合元素，建筑的性质、形式、体量、轮廓线，以及外表材料和色彩，直接影响道路空间的形象和气质。例如，历史文化名镇的具有传统地方特色的道路，它的美学价值很大程度取决于其富有地方特色和民族文化的建筑群。

5）绿化　绿化作为道路环境中的重要视觉因素，给人以柔和安静的感觉。树木、灌木、草地、花卉以不同的形状、色彩和姿态点缀着小城镇道路空间，大大丰富了街景层次，增添自然生机，形成绚丽多彩的道路景观。运用具有浓郁地方特色的树种进行绿化，还可以突出不同地区道路空间的独特风光，形成不同的小城镇道路景观特色。此外，道路绿化还可以起到净化空气、降低噪声、调节气候的作用，在道路交通方面，还具有限定空间、组织交通、诱导视线等功能。

6）铺装　小城镇道路路面、人行道、步行街、广场地面铺装的色彩、质感、构形等都是道路景观中引人注目的特征。铺装丰富的色彩、各具特色的质感、形式多样的构形，所表现出的韵律、动感，以及一些带有象征意义的细部设计等都赋予路面生命力与个性，它们本身构成了小城镇的一种景观，可称之为铺装景观。铺装景观在道路环境景观中占有极其重要的地位和作用，它是改善道路空间环境最直接、最有效的手段。

7）照明　照明对于现代道路交通是必不可少的，良好的照明不但可以为夜间行驶车辆、行人提供或补充道路信息，增强安全性与舒适性，而且是道路景观的重要组成部分。白天，别具一格的灯具造型可以增添道路空间的艺术氛围和个性魅力；夜晚，丰富的光源颜色又营造了灯火辉煌、五光十色的现代城镇道路夜景，大大美化了城镇夜间景观。道路照明景观设计已成为我国东部经济发达地区的一些小城镇中心区城市设计和道路景观工程的组成之一。

8）交通设施　小城镇道路环境中的交通设施主要有交通标志、交通信号、道路标线，以及行人安全设施、车辆安全设施等。这些设施对于组织交通，确保车辆、行人安全以及提高道路通行能力都有十分重要的意义。由于这些设施多在道路横断面范围以内，对道路视觉环境有着直接影响，因此将美学观念引入其设计中，对丰富和美化道路环境景观有很大的作用。

9）街头小品　街头小品体量小巧，造型别致，对道路景观可以起到点缀、陪衬、换景、修景、补强、填白等作用，使道路空间环境更富有生活气息，更舒适、优美，有意境、特性，增添道路空间的亲切性、趣味性、可读性与可识别性，加强道路空间给人的视觉印象，使其成为更加吸引人的生活空间。

10）车和人　道路上的车流和人流反映了时代的脉搏与气息，体现了小城镇的活力与效率，给道路空间带来了勃勃生机，使道路充满生活情趣。因此车和人作为一种动态要素，也是构成小城镇道路环境景观的重要组成部分。

二、小城镇道路景观规划标准与相关技术指标

小城镇道路景观规划或景观性道路规划主要技术指标体现并侧重于小城镇道路景观元素的景观重要度分级，其次根据小城镇道路景观元素景观重要度分级标准，提出小城镇景观性道路系统规划引导与评介的标准。同时，小城镇道路景观规划技术指标也与小城镇道路规划及绿化规划主要技术指标相关。

（1）道路景观规划元素景观重要度分级标准

不同地区、不同类别、不同规模小城镇道路景观规划的道路景观元素景观重要度分级，可比较表 C-1 城镇道路景观规划景观元素景观重要度分级标准选择和确定。

表 C-1　景观元素景观重要度分级标准

景观重要度 景观元素	一　级	二　级	三　级	四　级
线形	1. 注意高速、安全、舒适性 2. 和地形、地区相适应 3. 线形协调，优美平顺，具有韵律、连续性和方向性 4. 充分考虑对城镇整体轮廓、主要自然景观和特色景观的观赏，形成良好的视觉效果	1. 注意安全性 2. 根据所在地区的特点考虑，在其范围内希望线形尽可能平顺 3. 具有连续性和方向性 4. 力求在道路视野范围内将城镇的自然景观和特色景观组织起来，形成展现城镇主要景观的廊道	1. 注意安全性 2. 和地形融为一体，与环境协调 3. 具有连续性和方向性 4. 充分利用风景资源，形成丰富多彩的景观视野	1. 注意安全性 2. 与所在地区有机结合 3. 具有连续性和方向性 4. 与周围环境相协调

（续）

景观重要度 景观元素	一 级	二 级	三 级	四 级
横断面	1. 断面形式可根据环境特点灵活变化 2. 两侧设置较宽的人行道 3. 人行道形式可因地制宜、灵活多样设置 4. 可将自行车道与人行道设置在同一标高，二者之间通过铺装进行空间划分，其与车行道之间可设置绿化隔离带 5. 一般不设置中央分隔带，多采用分隔线，以形成近人尺度的交通空间	1. 断面形式连续统一 2. 可考虑设置辅道 3. 两侧设置一定宽度的人行道 4. 道路各功能区严格划分 5. 可将自行车道与人行道设置同一标高，二者之间通过铺装进行空间划分 6. 人行道与车行道之间可通过设置隔离墩、绿化隔离带等方式实现空间划分 7. 多采用中央绿化带分隔对向车流	1. 断面形式可根据地形特点发生变化 2. 可考虑设置辅道 3. 滨山、滨水一侧考虑设置较宽人行道 4. 人行道形式可因地制宜、灵活多样设置 5. 一般不设置中央分隔带，多采用分隔线，以形成近人尺度的交通空间	1. 断面形式连续统一 2. 不考虑人行道设置 3. 多采用中央绿化带分隔对向车流
建筑	1. （B/H） =0.5 ~2 2. 良好的尺度和比例 3. 体现整体美与细部美 4. 建筑空间富于变化，建筑造型、立面形式多样，美观适宜，具有因地制宜的灵活性和个性 5. 色彩丰富，搭配和谐有序，构图优美大方，富有创意和特色，与环境和谐 6. 体现地方风格和传统特色	1. （B/H） =2 ~3 2. 大尺度和大体量 3. 造型、外观、立面、色彩设计协调统一，体现地方特色 4. 建筑空间组合彼此协调，相互呼应，具有较好的完整性 5. 建筑轮廓线的变化有规律，基于线形协调，具有韵律与节奏感	1. 适宜的尺度和比例 2. 与地形协调，与自然环境和谐统一 3. 建筑轮廓线高低错落，富于变化 4. 具有地方风格和传统特色	1. （B/H） >3 2. 大尺度和大体量 3. 与环境和谐 4. 具有一定的特征性

（续）

景观重要度 景观元素	一级	二级	三级	四级
绿化	1. 充分利用道路两侧建筑退缩带、人行道、分隔带进行统一的总体绿化布局设计，采用多种绿化方式，形成统一的风格基调 2. 绿化整齐规则、和谐一致，与街景协调，形体、大小、高矮、色彩不易变化过多，间距高度不应对行人或行驶中的车辆造成视线障碍 3. 采用有一定观赏价值的乡土植物，通过多品种的协调和多种栽植方式的配合，体现浓郁的地方特色 4. 绿化设置的形式组合注重韵律和节奏感的表现，同时注重植物配置的层次关系，尽量求得既要有变化又要有统一的效果 5. 处理好在不同季节中植物色彩的变化，产生具有时令特色的艺术效果 6. 重点地段加强点缀，通过各色花草与树种的搭配，追求层次的丰富、对比的协调，提高艺术性与观赏性，丰富景观环境	1. 充分利用地形种植绿化，与周围自然环境有机结合，突出自然景观特色 2. 采用观赏价值高、有地方特色的植物，突出传统风貌 3. 植物配置空间层次丰富，色彩搭配自然连续，考虑季相变化的景观效果 4. 自然栽植，无刻意修剪的痕迹，任其自然舒展、蓬勃生长，只要不妨碍人行和车行的交通安全 5. 致力于创造艺术化的环境，突出绿化造景的自然野趣或精致巧趣的气氛和意境，形成个性化的园林景观	1. 因地制宜，因街而异，灵活多样进行绿化布局，与其他街景元素协调 2. 同一道路的绿化宜有统一的景观风格；不同路段的绿化形式可有所变化，突出街道特色 3. 采用观赏价值高的乡土植物，通过多品种的协调和多种栽植方式的配合，体现浓郁的地方特色 4. 色彩与层次配合恰当，协调空间层次、树形组合、色彩搭配和季相变化的关系，运用多样化的树种和花草点缀道路空间	1. 道路两侧设置较宽绿带，降温、遮阴、减弱噪声、阻滞尘土、遮蔽路旁不良地形地物 2. 自然栽植，整齐庄重，富有序列感，加强道路的连续性和方向性，形成良好的视线诱导 3. 以乡土树种为主，处理好不同季节中植物色彩的变化，使不同季节交替变换出不同的景观效果

（续）

景观重要度 景观元素	一　级	二　级	三　级	四　级
铺装	1. 提供有足够强度、刚度、耐磨、防滑、舒适、稳定性好、噪声小的车行路面 2. 可采用彩色沥青或块石、小方石等坚固耐磨材料进行车行道面层铺装，增加空间美感，降低车速 3. 可在特殊路段用彩色沥青铺装，形成与普通沥青路面对比路段，以提示警告特殊交通条件，提高行车安全 4. 可以彩色沥青铺装形成公交专用道 5. 提供有一定强度、耐磨、防滑、舒适、美观、透水性好、耐污染性强、清扫方便、不易疲劳的舒适人行路面 6. 铺装尺度亲切、和谐，主色调与建筑协调，强化街道景观的连续性和整体性，细部色彩设计亮丽、富于变化、生动活泼 7. 加强铺装图案细部设计，使铺装具有可观赏性、可读性和趣味性，强化空间环境的文化感、历史感和特色感 8. 带给人良好的方向感、方位感与节奏感 9. 对人行道边缘进行良好的处理，增强安全感 10. 提供方便完善的无障碍设计 11. 如行人与自行车道设在同一高度，应利用不同铺装进行明确的空间划分	1. 提供有足够强度、刚度、耐磨、防滑、舒适、稳定性好、噪声小的车行路面 2. 可采用有自然色调的无色沥青结合料进行车行道面层铺装 3. 人行道铺装根据各种生态原则进行设计，力求与自然高度融合，具备坚固、平稳、耐磨的性能，有一定的粗糙度，少尘土，便于清扫的特性 4. 铺装构形尺度宜人，注意细部刻画，体现历史文化内涵 5. 选择具有自然色调和质感的材料 6. 带给人良好的方向感、方位感与节奏感 7. 与周围建筑环境和自然环境协调，强调空间的连续性、统一性、协调性和可持续性 8. 提供方便完善的无障碍设计 9. 如行人与自行车道设在同一高度，应利用不同铺装进行明确的空间划分	1. 提供有足够强度、刚度、耐磨、防滑、舒适、稳定性好、噪声小的车行路面 2. 可采用彩色沥青材料进行车行道面层铺装 3. 可在特殊路段用彩色沥青铺装，形成与普通沥青路面对比路段，以提示警告特殊交通条件，提高行车安全 4. 可以彩色沥青铺装形成公交专用道 5. 提供有一定强度、耐磨、防滑、舒适、美观的人行路面 6. 人行道铺装构形简洁，大尺度，色彩搭配简单明了，方向感强 7. 与车行道之间有明确的边界 8. 如行人与自行车道设在同一高度，应利用不同铺装进行明确的空间划分	1. 提供有足够强度、刚度、耐磨、防滑、舒适、稳定性好、噪声小的车行路面 2. 可采用彩色沥青材料进行车行道面层铺装 3. 可在特殊路段用彩色沥青铺装，形成与普通沥青路面对比路段，以提示警告特殊交通条件，提高行车安全

（续）

景观重要度 景观元素	一 级	二 级	三 级	四 级
照明	1. 采用多种照明光源，形式丰富多彩的光线 2. 强调灯具、灯柱的装饰性和观赏性 3. 灯柱与灯具造型别致优美，体现地方传统特色 4. 风格多样，因街而异 5. 与其他街景元素协调统一，强化街道个性 6. 设置注意整体效果，有明确的方向感，形成良好的视线诱导 7. 因地制宜设置体现个性造型美的灯饰，丰富照明景观	1. 强调灯具、灯柱的装饰性 2. 灯柱与灯具造型精巧，体现地方传统特色 3. 风格古朴、自然，与周围自然环境协调 4. 灯柱沿线路走向设置，有明确的方向感，形成良好的视线诱导 5. 因地制宜设置其他装饰性较强的照明光源，强化空间景观效果	1. 灯具的功能性与装饰性并重 2. 灯柱与灯具造型简单、轻盈优雅 3. 风格明快整齐，与沿街建筑协调 4. 灯柱沿线路走向设置，有明确的方向感，形成良好的视线诱导	1. 强调灯具的功能性 2. 灯柱与灯具造型简洁明快，重视群体美 3. 灯柱沿线路走向设置，有明确的方向感，形成良好的视线诱导
交通设施	1. 设立明确的交通标志系统，注意连续性和预告性，设计形象化、标准化，突出直观性，位置醒目，尺度宜人，可辨识性强，造型根据道路的环境特色，考虑个性化设计，强调整体性 2. 交通标线清晰、醒目，可辨识性强，加强道路连续性，形成良好的视线诱导 3. 交通信号设置合理、位置醒目，可辨识性强 4. 引导性的标牌，如导游图、购物图、钟塔等，设计要独具匠心，尺度宜人，体现地方特色，同时与周围环境协调 5. 行人安全设施：过街地道注意装饰，地面、墙壁、灯饰给行人美好印象；人行天桥设置合理，造型简洁，与沿街建筑协调；交叉口护栏和人行护栏造型别致、丰富多样，因街而异，突出街道特色，色彩与周围环境协调	1. 设立明确的交通标志系统，注意连续性和预告性，设计形象化、标准化，突出直观性，位置醒目，尺度宜人，可辨识性强 2. 交通标线清晰、醒目，可辨识性强，加强道路连续性，形成良好的视线诱导 3. 交通信号设置合理、位置醒目，可辨识性强 4. 引导性的标牌，如导游图、购物图、钟塔等，设计要独具匠心，采用较大尺度，体现地方特色，同时与周围环境协调 5. 行人安全设施：过街地道注意装饰，地面、墙壁、灯饰给行人美好印象；人行天桥设置合理，造型简洁，与沿街建筑协调；交叉口护栏和人行护栏造型简洁，色彩淡雅明快	1. 设立明确的交通标志系统，注意连续性和预告性，设计形象化、标准化，突出直观性，位置醒目，尺度宜人，可辨识性强，造型根据道路的环境特色，考虑个性化设计，强调整体性 2. 交通标线清晰、醒目，可辨识性强，加强道路连续性，形成良好的视线诱导 3. 交通信号设置合理、位置醒目，可辨识性强 4. 引导性的标牌，如导游图、购物图、钟塔等，设计要独具匠心，体现地方特色，同时与周围自然环境协调	1. 设立明确的交通标志系统，注意连续性和预告性，设计形象化、标准化，突出直观性，位置醒目，尺度宜人，可辨识性强 2. 交通标线清晰、醒目，可辨识性强，加强道路连续性，形成良好的视线诱导

（续）

景观重要度 景观元素	一　级	二　级	三　级	四　级
街头小品	1. 设置休息、服务、绿化、拦阻与诱导、装饰设施 2. 数量相对多，尺度宜人，造型精致讲究，突出街道个性 3. 各种配套设施齐全，各部分平衡布置，以方便使用 4. 色彩、质感选择体现地方性与现代性结合 5. 小品种类丰富，要系列化、标准化，与周围环境协调，体现街道环境的整体性 6. 从整体环境入手，强化空间特色，内涵丰富多彩，能引起人们的回忆与联想，有趣味性和吸引力	1. 设置休息、服务、绿化、拦阻与诱导、装饰设施 2. 数量相对较多，尺度宜人，造型讲究 3. 因地制宜设置，讲究自然，不要牵强 4. 色彩、质感突出自然特色，与周围环境协调统一 5. 挖掘城镇的历史文化，寻找有价值的典故进行小品的艺术加工，强化空间环境文化内涵，体现城镇历史民俗传统，突出地方特色	1. 设置绿化、拦阻与诱导、装饰设施 2. 数量相对较少，尺度大，造型简洁 3. 位置多设在道路交叉口、主要公共建筑的出入口附近 4. 色彩、质感与背景对比较强，轮廓线变化较明显 5. 体现城市特色	1. 主要为装饰设施 2. 数量相对少，尺度大，造型简洁 3. 位置多设在道路出入口处

（2）小城镇道路景观规划评价

小城镇景观性道路规划可根据小城镇道路景观元素景观重要度分级标准进行评价，评价内容可按表C-2规定。

表C-2　小城镇景观性道路系统设计引导与评价标准

景观性道路系统 景观元素	镇区进出口道路	中心区道路	居住小区道路	组团道路	风景区道路
线形					
横断面					
建筑					
绿化					
铺装					
照明					
交通设施					
街头小品					

注：风景区道路是指旅游型小城镇。

三、小城镇住区道路环境景观构成要素和设计要素

（1）构成要素

住区道路环境景观的构成要素可以分为两类：一类是物质的构成，即人、车、建筑、绿化、水体、庭院、设施、小品等实体要素；另一类是精神文化的构成，即历史、文脉、特色等。住区道路环境景观是上述两者不可分割的统一体，如图 C-1 所示。

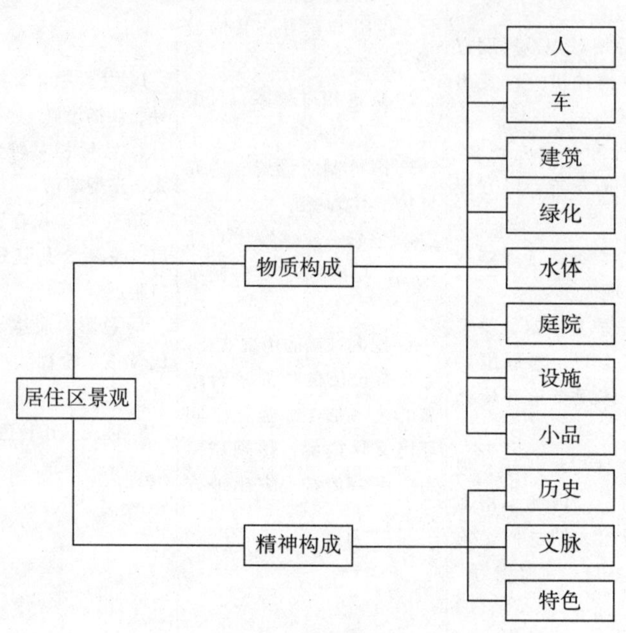

图 C-1　小城镇住区道路环境景观构成要素

（2）设计要素

1）交通管理与交通安全设施　交通管理设施包括交通标志、标线、信号及相关构件、路墩、消防设备。对于现代化小城镇住区道路，以上设施不仅仅是保障交通安全，同时兼备环境景观功能。

2）无障碍设施　道路的交通应包括车辆交通和行人的交通。道路的交通功能在保证车辆正常运行的同时，亦需保证行人的安全出行。住区的环境设施必须体现对所有人的关心，其中包括：残疾人、老年人、病弱者和儿童。

3）铺装景观　小城镇住区居民的户外生活是以道路为依托展开的，地面铺砌与人的关系最为密切，它所构成的交通与活动环境是小城镇住区环境系统中的重要内容。地面铺装设计不仅为人提供便利，保证安全，提高功效和地面利用率，而且对丰富居民生活，美化住区环境起着相当大的辅助作用。住区道路铺装包括车行道铺装、人行道铺装、桥面铺装，也包括人行道上树池的树箅等。

4）桥梁景观　一些小城镇，特别是江南水乡小城镇，桥梁成为住区重要的交通要素，因此桥梁精巧而优美的造型、合理完美的结构、艺术的桥面装饰及栏杆往往是住区道路环境景观的一个亮点。

5）绿化景观　植物不仅具有净化空气、吸收噪声、调节人们心理和精神的生态作用，

而且更是住区道路绿色景观构成中最引人注目的要素。

6）照明景观　灯不再是单纯的照明工具，而是集照明装饰功能为一体，并成为创造、点缀、丰富住区环境空间的重要元素，包含文化内涵。住区道路照明主要为路灯照明，也包括住区绿地、公共设施照明。

7）建筑景观　道路景观必须以沿线建筑景观为依托，共同形成完整的、富于地域文化底蕴的住区道路景观。

8）建筑小品景观　建筑小品是提供便利服务的公益性设施，在提高人们生活质量的同时也是住区道路景观的载体。其主要包括书报亭等。

9）雕塑、水景景观。

10）其他服务设施　包括邮筒、自动售货机、座椅、垃圾箱、自行车架等。

附录 D　小城镇生态环境规划技术资料

一、小城镇生态环境质量评价量化指标（表 D-1）

表 D-1　小城镇生态环境质量评价量化指标

<table>
<tr><th>类　型</th><th colspan="2">指　标</th><th>备　注</th></tr>
<tr><td rowspan="3">绿地</td><td colspan="2">人均公共绿地面积/（m²/人）</td><td>▲</td></tr>
<tr><td colspan="2">绿地覆盖率（%）</td><td>▲</td></tr>
<tr><td colspan="2">绿地率（%）</td><td>▲</td></tr>
<tr><td rowspan="4">林木植被</td><td rowspan="2">乔木</td><td>地下水位/m</td><td>△</td></tr>
<tr><td>盐分含量（%）</td><td>△</td></tr>
<tr><td rowspan="2">灌木</td><td>地下水位/m</td><td>△</td></tr>
<tr><td>覆盖度（%）</td><td>△</td></tr>
<tr><td rowspan="3">镇郊（域）草场植被</td><td rowspan="2">草场等级</td><td>载畜量/（头羊/ha）</td><td>△</td></tr>
<tr><td>产青草量/（kg/ha）</td><td>△</td></tr>
<tr><td>草场退化</td><td>植被覆盖度（%）</td><td>△</td></tr>
<tr><td rowspan="2">河湖生态</td><td>水体矿化度 mg/L</td><td></td><td>▲</td></tr>
<tr><td>富营养化指数</td><td>（无量纲）</td><td>▲</td></tr>
<tr><td rowspan="9">水环境</td><td>pH 值</td><td>（无量纲）</td><td>▲</td></tr>
<tr><td>高锰酸盐指数</td><td>COD_{Mn}/（mg/L）</td><td>▲</td></tr>
<tr><td>溶解氧</td><td>DO/（mg/L）</td><td>▲</td></tr>
<tr><td>化学需氧量</td><td>COD</td><td>▲</td></tr>
<tr><td>五日生化需氧量</td><td>BOD_5</td><td>▲</td></tr>
<tr><td>氨氮</td><td>NH_3-N/（mg/L）</td><td>▲</td></tr>
<tr><td>总磷</td><td>以 P 计/（mg/L）</td><td>▲</td></tr>
<tr><td>六价铬</td><td>C_r^{6+}/（mg/L）</td><td>△</td></tr>
<tr><td>挥发酚</td><td>Φ-OH/（mg/L）</td><td>△</td></tr>
</table>

（续）

类　型	指　标		备　注
地下水	超采率（%）		△
大气环境	二氧化硫	SO_2（mg/m^3）	▲
	氮氧化物	NO_x（mg/m^3）	▲
	总悬浮颗粒物	TSP（mg/m^3）	▲
	漂尘	漂尘（mg/m^3）	▲
土地环境（含镇域）	土地肥力	有机质含量（%）	△
		全氮含量（%）	△
	盐化程度（0～30cm）	总盐含量（%）	△
		缺苗率（%）	△
	碱化程度	钠碱化度（%）	△
		pH（1:2.5）	△
	土地沙化	沙化面积扩大率（%）	△
	水土流失	水土流失模数/［$t/km^2 \cdot a$］	△

注：表中▲为必选指标，△为选择指标。

二、小城镇生态评价的社会经济发展调控指标（表D-2）

表D-2　小城镇生态评价社会经济发展调控指标

分　类	指　标		备　注
人口发展	现状	人口总数/人	▲
		人口密度/（人/km^2）	▲
	趋势	人口增长率（%）	▲
经济发展	现状	人均GDP（万元/人）	▲
	趋势	GDP增长率（%）	▲
	一、二、三类工业比例（%）		▲
	一、二、三产业比例（%）		▲
	绿色产业比重（%）		▲
	高新技术产业比重（%）		△
社会发展	居民人均可支配收入/元		▲
	恩格尔系数（%）		△
	人均期望寿命/岁		△
	饮用水卫生合格率（%）		▲
	清洁能源使用率（%）		▲
	人均资源占有量	人均耕地面积（ha/人）	△
		人均水资源量/（t/人）	▲
	资源利用量	耕地面积/ha	△
		水资源利用量/t	▲

（续）

分 类	指 标	备 注
科技进步	中水回用	△
	工业用水重复利用率（%）	▲
	单位 GDP 能耗（kW · h/万元）	▲
	单位 GDP 水耗（m^3/万元）	▲

注：表中▲为必选指标，△为选择指标。

三、小城镇环境污染调查

（1）小城镇环境污染调查项目（表 D-3）

表 D-3 小城镇环境污染调查项目

	污染物名称	含量或浓度（平均值）	单 位	选 项
大气	总悬浮颗粒物 TSP		mg/m^3	▲
	SO_2		mg/m^3	▲
	降尘		t/（月 · km^2）	▲
	PM_{10}		mg/m^3	△
	氮氧化物 NO_X		mg/m^3	▲
	CO		mg/m^3	△
	O_3		mg/m^3	△
	氟化氢 HF		mg/m^3	△
	苯并（a）芘		mg/m^3	△
	H_2S		mg/m^3	△
水体	生化需氧量（50）BOD_5		mg/L	▲
	化学需氧量 COD		%	▲
	饮用水源水质达标率		mg/L	▲
	氨氮 NH_3-N		mg/L	▲
	总磷（以 P 计）		mg/L	▲
	硝酸盐氮 NO_2-N		mg/L	△
	亚硝酸盐氮 HNO_2-N		mg/L	△
	重金属（铅、汞、镉）		mg/L	▲
	溶解氧		mg/L	△
	酚		mg/L	△
	氰		mg/L	△
	油		mg/L	△
	难降解有机物		mg/L	▲
噪声	区域环境噪声		dB（A）	▲
	交通干线噪声		dB（A）	▲

注：选项中▲—应做，△—选做。

（2）小城镇污染物排放量调查表（表 D-4）

表 D-4　小城镇污染物排放量调查表

	污染物名称	排放量	选项
大气	燃煤烟尘排放量/（t/a）		△
	燃料燃烧 SO_2 排放量/（t/a）		△
	工业粉尘排放量/（t/a）		△
	工业生产 SO_2 排放量/（t/a）		△
	燃料燃烧废气排放量/（m^3/a）		▲
	工业生产废气排放量/（m^3/a）		▲
水体	废水排放总量/（t/a）		▲
	工业废水排放总量/（t/a）		▲
	工业废水 COD 排放量/（t/a）		△
	生活废水 COD 排放量/（t/a）		△
固体废物	镇区生活垃圾排放量/（t/a）		▲
	工业固体废物排放总量/（t/a）		▲
	危险固体废物总量/（t/a）		▲

注：选项中▲—应做，△—选做。

（3）小城镇污染治理情况调查表（表 D-5）

表 D-5　小城镇污染治理情况调查表

	项　目	数　值	选　项
大气	镇区气化率（%）		▲
	镇区热化率（%）		▲
	废气处理率（%）		▲
	烟尘控制覆盖率（%）		△
水体	工业废水处理率（%）		△
	工业废水排放达标率（%）		▲
	生活污水处理率（%）		▲
	COD 去除率/（t/a）		△
噪声	交通干线噪声达标率（%）		▲
	噪声控制小区覆盖率（%）		△
固体废物	工业固体废物处置利用率（%）		▲
	工业固体废物处理率（%）		▲
	生活垃圾无害化处理率（%）		▲

注：选项中▲—应做，△—选做。

四、小城镇环境保护相关标准限值（表 D-6）

（1）空气污染物的三级标准浓度限值

表 D-6 空气污染物的三级标准浓度限值 （单位：mg/m^3）

污染物名称	浓度限值			
	取值时间	一级标准	二级标准	三级标准
总悬浮微粒	日平均	0.15	0.30	0.50
	任何一次	0.30	1.00	1.50
飘尘	日平均	0.05	0.15	0.25
	任何一次	0.15	0.50	0.70
氮氧化合物	日平均	0.05	0.10	0.15
	任何一次	0.10	0.15	0.30
SO_2	年日平均	0.02	0.06	0.10
	日平均	0.05	0.15	0.25
	任何一次	0.15	0.50	0.70
CO	日平均	4.00	4.00	6.00
	任何一次	10.0	10.0	20.0
光化学氧化剂（O_3）	1 小时平均	0.12	0.16	0.20

注：日平均——任何一日的平均浓度不许超过的限值；年日平均——任何一年的日平均浓度；任何一次——任何一次采样测定不许超过的限值，不同污染物“任何一次”采样时间见有关规定。

（2）地表水环境质量标准基本项目标准限值（表 D-7）

表 D-7 地表水环境质量标准基本项目标准限值 （单位：mg/L）

序号	分类 标准值 项目		Ⅰ类	Ⅱ类	Ⅲ类	Ⅳ类	Ⅴ类
1	水温/℃		人为造成的环境水温变化应限制在： 周平均最大温升≤1，周平均最大温降≤2				
2	pH 值（无量纲）		6～9				
3	溶解氧	≥	饱和率 90%（或 7.5）	6	5	3	2
4	高锰酸盐指数	≤	2	4	6	10	15
5	化学需氧量（COD）	≤	15	15	20	30	40
6	五日生化需氧量（BOD_5）	≤	3	3	4	6	10
7	氨氮（NH_3-N）	≤	0.15	0.5	1.0	1.5	2.0
8	总磷（以 P 计）	≤	0.02（湖、库 0.01）	0.1（湖、库 0.025）	0.2（湖、库 0.05）	0.3（湖、库 0.1）	0.4（湖、库 0.2）
9	总氮（湖、库，以 N 计）	≤	0.2	0.5	1.0	1.5	2.0
10	铜	≤	0.01	1.0	1.0	1.0	1.0

（续）

序号	分类 / 标准值 / 项目		Ⅰ类	Ⅱ类	Ⅲ类	Ⅳ类	Ⅴ类
11	锌	≤	0.05	1.0	1.0	2.0	2.0
12	氟化物（以F计）	≤	1.0	1.0	1.0	1.5	1.5
13	硒	≤	0.01	0.01	0.01	0.02	0.02
14	砷	≤	0.05	0.05	0.05	0.1	0.1
15	汞	≤	0.00005	0.00005	0.0001	0.001	0.001
16	镉	≤	0.001	0.005	0.005	0.005	0.01
17	铬（六价）	≤	0.01	0.05	0.05	0.05	0.1
18	铅	≤	0.01	0.01	0.05	0.05	0.1
19	氰化物	≤	0.005	0.05	0.02	0.2	0.2
20	挥发酚	≤	0.002	0.002	0.005	0.01	0.1
21	石油类	≤	0.05	0.05	0.05	0.5	1.0
22	阴离子表面活性剂	≤	0.2	0.2	0.2	0.3	0.3
23	硫化物	≤	0.05	0.1	0.2	0.5	1.0
24	粪大肠菌群（个/L）	≤	200	2000	10000	20000	40000

注：小城镇地表水域依据相关标准分为五类：

Ⅰ类：主要适用于源头水源保护区和国家自然保护区；

Ⅱ类：主要适用于集中式生活饮用水水源的一级保护区、珍贵鱼类保护区、鱼虾产卵场等；

Ⅲ类：主要适用于集中式生活饮用水水源的二级保护区、一般鱼类保护区及旅游区；

Ⅳ类：主要适用于一般工业用水区及人体非直接接触的娱乐用水区；

Ⅴ类：主要适用于集中农业用水区及一般景观要求水域。

（3）小城镇各类功能区环境噪声标准值等效率级，见表B-10。

附录E　村庄整治规划与整治项目技术资料

一、村庄安全与防灾整治

（1）总体要求，

村庄整治规划防灾整治应综合考虑火灾、洪灾、震灾、风灾、地质灾害、雪灾和冻融灾害等的影响，贯彻“预防为主，防、抗、避、救相结合”的方针，坚持灾害综合防御、群防群治的原则，综合整治、平灾结合，保障村庄可持续发展和村民生命安全。

村庄整治规划应根据灾害危险性、灾害影响情况及村庄防灾要求，确定安全防灾整治项目，并应充分考虑各类安全和灾害因素的连锁性及相互影响，避免发生各灾种的次生灾害。

（2）消防整治

1）村庄消防整治应贯彻“预防为主、防消结合”的方针，积极推进消防工作社会化，针对消防安全布局、消防站、消防供水、消防通信、消防车通道、消防装备、建筑防火等内容进行综合整治规划。

2）村庄内生产、储存易燃易爆化学物品的工厂、仓库必须设在村庄边缘或相对独立的安全地带，并与人员密集的公共建筑保持规定的防火安全距离。

3）村庄消防站的设置应根据村庄的规模、区域位置、发展状况及火灾危险程度等因素确定，一般要求如下：

① 5000人以上村庄宜设置消防站，消防站布局应符合接到报警5min内消防人员到达责任区边缘的要求，并应设在责任区内的适中位置和便于消防车辆迅速出动的地方。

② 消防站的主体建筑距离学校、幼儿园、医院、影剧院、集贸市场等公共设施的主要疏散口的距离不应小于50m。

③ 1000人以上村庄应设置消防值班室，配备消防通信设备和灭火设施，建立义务消防组织，配备灭火装备。

④ 村庄的消防站应与上一级消防站、邻近地区消防站，以及供水、供电、供气、义务消防组织等部门建立消防通信联网。

（3）防洪及内涝整治

1）受江、河、湖、海、山洪、内涝威胁的村庄应进行防洪整治。

2）村庄防洪工程和防洪措施应与当地江河流域、农田水利、水土保持、绿化造林等的规划相结合，统一整治河道。

3）村庄排涝整治措施包括扩大坑塘水体调节容量、疏浚河道、扩建排涝泵站等。

（4）其他防灾整治

1）村庄地质灾害应根据所在地区灾害环境和可能发生灾害的类型重点防御、山区村庄重点防御边坡失稳的滑坡、崩塌和泥石流等灾害，矿区和岩溶发育地区的村庄重点防御地面下沉的塌陷和沉降灾害。

2）对地质灾害危险区应及时采取工程治理或者搬迁避让的措施。

3）位于地震基本烈度六度及其以上地区的村庄，应根据抗震防灾要求统一整治村庄建设用地和建筑；应对村庄中需要加强防灾安全的重要建筑，进行加固改造整治；新建工程应符合防灾与安全要求；地震设防区村庄应充分估计地震对防洪工程的影响。

4）村庄防风减灾整治应根据风灾危害影响，按照防御风灾要求和工程防风措施，对建设用地、建筑工程、基础设施、非结构构件统筹安排进行整治，对于台风灾害危险地区村庄，应综合考虑台风可能造成的大风、风浪、风暴潮、暴雨洪灾等防灾要求。

5）村庄雪灾防御应根据村庄暴风雪灾的危险性，确定保护对象，进行雪灾防御的生命线工程和重要设施整治。

（5）避灾疏散

1）村庄避灾疏散应综合考虑各种灾害的防御要求，统筹进行避灾疏散场所与避灾疏散道路的安排与整治。

2）村庄道路出入口数量不宜少于2个，与出入口相连的主干道路有效宽度不宜小于8m，避灾疏散场所内外的避灾疏散主通道的有效宽度不宜少于4m。

3）避灾疏散场地应与广场、绿地或村庄生产用地等综合考虑，与火灾、水灾、海啸、滑坡、山崩、场地液化、矿山采空区塌陷等其他防灾要求相结合，并应符合下列规定：

① 应避开不适宜用地区段和次生灾害严重的地段。

② 应具备明显的标志和良好的交通条件。

③ 5000人以上的村庄应至少有一处疏散场地不宜小于4000m^2。

④ 人均疏散场地不宜小于 $2m^2$。

⑤ 疏散人群至疏散场地的距离不宜大于1000m。

⑥ 有多个进出口，便于人员与车辆进出。

⑦ 至少有一处疏散场地应具备临时供电、供水等必备生活条件。

二、村庄给水、排水与环卫设施整治

1）给水设施

① 村庄给水工程设施整治的主要内容应包括水源、给水方式、给水处理工艺、现有设备设施、现有给水管道的整治，并应根据当地实际情况完善必要的设备设施。

② 水源整治内容为现有水源地保护范围内污染源的清理整治，或根据整治需要选择新水源。

③ 村庄距离城市、集镇较远或无条件时，应建设给水工程，联村、联片供水或单村供水。无条件建设集中式给水工程的村庄，可选择手动泵、筒井、引泉池或雨水收集等单户或联户分散式给水。

④ 村庄给水工程设施整治应实现水量水压满足用水需求，水质达标。生活饮用水水量不应低于 40 ~ 60L/（人·天），水质应符合现行国家标准《生活饮用水卫生标准》GB 5749—2006 的规定；集中式给水工程供水压力应满足一层 10m 二层 12m，三层 16m 要求。

2）排水设施

① 村庄排水工程设施整治内容包括确定雨污分流收集或合流收集、排水量和排放标准，整治和建设排水收集系统、污水处理站、雨水和污水利用系统。

② 经济条件较差的地区村庄可采用分散式排水方式，可与现状排水相结合，疏通整治排水沟渠，应采取下列措施：

a. 雨水自由散流，就近排入村庄水系或收集利用，不得出现雨水倒灌民宅现象；

b. 粪便污水与其他生活污水宜经化粪池、生活污水净化沼气池等进行卫生处理后用作肥料，不得暴露在村民日常生活环境中；

c. 其他生活污水可与雨水合流排放，但应经常清理排水沟渠，防止污水中有机物腐烂，影响村庄环境卫生。

③ 粪便污水和养殖业污水宜单独收集入沼气池制作有机肥料，处理达到标准后，排入村庄排水沟渠或村庄水系。

④ 村庄小作坊、小型工厂产生的工业废水经处理达到标准后，排入村庄排水沟渠或村庄水系，不得污染环境。

⑤ 当村庄不在城镇污水处理厂服务范围内时，有条件的村庄应单独建设污水处理站，并可采用人工湿地、生物滤池或稳定塘等生化处理技术。无条件建设污水处理站的村庄，粪便污水须经化粪池、生活污水净化沼气池等进行卫生处理，出水引至村庄水系下游的低质水体或直接利用，不得污染地表和地下饮用水源，不得污染其他功能性水体，

3）环卫设施

① 村庄垃圾宜就地回收利用，减少集中处理垃圾量。应在县域范围内统一规划集中处理村庄生活垃圾设施；宜推行村庄收集、乡镇集中运输、县域内相对集中处理方式。

② 村庄垃圾收集点可根据实际需要设置，一般不少于 30 户设置一个垃圾收集点。

③ 村庄可生物降解的有机垃圾单独收集后应就地处理。有机垃圾就地处理可结合粪便、污泥及秸秆等农业废弃物进行资源化处理，包括家庭堆肥处理、村庄堆肥处理和利用农村沼气工程厌氧消化处理。

④ 村庄整治应防止粪便污染环境，实现粪便无害化处理，预防疾病，保障农村居民身体健康。

⑤ 应加快对不卫生厕所的改造，按实际需要选择厕所模式。在与粪便污染相关疾病流行的地区，厕所改造和建设应符合相应规范标准或疾病防控要求。

村庄整治中应综合考虑当地经济发展状况、自然地理条件、人文民俗习惯、农业生产方式等因素，在下列模式中选择厕所类型：

① 水冲式厕所。

② 其他模式厕所。其包括三格化粪池厕所，三联通沼气池式厕所，粪尿分集式生态卫生厕所，双瓮漏斗式厕所，阁楼堆肥式厕所，双坑交替式厕所，深坑式厕所。

三、村庄道路桥梁与交通安全整治

1）道路桥梁及交通安全设施整治应充分利用现有的条件和资源，通过整治，恢复或改善道路的交通功能，使村庄道路布局科学合理。

2）村庄道路整治的道路分级与路宽应符合表 E-1 要求。

表 E-1　村庄道路分级与路宽

道路等级＼路宽	平原地区	山区
主路	≥6m	≥4m
次路	≥4. 5m	≥3. 5m
街巷道路	2. 5	2. 5

3）村庄道路整治应结合路面情况，完善各类交通设施，包括交通标志、标线及安全防护设施。

四、村庄其他整治项目

（1）公共环境

1）村庄公共环境整治包括：闲置房屋、建设用地整治，景观环境整治，公共活动场地整治及公共服务设施整治等内容。

2）村庄公共环境整治应符合“经济、适用、安全、环保”的原则，恢复和改善村庄公共服务功能，美化自然与人工环境，并结合地域、气候、民族、习俗及传统等特点营造村庄个性。

（2）坑塘河道

1）坑塘整治对象为人工开挖或天然形成的蓄水量小于 10^5m^3 的储水洼地，包括养殖、种植塘、取土洼地及湖泊、河渠形成的支叉水体等。村庄河道整治对象为汇流面积小于 $10km^2$ 的河渠。

2）坑塘使用功能包括旱涝调节、渔业养殖、农作物种植、消防水源与杂用水、水景观及污水净化等。河道使用功能包括排洪、取水和水景观等。

3）坑塘河道应符合下列基本要求，保障其使用功能。

①坑塘河应具备补水和排水条件，满足水体利用要求。

②坑塘河道水体容量、水深、控制水位及水质标准应符合相关使用功能。不同功能的坑塘河道对水体的控制标准按表E-2确定。

表E-2 不同功能的坑塘河道对水体控制标准

功能	最小水面面积/m²	河道宽度/m	适宜水深/m	水质类别
旱涝调节坑塘	50000	—	1.0~2.0	Ⅴ
渔业养殖坑塘	600~700	—	>1.5	Ⅲ
农作物种植坑塘	600~700	—	1.0	Ⅴ
杂用水坑塘	1000~2000	—	0.5~1.0	Ⅳ
水景观坑塘	500~1000	—	>0.2	Ⅴ
污水处理坑塘（厌氧）	2000	—	2.5~4.0	—
污水处理坑塘（好氧）	2000	—	0.5~1.5	—
行洪河道	—	大自然河道宽度	—	—
生活饮用水河道	—		>1.0	Ⅱ—Ⅲ
工业取水河道	—		>1.0	Ⅳ
农业取水河道	—		>1.0	Ⅴ
水景观河道	—		>0.2	Ⅴ

注：1. 水质类别所规定标准为不低于此标准。
2. 行洪河道水质类别参照“区域水环境功能区划标准执行”。

4）坑塘河道整治应结合村庄综合整治统一实施，处理好与防洪、灌溉等相关设施的协调关系。

（3）文化遗产保护

1）村庄整治中应严格、科学地保护文化遗产的全部历史信息和文化价值，应注重对村庄优秀历史文化传统的延续与弘扬，促进农村精神文明建设。

2）村庄整治中应予以保护的文化遗产包括：国家、省、市、县级文物保护单位；村庄传统建筑、传统构筑物、历史性自然环境要素以及村庄的历史格局和传统风貌等。

3）村庄文化遗产保护工作应包括：调查、甄别和认定保护对象；制定和实施文化遗产的保护和管理措施；进行地上和地下文化遗产分布区内村庄整治工程的专项研究和设计等内容。

（4）生活用能

1）村庄生活用能来源包括传统能源、常规能源及新能源和可再生能源。各类能源必须在保护生态环境的前提下合理利用。

2）应重视能源节约。通过采用节能新技术与节能产品，逐步降低生活能耗。村庄新建房屋应选用保温技术与材料，有条件地区可逐步实施房屋节能化改造。

3）有条件村庄应逐步以气体燃料代替燃煤、燃柴作为炊事用能，提高村民生活质量，采用气体燃料应符合下列要求：

①有沼气集中供应的村庄，炊事用能优先考虑使用沼气。

②采用液化天然气或液化石油气的村庄，液化天然气应集中气化管道供应，液化石油气可集中气化管道供应、亦可瓶装供应。液化石油气瓶装供应时，村级液化石油气分销点供应范围不宜超过1000户，总存瓶容积不得超过1m³。

附 图

PLANNING AND DESIGN OF TOWN

附图分别节选自近年江阴市城乡规划设计院，中国城市规划设计研究院、沈阳建筑大学等相关有代表性的规划案例，其中有所删减，仅作示意。

附图A 县（市）域城乡统筹规划图选

一. 用地统筹规划

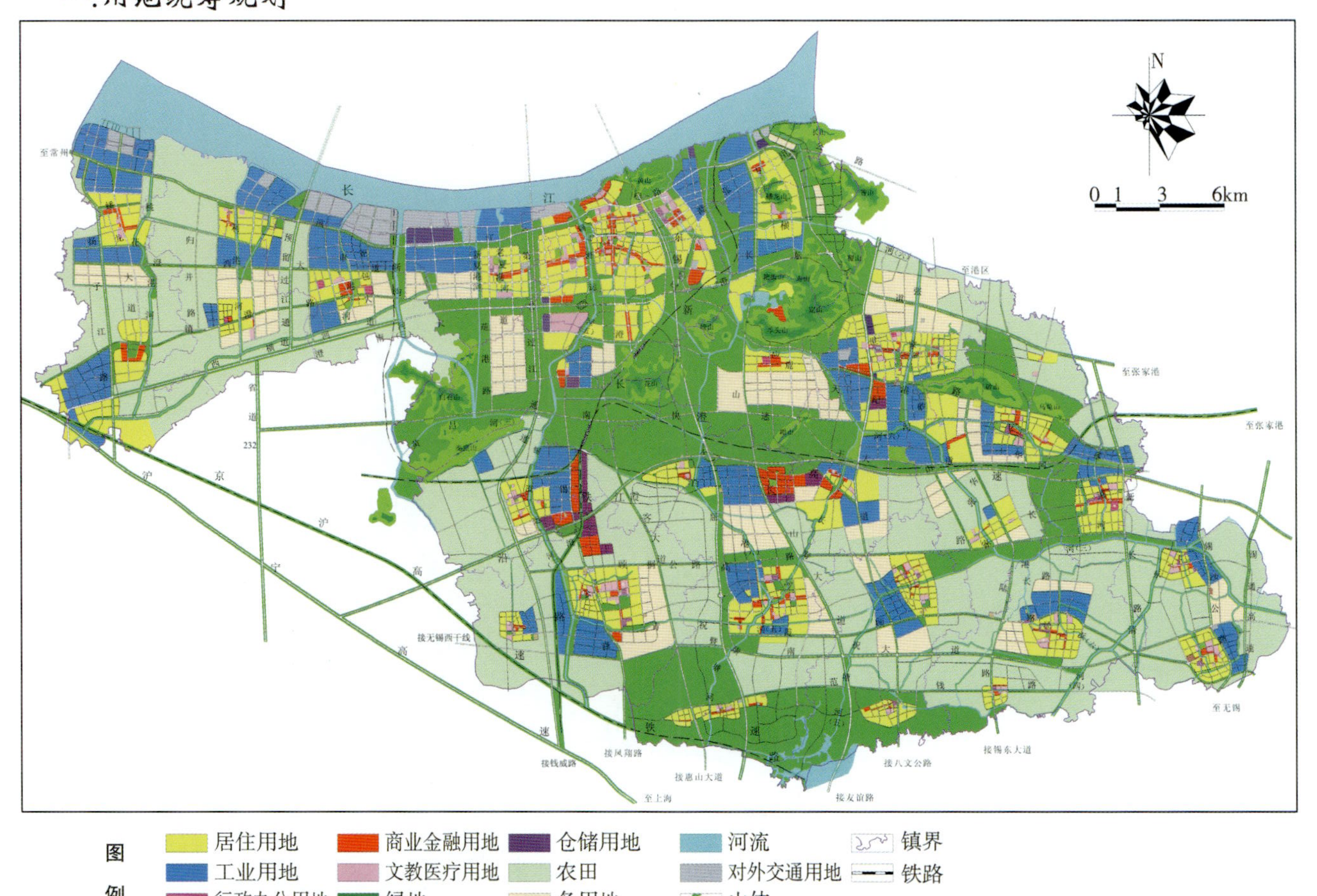

附图A-1 市域用地统筹规划土地利用规划图

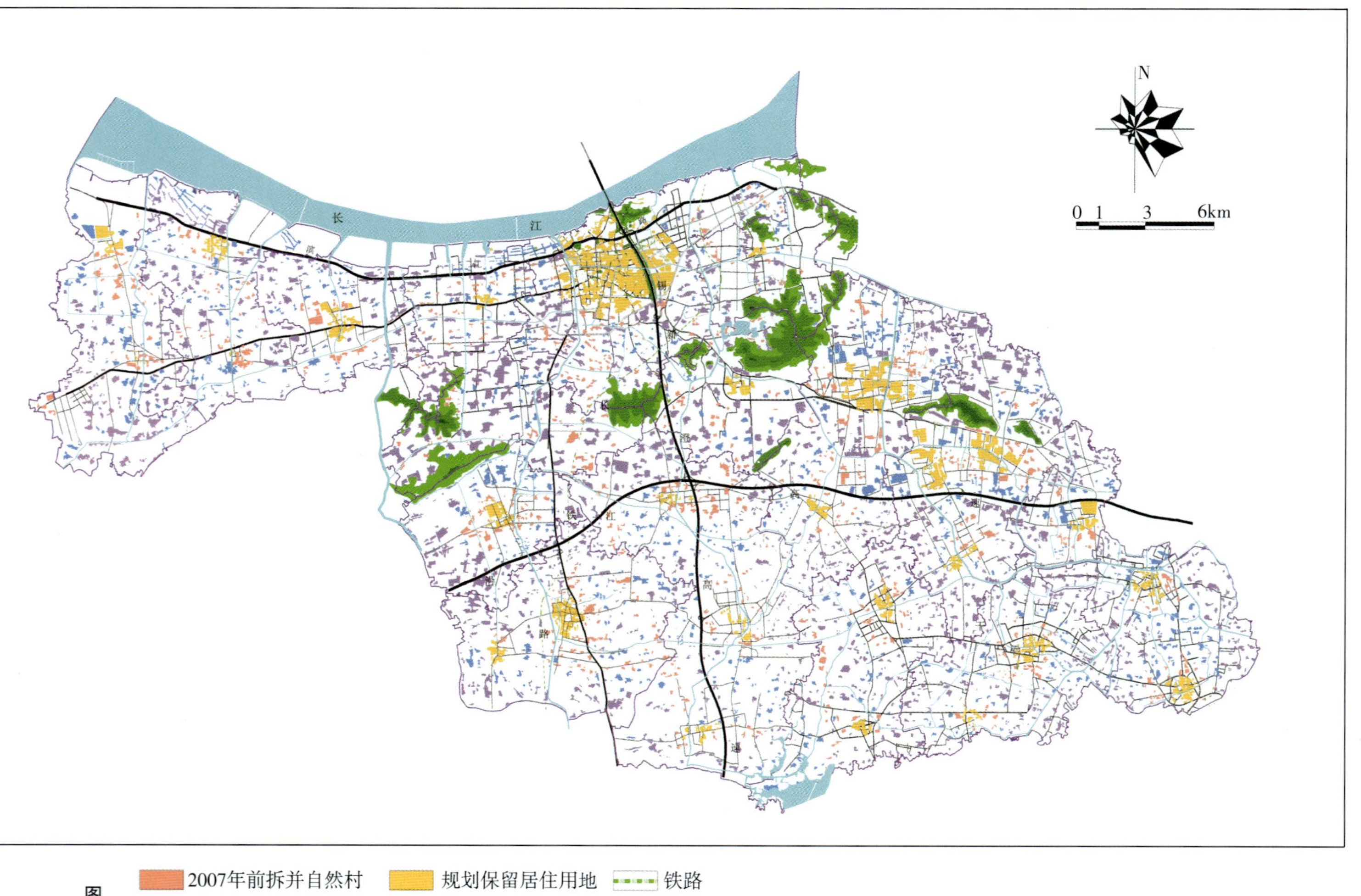

附图A-2 市域村庄整合统筹规划图

二、产业统筹规划

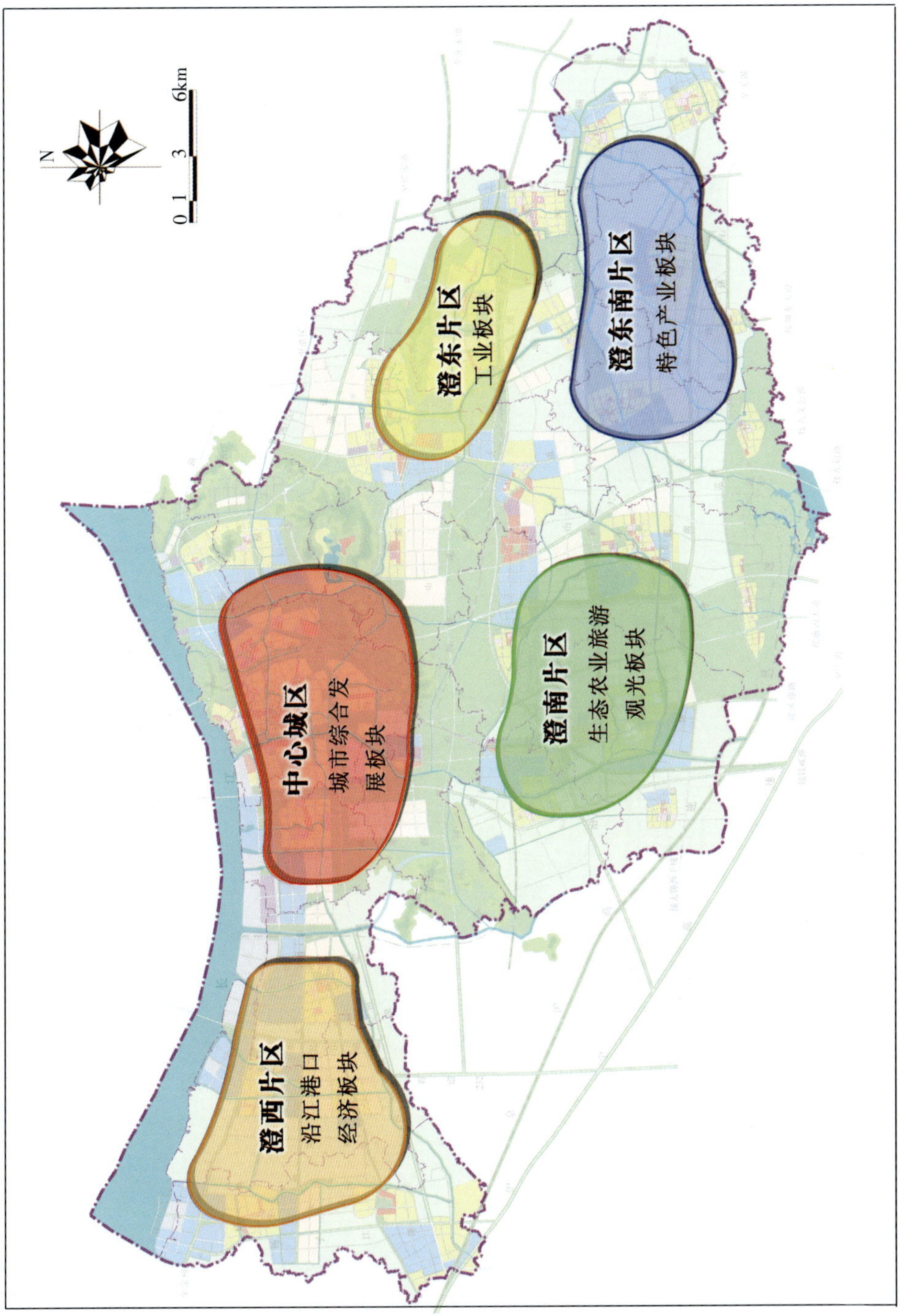

附图A-3 市域产业布局统筹规划图

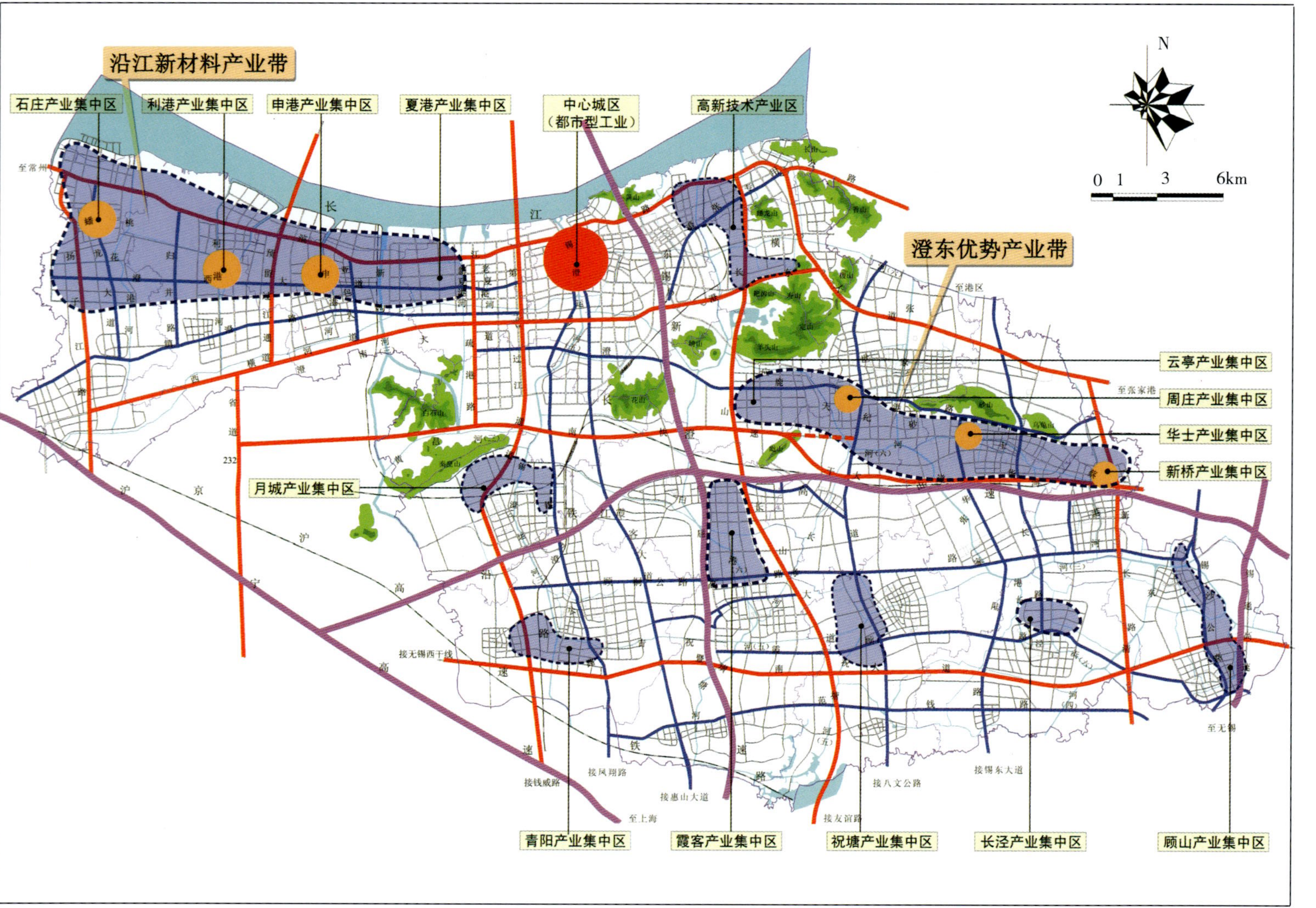

附图A-4　市域工业布局统筹规划图

三.社会公共设施与基础设施统筹规划

图例

- 小学
- 中学
- 体育设施
- 文化设施
- 医疗保健设施
- 河流
- 山体
- 市镇界

附图A-5 市域城乡统筹社会公共设施规划图

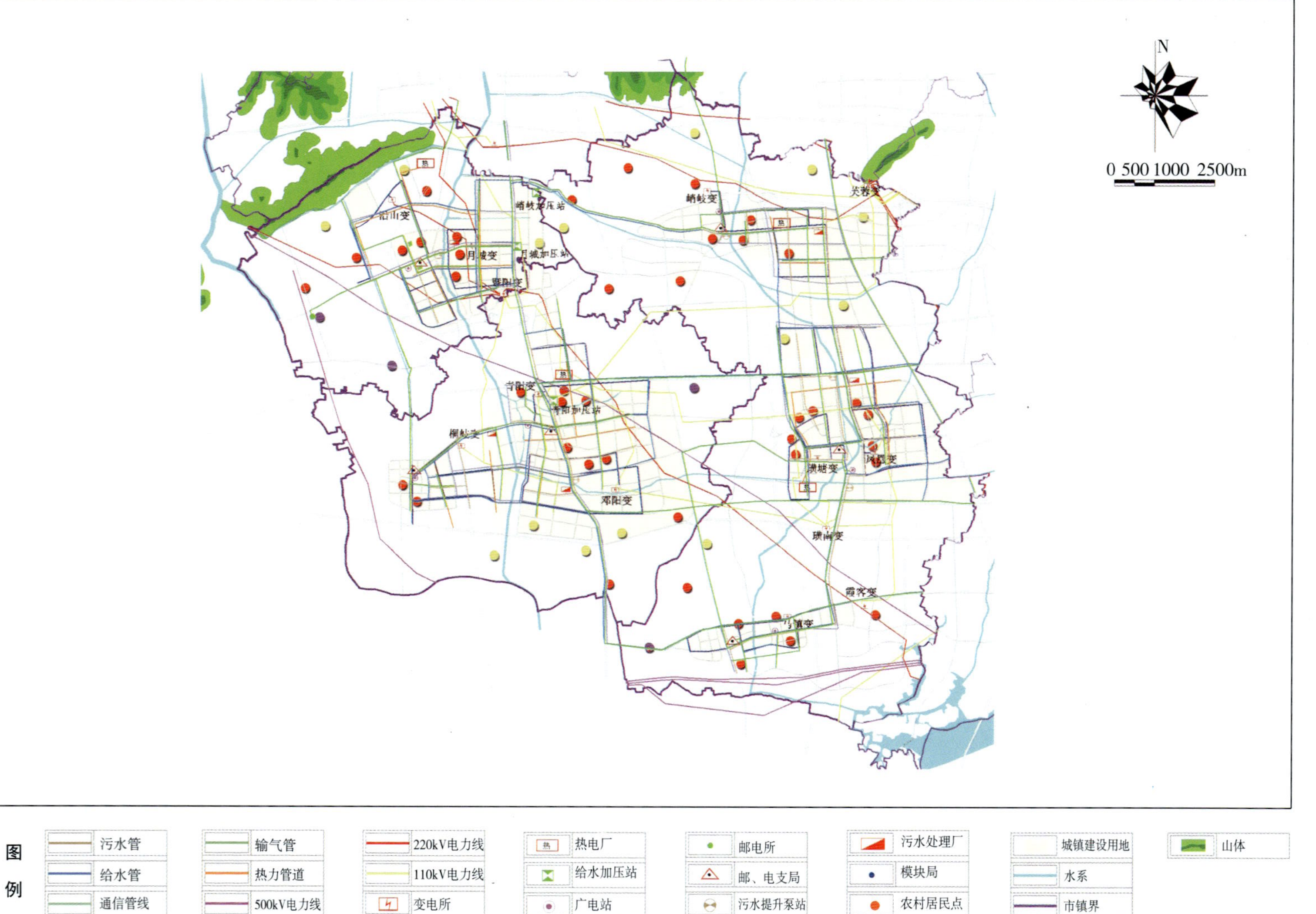

附图A-6 市域城乡统筹片区基础设施规划图

附图B 跨镇区域旅游概念规划图选

一.资源分析评价与保护

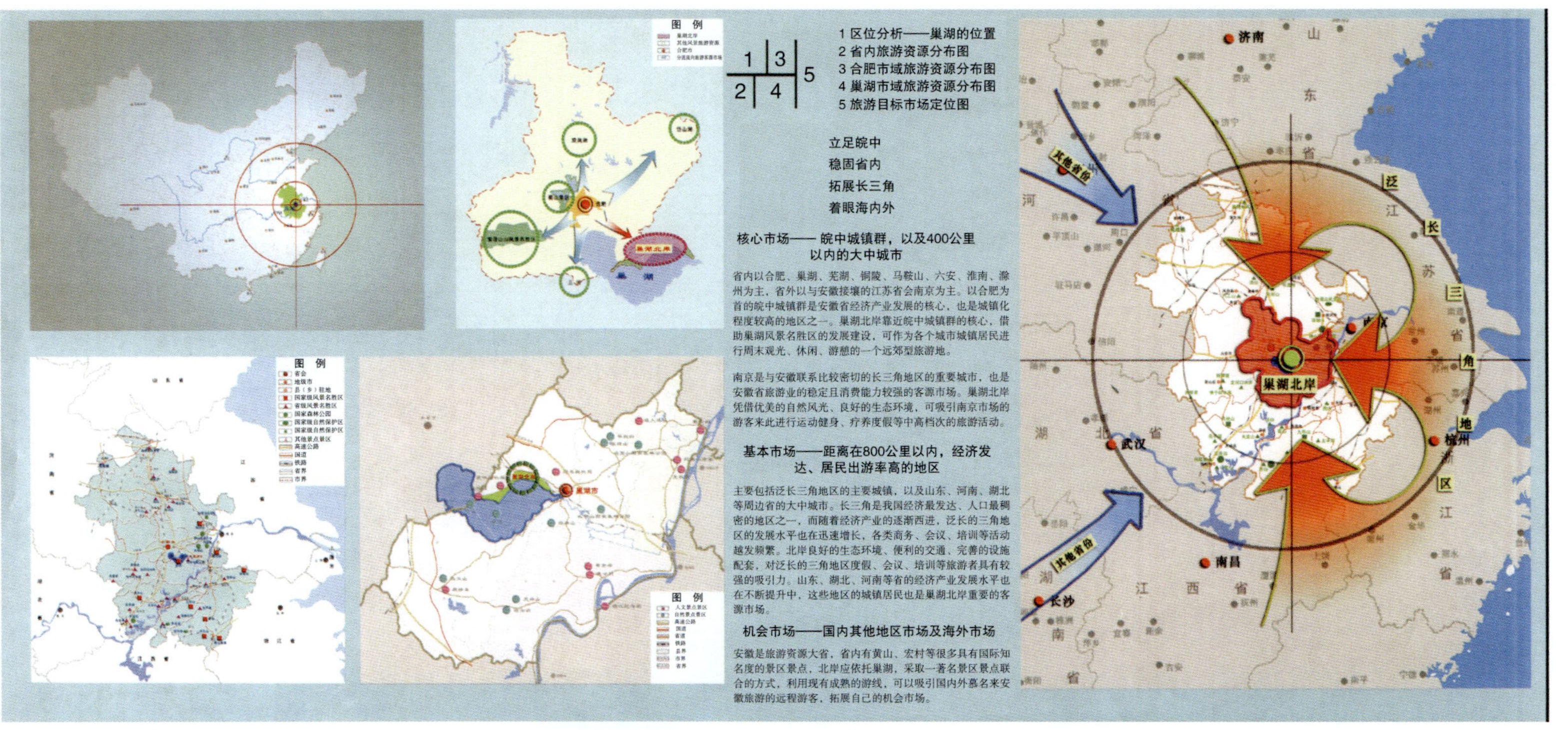

附图B-1 跨镇区域旅游概念规划——区位分析图

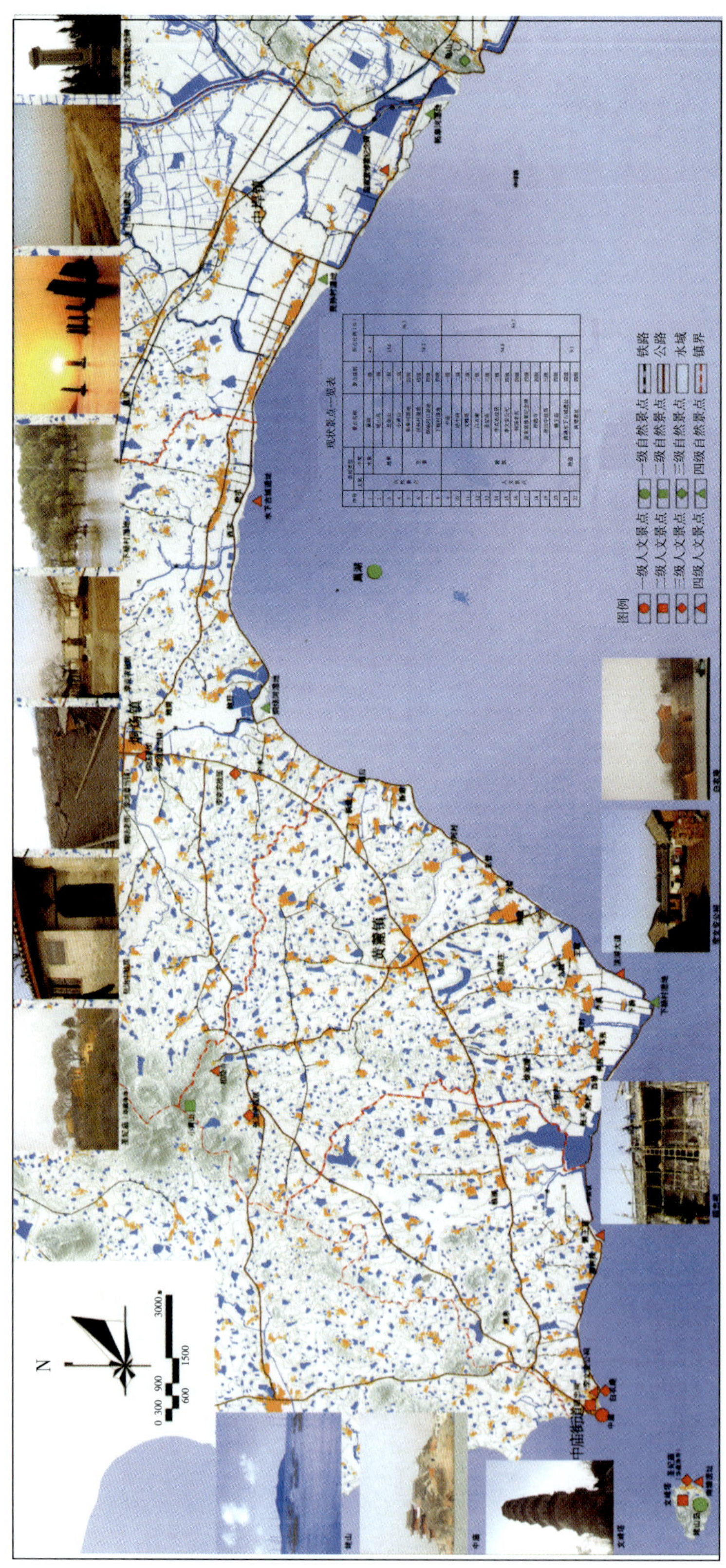

附图B-2　跨镇区域旅游概念规划——旅游资源评价图

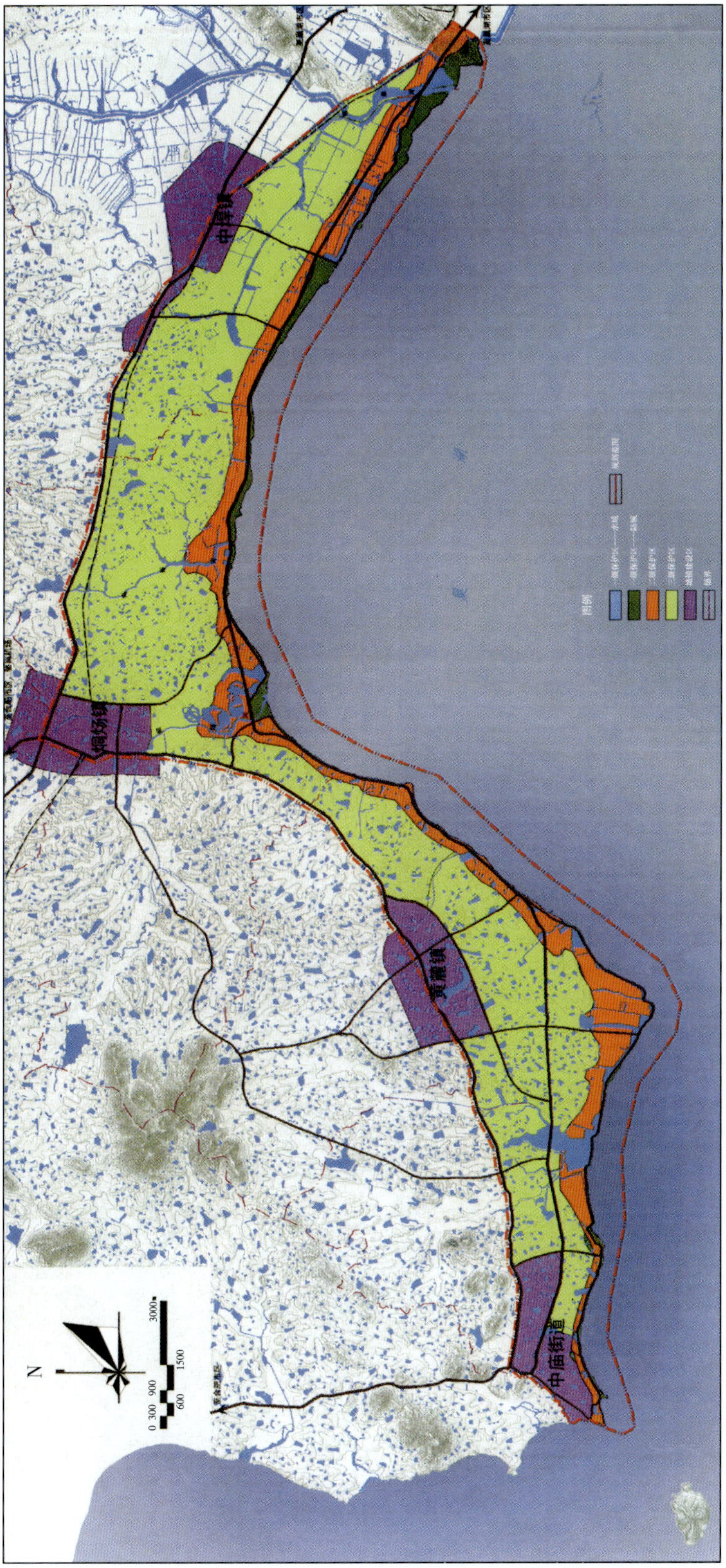

附图B-3 跨镇区域旅游概念规划——旅游资源保护图

二、用地规划与协调

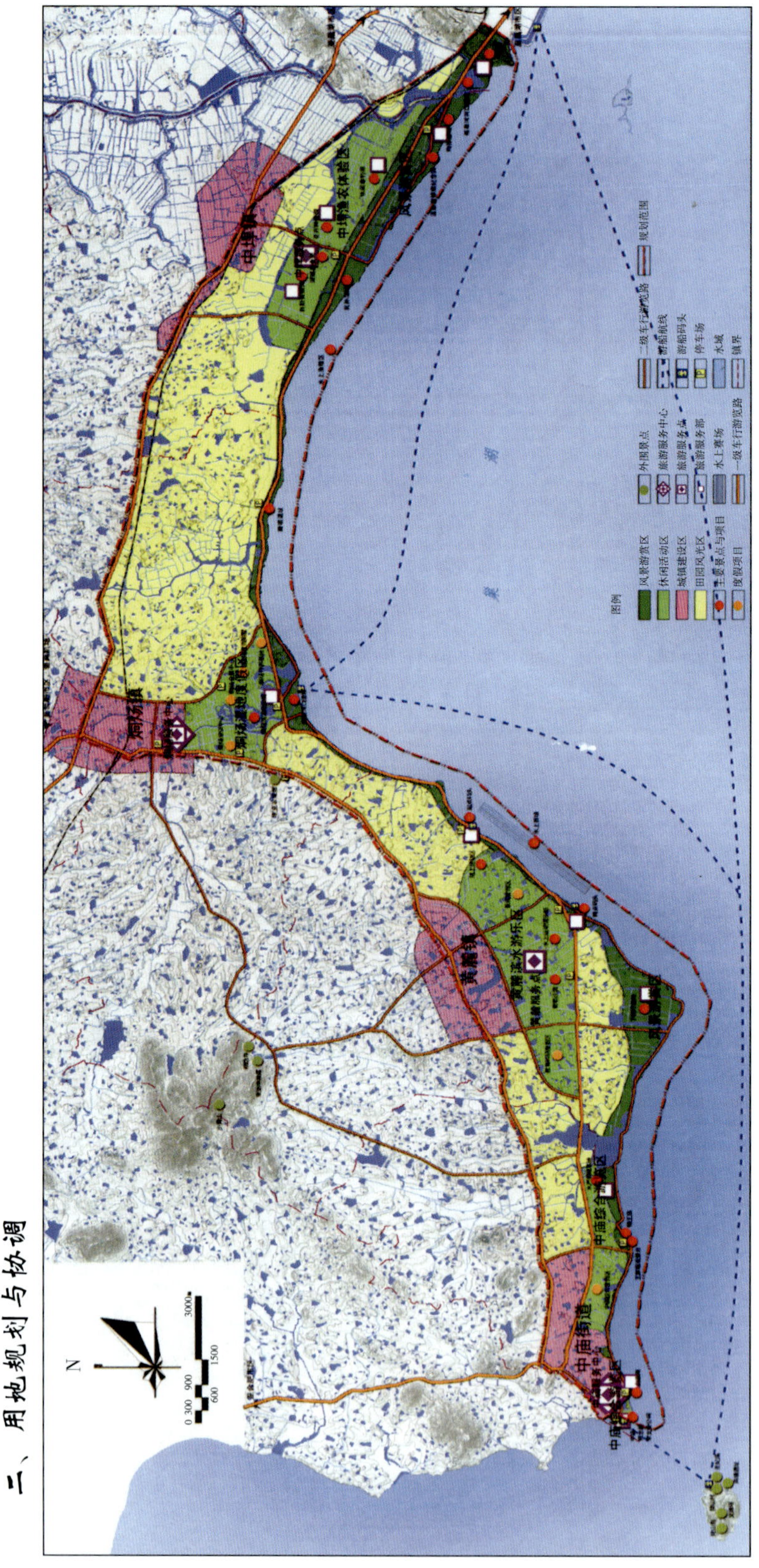

附图B-4　跨镇区域旅游概念规划——规划总图

附图B-5 跨镇区域旅游概念规划——土地利用协调图

三、相关设施规划

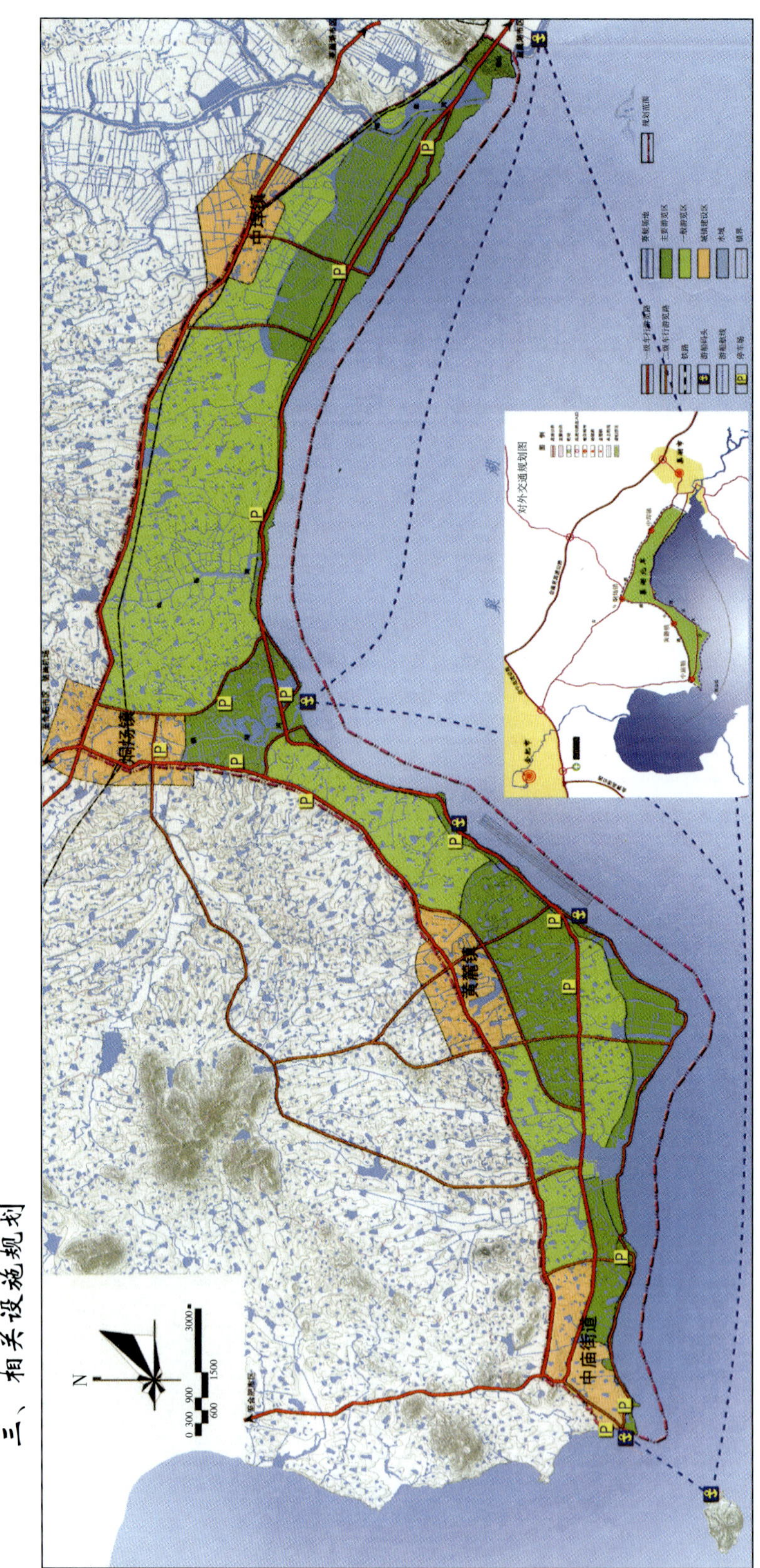

附图B-6 跨镇区域旅游概念规划——道路交通规划图

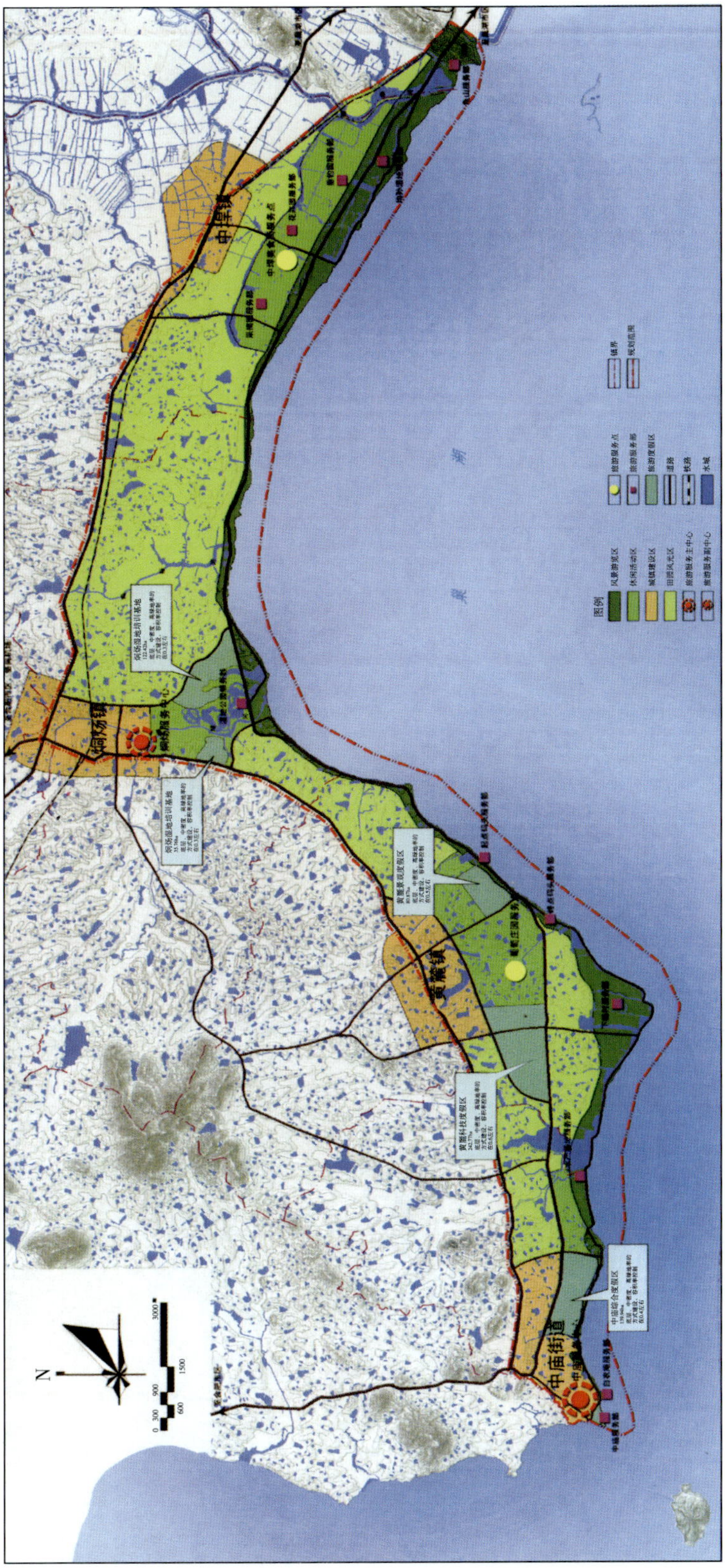

附图B-7 跨镇区域旅游概念规划——旅游接待设施规划图

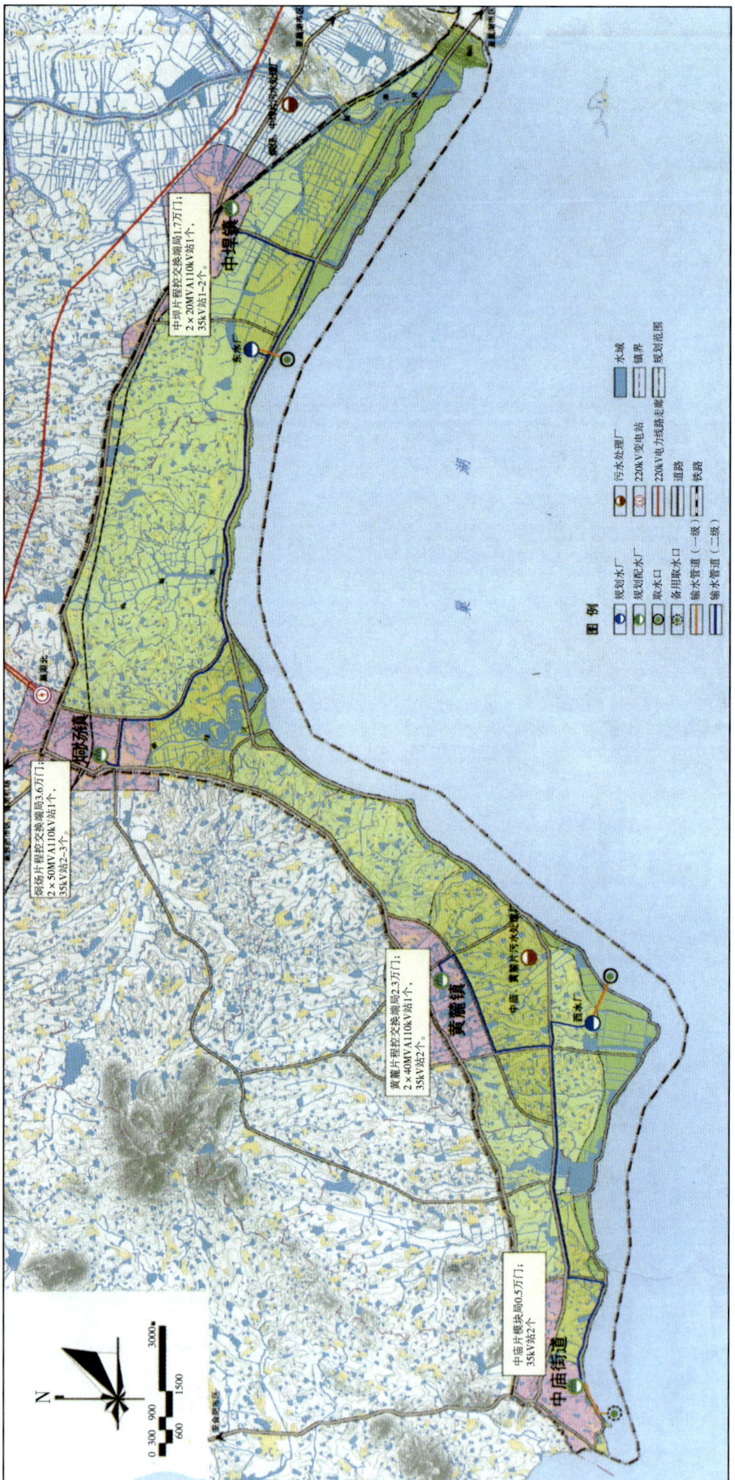

附图B-8 跨镇区域旅游概念规划——基础设施统筹规划图

附图C 镇域规划图选

一.用地与村庄布局

附图C-1 镇域用地规划图

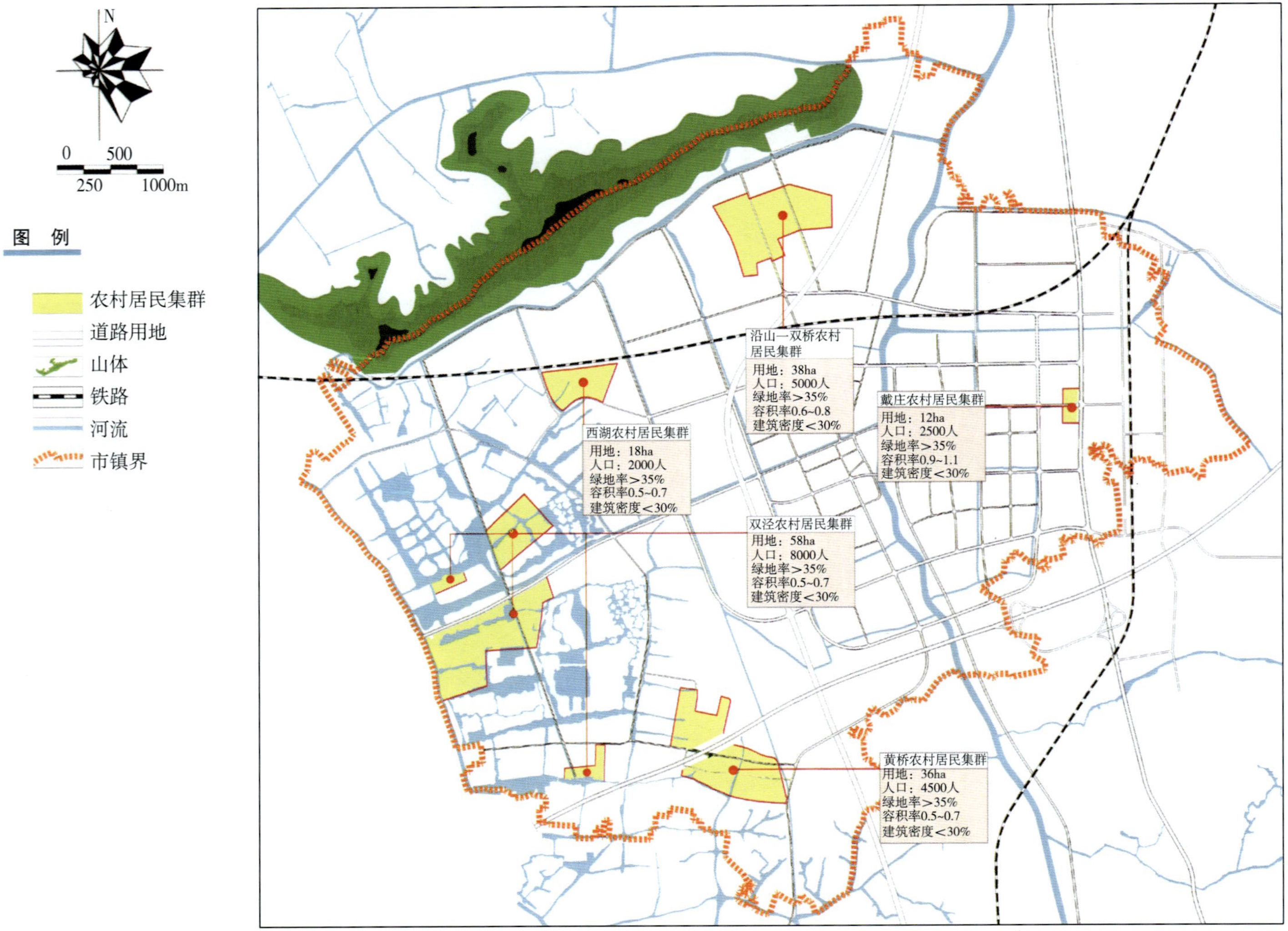

N
0
500
250
1000m
图 例
农村居民集群
道路用地
山体
铁路
河流
市镇界
沿山—双桥农村居民集群
用地：38ha
人口：5000人
绿地率>35%
容积率0.6~0.8
建筑密度<30%
戴庄农村居民集群
用地：12ha
人口：2500人
绿地率>35%
容积率0.9~1.1
建筑密度<30%
西湖农村居民集群
用地：18ha
人口：2000人
绿地率>35%
容积率0.5~0.7
建筑密度<30%
双泾农村居民集群
用地：58ha
人口：8000人
绿地率>35%
容积率0.5~0.7
建筑密度<30%
黄桥农村居民集群
用地：36ha
人口：4500人
绿地率>35%
容积率0.5~0.7
建筑密度<30%

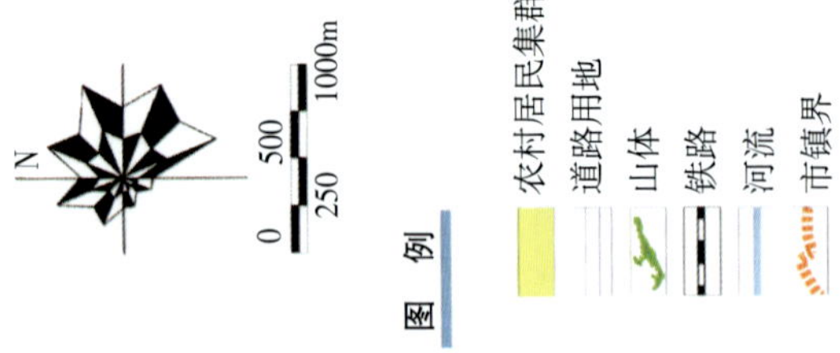

附图C-2　镇域村庄布局规划图

二.公共设施

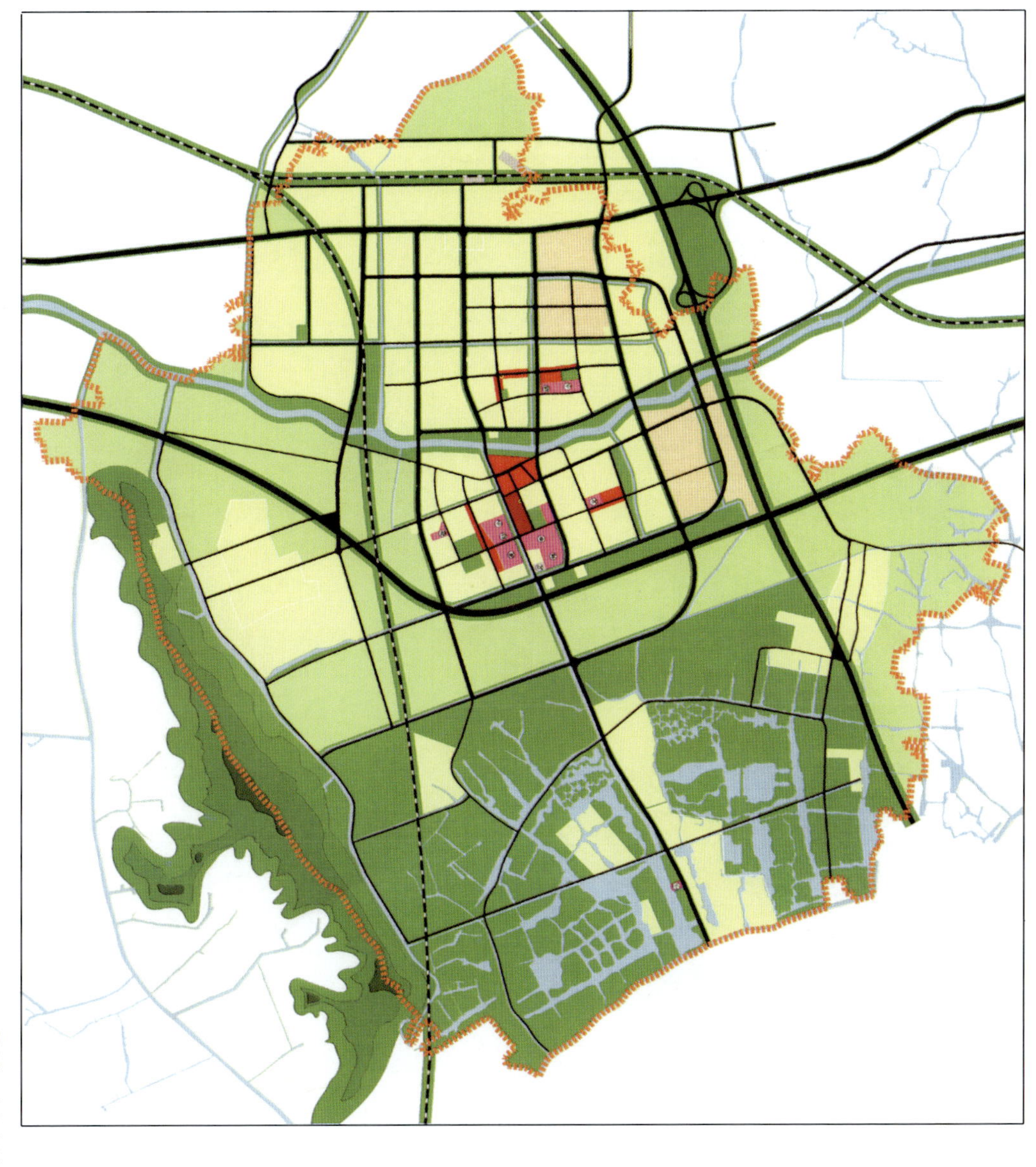

附图C-3　镇域公共设施用地规划图

三、道路等基础设施

附图C-4　镇域道路系统规划图

附图D 镇（乡）总体规划图选

一.镇总体规划

2
1
3

1.小站镇区域位置示意图
2.小站镇2003年卫星遥感航测图
3.区位分析图

附图D-1 天津市津南区小站镇规划——区域位置图

现状用地构成表

用地代码 大类	中类小类	用地性质	用地面积/ha		比例(%)	人均(m²/人)
R		居住建筑用地		293.83	59.67	59.97
	R1	村民住宅用地	228.05			
	R2	居民住宅用地	65.78			
C		公共建筑用地		40.44	8.21	8.25
	C1	行政管理用地	2.08			
	C2	教育机构用地	6.68			
	C3	文体科技用地	2.88			
	C4	医疗保健用地	2.15			
	C5	商业金融用地	14.54			
	C6	集贸设施用地	10.15			
M		生产建筑用地		107.62	21.85	21.96
	M1	一类工业用地	8.20			
	M2	二类工业用地	99.42			
T		对外交通用地		11.39	2.31	2.32
	T1	公路交通用地	11.39			
S		道路广场用地		31.84	6.47	6.50
	S1	道路用地	31.43			
	S2	广场用地	0.41			
U		公用工程设施用地		5.98	1.21	1.22
	U1	公用工程用地	5.98			
G		绿化用地		1.35	0.27	0.28
	G1	公共绿地	1.35			
		集镇建设用地	492.45		100.00	100.05
E		水域和其它用地		1090.84		
	E1	水域	115.37			
	E2	农林种植地	885.47			
	其中 E2—1	一般农林种植地	844.66			
	E2—2	特殊农林种植地	25.66			
	E2—3	设施农业用地	10.50			
		规划总用地面积	1483.29			
注：镇区规划范围内现状总人口为4.9万人。						

附图D-2　天津市津南区小站镇规划——镇区综合现状分析图（2006年~2020年）

至中心城区
至咸水沽
至塘沽
至葛沽
至中心城区
至静海
至黄汉路
至黄汉路
至万家码头 至大港
至岐口

N

0m 100 200 400 600 800 1000m

镇区规划用地计算表

图 例

居民住宅用地
行政管理用地
教育机构用地
文体科技用地
医疗保健用地
商业金融用地
一类工业用地
普通仓储用地
城镇产业及装备用地
镇区规划道路
广场用地
公用工程用地
环卫设施用地
其他交通用地
公共绿地
生态防护绿地
水域
规划界限

附图D-3 天津市津南区小站镇规划——镇区用地规划图（2006年-2020年）

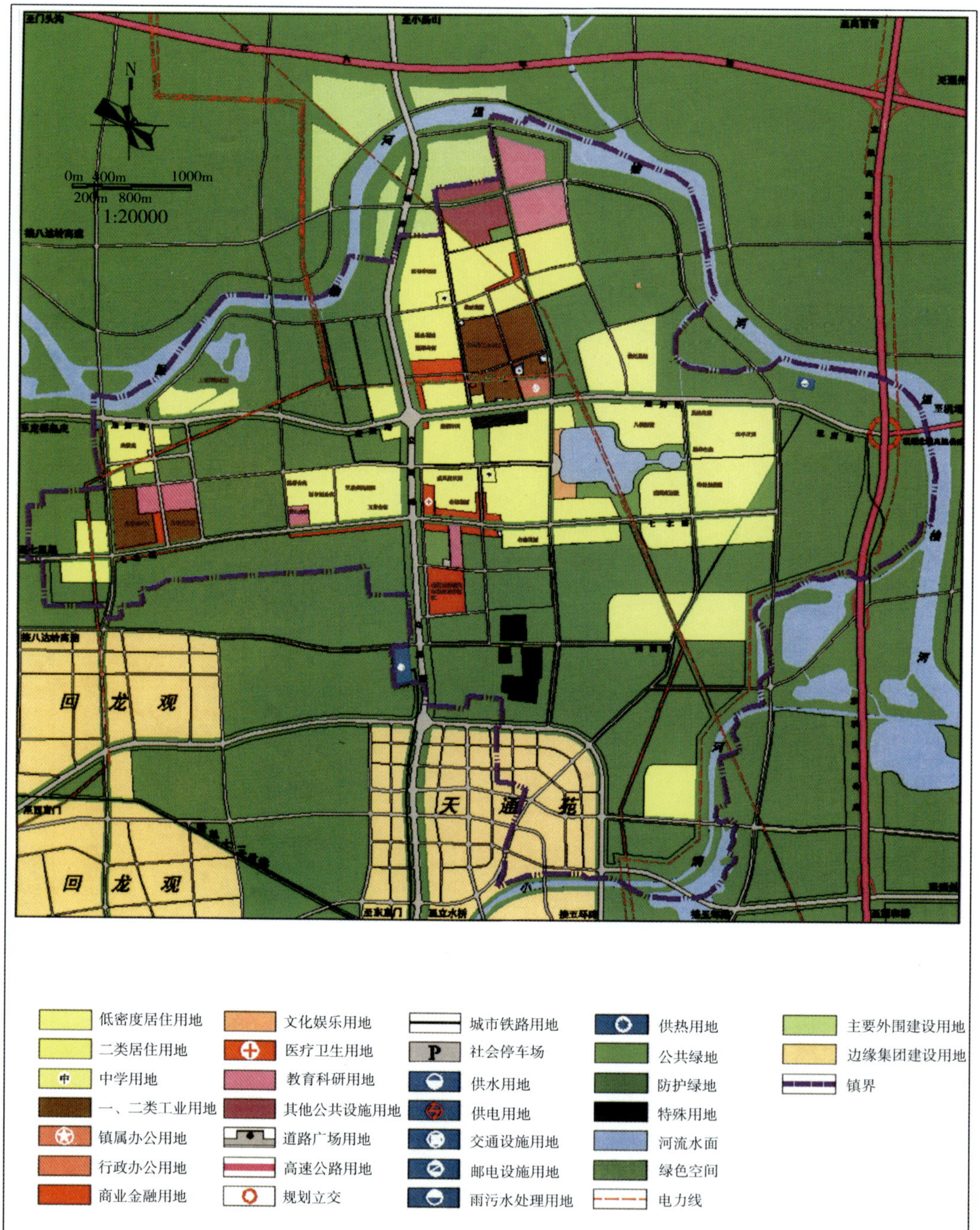

N

0m 400m 1000m
200m 800m
1:20000

回龙观

天通苑

回龙观

低密度居住用地
二类居住用地
中学用地
一、二类工业用地
镇属办公用地
行政办公用地
商业金融用地
文化娱乐用地
医疗卫生用地
教育科研用地
其他公共设施用地
道路广场用地
高速公路用地
规划立交
城市铁路用地
社会停车场
供水用地
供电用地
交通设施用地
邮电设施用地
雨污水处理用地
供热用地
公共绿地
防护绿地
特殊用地
河流水面
绿色空间
电力线
主要外围建设用地
边缘集团建设用地
镇界

附图D-4　北京昌平北七家镇总体规划图（2002~2012）

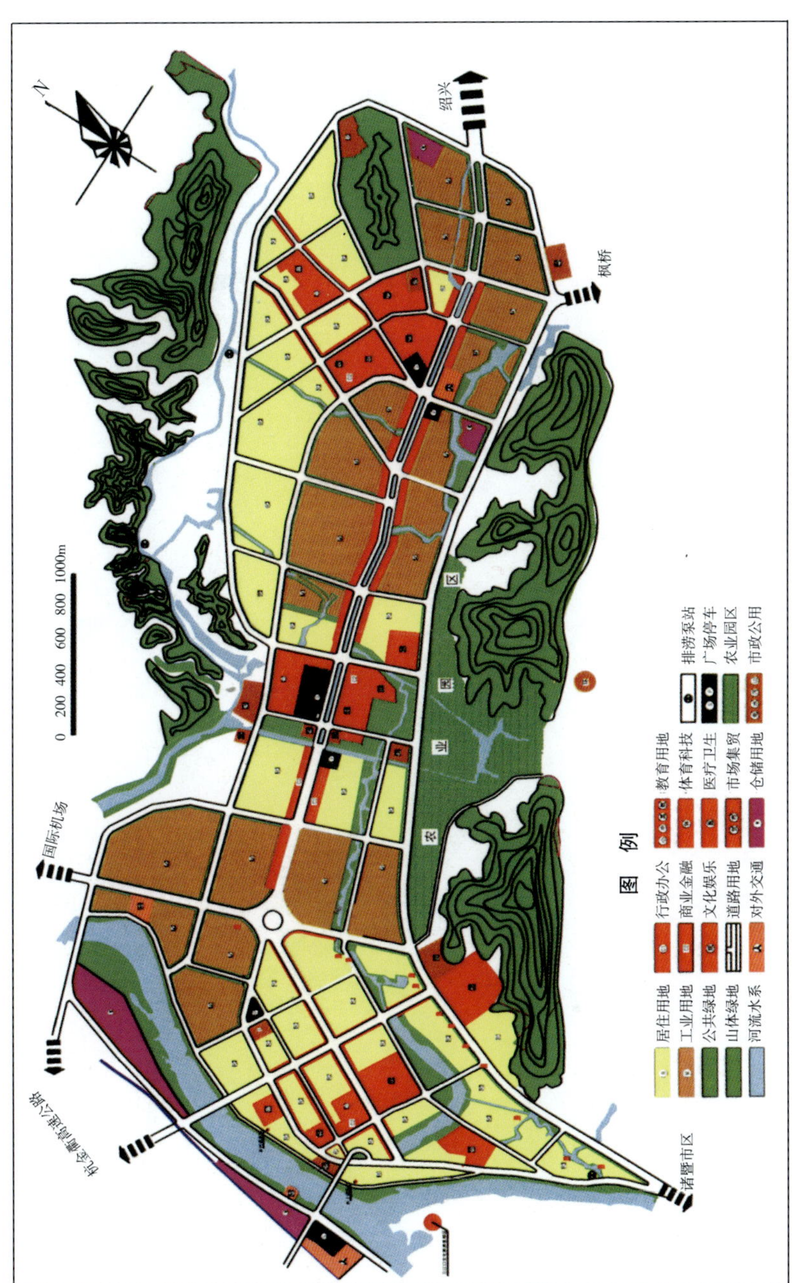

附图D-5 浙江诸暨店口镇总体规划用地布局图（2000~2020）

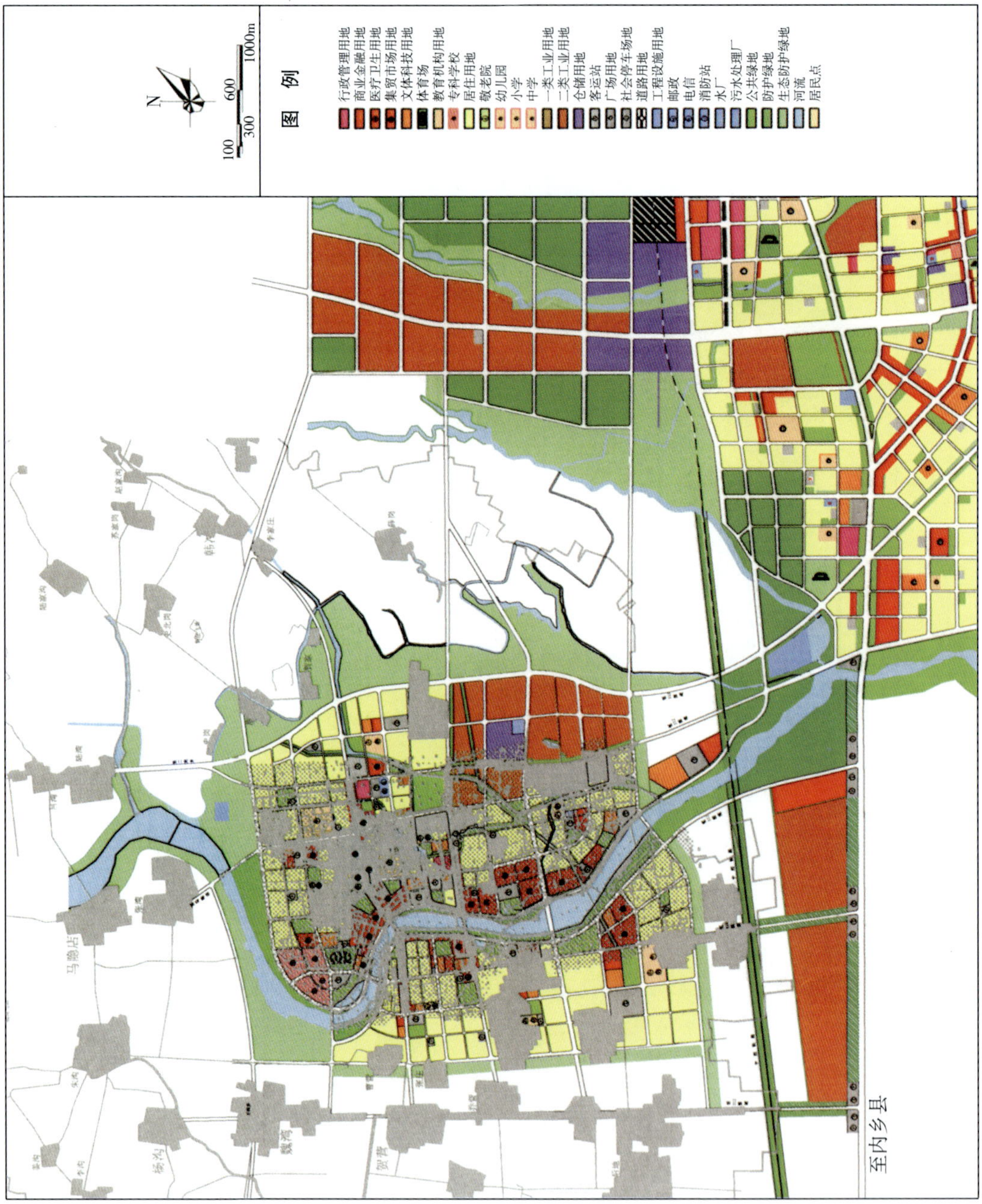

N

100 300 600 1000m

图例

行政管理用地
商业金融用地
医疗卫生用地
集贸市场用地
文体科技用地
体育场
教育机构用地
专科学校
居住用地
敬老院
幼儿园
小学
中学
一类工业用地
二类工业用地
仓储用地
客运站
广场用地
社会停车场地
道路用地
工程设施用地
邮政
电信
消防站
水厂
污水处理厂
公共绿地
防护绿地
生态防护绿地
河流
居民点

至内乡县

附图D-6 河南南阳石佛寺镇总体规划区位关系分析与用地布局图（2007~2020）

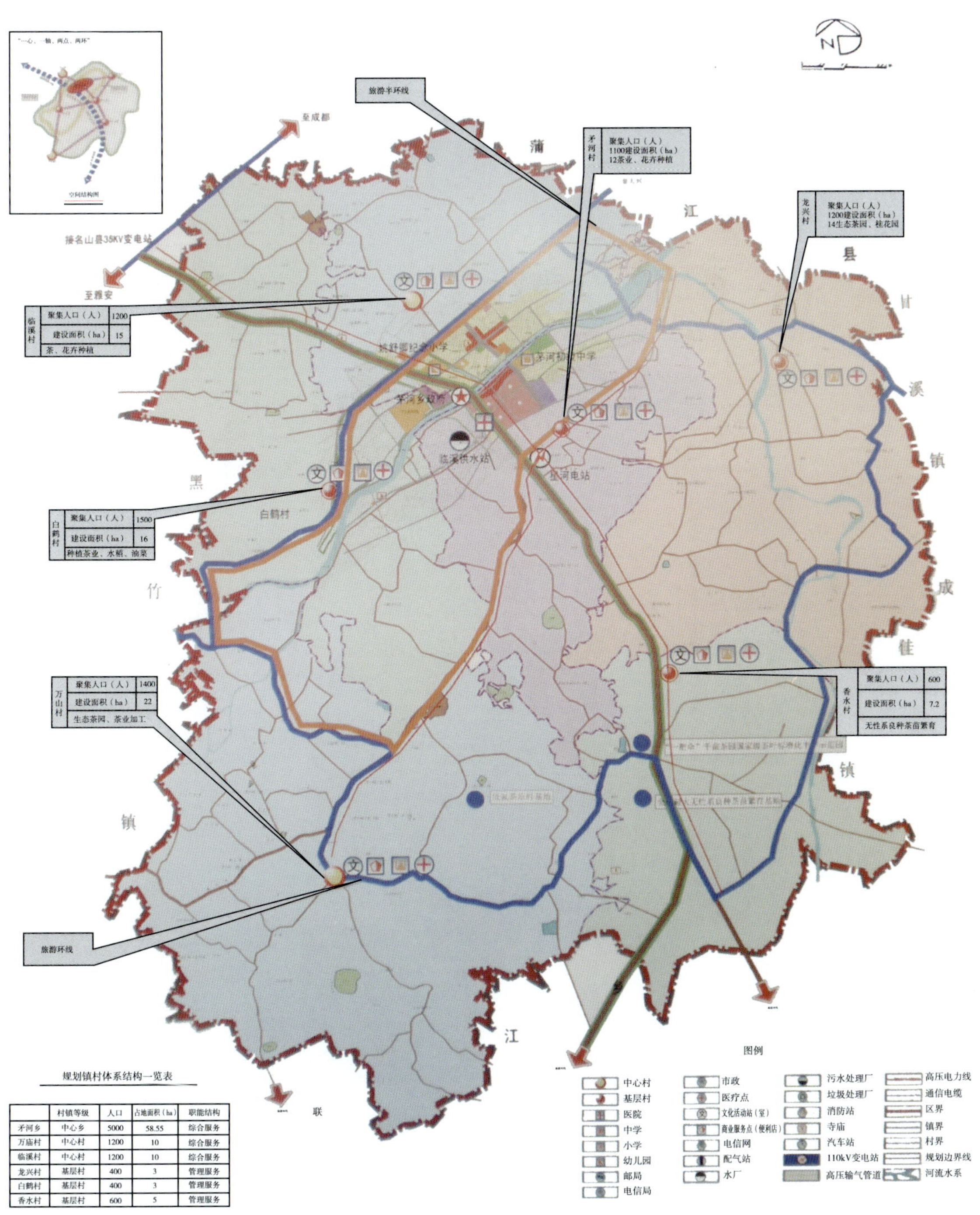

规划镇村体系结构一览表

	村镇等级	人口	占地面积（ha）	职能结构
矛河乡	中心乡	5000	58.55	综合服务
万庙村	中心村	1200	10	综合服务
临溪村	中心村	1200	10	综合服务
龙兴村	基层村	400	3	管理服务
白鹤村	基层村	400	3	管理服务
香水村	基层村	600	5	管理服务

附图D-7　四川名山县县域镇村体系规划图

二、乡总体规划

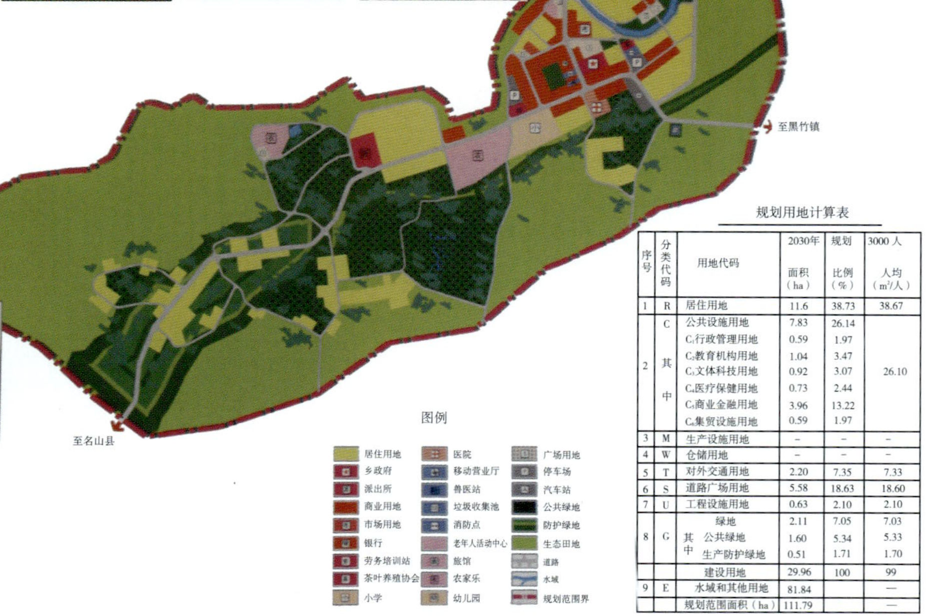

规划用地计算表

序号	分类代码	用地代码	2030年 面积（ha）	规划 比例（%）	3000人 人均（m²/人）
1	R	居住用地	11.6	38.73	38.67
2	C	公共设施用地	7.83	26.14	26.10
	其中	C_1行政管理用地	0.59	1.97	
		C_2教育机构用地	1.04	3.47	
		C_3文体科技用地	0.92	3.07	
		C_4医疗保健用地	0.73	2.44	
		C_5商业金融用地	3.96	13.22	
		C_6集贸设施用地	0.59	1.97	
3	M	生产设施用地	-	-	-
4	W	仓储用地	-	-	-
5	T	对外交通用地	2.20	7.35	7.33
6	S	道路广场用地	5.58	18.63	18.60
7	U	工程设施用地	0.63	2.10	2.10
8	G	绿地	2.11	7.05	7.03
		其中 公共绿地	1.60	5.34	5.33
		其中 生产防护绿地	0.51	1.71	1.70
		建设用地	29.96	100	99
9	E	水域和其他用地	81.84		—
		规划范围面积（ha）	111.79		—

附图D-8　四川名山县廖场乡总体规划图

1：3000

至名山县
至百丈镇
至成都市
至双河乡
特色茶园
生态农田
特色茶园
特色茶园

图例

二类居住
现状居住用地
镇政府
派出所
粮食局
商业用地
市场用地
银行
医院
中学
小学
幼儿园
工业用地
仓储用地
供电所
农机站
万能渠管理站
邮政支局
电讯支局
供电所
兽医站
污水厂
垃圾中转站
加油站
消防用地
居民活动中心
文体科技用地
旅游接待用地
广场用地
停车场
汽车站
公共绿地
防护绿地
公园
农田
滨河耕地
茶园
道路
水域
规划范围界

规划用地计算表

序号	分类代码	用地代码	2030年 面积（ha）	规划 比例（%）	3000人 人均（m²/人）
1	R	居住用地	9.18	31.71	32.72
2	C	公共设施用地	6.26	23.87	26.64
	其中	C_1行政管理用地	0.72	2.49	
		C_2教育机构用地	1.50	5.53	
		C_3文体科技用地	2.22	7.67	
		C_4医疗保健用地	0.38	1.31	
		C_5商业金融用地	1.75	6.04	
		C_6集贸设施用地	0.24	0.83	
3	M	工业用途	1.44	4.97	5.76
4	W	仓储用地	1.13	3.90	4.52
5	T	对外交通用地	2.70	12.78	14.80
6	S	道路广场用地	2.35	11.57	13.40
7	U	公用工程设施用地	1.44	4.97	5.12
8	G	绿地	3.24	11.19	11.96
		其中 公共绿地	2.76	9.80	10.72
		其中 生产防护绿地	0.46	1.59	1.84
		建设用地	23.95	100	96.35
9	E	水域和其他用地	56.80	—	—
		规划范围面积（ha）	85.75	—	—

附图D-9　四川名山县解放乡总体规划图

附图E 村庄整治规划图选

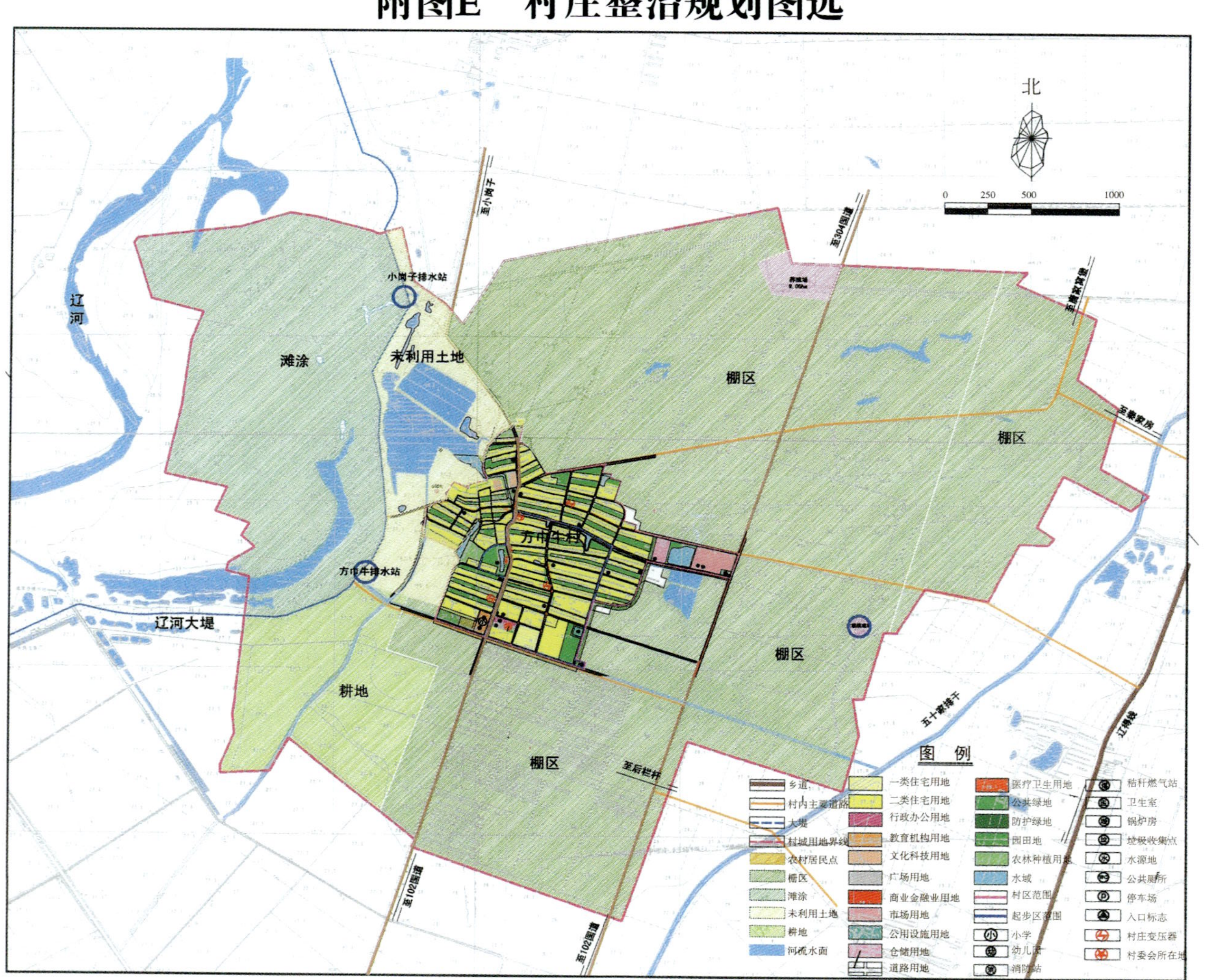

附图E-1 村庄整治规划——村域整治规划图（2005）

一、现状分析

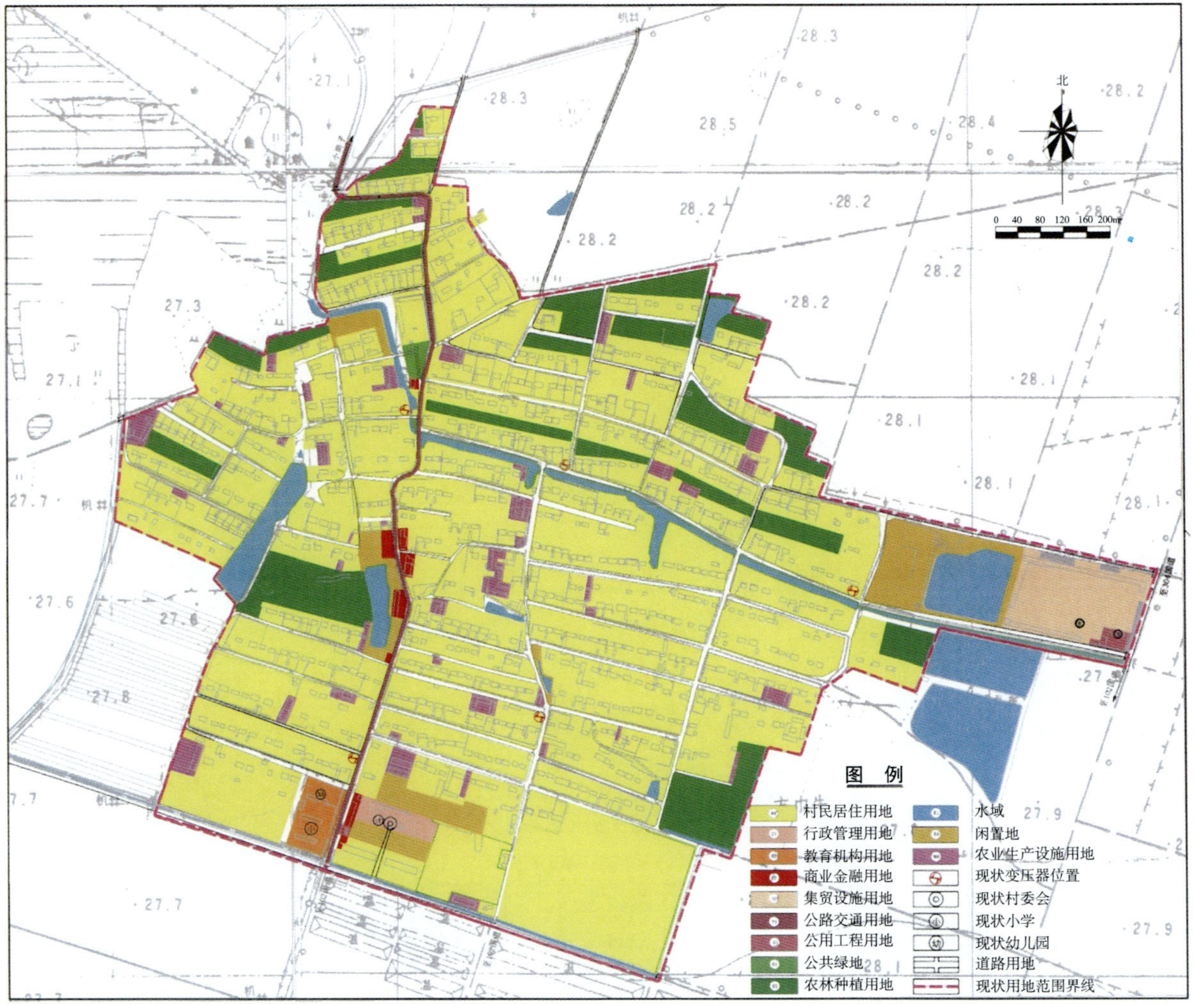

北

0 40 80 120 160 200m

图 例

村民居住用地
行政管理用地
教育机构用地
商业金融用地
集贸设施用地
公路交通用地
公用工程用地
公共绿地
农林种植用地
水域
闲置地
农业生产设施用地
现状变压器位置
现状村委会
现状小学
现状幼儿园
道路用地
现状用地范围界线

附图E-2 村庄整治规划——村庄现状用地

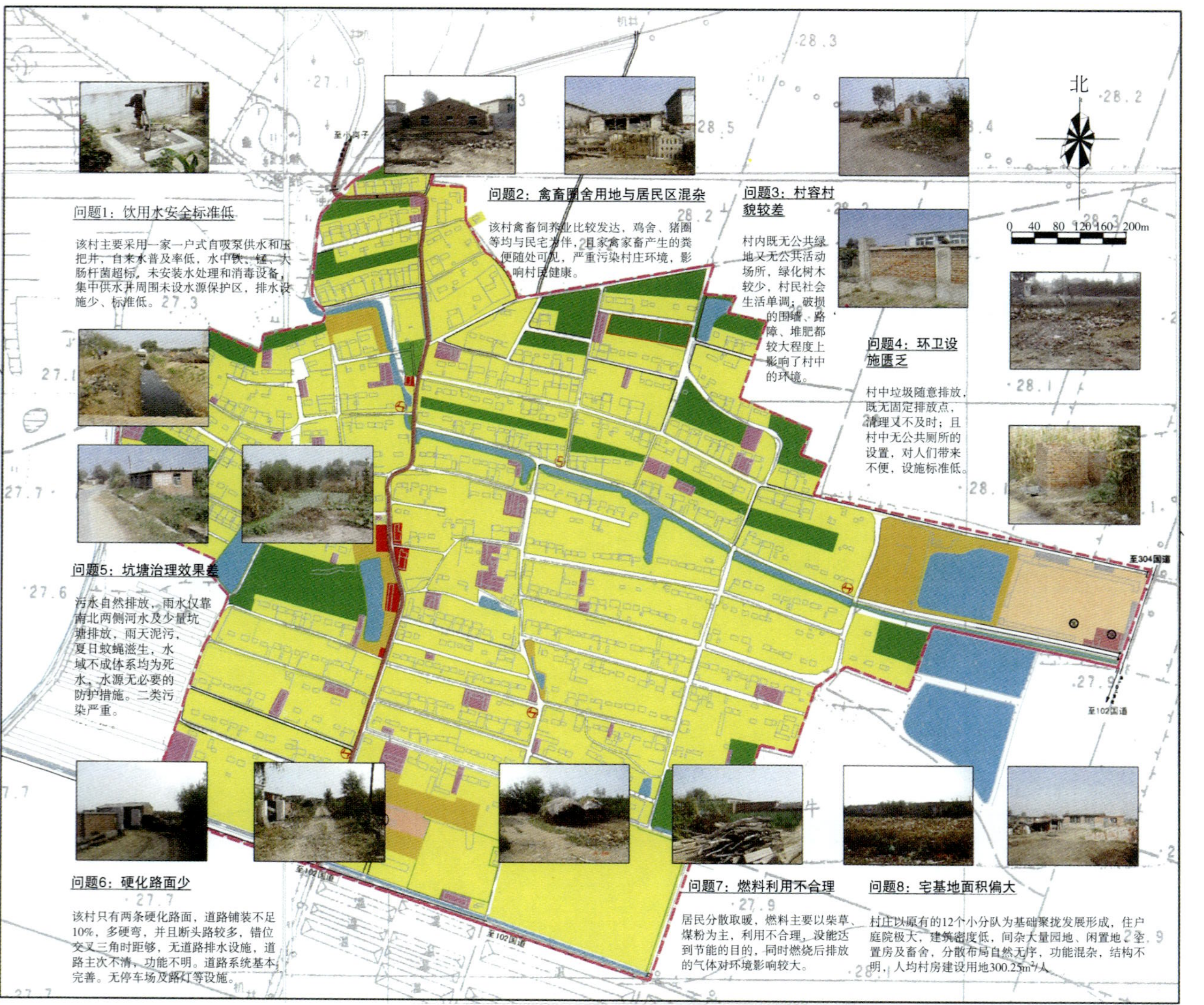

附图E-3 村庄整治规划——现状主要问题分析

附图E-4　村庄整治规划——建筑质量评价

二、主要行动计划

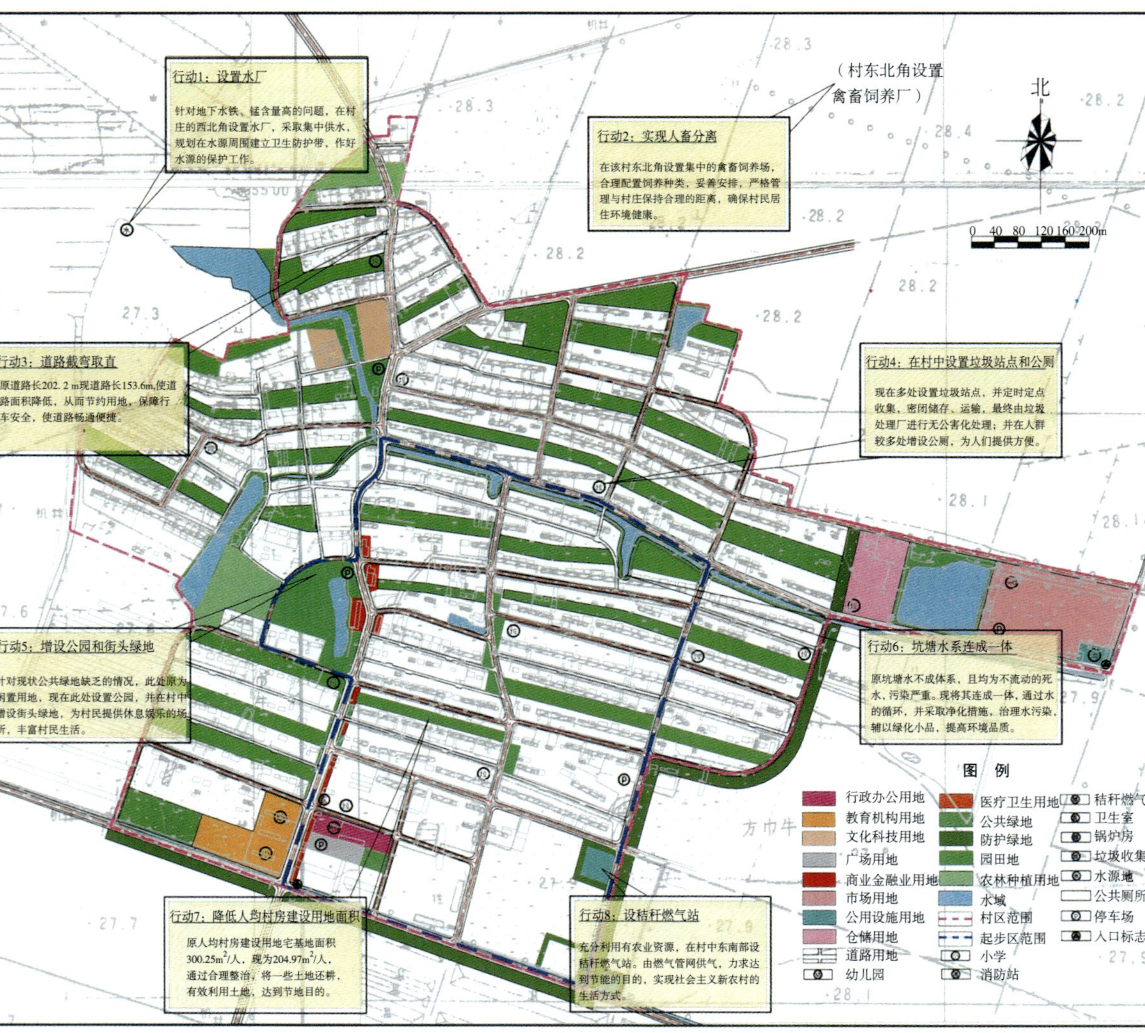

附图E-5 村庄整治规划——主要行动计划

三、整治项目规划

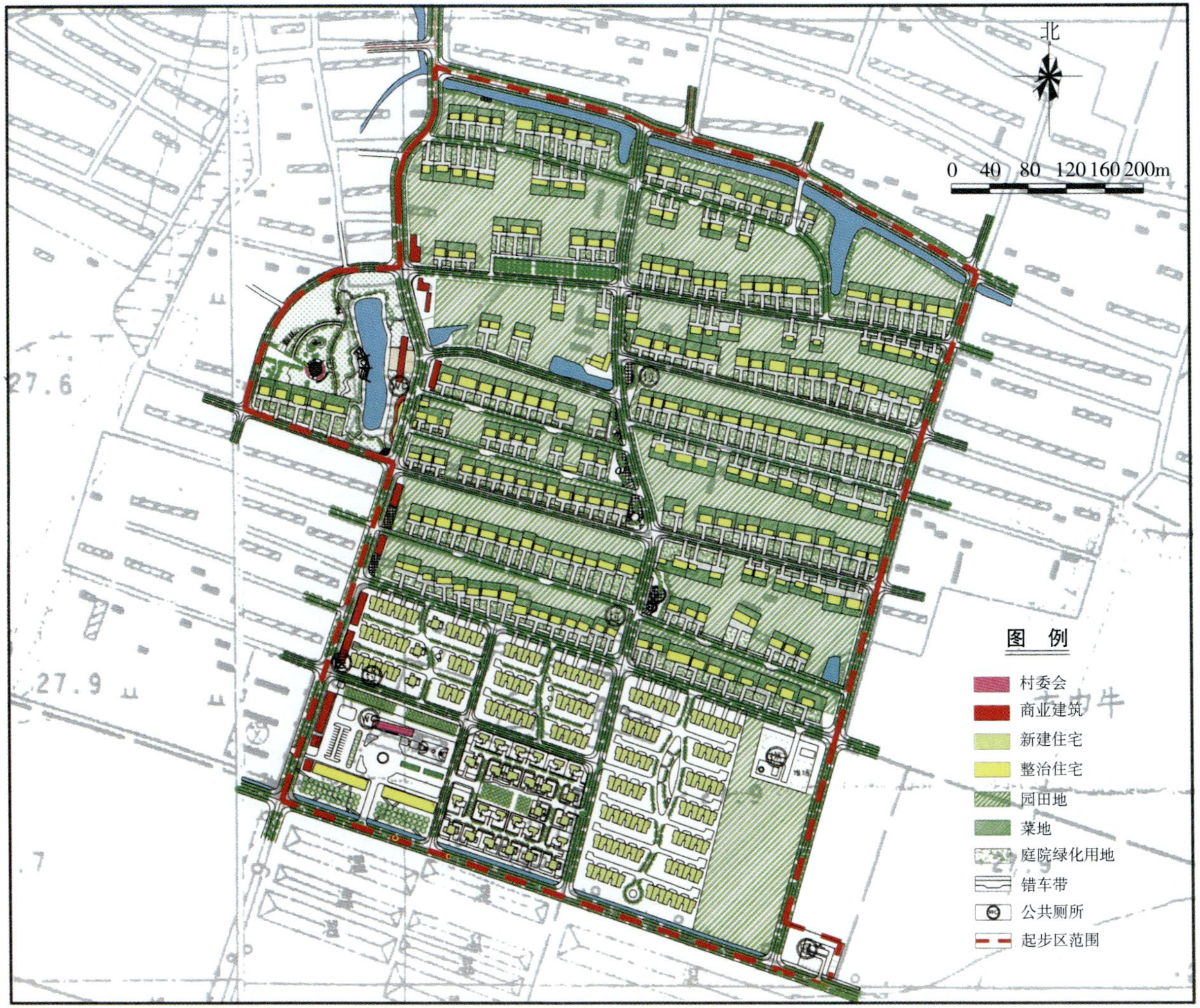

北

0 40 80 120 160 200m

图 例

村委会
商业建筑
新建住宅
整治住宅
园田地
菜地
庭院绿化用地
错车带
公共厕所
起步区范围

附图E-6 村庄整治规划——起步区整治规划图

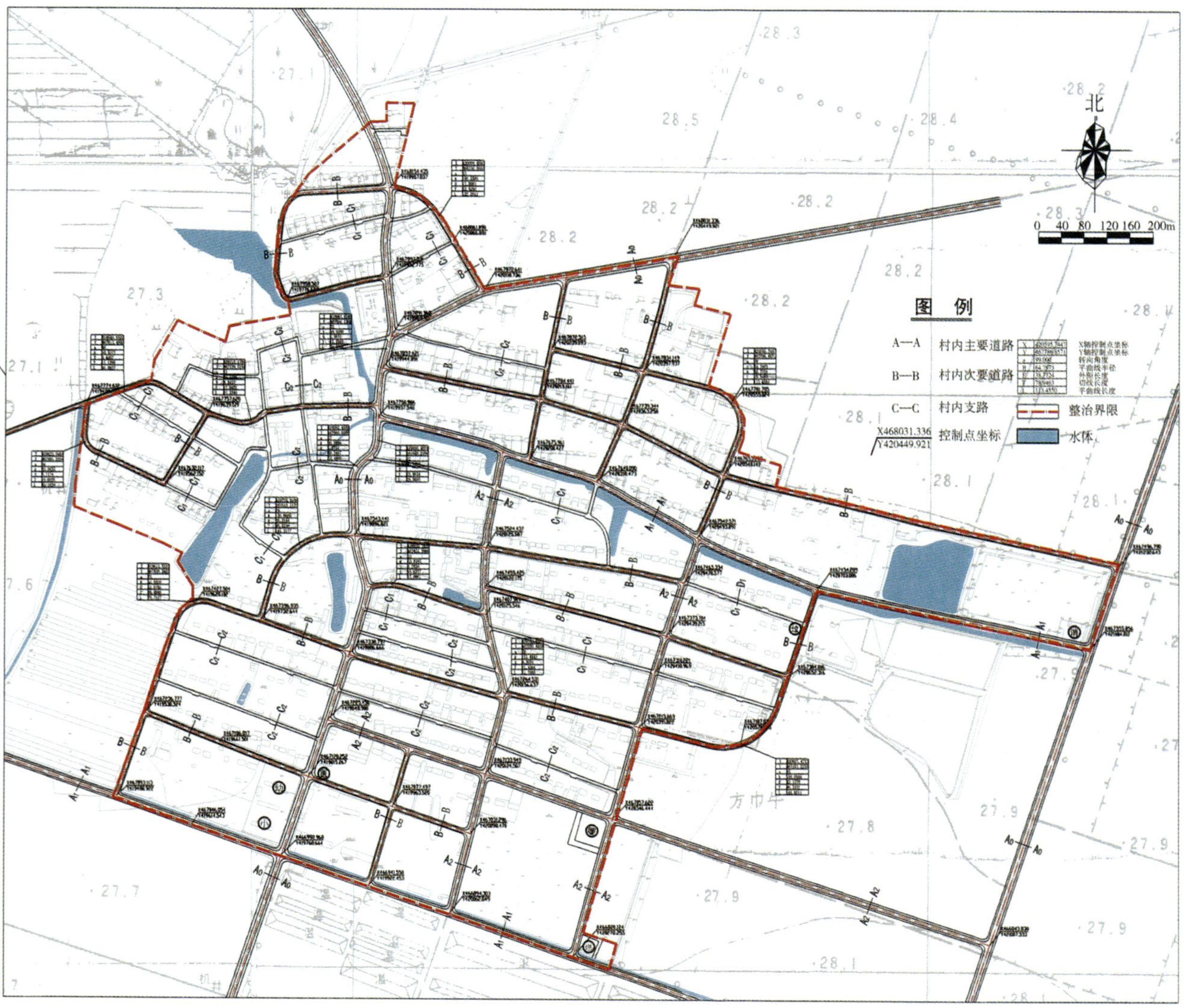

附图E-7 村庄整治规划——道路整治规划图

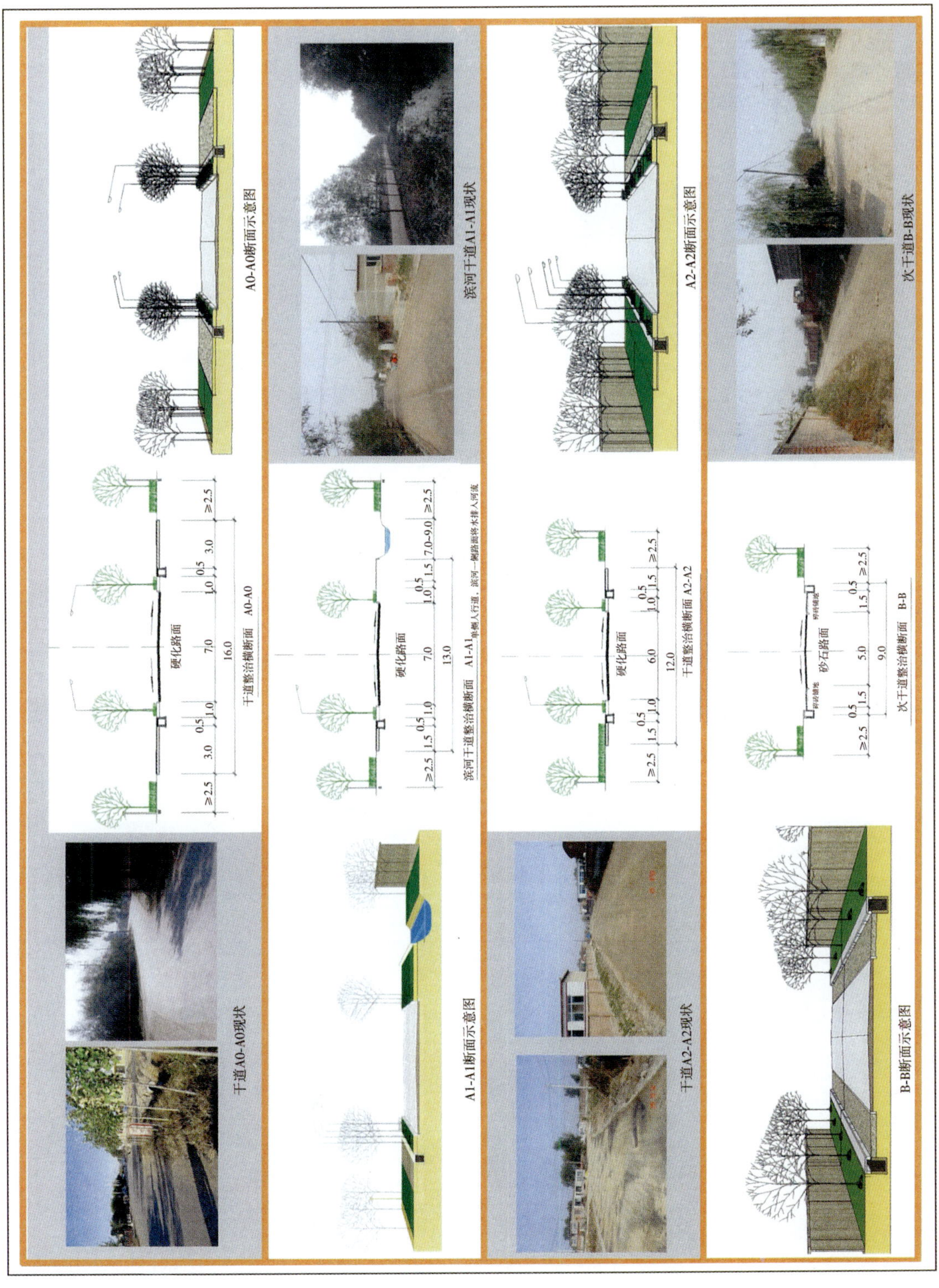

干道A0-A0现状

硬化路面

≥2.5 3.0 0.5 1.0 7.0 1.0 0.5 3.0 ≥2.5

16.0

干道整治横断面 A0-A0

A0-A0断面示意图

A1-A1断面示意图

硬化路面

≥2.5 1.5 0.5 1.0 7.0 1.0 0.5 1.5 7.0~9.0 ≥2.5

13.0

滨河干道整治横断面 A1-A1 单侧人行道，滨河一侧路面将水排入河流

滨河干道A1-A1现状

干道A2-A2现状

硬化路面

≥2.5 1.5 0.5 1.0 6.0 1.0 0.5 1.5 ≥2.5

12.0

干道整治横断面 A2-A2

A2-A2断面示意图

B-B断面示意图

砂石路面

≥2.5 0.5 1.5 5.0 1.5 0.5 ≥2.5

9.0

次干道整治横断面 B-B

次干道B-B现状

附图E-8 村庄整治规划——整治道路断面示意（一）

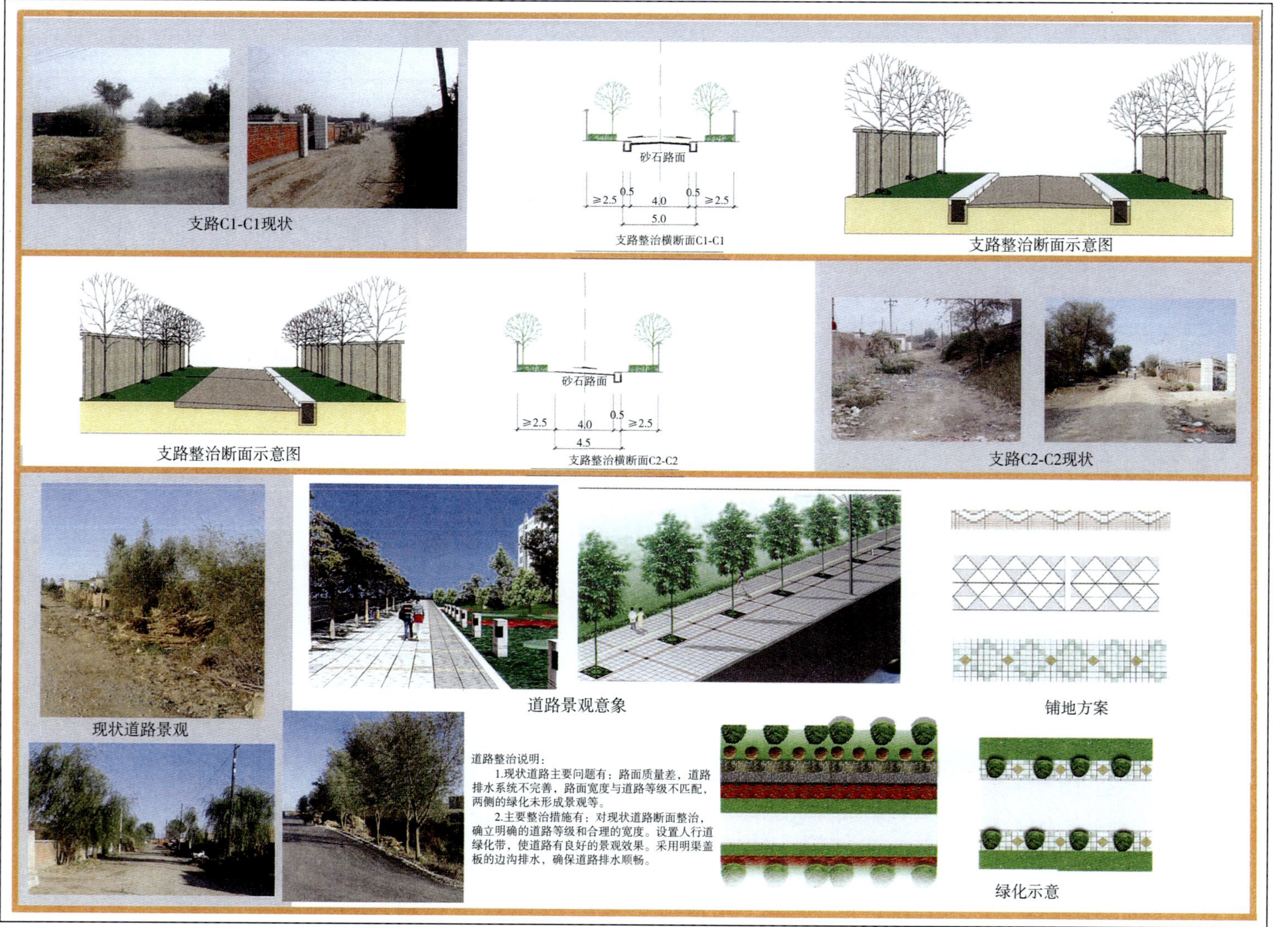

附图E-9　村庄整治规划——整治道路断面示意（二）

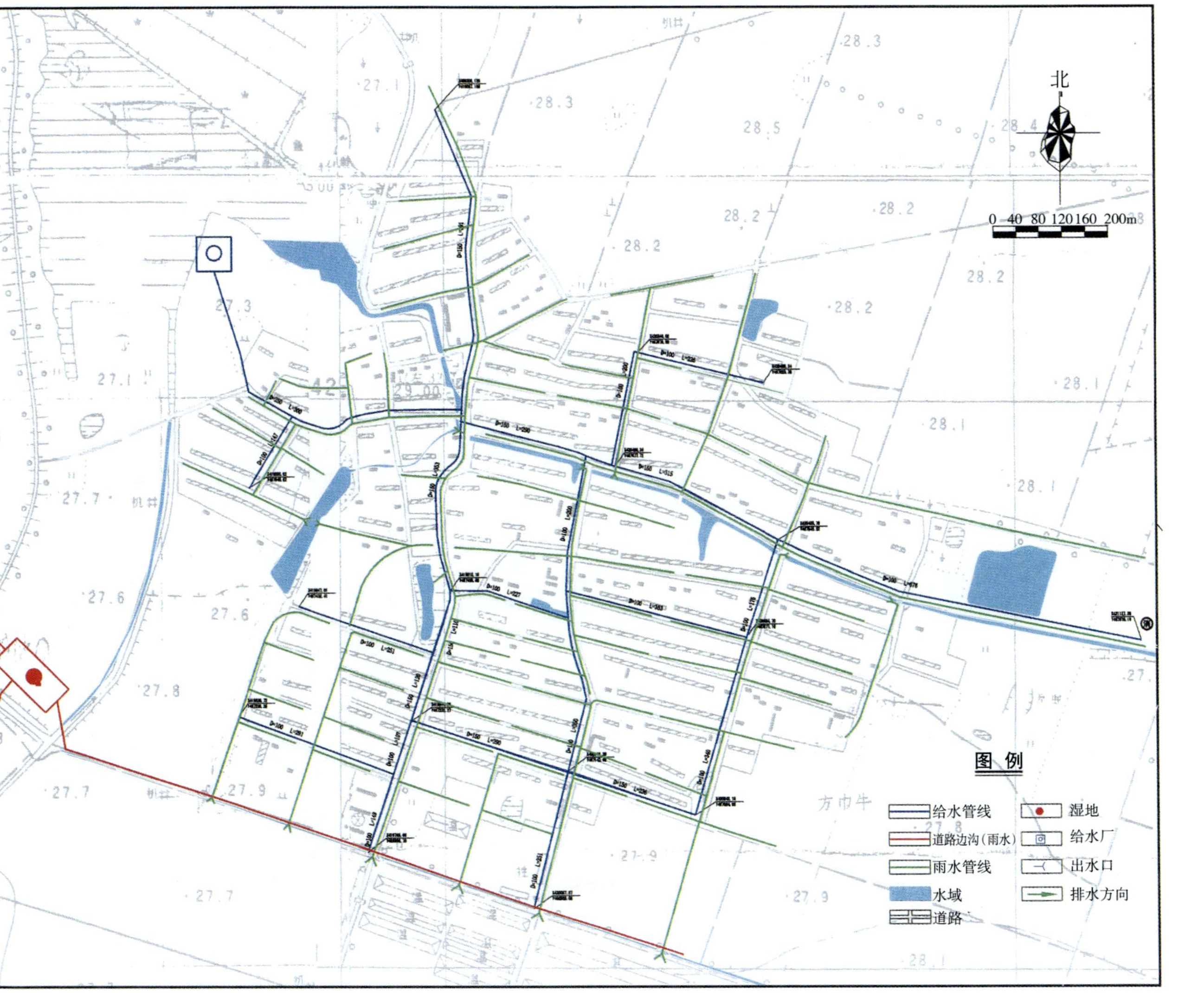

附图E-10 村庄整治规划——给排水整治规划图

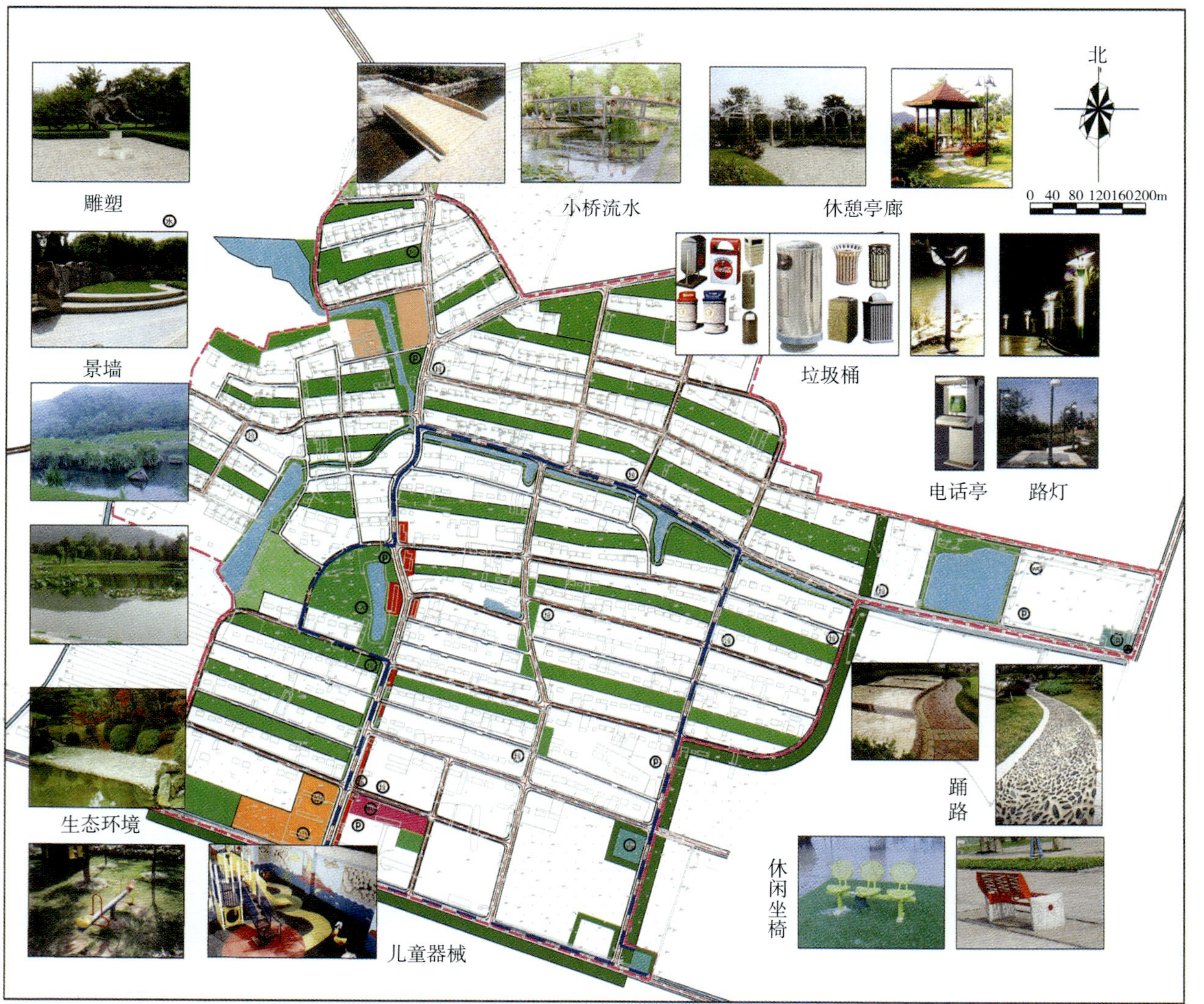

附图E-11　村庄整治规划——村庄环境整治示意图

附图E-12　村庄整治规划——整治意向对比图

参 考 文 献

[1] 中国城市规划设计研究院，等．小城镇规划标准研究［M］．北京：中国建筑工业出版社，2002.
[2] 中国城市规划设计研究院．小城镇区域与镇域规划导则研究［M］．北京：中国工人出版社，2007.
[3] 中国城市规划设计研究院．小城镇规划相关技术标准研究［M］．北京，中国建筑工业出版社，2009.
[4] 孔凡文．小城镇建设与节约用地的关系［J］．农业经济，2004（4）．
[5] 韩亮．小城镇土地资源优化配置指标体系研究［J］．国土经济，2001（6）．
[6] 孔凡文．小城镇用地技术指标与用地规模问题研究［J］．中国土地科学，2002（5）．
[7] 汤铭潭．小城镇规划技术指标体系与建设方略［M］．北京：中国建筑工业出版社，2006.
[8] 汤铭潭．小城镇基础设施工程规划［M］．北京：中国建筑工业出版社，2007.
[9] 汤铭潭，等．小城镇生态环境规划［M］．北京：中国建筑工业出版社，2007.
[10] 中科院可持续发展研究组．中国可持续发展战略报告［R］．北京：科学出版社，2000.
[11] 王如松，周启星．城市生态调控方法［M］．北京：气象出版社，2000.
[12] 海热提．城市人口、经济与环境可持续发展研究［D］．北京：北京师范大学环境学院，1998.
[13] 张坤民．可持续发展论［M］．北京：中国环境科学出版社，1997.
[14] 吴家正．可持续发展导论［M］．上海：同济大学出版社，1998.
[15] 蔡运龙．自然资源学原理［M］．北京：科学出版社，2000.
[16] 吴良镛．人居环境科学导论［M］．北京：中国建筑工业出版社，2001.
[17] 黄光宇，陈勇．生态城市理论与规划设计方法［M］．北京：科学出版社，2003.
[18] 包景岭，等．小城镇生态建设与环境保护设计［M］．北京：化学工业出版社，2005.
[19] 杨士弘．城市生态环境学［M］．北京：科学出版社，2003.
[20] 李光素．我国县镇供水发展概况［J］．小城镇建设，2000（7）．
[21] 刑天河．小城镇规划建设中应注意的几个问题［J］．小城镇建设，2000（7）．
[22] 花景新．欧洲小城镇建设考察观感［J］．小城镇建设，2000（6）．
[23] 鲜祖德．中国建制镇研究［M］．北京：中国统计出版社，2002.
[24] 胡序威，周一星，顾朝林，等．中国沿海城镇密集地区空间集聚与扩散研究［M］．北京：科学出版社，2000.
[25] 洪银兴，刘志彪，等．长江三角洲地区经济发展的模式和机制［M］．北京：清华大学出版社，2003.
[26] 姜长云，蓝海涛．当前小城镇发展的状况、问题与对策思路［J］．中国农村经济，2003（1）．
[27] 方明，邵爱云．新农村建设村庄治理研究［M］．北京：中国建筑工业出版社，2006.

同类书推荐

《小城镇规划案例——技术应用示范》

汤铭潭 主编

本书是以我国近些年小城镇规划标准、导则及相关技术研究成果应用为主编写的，是规划技术综合应用示范性图书。本书可作为从事小城镇规划研究、建设、管理的技术人员和行政管理人员工作的参考用书，也可作为大专院校相关专业的教学参考用书。

ISBN 978-7-111-28239-6　出版日期：2010年1月　定价：58.00元

《小城镇与住区道路交通景观规划》

汤铭潭 等编著

本书编写基于“十五”国家科技攻关研究课题中小城镇所在区域、镇域、镇区、住区道路交通及道路景观规划相关的4个不同专题研究。同时，用实例系统分析道路交通规划、景观规划与用地规划及其他相关规划的相互联系与渗透，突出景观性道路、滨江道路与住区道路功能的复合化理念和人性化、可持续规划方法。

本书可作为从事小城镇规划、建设、管理的技术人员、行政管理人员学习工作的指导参考用书，也可作为高等院校相关规划专业教学参考用书和规划建设行业的相关培训教材。

ISBN 978-7-111-31054-9　出版日期：2011年1月　定价：66.00元

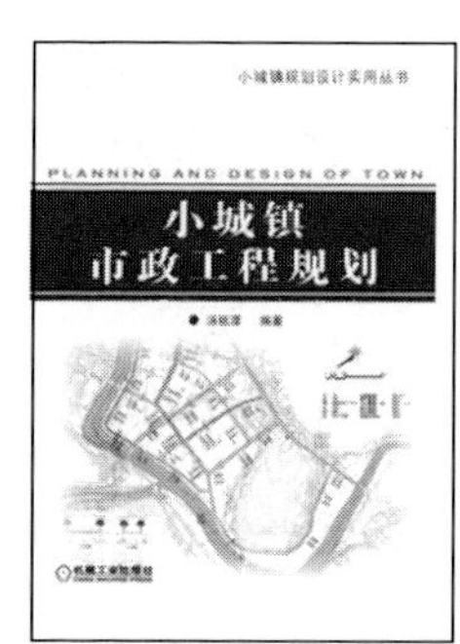

《小城镇市政工程规划》

汤铭潭 编著

本书为“小城镇规划设计实用丛书”的市政工程规划册。书中系统概括与总结了我国不同地区、不同类别、不同规模小城镇市政工程规划的理论、方法与实践，反映了相关科研与教学的最新成果。

全书内容包括绪论、给水、排水、电力、通信、燃气、供热、管线综合、环境卫生等工程规划及小城镇市政规划案例分析10个部分。

本书可作为从事小城镇规划设计与建设管理的技术人员、研究人员、行政管理人员学习工作的参考用书，也可作为大专院校的教学参考用书与相关培训教材。

ISBN 978-7-111-30511-8　出版日期：2010年7月　定价：56.00元

《小城镇规划——研究标准、方法、实例》

汤铭潭 主编

本书基于我国“九五”、“十五”小城镇若干重点和攻关课题研究的成果，以标准为基点，拓展延伸相关规划理论与方法研究。本书可作为从事小城镇规划、建设、管理的技术人员、研究人员、行政管理人员，以及建制与乡镇领导工作、学习的参考用书，也可作为大专院校的教学参考用书和城乡规划相关培训教材。

ISBN 978-7-111-25528-4　出版日期：2009年1月　定价：56.00元

同类书推荐

《小城镇景观设计》 骆中钊 商振东 张勃 等编著

本书扼要地介绍了园林景观的发展历程及园林景观的设计要素与形式的相关理论知识，并着重对小城镇园林景观设计进行探析，对小城镇街道广场景观设计、水系景观设计、住区景观设计进行分章阐述。书中还选编了一些小城镇景观建设实例，以供参考和借鉴。本书资料翔实，内容丰富，可供小城镇景观设计和管理时参考，适合各级小城镇建设的管理人员、建筑师、规划师、景观设计师等阅读，也可供大专院校相关专业师生教学参考，还可作为小城镇建设基层干部培训的参考教材。

ISBN 978-7-111-33891-8 出版日期：2011年6月 定价：49.00元

《城市交通规划》 周楠森 主编

本书第一章介绍城市与城市交通的关系、城市交通规划的基本概念和规划方法；第二章介绍城市交通调查与分析的方法；第三章介绍城市交通发展战略以及实际案例；第四章介绍城市道路系统规划以及行人和自行车绿色交通系统规划；第五章介绍城市公共交通系统规划；第六章介绍城市停车系统规划；第七章介绍城市交通管理系统规划；第八章介绍公路系统规划；第九章介绍铁路系统规划；第十章介绍民用航空机场规划设计的基本要求；第十一章介绍城市交通模型，以及当前城市土地使用与交通整合模型的最新进展；第十二章介绍交通影响评价方法和案例；第十三章详解城市交通规划设计案例。本书可作为从事城市规划设计和建设管理的技术人员、研究人员、行政管理人员学习工作的参考用书，也可作为大专院校城市规划学、交通规划学等专业师生的教学参考用书与相关培训教材。

ISBN 978-7-111-35266-2 出版日期：2011年9月 定价：59.00元

《城市综合防灾减灾规划》 周长兴 编著

这是一本介绍城市综合防灾减灾知识的资料性工具书。编者努力收集近10年来杂志和报刊公开发表的论文、研究成果以及相关城市专项规划等资料，包括和涉及了人们同气象灾害——大风、台风、沙尘暴、雷电、暴雨、洪水、冰雹、高温、森林雷击火灾等，同地质灾害——泥石流、地面沉降、地面塌陷、地裂缝、地震等，同"人祸"——人为火灾、交通事故等的斗争中成功取得的防灾减灾经验和做法，旨在增加城市规划者、建设者、有关研究人员、学生、普通读者防灾减灾方面的知识并作为进行相关科研的参考书。

ISBN 978-7-111-35481-9 出版日期：2008年7月 定价：39.80元

《城市详细规划》 杨振华 编著

本书从详细规划阶段剖析、住区规划、城市设计、重点街区规划、旅游规划、园林绿地规划、产业园区规划、竖向规划、建设绿色生态社区及落实科学发展观十个方面较全面地阐述了城市详细规划的基本知识。内容结合了我国城市规划的工作实践，侧重知识性、实用性，可以作为传统规划原理教科书的拓展与延伸。

本书可作为从事城市规划设计和建设管理的技术人员、研究人员、行政管理人员学习工作的参考用书，也可作为大专院校城市规划专业师生的教学参考用书与相关培训教材。

ISBN 978-7-111-34980-8 出版日期：2011年10月 定价：69.00元

读者调查问卷

亲爱的读者：

感谢您对机械工业出版社建筑分社的厚爱和支持，并再次对您填写并寄出（或传真或E-mail）下面的读者调查问卷表示由衷地感谢！

请邮寄到：北京市百万庄大街22号机械工业出版社　建筑分社　收　邮编100037

电话或传真：010—68994437　E－mail：cmpjz2008@126. com

读者调查问卷

<table>
<tr><td colspan="3">姓名</td><td></td><td>性别</td><td colspan="2">□男　□女</td><td>年龄</td><td></td></tr>
<tr><td rowspan="4">有效联系方式</td><td colspan="2">地址</td><td colspan="4"></td><td>邮政编码</td><td></td></tr>
<tr><td rowspan="3">电话</td><td>手机/小灵通</td><td colspan="2"></td><td rowspan="3">网络</td><td colspan="2">Email</td><td></td></tr>
<tr><td>住宅</td><td colspan="2"></td><td colspan="2">QQ/MSN</td><td></td></tr>
<tr><td>办公室</td><td colspan="2"></td><td colspan="2">其他即时方式</td><td></td></tr>
<tr><td colspan="3">现从事专业</td><td></td><td>从事现专业时间</td><td colspan="2"></td><td>所学专业</td><td></td></tr>
<tr><td colspan="3">现有职称</td><td colspan="6">□建筑师　□建筑工程师　□土木工程师　□结构工程师　□建造师　□公用设备工程师
□咨询工程师　□房地产估价师　□城市规划师　□设备监理师　□造价工程师
□电气工程师　□安全工程师　□房地产经纪人　□化工工程师　□其他</td></tr>
<tr><td colspan="3">教育程度</td><td colspan="6">□初中以下　□技校/中专/职高/高中　□大专　□本科　□硕士及以上</td></tr>
<tr><td colspan="3">个人平均月收入（元）</td><td colspan="6">□1000以下　□1000～2000　□2000～3000　□3000～5000　□5000～8000
□8000～12000　□12000以上</td></tr>
<tr><td colspan="3">购书名称</td><td colspan="6"></td></tr>
<tr><td colspan="3">本书购买决定</td><td colspan="6">□书店　□网上书店　□邮购　□上门推销　□其他</td></tr>
<tr><td colspan="3">促使您决定购买直接原因</td><td colspan="6">□内容　□书名　□封面　□现场人员推荐　□报纸/期刊广告　□电视/网络广告
□同事/同行/朋友推荐　□其他</td></tr>
<tr><td colspan="6">您愿意收到与您职业/专业相关图书的信息</td><td colspan="3">□愿意　□不愿意</td></tr>
<tr><td colspan="9">您有何建议？
____
____
______________________________</td></tr>
</table>

注：1. 可选择项目用笔在□划“✓”即可。

2. 对信息填写完整的读者，我们将努力为您的职业发展提供更多量身定做的贴心服务（如提供相关职业图书信息，机械工业出版社及其合作伙伴的信息或礼品等）。